U0264658

精益工程视频讲堂（CAD/CAM/CAE）

AutoCAD 2012 建筑制图

谢龙汉　编著

清华大学出版社

北　京

内 容 简 介

本书以 AutoCAD 2012 中文版为蓝本进行编写，共分为 13 讲，依次介绍了 AutoCAD 的基本操作、绘制图形、编辑图形、图块的创建及应用、尺寸/文字标注、绘制建筑和结构施工图、三维绘图等内容。除第 1 讲外，其余各讲均按照“实例·模仿→功能讲解→实例·操作→实例·练习”的结构顺序讲解（每讲以一个简单的例子开篇，使读者易于理解和操作；在引起读者兴趣之后，详细剖析该模块的主要功能以及注意事项；最后以综合实例巩固所学到的知识），通过典型实例操作与重点知识讲解相结合的方式，全面、深入地介绍运用 AutoCAD 2012 进行建筑制图的相关知识。

全书有的放矢，语言简洁，基本功能全面，层次递进，随书附赠的操作视频光盘包括详细的功能操作讲解和实例操作过程讲解，读者可以通过观看视频来学习。

本书可作为 AutoCAD 各版本初学者入门的学习教程，也可作为各大中专院校相关专业、培训机构的 AutoCAD 教材，还可供从事建筑及结构设计的相关技术人员学习和参考。

图书在版编目（CIP）数据

AutoCAD 2012 建筑制图/谢龙汉编著．—北京：清华大学出版社，2013.1
（精益工程视频讲堂 CAD/CAM/CAE）

ISBN 978-7-302-30589-7

I．①A… II．①谢… III．①建筑制图-计算机辅助设计-AutoCAD 软件 IV．①TU206

中国版本图书馆 CIP 数据核字（2012）第 261410 号

责任编辑：钟志芳
封面设计：刘 超
版式设计：文森时代
责任校对：付 蕾
责任印制：李红英

出版发行：清华大学出版社
网 址：http://www.tup.com.cn，http://www.wqbook.com
地 址：北京清华大学学研大厦 A 座 **邮 编：**100084
社 总 机：010-62770175 **邮 购：**010-62786544
投稿与读者服务：010-62776969，c-service@tup.tsinghua.edu.cn
质 量 反 馈：010-62772015，zhiliang@tup.tsinghua.edu.cn
印 装 者：北京国马印刷厂
经 销：全国新华书店
开 本：185mm×260mm **印 张：**18.5 **字 数：**427 千字
（附 DVD 光盘 1 张）
版 次：2013 年 1 月第 1 版 **印 次：**2013 年 1 月第1 次印刷
印 数：1～4000
定 价：42.00 元

产品编号：048818-01

前　言

自 21 世纪以来，计算机绘图技术的发展日新月异，广泛应用于机械、建筑、电子、航天、造船、石油化工、土木工程、冶金、农业、气象、纺织及轻工等多个领域，而其发挥的作用也越来越大。

由 Autodesk 公司开发的 AutoCAD 是当前最为流行的计算机绘图软件之一，具有使用方便、体系结构开放、功能强大等特点，深受广大工程设计人员的青睐。本书介绍的 AutoCAD 2012 在界面、图层功能和控制图形显示等方面相对之前版本有了很大改变和提高，在操作性和显示效果上达到了更高的水平。

本书精选 AutoCAD 的相关知识点进行详细讲解，并以丰富的案例、全视频讲解等方式全方位介绍 AutoCAD 2012 的使用和操作。

本书的特色

书中除第 1 讲外，其余各讲均按照“实例·模仿→功能讲解→实例·操作→实例·练习”的结构顺序，通过适量的典型实例操作和重点知识讲解相结合的方式，全面、深入地介绍了 AutoCAD 2012 在建筑制图中的各种常用功能。在讲解中力求紧扣操作、语言简洁、形象直观，避免冗长的解释说明，省略对不常用功能的讲解，使读者能够快速了解 AutoCAD 2012 的使用方法和操作步骤。

本书内容

本书共 13 讲，包含大量图片，形象直观，便于读者模仿操作和学习。随书附赠光盘包含书中全部教学视频及实例操作源文件，方便读者自学。

第 1 讲为 AutoCAD 2012 简介及基础操作。首先对 AutoCAD 软件功能进行概述，然后对 AutoCAD 2012 的工作界面、文件管理、命令调用、绘图环境及坐标系的设置、图层管理与显示控制作了详细的讲解。通过对本讲的学习，读者能够初步认识 AutoCAD 2012。

第 2、3 讲对图形的基本绘制命令进行讲解，包括各种线、多边形、圆等。通过对这两讲的学习，读者可以掌握各种基本图形的创建方法。

第 4、5 讲对图形的基本编辑命令进行讲解，包括阵列、镜像、旋转、图案填充等编辑命令。通过对这两讲的学习，读者可以掌握编辑图形的基本方法。

第 6 讲对 AutoCAD 2012 中的图块创建及应用方法进行讲解，包括创建图块、插入图块、图块属性及外部参照等。通过对本讲的学习，读者可以掌握使用图块功能进行绘图的方法。

第 7、8 讲对 AutoCAD 2012 中的尺寸标注和文字标注功能进行详细讲解，包括尺寸样式与文字样式的设置、尺寸标注与文字标注的方法和表格的绘制方式。通过对这两讲的学习，读者可以掌握基本的尺寸和文字标注方法。

第 9、10 讲对建筑施工图的绘制进行详细讲解，包括总平面图、建筑平面图、建筑立面图、建筑剖面图、建筑详图等的整个绘制过程及方法。通过对这两讲的学习，读者可以掌握通过 AutoCAD 2012 进行建筑施工图绘制的方法。

第 11 讲对结构施工图的绘制进行详细讲解，包括绘制结构平面布置图和构件详图的绘制方法。通过对该讲的学习，读者可以掌握通过 AutoCAD 2012 进行结构施工图绘制的方法。

第 12、13 讲对 AutoCAD 2012 中强大的三维图形绘制功能进行讲解，包括绘制三维曲面和三维实体，以及三维实体的编辑和渲染处理等功能。通过对这两讲的学习，读者可以初步掌握通过 AutoCAD 2012 绘制三维图形的方法。

本书附有 3 个附录，其内容为 AutoCAD 2012 常用命令、AutoCAD 2012 系统变量、AutoCAD 2012 安装方法，供有需要的读者参考。

操作视频

本书将全部实例操作录成了多媒体视频，方便读者学习。读者可以按照书中列出的视频路径，从光盘中打开相应的视频，使用 Windows Media Player 等常用播放器进行观看、学习。

提示：如果无法播放，可安装光盘中的 tscc.exe 插件。

本书读者对象

本书操作性强、指导性强、语言简洁流畅，可作为 AutoCAD 初学者入门和提高的学习教程，也可作为各大中专院校相关专业、培训机构的 AutoCAD 教材，还可供从事建筑及结构设计的相关技术人员参考使用。

学习建议

建议读者按照图书编排的先后顺序学习 AutoCAD 软件。从第 2 讲开始，首先浏览一下“实例・模仿”案例，然后打开该案例的光盘视频仔细观看一遍，再根据实例的操作步骤在 AutoCAD 中一步步进行操作。如果遇到操作困难的地方，可以再次观看视频。功能讲解部分，请读者对照书中的讲解在 AutoCAD 系统上动手操作。“实例・操作”部分，建议读者先直接根据书中的操作步骤动手操作，完成后再观看视频以加深印象，并纠正自己动手操作时的错误。“实例・练习”部分，建议读者根据案例的要求自行练习，遇到自己无法解决的问题再去查看书中操作步骤或观看操作视频。

本书由谢龙汉编著，同时腾龙工作室的林伟、魏艳光、林木议、郑晓、吴苗、林树财、林伟洁、蔡明京、彭国之、李宏磊、辛栋、刘艳龙、光耀、姜玲莲、姚健娣也参与了部分内容的编写。感谢您选用本书进行学习，恳请您将对本书的意见和建议告诉我们，电子邮箱地址为 xielonghan@yahoo.com.cn。

祝您学习愉快！

谢龙汉
华南理工大学

目　录

第 1 讲　AutoCAD 的操作基础

AutoCAD 是美国 Autodesk 公司开发的一款交互式绘图软件，它是二维及三维设计、绘图的系统工具，用户使用它可以创建、浏览、管理、打印、输出、共享及准确使用富含信息的设计图形。本书将以该软件的最新版本 AutoCAD 2012 为基础，介绍其操作方法及使用技巧。

在使用 AutoCAD 2012 绘制建筑图形之前，本讲将引导读者初步认识和了解 AutoCAD 2012 的绘图环境，进而熟悉和掌握 AutoCAD 2012 命令执行的方法以及一些常用的基本操作，为后面的学习打下基础。

本讲内容

- AutoCAD 的主要功能
- 启动和退出 AutoCAD
- AutoCAD 的工作界面
- 鼠标、键盘的操作
- 设置习惯的工作界面
- 图形文件的管理
- 命令的调用执行
- 设置绘图辅助功能
- 设置绘图环境
- 坐标系与坐标点
- 图层管理
- 图形显示控制

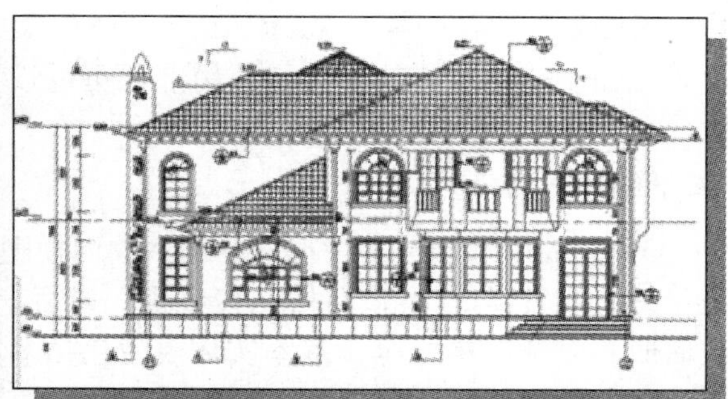

1.1　AutoCAD 的主要功能

AutoCAD 提供了强大的图形绘制和编辑功能，具体如下。

1．二维绘图与编辑

AutoCAD 提供了大量的绘图工具，可以方便地创建各种二维图形对象，如点、直线、射线、构造线、圆、圆环、圆弧、椭圆、矩形、等边多边形、样条曲线、多段线、云线等。也可为指定区域填充图案，还可用渐变色填充指定区域或对象。

AutoCAD 还提供了大量的二维图形编辑命令，如删除、移动、复制、旋转、缩放、偏移、镜像、阵列、拉伸、修剪、延伸、对齐、打断、合并、倒角、圆角等。二维图形编辑命令与绘图命令的配合使用，不仅可以绘制复杂的平面图形，还可使用户合理安排和组织图形，来提高绘图效率。

2. 标注尺寸

AutoCAD 可以为图形对象标注各种形式的尺寸，还可设置各种标注样式，以符合不同行业、不同国家对尺寸标注样式的要求。

3. 标注文字

AutoCAD 提供了单行文字和多行文字命令来创建相应的文字信息，以满足图形中必要的文字说明要求。用户可以设置文字样式，使用不同的字体、字号、颜色等来标注文字，书写图形的说明和技术要求等。还可以在任意文字中插入字段来显示要更改的图形数据，如日期或图纸编号等。

4. 创建图块

AutoCAD 提供了创建图块的功能。图块是由一组图形对象组成的集合。一组对象一旦被定义为图块，它们将成为一个整体，拾取图块中任意一个图形对象即可选中构成图块的所有对象，AutoCAD 可以把一个图块作为一个对象进行编辑和修改。用户可根据绘图需要把图块插入到图中任意指定的位置，而且在插入时还可以指定不同的缩放比例和旋转角度。如果需要对组成图块的单个图形对象进行修改，可利用分解命令把图块分解成若干个对象。图块还可以重新定义，一旦被重新定义，整个图形中基于该图块的对象都将随之改变。

5. 创建表格

与其他表格处理软件一样，AutoCAD 可以方便地创建和编辑表格，如合并单元格、插入表格列或行等，而不是用直线绘制表格。用户还可以设置并保存表格样式，便于以后使用相同格式的表格。

6. 三维绘图与编辑

AutoCAD 允许用户创建多种形式的基本曲面模型和实体模型。曲面模型包括长方体面、圆锥面、下半球面、上半球面、网格、棱锥面、球面、圆环面、楔体表面、旋转曲面、平移曲面、直纹曲面和复杂网格面等。基本实体模型包括多段体、长方体、楔体、圆锥体、球体、圆柱体、圆环体和棱锥体等。此外，还可以通过拉伸、旋转、扫掠、放样二维对象的方式创建三维实体。

AutoCAD 提供了三维编辑的命令，如移动、旋转、对齐、镜像、阵列、清除、分割、抽壳、检查等。AutoCAD 2012 还提供了三维建模工作界面，用户可以更加方便、快捷地在三维空间中绘制图形、观察图形、创建动画、设置光源、附加材质等。

7. 视图显示控制

AutoCAD 可以方便地以多种形式、不同角度观察所绘图形，改变图形的显示位置。对于三维图形，还可以通过改变观察视点，从不同方向显示实体图形。也可以将绘图区分成多个视口，在各个视口从不同方位显示同一图形。对于曲面模型或实体模型，可以进行消隐、着色或渲染处理，增强实体的真实感。此外，AutoCAD 还提供了三维动态观察器，可以自由、连续、动态地观察图形。

8. 绘图实用工具

AutoCAD 提供的各种绘图实用工具可以方便地设置图层、线型、线宽、颜色等。用户可以通过各种形式的绘图辅助工具设置绘图方式，提高绘图效率和准确性。利用“特性”选项板，可以方便地查询、编辑所选对象的特性。利用“工具”选项板，可以将常用的图块、填充图案和表格等命名对象或常用的命令集成，以便快捷地执行相应操作。利用标准文件功能，可以对图层、文字样式、线型这样的命名对象定义标准的设置，以保证同一单位、部门、行业及合作伙伴对这些命名对象设置的一致性。利用图层转换器，能够将当前图层的名称和特性转换成已有图形或标准文件对图层的设置，即将不符合本部门图层设置要求的图形进行快速转换。利用 AutoCAD 设计中心，可以对图形文件进行浏览、查找及管理等有关设计内容的操作。用户还可以将其他图形或其他图形中的命名对象（如图块、图层、文字样式、尺寸标注样式、表格样式等）插入到当前图形中。

9. 数据库管理

AutoCAD 可以对图形对象与外部数据库中的数据进行关联，而这些数据库是由独立于 AutoCAD 的其他数据库应用程序创建的，如 Access、Oracle、FoxPro 等数据库软件创建的数据库均可以与 AutoCAD 图形关联。

10. 图形的输入/输出

AutoCAD 可以将不同格式的图形导入，或将 AutoCAD 图形以其他格式输出。AutoCAD 允许将所绘图形以不同样式通过绘图仪或打印机输出。同时，利用 AutoCAD 的布局功能，可以为同一个图形设置不同的打印效果，如不同的图纸、不同的视图配置、不同的打印比例等，满足不同用户的不同需求。

11. 图纸管理

AutoCAD 的图纸管理功能可以将多个图形文件组成一个图纸集，即图纸的命名集合，以便更加合理、有效地管理图形文件。

12. Internet 功能

AutoCAD 提供了强大的 Internet 功能，用户可通过使用浏览器、插入超链接、网上发布、电子传递等工具创建 Web 格式的 DWF 文件，将设计图发布到 Web 页面上供其他用户浏览，还可以进行联机会议。为增强文件发布的安全性，AutoCAD 提供了密码与数字签名等功能。

13. 开放的体系结构

作为通用 CAD 绘图软件包，AutoCAD 提供了开放的平台，允许用户对其进行二次开发，以满足专业设计的要求。AutoCAD 允许使用 Visual LISP、Visual Basic、VBA 及 Visual C++等多种工具进行开发。

1.2 启动和退出 AutoCAD

AutoCAD 2012 安装完成后，可以通过单击“开始”菜单来启动，如图 1-1 所示；也可以通过双击桌面上的快捷图标来启动，或单击鼠标右键，在弹出的快捷菜单中选择“打开”命令即可，如图 1-2 所示。

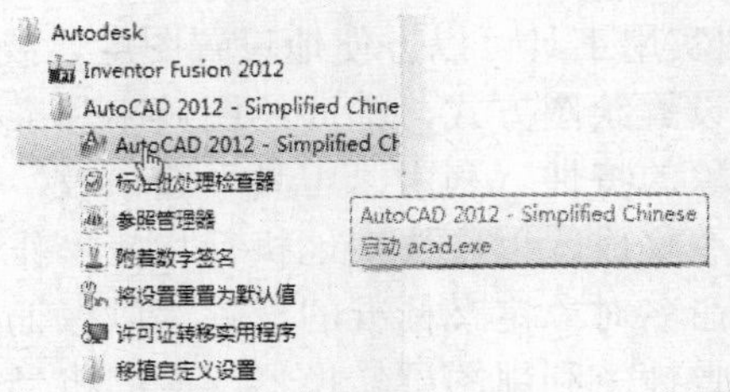

图 1-1　通过单击“开始”菜单启动 AutoCAD 2012

要退出 AutoCAD 2012 时，可以单击 AutoCAD 2012 工作界面标题栏最右边的“关闭”按钮，或者单击图标，在弹出的下拉菜单中选择“关闭”→“退出 AutoCAD”命令，如图 1-3 所示。

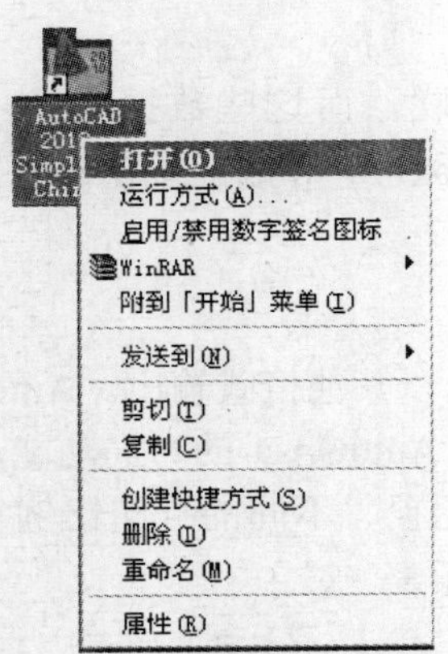

图 1-2　通过双击快捷图标启动 AutoCAD 2012

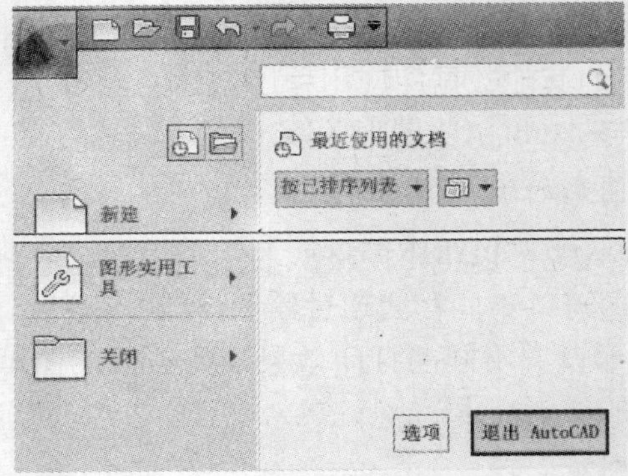

图 1-3　退出 AutoCAD

如果在退出 AutoCAD 2012 之前，未对之前绘制的图形进行保存，则系统会弹出如图 1-4 所示的提示对话框，用户可以根据需要选择是否保存该图形文件。

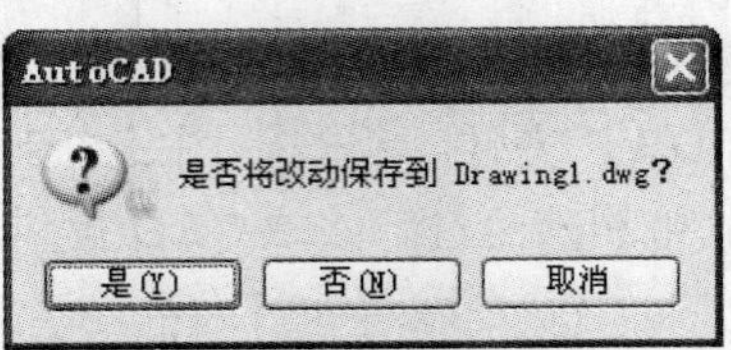

图 1-4　提示对话框

1.3　AutoCAD 2012 的工作界面

启动 AutoCAD 2012 后，将直接进入其工作界面。该界面由上至下，主要由标题栏、菜单栏、功能区、绘图区、命令行窗口、状态栏等部分构成，如图 1-5 所示。

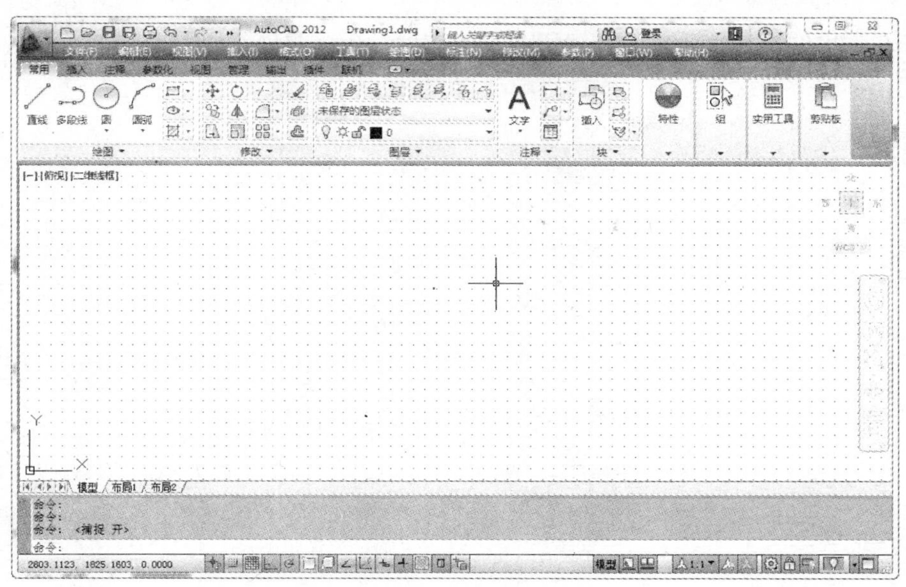

图 1-5　工作界面

下面分别对各部分进行简要介绍。

1. 标题栏

标题栏位于工作界面的最上方，左侧显示了软件的名称（AutoCAD 2012）和当前打开文件的文件名（默认名为 Drawing1.dwg），中间是一个搜索文本框和“搜索”按钮等，如图 1-6 所示；最右边依次是“最小化”按钮、“恢复窗口大小”按钮和“关闭”按钮。

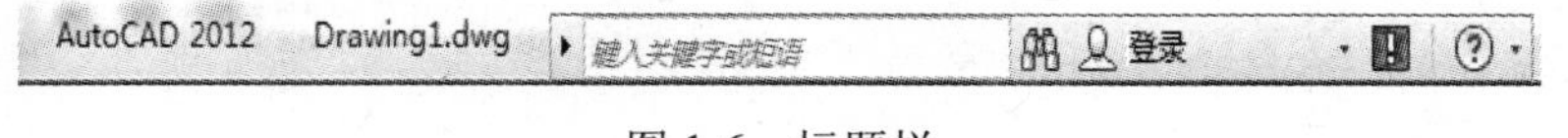

图 1-6　标题栏

2. 菜单栏

菜单栏中共包含“文件”、“编辑”、“视图”、“插入”、“格式”、“工具”、“绘图”、“标注”、“修改”、“参数”、“窗口”和“帮助”12 个菜单项，如图 1-7 所示。

图 1-7　菜单栏

这些菜单几乎包含了 AutoCAD 2012 所有的绘图命令。与以前版本不同的是，在菜单栏的左侧有一个菜单浏览器图标，单击该图标，将弹出如图 1-8 所示的下拉菜单，其中提供了一些比较常用的图形文件管理命令，如“新建”、“打开”、“保存”等；在菜单栏左上方，有一个自定义快速访问工具栏，单击该栏右侧的下拉按钮，可自定义快速访问的命令，还可以对菜单栏进行调整，选择隐藏或在功能区下方显示，如图 1-9 所示。

用户还可以通过快捷菜单来调用命令，只需单击鼠标右键，即可打开相应的快捷菜单。使用快捷菜单可以提高绘图的效率。例如，当绘制完一个圆后，需要再绘制圆，则可以在绘图区直接右击，在弹出的快捷菜单中选择“重复 CIRCLE”命令即可，如图 1-10 所示。

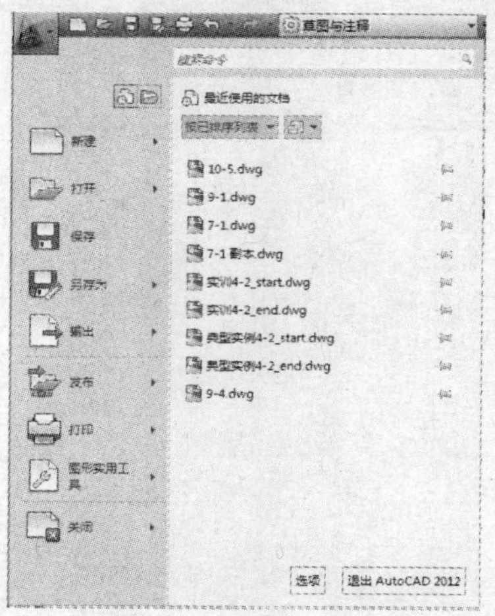

图 1-8　菜单浏览器

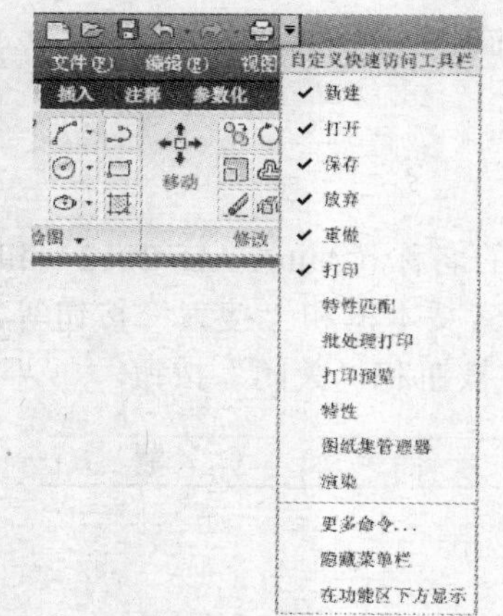

图 1-9　自定义快速访问工具栏

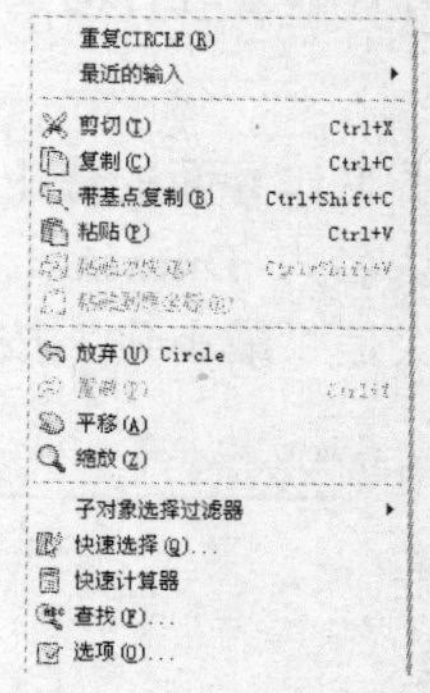

图 1-10　快捷菜单栏

3. 功能区

功能区包含功能区选项卡和功能区面板。用户可以通过单击功能区选项卡最右边的“最小化”按钮，将控制面板最小化为面板标题或选项卡，如图 1-11 所示。

常用　插入　注释　参数化　视图　管理　输出

图 1-11　功能区选项卡

每一个功能区选项卡下都有各自的功能区面板，用户可以控制功能区选项卡及功能区面板的显示或隐藏。只需在功能区面板空白处单击鼠标右键，在弹出的快捷菜单中选择“选项卡”或“面板”命令，即可控制各自所需的显示，如图 1-12 所示。AutoCAD 2012 提供的功能区面板，相当于之前版本中的工具栏，直接显示在操作界面上，不再需要专门地调用，便于更加方便、快捷的操作。

功能区面板中包含各种按钮和控件。每个面板均通过面板分隔符分为两个区域，单击分隔符可展开面板，显示分隔符下面的内容。如图 1-13 所示为“常用”选项卡下的功能区面板。

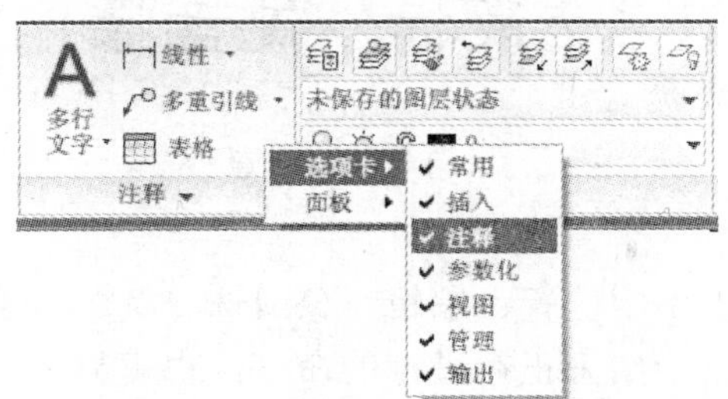

图 1-12　功能区面板上的显示设置

图 1-13　“常用”选项卡下的功能区面板

4. 绘图区

绘图区是一个没有边界的区域，用于绘制和编辑图形对象，它是 AutoCAD 2012 工作界面中最大的区域。用户可以对绘图区的背景颜色进行设置，具体方法将在 1.5.1 节讲述。

十字光标在绘图区中替代了鼠标的作用，它由两部分叠加而成，绘图时显示为十字形（+），拾取编辑对象时显示为拾取框（□），用户可以对其大小进行设置。

5. 命令行窗口

绘图区下方是命令行窗口，上侧部分为命令历史窗口（也称作命令提示行），用于显示以前执行的命令和运行状态，底部是命令输入栏，可以通过键盘输入命令和参数，如图 1-14 所示。

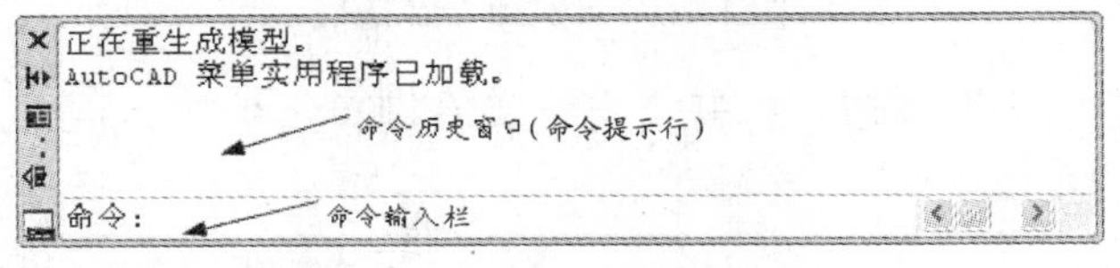

图 1-14　命令行窗口

6. 状态栏

状态栏中显示了光标的坐标值、绘图辅助工具、快速查看工具和注释工具等，如图 1-15 所示。例如，绘图工具提供了“捕捉”、“极轴”、“对象捕捉”、“对象追踪”等工具的快捷图标，单击这些图标，可以切换开关的状态。

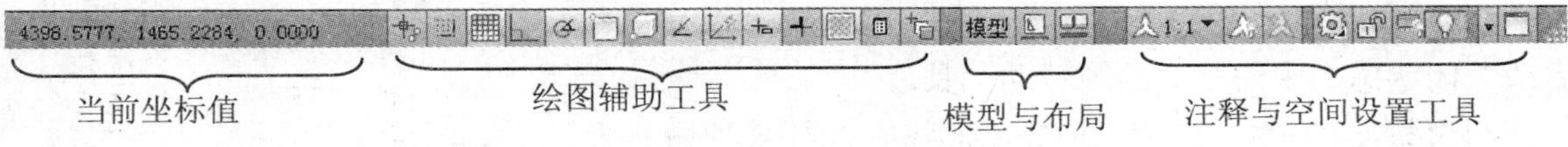

图 1-15　状态栏

1.4 鼠标、键盘操作

1.4.1 鼠标操作

鼠标左键是拾取键，用于指定位置、编辑对象或选择菜单命令、对话框按钮和字段；右键的操作取决于上下文，它可用于结束正在进行的命令，也可显示快捷菜单或对象捕捉菜单，控制工具栏的显示。

用户可以在“选项”对话框（选择“工具”→“选项”命令，或在绘制区内单击鼠标右键，在弹出的快捷菜单中选择“选项”命令，即可打开该对话框）中定制单击鼠标右键操作，选择“用户系统配置”选项卡，如图 1-16 所示。

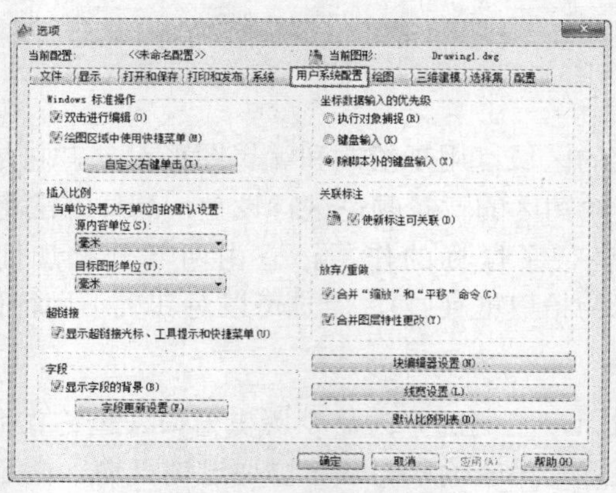

图 1-16　“选项”对话框

单击“自定义右键单击”按钮，打开“自定义右键单击”对话框，从中即可对单击鼠标右键的操作进行设置，如图 1-17 所示。

1.4.2 键盘操作

通过键盘可在命令行窗口中输入命令，然后确定执行命令；也可以直接按相应的功能键与组合键配合绘图过程。

功能键是一种临时替代键，可以临时打开或关闭 AutoCAD 提供的一些命令。例如，F6～F12 键可以开启或关闭状态栏中的某个绘图辅助工具。

组合键是通过一些按键的组合来临时执行某种命令的。例如，复制图形对象到剪贴板可通过按 Ctrl+C 组合键来执行，按 Ctrl+V 组合键可粘贴剪贴板上的文件。

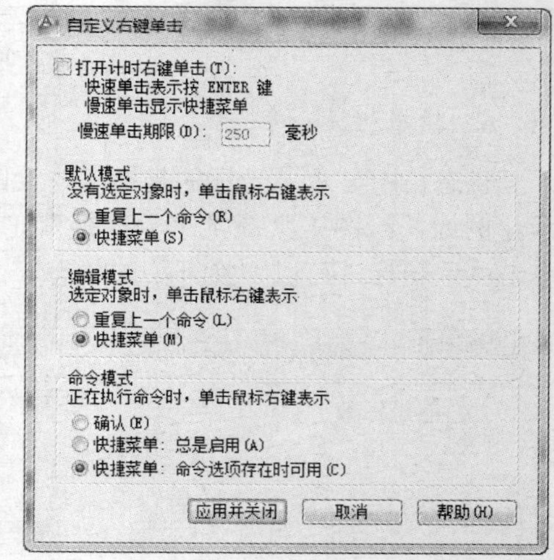

图 1-17　“自定义右键单击”对话框

AutoCAD 常用的功能键及说明如表 1-1 所示。

表 1-1　AutoCAD 常用的功能键及说明

功 能 键	说　明
F1	显示“帮助”
F2	切换“命令行”窗口
F3	切换执行“对象捕捉”
F4	切换“数字化仪”模式
F5	在等轴测平面之间循环
F6	切换“坐标”显示
F7	切换“栅格”
F8	切换“正交”模式
F9	切换“捕捉”
F10	切换“极轴追踪”
F11	切换“对象捕捉追踪”
F12	切换“动态输入”
Ctrl+A	选择图形中未锁定或冻结的所有对象
Ctrl+C	将对象复制到 Windows 剪贴板
Shift+Ctrl+C	使用基点将对象复制到 Windows 剪贴板
Ctrl+D	切换“动态 UCS”
Ctrl+O	打开现有图形
Ctrl+P	打印当前图形
Shift+Ctrl+P	切换“快捷特性”界面
Ctrl+Q	退出 AutoCAD
Ctrl+M	重复上一个命令
Ctrl+N	创建新图形
Ctrl+S	保存当前图形
Shift+Ctrl+S	显示“另存为”对话框
Ctrl+V	粘贴 Windows 剪贴板中的数据
Ctrl+X	将对象从当前图形剪切到 Windows 剪贴板中
Ctrl+Y	取消前面的“放弃”动作
Ctrl+0	切换“全屏显示”
Ctrl+1	切换“特性”选项板
Ctrl+2	切换设计中心
Ctrl+3	切换“工具选项板”窗口
Ctrl+4	切换“图纸集管理器”
Ctrl+6	切换“数据库连接管理器”

1.5　设置习惯的工作界面

在设计和绘制图形的过程中，根据用户不同的操作习惯，可以更改 AutoCAD 2012 的工作界面。本节将介绍一些常用的界面设置方法，如设置绘图区背景颜色、设置光标大小等。

视频教学

1.5.1 设置绘图区颜色

启动 AutoCAD 2012 之后，其绘图区的颜色默认为黑色，读者可根据自己的习惯对绘图区的背景颜色进行修改。

选择“工具”→“选项”命令，或在绘图区内单击鼠标右键，在弹出的快捷菜单中选择“选项”命令，即可打开“选项”对话框，如图 1-18 所示。该对话框内有多个选项卡，可以对相关文件的操作、绘图、打印的参数进行设置。

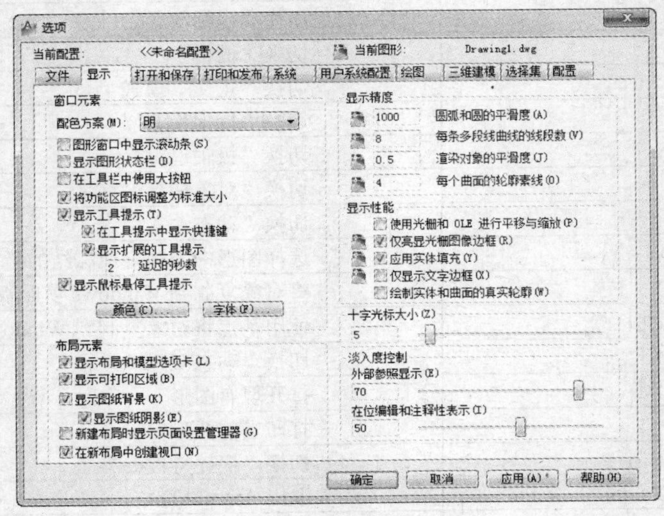

图 1-18 “选项”对话框

在“显示”选项卡中单击“颜色”按钮，打开“图形窗口颜色”对话框，如图 1-19 所示，在该对话框中可以对多种界面元素设置颜色。在“界面元素”列表框中选择“统一背景”选项，在“颜色”下拉列表框中选择习惯使用的颜色，然后单击“应用并关闭”按钮，即可完成对绘图区颜色的设置。

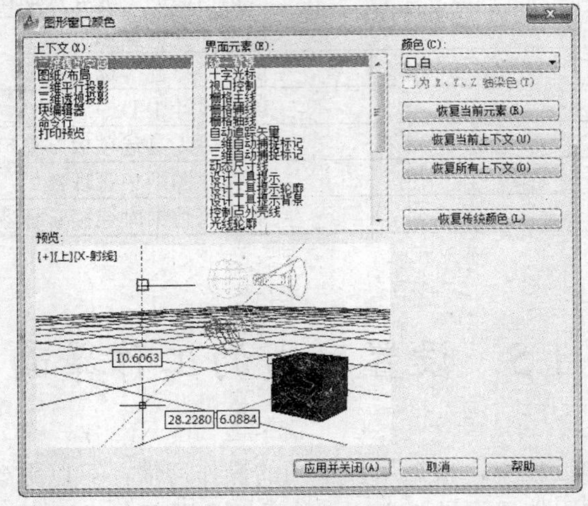

图 1-19 “图形窗口颜色”对话框

1.5.2 设置光标大小

在绘图过程中，由于不同的定位要求，有时需要更改十字光标的大小，从而提高绘图效率。

设置光标大小的方法同绘图区颜色设置的方法一样，打开“选项”对话框，选择“显示”选项卡，拖动“十字光标大小”栏中的滑条或直接在文本框中输入数值，即可改变十字光标的长度，然后单击“确定”按钮，完成光标大小的设置，如图 1-20 所示。十字光标大小的取值范围为 1～100，其默认尺寸为 5，100 表示十字光标全屏幕显示。

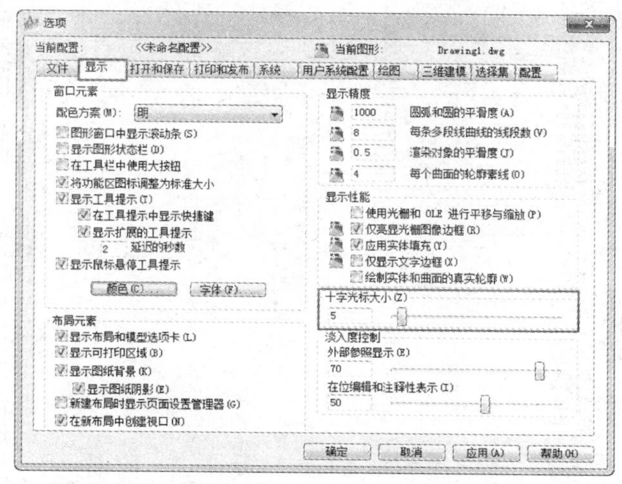

图 1-20　十字光标大小设置

十字光标除了十字之外还有一个靶框，其大小也可以进行设置。同样打开“选项”对话框，选择“绘图”选项卡，拖动“靶框大小”栏中的滑条，即可改变靶框的大小，然后单击“确定”按钮，完成设置，如图 1-21 所示。

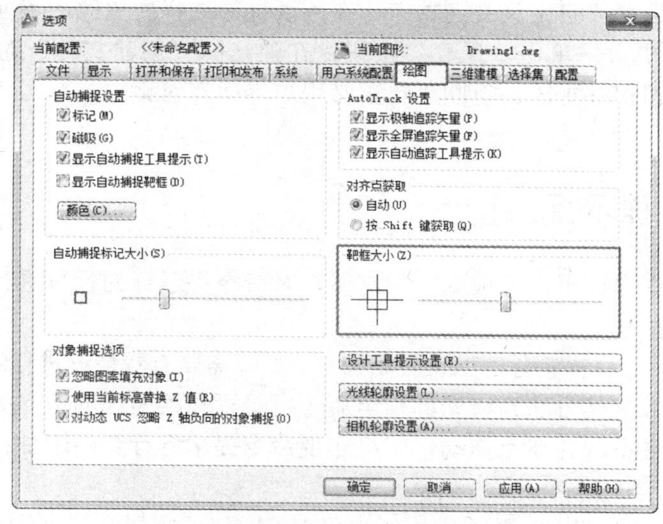

图 1-21　靶框大小设置

1.5.3 自定义用户界面

AutoCAD 的工作界面不是固定不变的，用户可根据实际的需求自定义工作界面，不过这是一种较高级的工作界面设置方式，在对 AutoCAD 熟练掌握之前不建议采用。

用户界面主要由工作空间、功能区、菜单、快捷菜单、键盘快捷键和面板等元素组成。如果要自定义用户界面，首先要了解自定义环境，如图 1-22 所示。

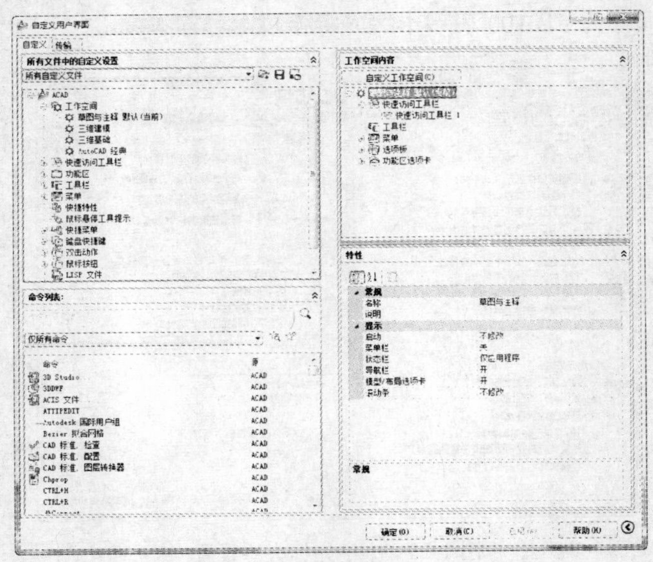

图 1-22 “自定义用户界面”对话框

自定义用户界面可通过改变用户界面元素来实现，它有助于提高工作效率和改善工作环境。

自定义用户界面的方法为选择“工具”→“自定义”→“界面”命令，在弹出的“自定义用户界面”对话框中选择“自定义”选项卡，在列表框中选择要更改的界面元素，然后在“特性”栏中进行相应的更改；单击“保存”按钮，在弹出的“创建文件”对话框中选择保存路径，单击“保存”按钮保存更改；返回“自定义用户界面”对话框，单击“确定”按钮，完成设置。

1.5.4 设置命令提示行

在绘制图形的过程中，用户可根据实际需要，对命令提示行的行数进行调整，还可对命令提示行的字体进行设置。

在 AutoCAD 中，命令提示行的默认行数为 3。如果需要查看最近进行的多步操作，就需要增加命令提示行的行数。其方法为将光标移至命令提示行和绘图区的边界处，当光标变为双向箭头时，按下鼠标左键不放并向上拖动，即可实现命令提示行行数的增加；向下拖动则可减少命令提示行的行数。

命令提示行中默认的字体为 Courier，用户可根据自己的需要对其字体格式进行设置，包括字体、字形和字号。打开“选项”对话框，选择“显示”选项卡，如图 1-23 所示，在“窗口元素”栏中单击“字体”按钮，弹出“命令行窗口字体”对话框，如图 1-24 所示，在其中即可对字体、字形和字号进行设置，然后单击“应用并关闭”按钮，返回“选项”对话框，单击“确定”按钮，即可完成命令提示行的字体设置。

图 1-23 “显示”选项卡

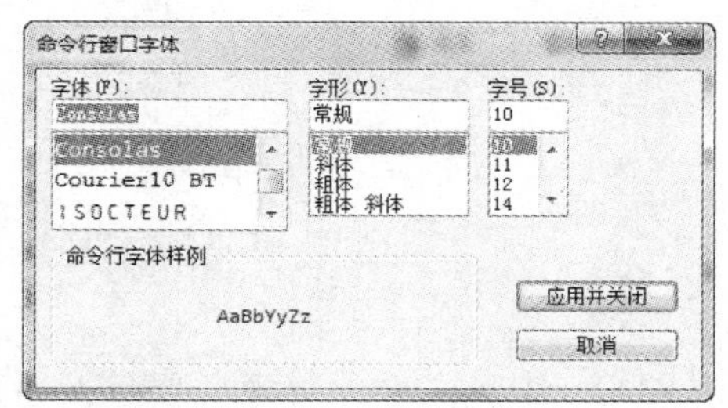

图 1-24 “命令行窗口字体”对话框

1.5.5 个性化工作空间

通过前面的设置，一个适合用户自己的工作空间已经形成，那么如何在下次绘图时直接进入该空间，而不再需要重新设置呢？可以通过个性化工作空间的方式来实现。

在 AutoCAD 中，用户可以创建具有个性化的工作空间，同时还可以将创建的工作空间保存起来。

适合用户自己的工作空间设置完成后，选择“工具”→“工作空间”→“将当前工作空间另存为”命令，如图 1-25 所示。在弹出如图 1-26 所示的“保存工作空间”对话框中输入需要保存的工作空间的名称，然后单击“保存”按钮，即可完成个性化工作空间的保存。

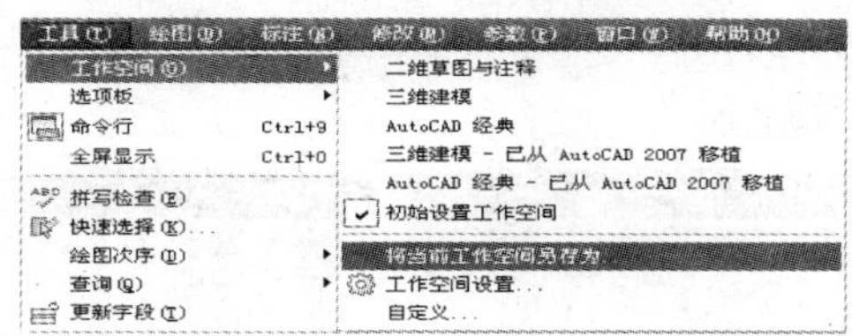

图 1-25 选择“工具”→“工作空间”→“将当前工作空间另存为”命令

图 1-26 “保存工作空间”对话框

当开始绘图使用该工作空间时，选择“工具”→“工作空间”→“工作空间设置”命令，弹出如图 1-27 所示的“工作空间设置”对话框，在“我的工作空间”下拉列表框中选择要使用的工作空间，单击“确定”按钮，即可进入该工作空间。

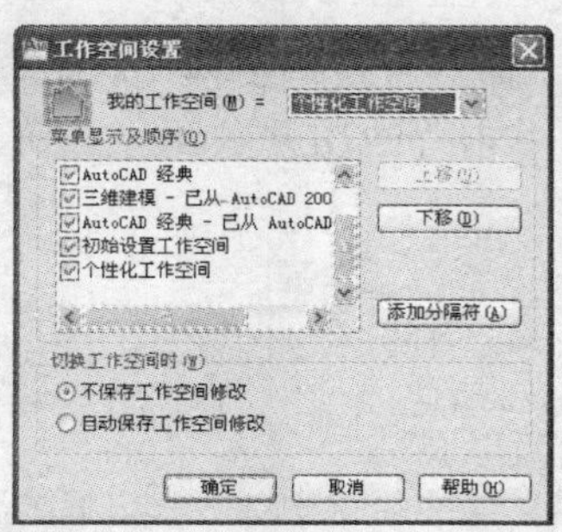

图 1-27 “工作空间设置”对话框

1.6 图形文件的管理

AutoCAD 图形文件的管理主要包括新建图形文件、打开/关闭图形文件、保存图形文件等操作。

1.6.1 新建图形文件

启动 AutoCAD 后，系统会自动新建一个名为 Drawing1 的图形文件。一般情况下，用户可通过样板新建图形文件。AutoCAD 提供了许多样板供用户使用和修改，同时用户还可以创建适合自身工作需要的样板并保存起来。新建图形文件时，系统默认的样板名是 acadiso.dwt。

启用新建图形文件命令的方式如下。

◆ GUI 方式，即单击自定义快速访问工具栏中的□按钮，打开“选择样板”对话框。

◆ 命令行方式，在命令行中输入 NEW，按 Enter 键或单击鼠标右键确定，打开“选择样板”对话框。

在“选择样板”对话框中选择样板，然后输入新建文件名，单击“打开”按钮，即可完成新图形文件的创建，如图 1-28 所示。

图 1-28 “选择样板”对话框

1.6.2 打开/关闭图形文件

无论是绘制还是修改图形，都需要先打开原有图形文件。AutoCAD 使用的文件后缀名是.dwg，用户可以通过图形文件的文件名、预览图等找到所需打开的图形文件。

启用打开图形文件命令的方式如下。

- GUI 方式，即单击自定义快速访问工具栏中的按钮，打开“选择文件”对话框。
- 命令行方式，在命令行中输入 OPEN，按 Enter 键或单击鼠标右键确定，打开“选择文件”对话框。

在“选择文件”对话框中的“查找范围”下拉列表框中选择图形文件的路径，在文件列表框中选择文件，然后单击“打开”按钮，即可打开图形文件，如图 1-29 所示。

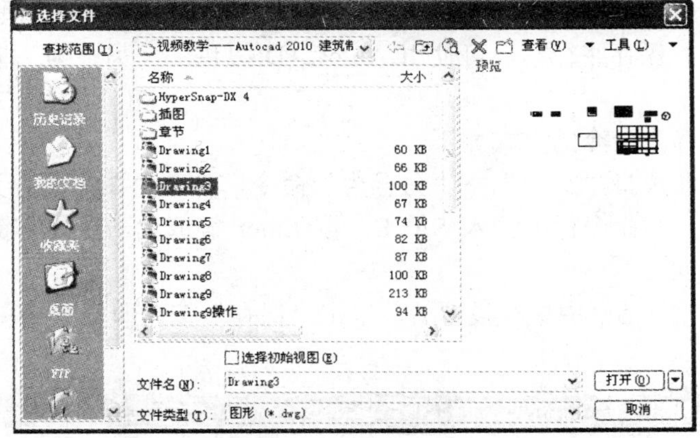

图 1-29 “选择文件”对话框

当需要打开最近操作过的图形文件时，可以单击菜单浏览器图标，在弹出的下拉菜单中单击选取，从而打开所需文件，如图 1-30 所示。

图 1-30 打开最近使用的文档

当然，在 Windows 操作系统下，直接双击所需打开的图形文件图标也可将其打开。

如要关闭图形文件，可以通过退出 AutoCAD 软件来关闭；或者单击菜单栏右侧的“关闭”按钮，但只关闭当前图形文件，不退出 AutoCAD 软件。

1.6.3 保存图形文件

无论是新建的图形文件还是打开原有的图形文件，在进行编辑操作之后，一般情况下都需要进行保存操作。

启用保存图形文件命令的方式如下。

- ◆ GUI 方式，即单击自定义快速访问工具栏中的按钮，完成保存。
- ◆ 命令行方式，在命令行中输入 QSAVE，按 Enter 键或单击鼠标右键确定，完成保存。

当用户打开原有的文件，对其进行了绘制或编辑等操作，但又不想覆盖原有的图形文件，或者要改变图形文件的保存路径时，可使用 AutoCAD 提供的“另存为”命令，对其进行另外的保存。

启用图形文件另存为命令的方式如下。

- ◆ GUI 方式，即选择“文件”→“另存为”命令，打开“图形另存为”对话框。
- ◆ 命令行方式，在命令行中输入 SAVE，按 Enter 键或单击鼠标右键确定，打开“图形另存为”对话框。

在“图形另存为”对话框中进行设置后，单击“保存”按钮即可完成图形的保存，如图 1-31 所示。

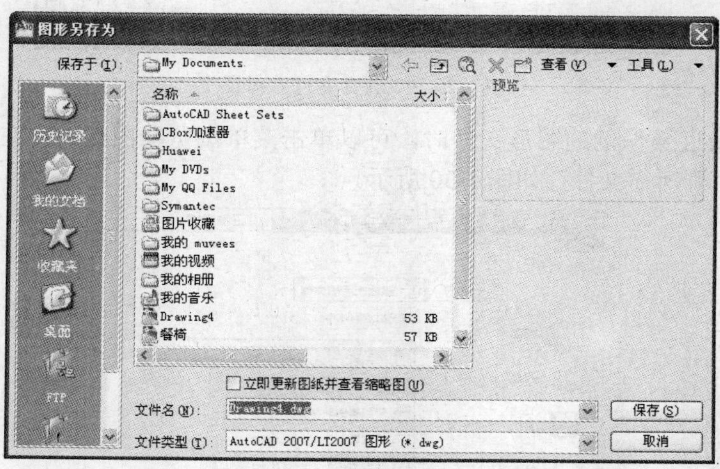

图 1-31 “图形另存为”对话框

注意，当新建文件第一次保存时，也会弹出“图形另存为”对话框，从而可以设置该文件的保存路径。

1.6.4 加密图形文件

对于一些重要的图形文件，用户可以为其设置密码，从而防止别人查看或对其进行修改，保证图形数据的安全。

对图形文件加密，需要打开“选项”对话框，选择“打开和保存”选项卡，如图 1-32 所示。在“文件安全措施”栏中单击“安全选项”按钮，弹出“安全选项”对话框，选择“密码”选项卡，如图 1-33 所示。

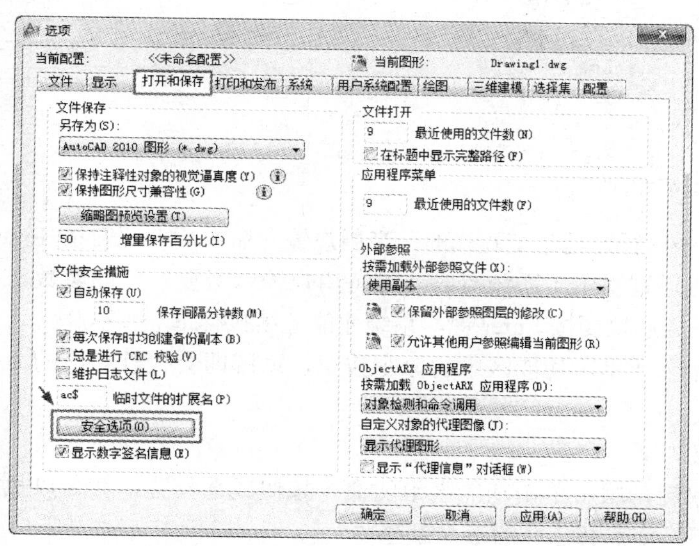

图 1-32　“打开或保存”选项卡

在“用于打开此图形的密码或短语”文本框中输入密码，单击“确定”按钮，在弹出的“确认密码”对话框中再次输入密码，即可完成对图形文件的加密。

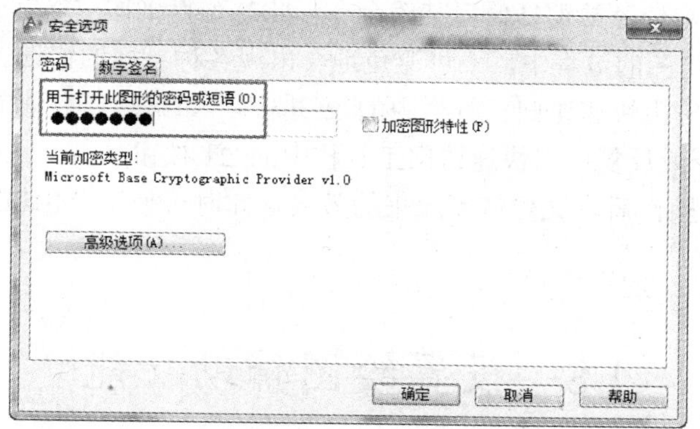

图 1-33　“安全选项”对话框

1.7　命令的调用执行

使用 AutoCAD 绘图的过程，实际上就是执行多个命令的过程，如绘图命令、修改命令、标注命令、文字命令等。因此，影响 AutoCAD 绘图速度的诸多因素中，调用执行命令的快慢就是关键的一点。

执行 AutoCAD 命令的方法一般有两种，一种是在命令行中输入命令全称或简称，另一种是用鼠标选择一个菜单命令或单击功能区中的命令按钮。

可以在命令行窗口中输入命令全称或简称；当状态栏中的“动态输入”打开时，也可以在光标处生成一个输入框，在其中输入命令。

一个典型的命令执行过程如下。

```
命令: _LINE
指定第一点:
指定下一点或[放弃(U)]:
```

AutoCAD 的命令执行过程是交互式的，当用户输入命令后，还需按 Enter 键确认，系统才会执行该命令。而执行过程中，系统有时要等待用户输入必要的绘图参数，如输入命令选项、几何参数等，输入完成后也要按 Enter 键，系统才能继续执行下一步操作。

选择一个菜单命令或单击功能区中的命令按钮，系统即会执行相应的命令。这种调用命令的方式较为普遍。

鼠标各按键定义如下。

- 左键为拾取键，用于单击功能区中的命令按钮或选择菜单命令以执行该命令，也可在绘图过程中指定点和选择图形对象等。
- 右键一般作为 Enter 键，命令输入完成后单击鼠标右键以执行该命令。
- 滚轮，转动滚轮用于放大或缩小图形；按住滚轮并拖动鼠标则可平移图形。

执行某个命令后，用户可随时按 Esc 键终止该命令。此时，系统又返回到命令行。

在绘图过程中，用户会经常重复使用某个命令，此时可直接按空格键或 Enter 键。

在使用 AutoCAD 绘图的过程中，不可避免地会出现各种各样的错误。如要修正这些错误，可使用 UNDO 命令或单击快速访问工具栏中的按钮。如果想要取消前面执行的多个操作，可反复使用 UNDO 命令或反复单击快速访问工具栏中的按钮。

当取消一个或多个操作后，又想恢复原来的效果，此时可使用 MREDO 命令或单击快速访问工具栏中的按钮。

1.8 设置绘图辅助功能

绘图辅助功能是 AutoCAD 为用户提供的快速、精确绘图的重要辅助功能。它可以达到用户所需的精度，节省绘图时间，提高绘图效率。AutoCAD 提供了正交、栅格、捕捉栅格、对象捕捉等绘图辅助工具并列在状态栏中，如图 1-34 所示。

图 1-34 绘图辅助工具

1.8.1 正交状态

当打开正交后，光标即被限制在水平或垂直方向上移动，从而可以精确地创建和修改对象。移动光标时，水平轴或垂直轴哪个离光标最近，拖引线就将沿着该轴移动。正交对齐取决于当前的捕捉角度、UCS 或等轴测栅格和捕捉设置。

在绘图和编辑过程中，可以单击状态栏中的“正交”按钮，随时打开或关闭正交。如果用户在绘图过程中需要临时打开或关闭正交，则可按住 Shift 键（临时替代键）。使用临时替代键时，无法使用直接距离输入法。

1.8.2 栅格

栅格是显示在用户设置的绘图区内的网格，类似于传统的坐标纸上的坐标网格，如图 1-35 所示。

栅格点不是实际存在的点，只是作为辅助绘图提供的参考点，它仅显示在图形界限内。因此，输入图纸时并不能打印栅格点。栅格的开启或关闭可以通过单击状态栏上的“栅格”按钮或按 F7 键来实现。

如果放大或缩小图形，需要调整栅格间距，使其更适合新的比例。例如，开启了栅格模式，但见不到栅格点，这是因为当前图形界限太大，导致栅格点太密的缘故。此时，可以通过“草图设置”对话框中的“捕捉和栅格”选项卡来设置栅格的间距。将光标放置在“栅格”按钮处，单击鼠标右键，在弹出的快捷菜单中选择“设置”命令，即可打开“草图设置”对话框，如图 1-36 所示。

图 1-35 栅格

图 1-36 “草图设置”对话框

选择“捕捉和栅格”选项卡，在“栅格 X 轴间距”和“栅格 Y 轴间距”文本框中可以设置间距。默认的 X、Y 轴间距会自动设置成相同的数值。

1.8.3 捕捉栅格

捕捉栅格是指将光标控制在用户定义的捕捉间距点上移动。用户可通过按 F9 键来开启捕捉栅格。此外，还可以通过“草图设置”对话框中的“捕捉和栅格”选项卡来开启和设置捕捉功能，其中“捕捉 X 轴间距”和“捕捉 Y 轴间距”文本框用于指定捕捉栅格点在水平和垂直方向上的间距。

1.8.4 对象捕捉

在绘图过程中，有许多用于精确定位图形的特征点，如端点、交点、中点、圆心等。对此，AutoCAD 为用户提供了对象捕捉功能，以确保绘图时能够迅速、精确地捕捉到指定的特殊点，并快速地绘制出所需图形。

在绘图过程中，有两种对象捕捉方式，即临时捕捉和自动捕捉。

临时捕捉的激活方式是在状态栏中右击“对象捕捉”按钮□，在弹出的快捷菜单中选择需要捕捉的点，如图 1-37 所示。使用临时捕捉方式，每捕捉一个特征点都要先选择捕捉类型，使得操作比较繁琐。

与临时捕捉相比，自动捕捉具有方便、高效的特点。该方式不必每捕捉一个特征点就要先选择捕捉模式，用户只要预先设置好一些对象捕捉模式，在对象捕捉开启、光标移动到图形对象时，将会自动捕捉该对象上符合预先设置的捕捉模式的特征点。对象捕捉模式可通过“草图设置”对话框中的“对象捕捉”选项卡进行设置，如图 1-38 所示。

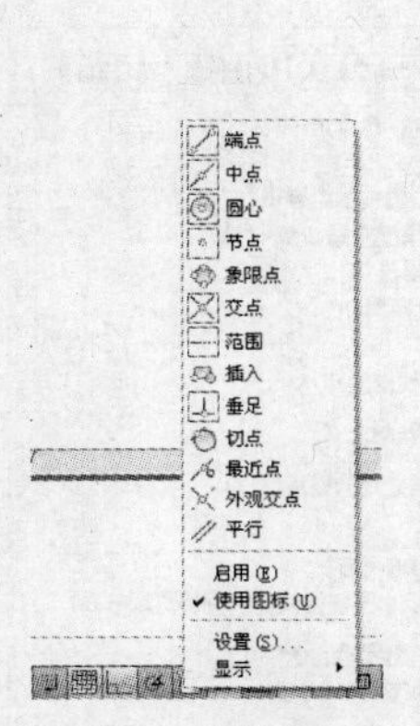

图 1-37 临时捕捉

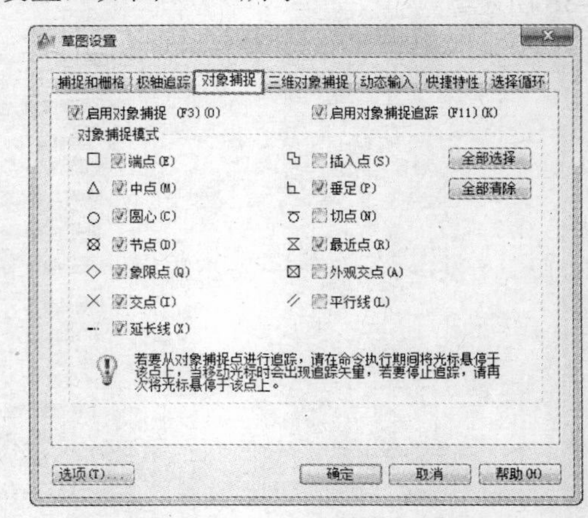

图 1-38 自动捕捉设置

1.9 设置绘图环境

新绘制一张图纸之前，一般需要先对其中的一些参数进行设置，如绘图单位、图形界限、对象属性等，通常将此过程称为设置绘图环境。

1.9.1 绘图单位设置

在绘图过程中，所有创建的对象都是根据图形单位来进行测量的。因此，绘制任何一张图纸之前，都需要先对其进行设置。

AutoCAD 提供了设置图形单位的功能，用户可以通过“图形单位”对话框设置图形的长度单位、角度单位以及各自的精度等参数。

选择“格式”→“单位”命令，即可打开“图形单位”对话框，如图 1-39 所示，在该对话框中单击“方向”按钮，打开“方向控制”对话框，如图 1-40 所示，通过该对话框，用户可设置基准角度的方向，系统默认的角度为 0°。

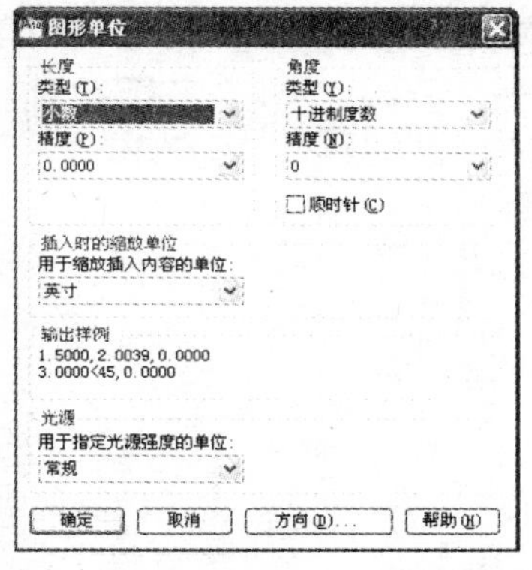

图 1-39 “图形单位”对话框

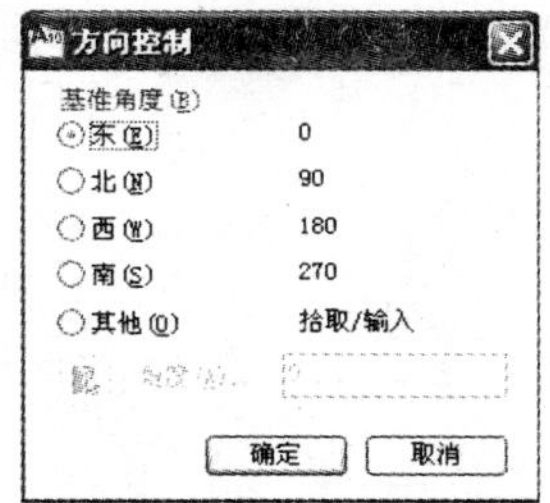

图 1-40 “方向控制”对话框

1.9.2 图形界限设置

AutoCAD 提供了一个无限大的绘图区，在方便用户操作的同时，也带来了一个问题，即如何避免绘制的图形超出绘图界限。此时可通过图形界限设置，在指定的区域内绘图，从而精确地设计和绘制图形。

图形界限是用户创建的一个不可见的、由左下角点和右上角点所确定的矩形区域。在默认情况下，左下角点的位置为（0,0），一般不需要改变它。因此，要确定图形界限实际上就取决于右上角点所处的位置。

选择“格式”→“图形界限”命令，系统将给出如下操作提示。

```
命令: _limits
重新设置模型空间界限:
指定左下角点或 [开(ON)/关(OFF)] <*,*>:
指定右上角点 <*,*>:
```

按照提示先后指定左下角点和右上角点，即可确定所需的图形界限。

AutoCAD 提供了一些符合国家标准的图幅，如 A0（1189mm×841mm）、A1（841mm×594mm）、A2（594mm×420mm）、A3（420mm×297mm）和 A4（297mm×210mm）等。

为了避免繁琐的比例换算，以保证能够精确、快速绘图，用户最好在模型空间采用 1:1 的比例，按照所设计对象的真实尺寸绘图。待图形绘制完成后，在布局中再按一定的比例输出打印图幅。

1.9.3 对象属性设置

在“常用”选项卡下的“特性”功能区面板中，可分别设置对象的颜色、线型以及线宽。默认情况下，系统的设置均为 ByLayer（随图层的设置），如图 1-41 所示。

用户既可以改变原有对象的属性，也可以预先设置即将绘制的对象的属性。

◆ 设置对象颜色：在“特性”面板的“颜色控制”下拉列表中选择需要的颜色类型，如图 1-42 所示；当列表中没有所需颜色时，可选择“选择颜色”命令，打开“选择颜色”对话框，然后在其中选择需要的颜色，单击“确定”按钮，如图 1-43 所示。

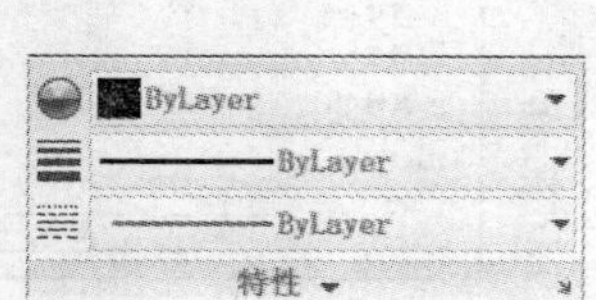

图 1-41 “特性”功能区面板

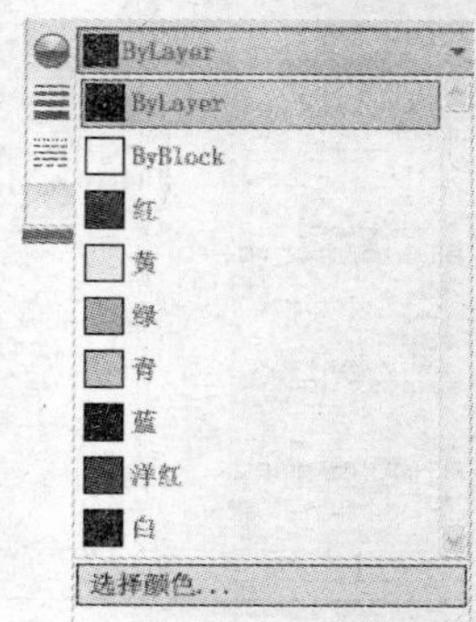

图 1-42 “颜色控制”下拉列表

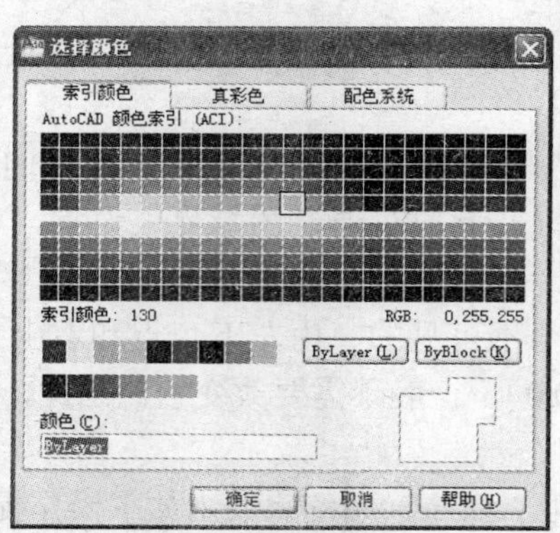

图 1-43 “选择颜色”对话框

◆ 设置对象线型：在“特性”面板的“线型控制”下拉列表中选择需要的线型，如图 1-44 所示；如果没有需要的线型，可选择“其他”命令，打开“线型管理器”对话框，加载所需的线型，如图 1-45 所示。

◆ 设置对象线宽：在“特性”面板的“线宽控制”下拉列表中选择需要的线宽，如图 1-46 所示；如果没有需要的线宽，可选择“线宽设置”命令，打开“线宽设置”对话框，从中设置对象线宽，如图 1-47 所示。

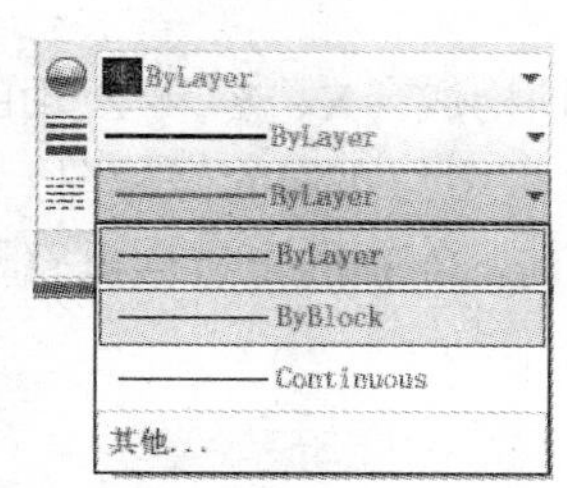

图 1-44　“线型控制”下拉列表

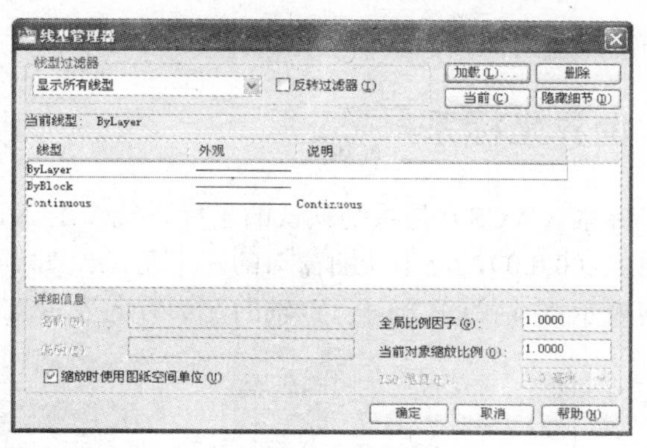

图 1-45　“线型管理器”对话框

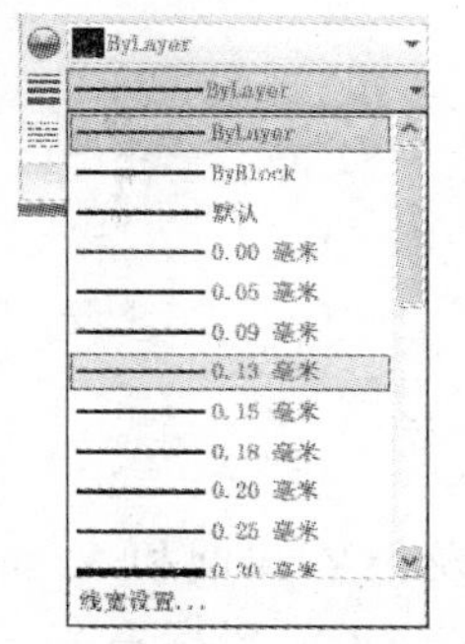

图 1-46　“线宽控制”下拉列表

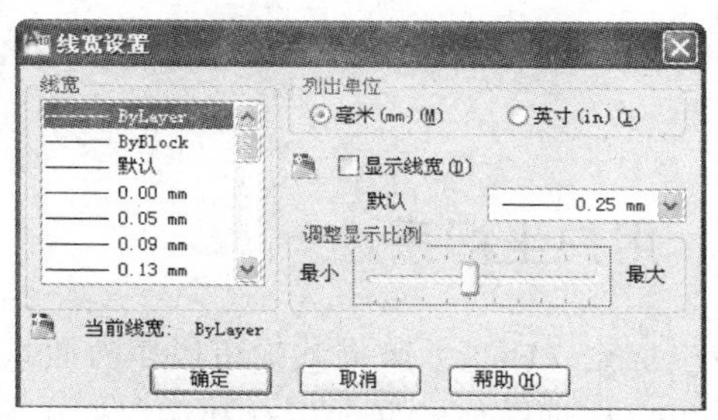

图 1-47　“线宽设置”对话框

1.10　坐标系与坐标点

在 AutoCAD 中有两种坐标系，一种是被称为世界坐标系（WCS）的固定坐标系，另一种是被称为用户坐标系（UCS）的可移动坐标系。默认情况下，这两种坐标系在新图形中是重合的。用户可通过 AutoCAD 提供的如图 1-48 所示的坐标工具（位于“视图”选项卡下的“坐标”面板中），更改当前绘图区的坐标系。

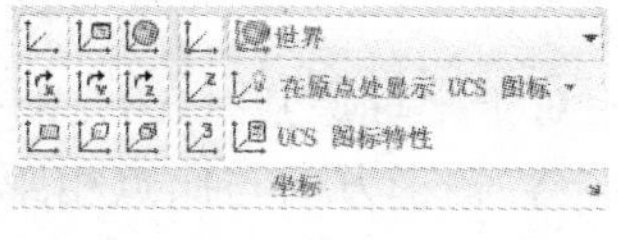

图 1-48　“坐标”面板

1.10.1　笛卡儿坐标系

笛卡儿坐标系由 X、Y 和 Z 轴组成的，以坐标原点（0,0,0）为基点定位输入点，即输入点坐标值时，需要指定点坐标相对于坐标系原点（0,0,0）的距离（以单位表示）及其方向（正或负）。创建的图形都基于 XY 平面（也称为构造平面）上的指定点。笛卡儿坐标的 X 值指定水平距离，Y 值指定垂直距离。

1.10.2　世界坐标系

世界坐标系（WCS）是系统默认的坐标系统，由 X、Y 和 Z 轴构成。X、Y 和 Z 轴的交点为坐标的原点（0,0,0），位于绘图窗口的左下角，如图 1-49 所示（模型与布局的坐标图）。X 轴的箭头方向表示 X 轴的正方向，Y 轴的箭头方向表示 Y 轴的正方向，Z 轴的正方向垂直于屏幕向外。

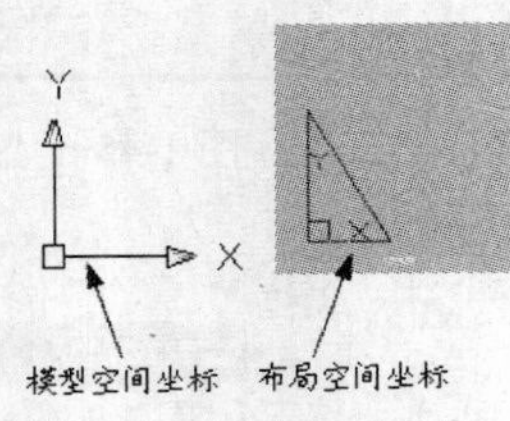

图 1-49　世界坐标系

1.10.3　用户坐标系

用户坐标系（UCS）用来创建可以更改原点（0,0,0）位置以及 XY 平面和 Z 轴方向的坐标系。用户可以根据需要定义、保存和调用任意数量的用户坐标系。UCS 坐标系在三维空间中尤其有用，将坐标系与现有几何图形对齐比计算出三维点的精确位置要容易得多。例如，改变原点创建新的 UCS 坐标系，单击“坐标”面板中的“原点”按钮，指定新的坐标原点，然后单击“确定”按钮，即可完成用户坐标系的创建。

1.10.4　通用坐标输入方法

通用坐标输入方法通常分为 3 种，即直角坐标输入法、极坐标输入法和直接坐标输入法。其中，直角坐标输入法又分为绝对直角坐标输入法和相对直角坐标输入法，极坐标输入法分为绝对极坐标输入法和相对极坐标输入法。

1．直角坐标输入法

绝对直角坐标输入法是指输入相对于坐标原点（0,0）的坐标，如点坐标（2,5）表示该点在 X 轴正方向与原点相距 2 个单位，在 Y 轴正方向与原点相距 5 个单位；相对直角坐标输入法是指输入相对于参照点的相对坐标，输入格式为（@x,y）。例如，相对于点（2,5）输入相对坐标（@-5,1）的绝对坐标值为（-3,6），如图 1-50 所示。

2．极坐标输入法

极坐标通过相对于极点的距离和角度来定义。绝对极坐标输入法是指输入相对于极点坐标（即原点）的距离和角度，输入格式为（L<a）。在系统默认下，角度以逆时针方向为正。例如，极坐标（5<30）表示该点离极点的极长为 5，该点与极点的连线与 X 轴之间的夹角为 30° 。

相对极坐标输入法是指输入相对于参照点的距离和角度，输入格式为（@L<a）。其中，L

表示该点到参照点的极长；a 表示该点与参考点的连线与 X 轴之间的夹角。例如，相对于极坐标（5<30）输入相对坐标（@-1<60）的绝对坐标值为（4<90），如图 1-51 所示。

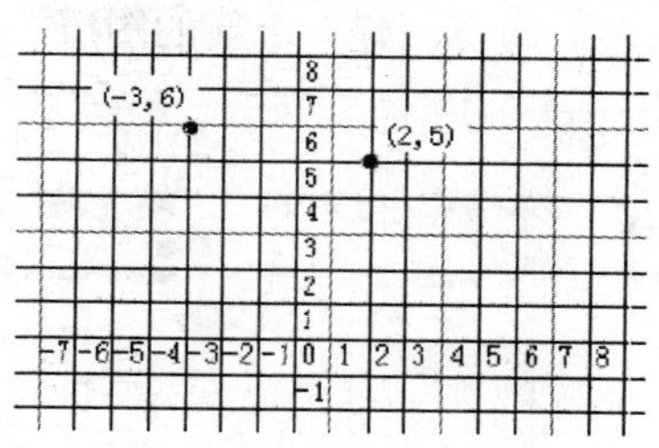

图 1-50　直角坐标输入法

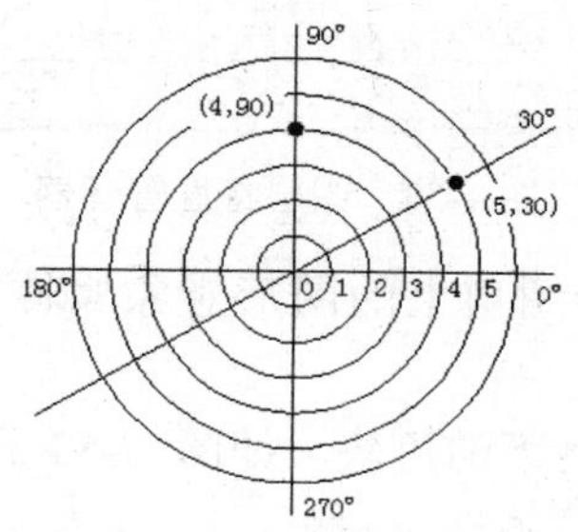

图 1-51　极坐标输入法

3. 直接坐标输入法

直接坐标输入法（也称直接距离输入法）是指结合正交、极轴追踪等辅助功能，通过移动光标指定方向，然后直接输入距离值的方法来输入指定点坐标。

1.11　图 层 管 理

任何一个图形对象都具有各自的特性，如线型、线宽、颜色等基本对象特征。AutoCAD 提供了图层设置功能来管理和控制复杂的图形对象。“图层”面板如图 1-52 所示。

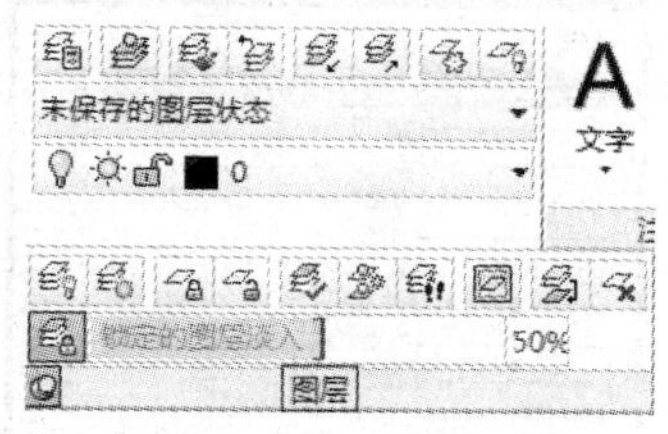

图 1-52　“图层”面板

1.11.1　图层的基本概念

图层是 AutoCAD 提供的用于按不同功能（如墙、给排水、照明等）来组织图形信息（线型、线宽、颜色等）的主要工具。对于每一个新建的图形文件，系统默认的图层名为 0。

用户可以根据设计需要创建图层，设置不同的特性并保存起来。在“图层”面板中单击“图层特性”按钮，打开图层特性管理器，单击按钮，或单击鼠标右键，在弹出的快捷菜单中选择“新建图层”命令，然后输入图层名，即可创建一个新的图层，如图 1-53 所示。

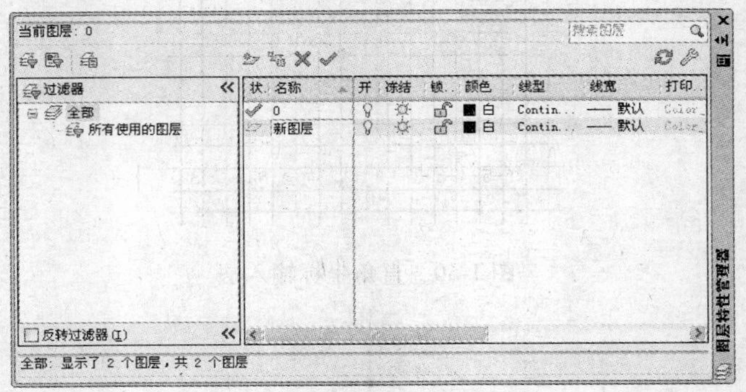

图 1-53　图层特性管理器

对于新图层，可以将绘制在该图层上的图形对象属性（也可以说是图层的属性，包括颜色、线型、线宽等）进行初步设定。

◆ 修改颜色：单击“颜色”列下的色块，如图 1-54 所示，在弹出的“选择颜色”对话框中进行与对象属性设置相同的操作即可。

图 1-54　修改颜色

◆ 修改线宽：单击“线宽”列下的线宽，如图 1-55 所示，在弹出的“线宽”对话框中选择所需的线宽，如图 1-56 所示。

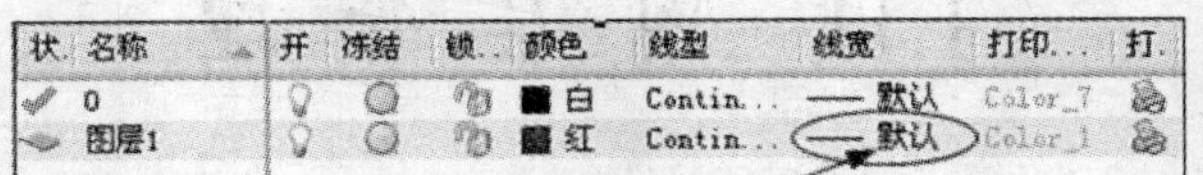

图 1-55　修改线宽

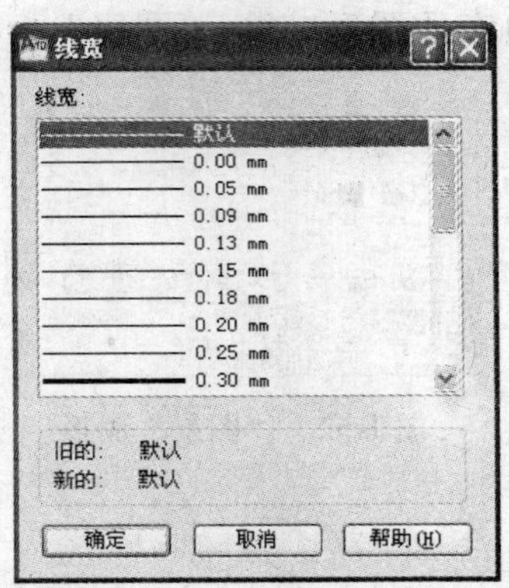

图 1-56　“线宽”对话框

◆ 修改线型：单击“线型”列下的线型，如图 1-57 所示，在弹出的“选择线型”对话框中进行与对象属性设置相同的操作即可。

图 1-57　修改线型

一个复杂的图形可看作是由若干个图层上的图形对象叠加而成的，并且每个图层都具有各自的特性，如线型、线宽、颜色等。运用图层绘制出来的图纸便于用户区分和控制图层中的图形对象，进而可以对其进行相应的编辑等操作，提高绘图的效率。

1.11.2　图层的控制

用户可以通过图层来控制图形对象的显示和打印，如图层开关、图层冻结和解冻、图层锁定和解锁等。

1.12　图形显示控制

前面提到绘图区是无限大的，但计算机屏幕的大小却是有限的，即绘图区的大小受计算机屏幕大小的限制。因此，AutoCAD 提供了缩放和平移工具来缩放、平移图形，使用户能够清晰地看到并精确地绘制每一个图形。

1.12.1　视图缩放

AutoCAD 提供了多种缩放工具来控制图形的显示，主要集中在“视图”→“缩放”子菜单中，其中包含“窗口”、“动态”、“比例”、“中心”、“对象”、“放大”、“缩小”、“全部”和“范围”等命令，如图 1-58 所示。

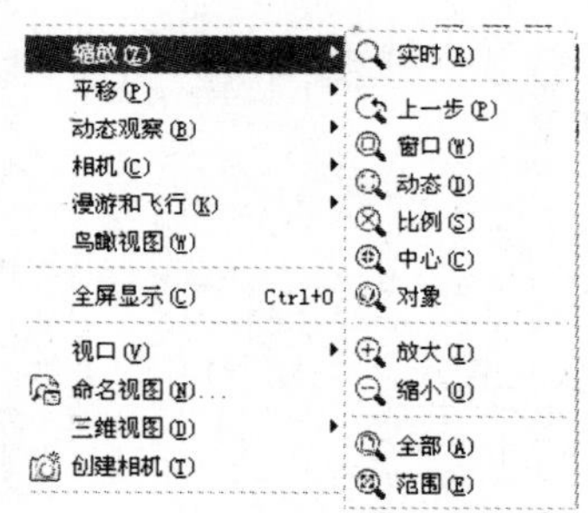

图 1-58　缩放命令

当然，一般情况下，使用鼠标上的滚轮来进行缩放操作，前后滚动即可缩小和放大图形。

1.12.2　视图平移

视图平移是指在不改变图形缩放比例的情况下移动显示图形，使当前尚不可见的那部分图形显示在当前视口。AutoCAD 提供了多种平移工具来控制图形的显示，主要集中在“视图”→“平移”子菜单中，其中包含“实时”、“定点”、“左”、“右”、“上”和“下”命令，如图 1-59 所示。

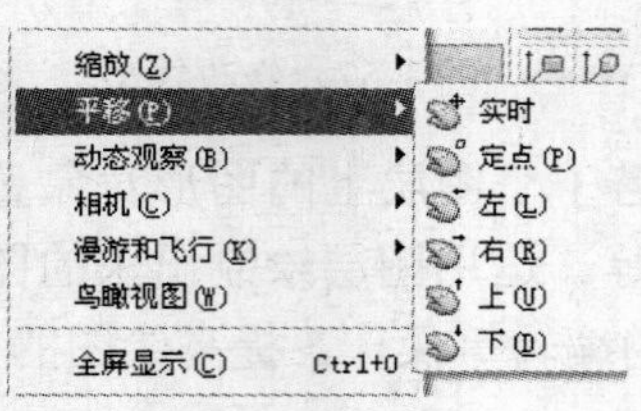

图 1-59　平移工具

当然，一般情况下，使用鼠标上的滚轮来进行平移操作，按住滚轮后拖动鼠标即可。

第 2 讲　绘制基本图形

二维绘图命令是 AutoCAD 使用最多的命令，本讲以典型实例引出常用的绘图命令，接着重点介绍二维基本图形的创建方法和步骤，并结合建筑制图的实例进一步说明这些常用命令的使用方法和技巧。

本讲内容

- 实例·模仿——绘制简单门立面图
- 绘制直线
- 绘制多段线
- 绘制圆及圆弧
- 绘制矩形
- 绘制矩形绘制正多边形
- 绘制圆环
- 绘制样条曲线
- 实例·操作——绘制欧式窗立面图
- 实例·练习——绘制矩形浴缸

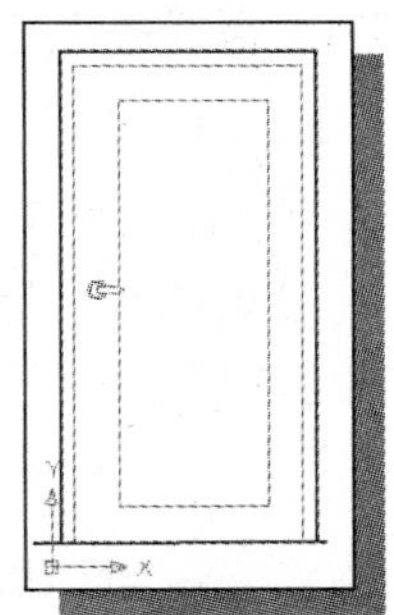

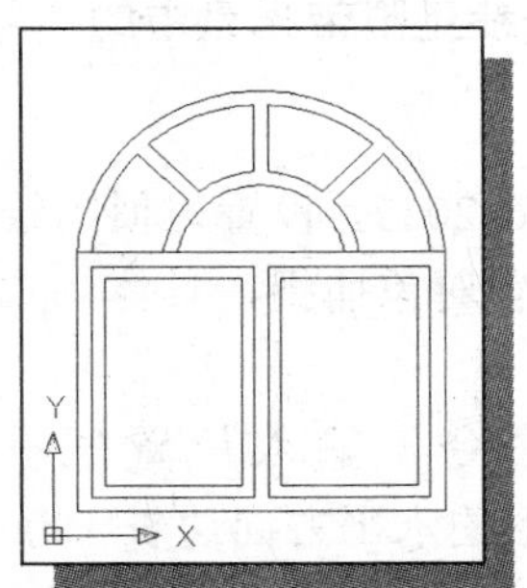

2.1　实例·模仿——绘制简单门立面图

本例将绘制一幅普通单扇门立面图，该门高 2000，宽 1000，如图 2-1 所示。门在建筑制图中有平面与立面两种表示方式，本例将介绍较简单的单扇门的立面表示。

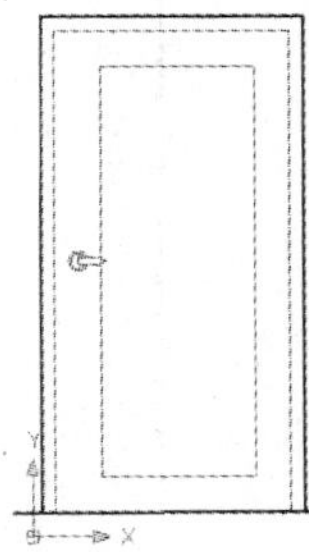

图 2-1　单扇门立面图

视频教学

【思路分析】

首先应用矩形命令绘制出内外轮廓，即门扇，再配合圆、直线、修剪等命令绘制细部，如门把手，最后使用偏移命令绘制门框，并将外轮廓加粗。总的来看较为简单，其绘制流程如图 2-2 所示。

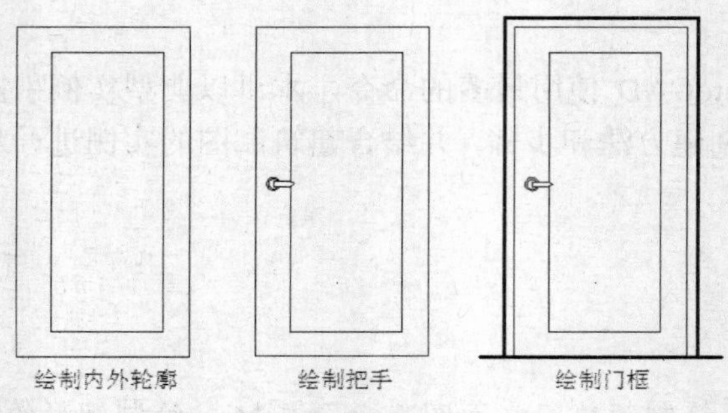

图 2-2　绘制单扇门流程图

【光盘文件】

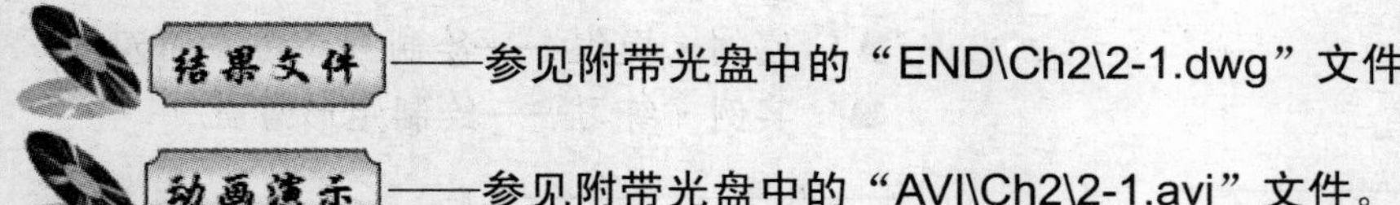

结果文件——参见附带光盘中的“END\Ch2\2-1.dwg”文件。

动画演示——参见附带光盘中的“AVI\Ch2\2-1.avi”文件。

【操作步骤】

（1）启动 AutoCAD 2012，设置习惯的绘图环境，开启正交，设置对象捕捉，具体方式参见第 1 讲。

（2）使用矩形命令，输入位置坐标（100,100），再输入矩形的水平方向边长 1000 与纵向边长 2000，得到如图 2-3 所示的矩形。

图 2-3　门扇外轮廓

（3）同样使用矩形命令，获得位置坐标为（250,250）、水平方向边长为 700、纵向边长为 1700 的矩形，如图 2-4 所示。

（4）沿较小矩形左侧边作一直线，即覆盖在这条边上面。使用直线命令，先后选取左侧边上下端点即可，然后将该直线向右偏移 50，如图 2-5 所示。

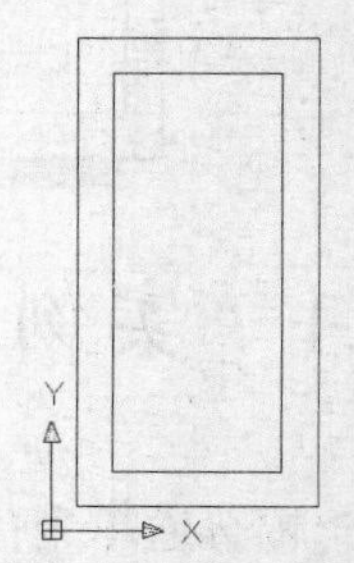

图 2-4　门扇内轮廓

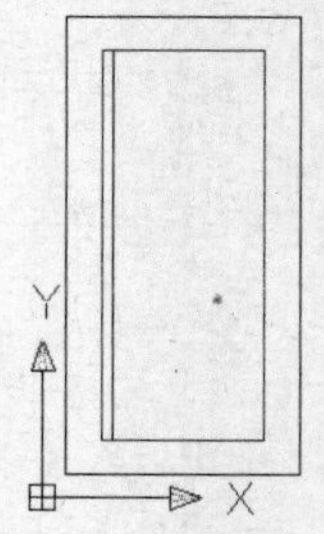

图 2-5　偏移辅助直线

（5）以偏移得到的直线为准，对内部矩形执行修剪命令，将左侧部分删剪，同时将步骤（4）中附加的直线删除，如图 2-6 所示。

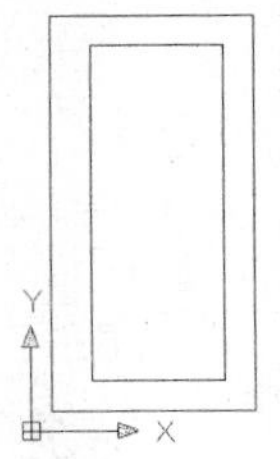

图 2-6　门扇

（6）门扇绘制结束，接下来绘制把手。使用矩形命令，以坐标点（200,1135）为位置点，作水平方向边长为 90、纵向边长为 30 的矩形。

（7）使用圆心、半径命令，以新绘矩形左侧边中点为圆心，绘制两个圆，其半径分别为 30 和 40，如图 2-7 所示。

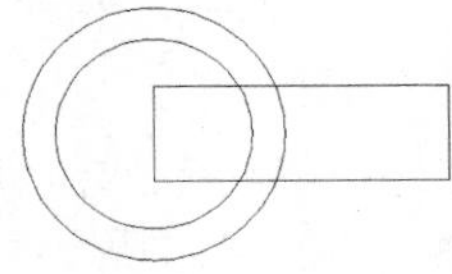

图 2-7　把手初步

（8）使用修剪命令，将矩形内所含的弧线修剪掉，如图 2-8 所示。

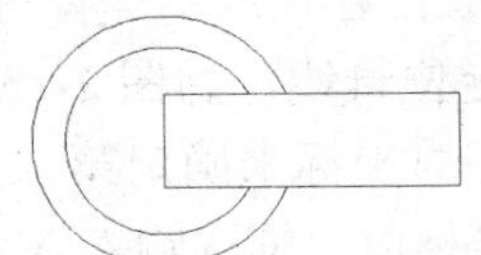

图 2-8　修剪弧形

（9）使用直线命令，以矩形右侧边中点为起点，向右作一条直线，长 30。再将这条直线右端点与矩形右侧两角点相连，如图 2-9 所示。

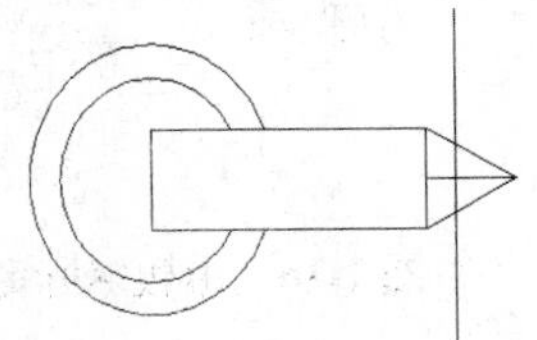

图 2-9　辅助直线

（10）使用修剪命令，以新相连的两条直线为准，将内部线条修剪掉，再将相应辅助线删除，如图 2-10 所示。

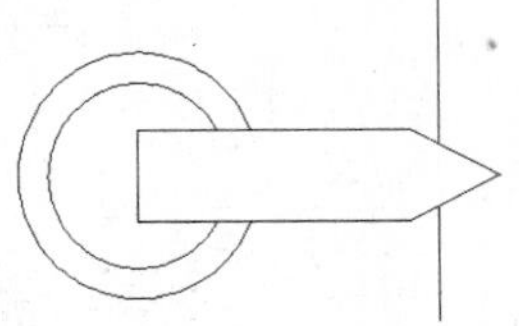

图 2-10　修剪辅助直线

（11）把手绘制结束，接下来绘制门框。选择较大矩形，向外偏移 60，如图 2-11 所示。

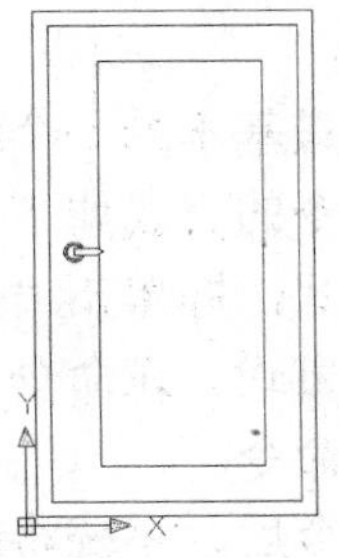

图 2-11　绘制门框

（12）使用直线命令，以坐标点（-100,100）为起点，以（1300,100）为端点绘制直线，再以直线为准，对门框矩形进行修剪，如图 2-12 所示。

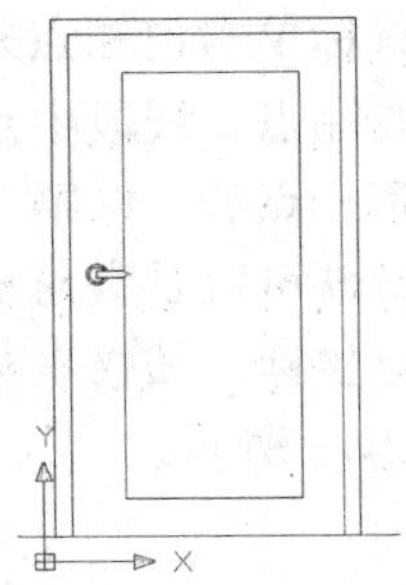

图 2-12　绘制地平面

（13）按照图 2-13 所示选择线段，在“选择线宽”下拉列表中选择“0.30 毫米”线宽。在状态栏中激活“显示/隐藏线宽”，显示线宽。如此绘制完成，最后立面图如图 2-14 所示。

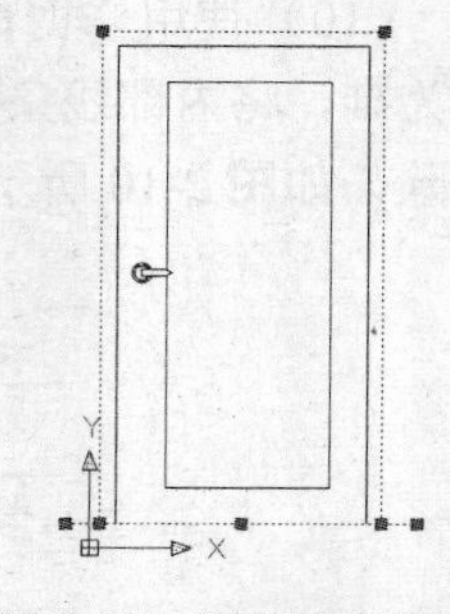
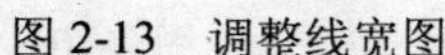

图 2-13　调整线宽图

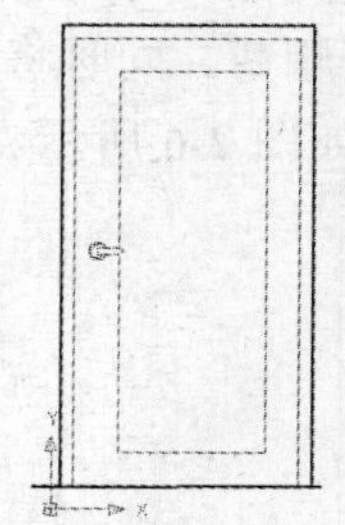

2-14　单扇门立面图

2.2 绘制直线

直线命令是最基本的一个绘图命令，主要用于绘制两点之间的线段。

启用直线命令的方式如下。

- GUI 方式，即单击“绘图”面板中的按钮，执行直线命令。
- 命令行方式，在命令行中输入 LINE（或缩写 L），按 Enter 键或单击鼠标右键确认，执行直线命令。

执行直线命令后，系统将给出如下操作提示。

```
命令：_LINE
指定第一点：
指定下一点或[放弃(U)]：
```

因此，使用直线命令来绘制线段，关键在于确定直线起点和终点位置，即准确对直线进行定位。主要有以下两种方法。

- 通过鼠标单击已知点来定位。利用对象捕捉功能，可获取已存在的一些位置较特殊的点，如线段端点、线段中点、线段交点、圆心等。如此可定位直线，如图 2-15 所示。
- 确定第一点后，以第一点为坐标原点，输入第二点的相对坐标来确定第二点的位置。相对坐标既可以是直角坐标，也可以是极坐标。按直角坐标时，依次输入 X 方向、Y 方向的相对坐标；按极坐标时，则依次输入相对于参照点的距离和角度来确定第二点位置，如图 2-16 所示。

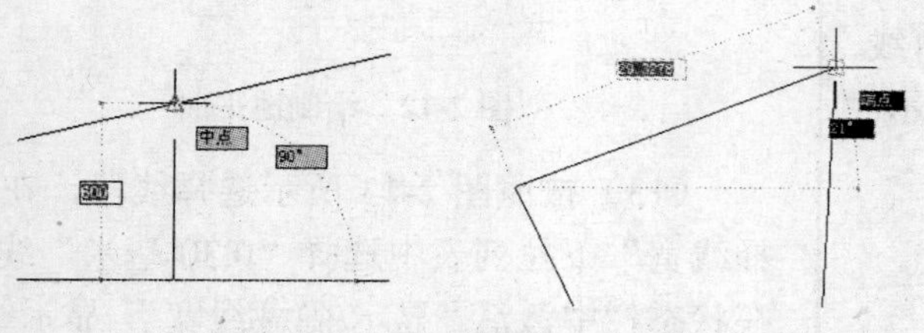

图 2-15　由已知点定位直线

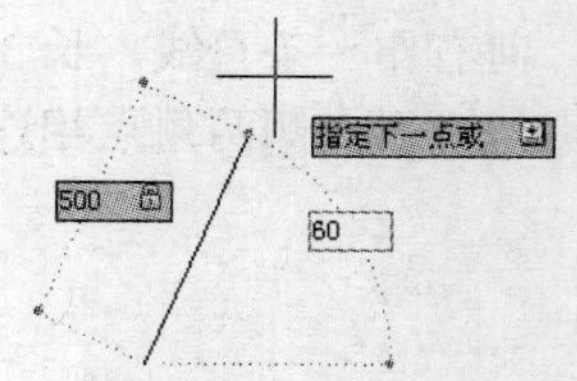

图 2-16　由极坐标定位直线

2.3 绘制多段线

使用直线命令绘制的每一条线段均为单个对象，若希望连续绘制连接在一起的多条线段，并且多条线段可以按一个对象来处理，就应使用多段线命令。

启用多段线命令的方式如下。

◆ GUI 方式，即单击“绘图”面板中的按钮，执行多段线命令。

◆ 命令行方式，在命令行中输入 PLINE（或 PL），按 Enter 键或单击鼠标右键确认，执行多段线命令。

执行多段线命令后，系统将给出如下操作提示。

```
命令: _PLINE
指定起点:
当前线宽为 0.0000
指定下一点或[圆弧(A)/闭合(C)/半宽(H)/长度(L)/放弃(U)/宽度(W)]:
```

使用多段线命令，按直线命令的直线定位方法，即可绘制一系列连接的线段，并可按单个对象处理。

命令行提示中各选项进一步丰富了多段线命令的功能，分别介绍如下。

◆ 在命令行中输入 A，可绘制弧形的多段线，并且系统将进一步给出绘制圆弧的提示选项，具体细节将在 2.4 节讲解。

◆ 在命令行中输入 C，可自动将多段线闭合。若结束绘制的一段多段线为弧形，则闭合命令为 CL，以免回复不明确。

◆ 在命令行中输入 H，指定多段线的半宽值，即只此一段的线宽值。

◆ 在命令行中输入 L，确定多段线的下一段的长度。

◆ 在命令行中输入 U，取消刚绘制的一段多段线。

◆ 在命令行中输入 W，设置多段线的宽度，即整个对象的线宽值。

下面以绘制箭头为例说明多段线的应用。

执行多段线命令，输入 500，先绘制一条长为 500 的水平直线；输入 h，按默认的指定起点半宽为 0；输入 20，指定端点半宽为 20；再输入 100，作为第二条直线的长度；向右绘制，即可得到一个箭头，完成箭头引线的绘制，如图 2-17～图 2-22 所示。

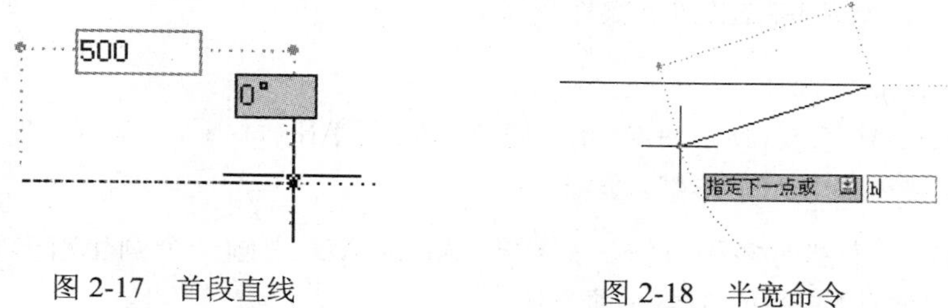

图 2-17　首段直线　　　图 2-18　半宽命令

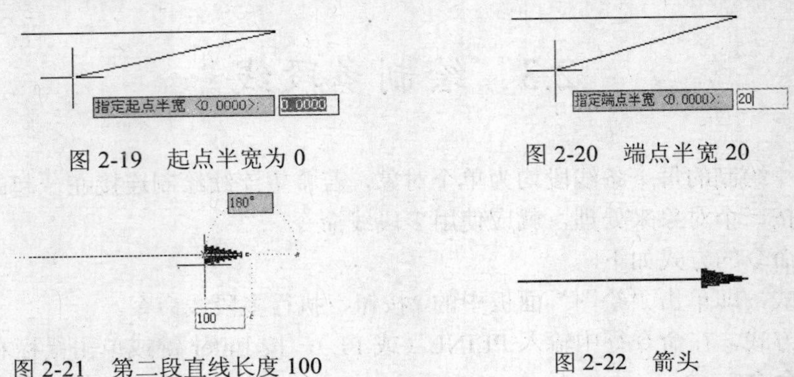

图 2-19　起点半宽为 0　　图 2-20　端点半宽 20

图 2-21　第二段直线长度 100　　图 2-22　箭头

2.4　绘制圆及圆弧

圆及圆弧为建筑制图中的基本几何单元，其绘制分别有专门的命令。

1. 圆

启用圆命令的方式如下。

◆ GUI 方式，即单击“绘图”面板中的按钮，执行圆命令；或单击其右侧的下拉按钮，在弹出的下拉菜单中选取一种方法，执行圆命令，如图 2-23 所示。

图 2-23　圆命令

◆ 命令行方式，在命令行中输入 CIRCLE（或 C），按 Enter 键或单击鼠标右键确认，执行圆命令。

执行圆命令后，系统将给出如下操作提示。

```
命令: _CIRCLE
指定圆的圆心或[三点(3P)/两点(2P)/切点、切点、半径(T)]:
指定圆的半径或[直径(D)]<默认值>:
```

在几何上确定一个圆有多种方法，同样在 AutoCAD 中画一个圆也有多种方法。下面将按图 2-23 所示分别介绍绘制圆的 3 类 6 种方法。

（1）用圆心方式画圆

此类方法要求先指定圆心，然后输入半径值或直径值即可，如图 2-24 和图 2-25 所示。

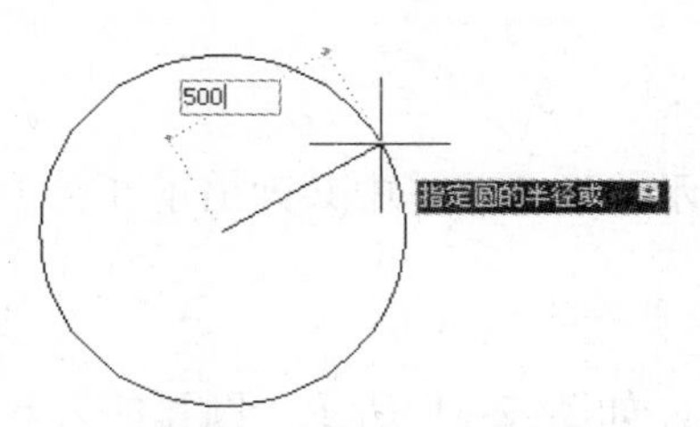

图 2-24　已知圆心、半径画圆

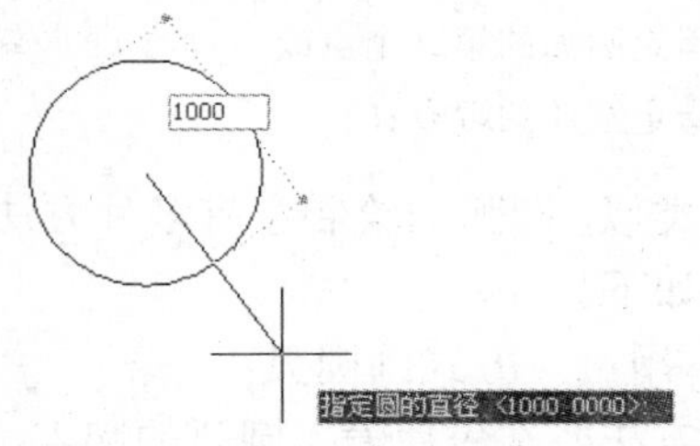

图 2-25　已知圆心、直径画圆

（2）用点方式画圆

此类方法通过确定圆上点的位置来画圆。其中“两点”方式通过确定直径上的两端点来画圆，如图 2-26 所示；“三点”方式则直接通过确定圆周上任意 3 点来画圆，如图 2-27 所示。

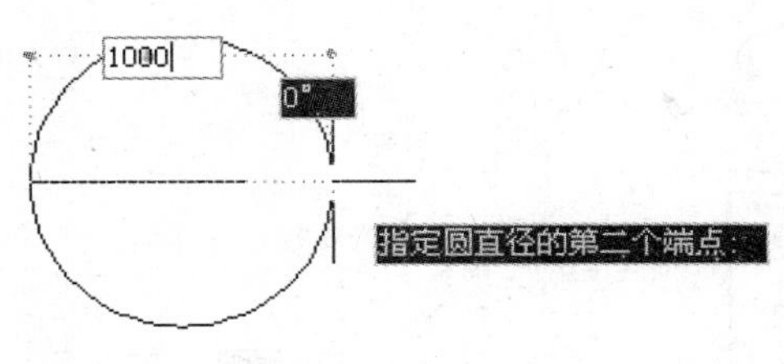

图 2-26　“两点”画圆

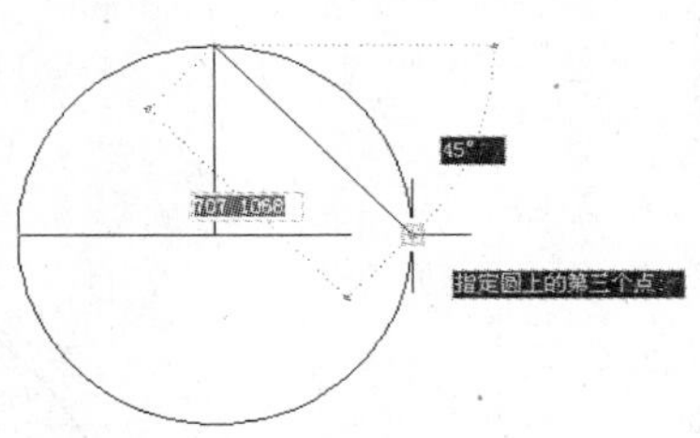

图 2-27　“三点”画圆

（3）用相切方式画圆

此类方法适合于画公切圆。其中，“相切，相切，半径”方式通过确定和公切圆相切的两个实体以及公切圆半径来画圆，如图 2-28 所示；“相切，相切，相切”方式通过确定和公切圆相切的 3 个实体来画圆，如图 2-29 所示。

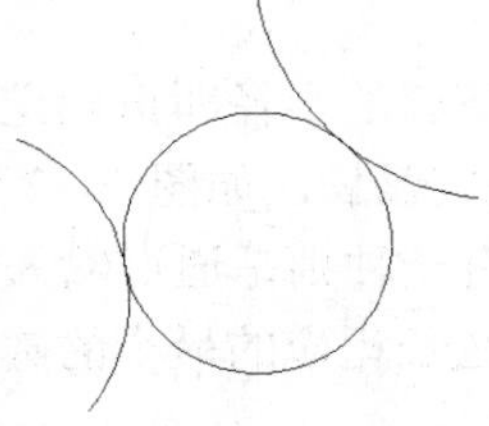

图 2-28　“相切，相切，半径”画圆

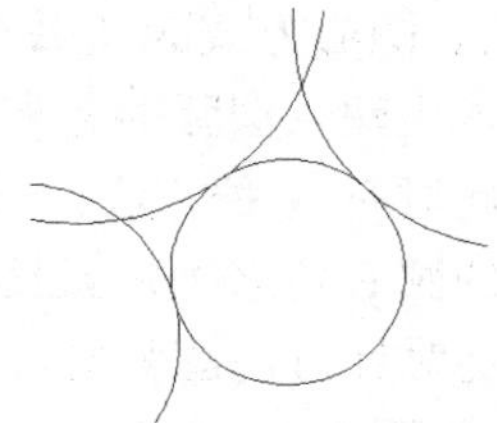

图 2-29　“相切，相切，相切”画圆

2. 圆弧

启用圆弧命令的方式如下。

- GUI 方式，即单击“绘图”面板中的按钮，执行圆弧命令；或单击其右侧的下拉按钮，在弹出的下拉菜单中选取一种方法，执行圆弧命令，如图 2-30 所示。
- 命令行方式，在命令行中输入 ARC（或 A），按 Enter 键或单击鼠标右键确认，执行圆弧命令。

执行圆弧命令后，系统将给出如下操作提示。

```
命令: _ARC
指定圆弧的起点或 [圆心(C)]:
指定圆弧的第二个点或 [圆心(C)/端点(E)]:
指定圆弧的端点:
```

与圆类似，圆弧的绘制也有多种方法，如图 2-30 所示的下拉菜单中共列出了 5 类 11 种方法，分别介绍如下。

（1）用三点方式画圆弧

此类方法要求先后输入圆弧的起点、第二点和终点，如图 2-31 所示。圆弧的方向由起点、终点的方向确定，顺时针或逆时针都可以。输入终点时，可采用拖动方式将圆弧拖至所需的位置。

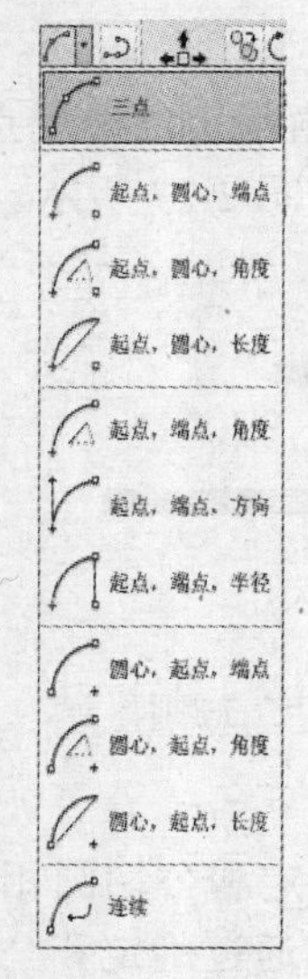

图 2-30　圆弧命令

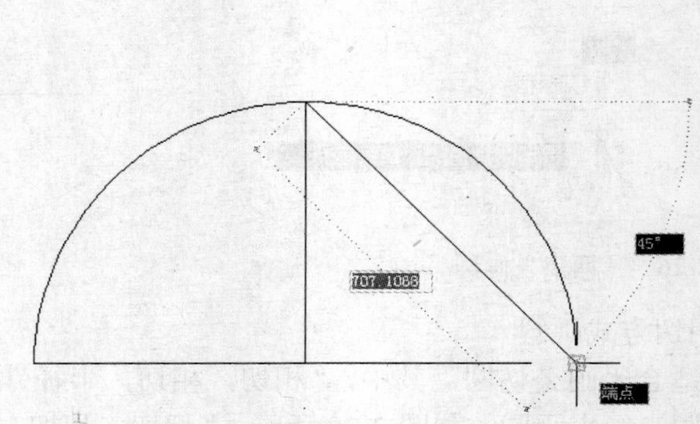

图 2-31　以三点方式画弧

（2）用起点、圆心方式画圆弧

此类方法要求先输入圆弧的起点，再确定圆弧的圆心，圆弧的半径即可确定，然后只需再确定圆弧的长度。此时有 3 种方法：一种是通过确定端点来确定弧长，如图 2-32 所示；一种是通过输入圆弧对应的圆心角来确定弧长，如图 2-33 所示；还有一种则是通过输入圆弧的弦长来确定弧长（此时沿逆时针方向画弧时，若长度为正，则得到与弦长相应的最小的圆弧；反之，则得到最大的圆弧），如图 2-34 所示。

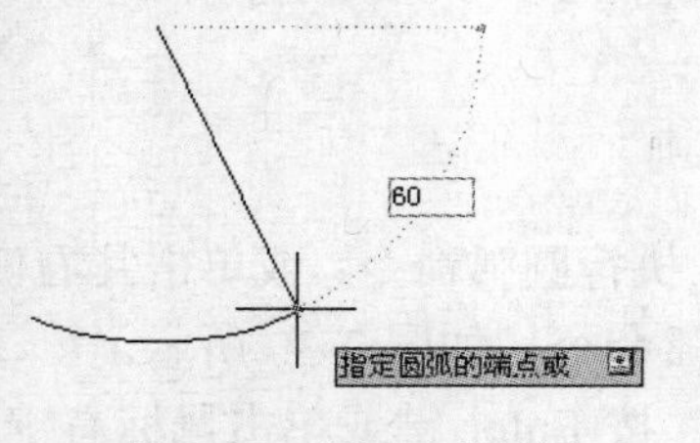

图 2-32　端点定弧长

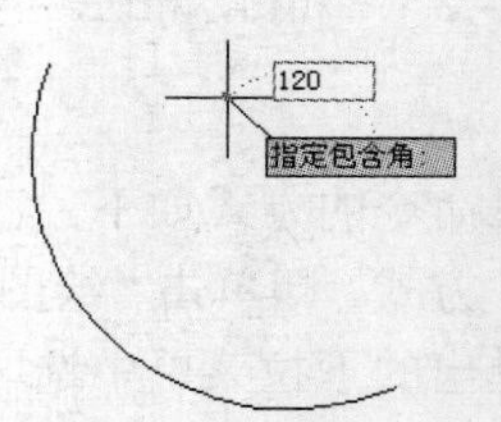

图 2-33　圆心角定弧长

（3）用起点、端点方式画圆弧

此类方法要求先输入圆弧的起点，再输入圆弧的端点，然后只需再确定圆弧的形状即可。此时有 3 种方法：一种是通过输入圆弧所对应的圆心角来确定圆弧的形状，如图 2-35 所示；一种是输入圆弧的半径，如图 2-36 所示（此种方法只能逆时针画圆弧。若半径值为正，则得到起点和终点之间的短圆弧；反之，得到长圆弧）；还有一种是输入圆弧的切线方向，该方向用角度表示，如图 2-37 所示。

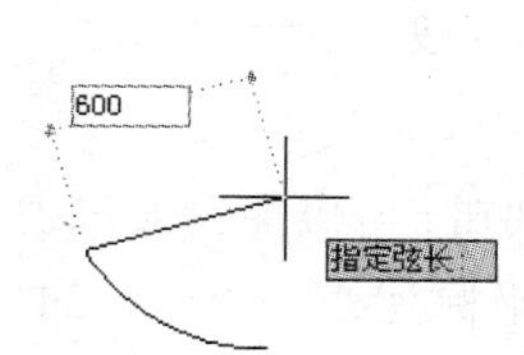

图 2-34　弦长定弧长

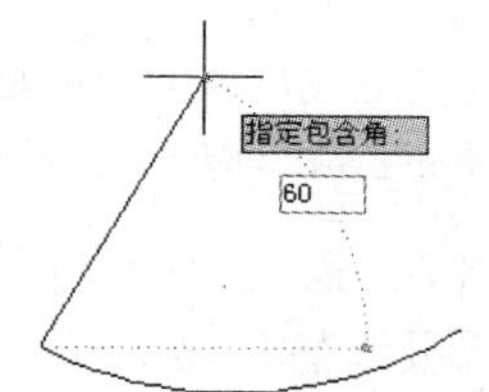

图 2-35　输入圆心角定弧长

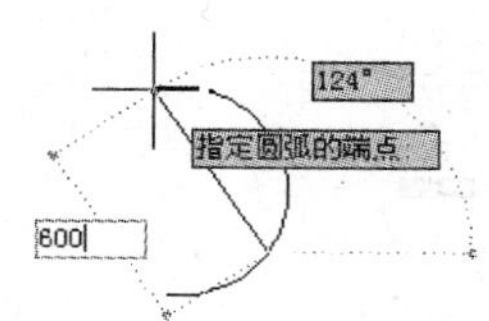

图 2-36　输入圆弧半径定弧长

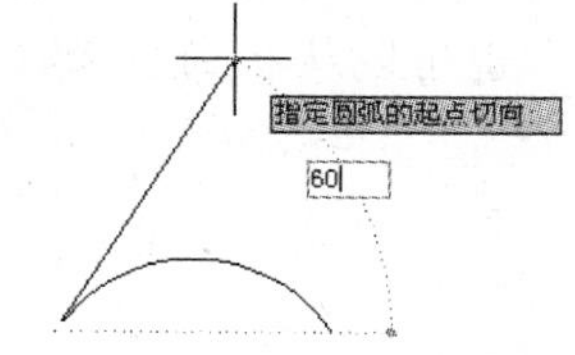

图 2-37　输入切线方向定弧长

（4）用圆心、起点方式画圆弧

此类方法与第二类方法类似，只是将前两步的先后顺序进行调换，先输入圆弧的圆心，确定圆弧的起点，然后确定弧长（具体方法与第二类方法相同）即可。

（5）用连续方式画圆弧

此类方法适合于在已有圆弧的基础上，以上一个单独节点为起点，直接绘制与之相切的圆弧，如图 2-38 所示。

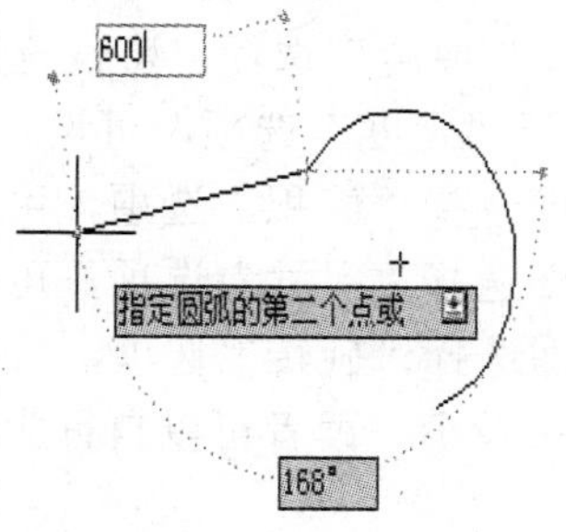

图 2-38　用连续方式画圆弧

2.5 绘 制 矩 形

矩形也是建筑制图中的基本几何单元，其绘制也有专门的命令，即矩形命令。

视频教学

启用矩形命令的方式如下。

- ◆ GUI 方式，即单击“绘图”面板中的按钮，执行矩形命令。
- ◆ 命令行方式，在命令行中输入 RECTANGE（或 REC），按 Enter 键或单击鼠标右键确认，执行矩形命令。

执行矩形命令后，系统将给出如下操作提示。

```
命令: _RECTANGE
指定第一个角点或 [倒角(C)/标高(E)/圆角(F)/厚度(T)/宽度(W)]:
指定另一个角点或 [面积(A)/尺寸(D)/旋转(R)]:
```

执行矩形命令，只需先后确定矩形对角线上的两个点即可。可以通过鼠标直接在界面上点取，也可输入坐标。需要注意的是，输入坐标时，第一个角点坐标为绝对坐标系的坐标，第二个角点坐标则是以第一个角点坐标为原点的相对坐标系的坐标；也可以认为是输入第一个角点坐标后，再输入的应先后为水平方向边长和竖直方向边长，且有正负之分。确定这两点时，没有顺序，可以从左到右选取，也可以从右到左选取，如图 2-39 所示。

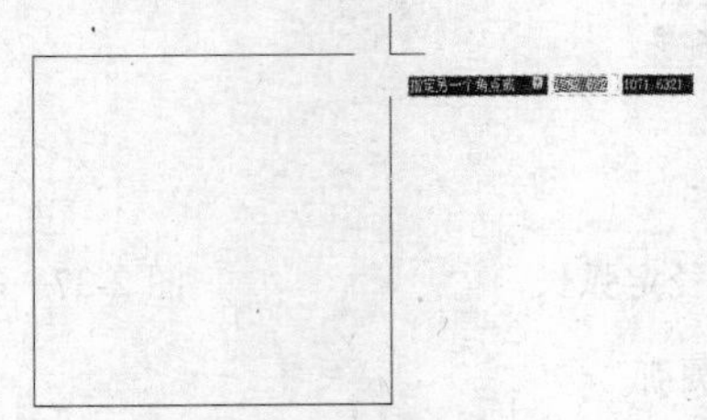

图 2-39　矩形命令

矩形命令的命令提示行中各选项含义如下。

- ◆ 在命令行中输入 C，即选择“倒角”选项，可指定倒角距离。
- ◆ 在命令行中输入 E，即选择“标高”选项，可指定矩形在三维空间内的基面高度。
- ◆ 在命令行中输入 F，即选择“圆角”选项，可设置矩形四角为圆角及其半径大小。
- ◆ 在命令行中输入 T，即选择“厚度”选项，可设置矩形的厚度，即在 Z 轴方向的高度。
- ◆ 在命令行中输入 W，即选择“宽度”选项，可设置矩形线条的宽度。
- ◆ 在第二步命令中输入 A，即选择“面积”选项，可根据矩形面积确定矩形形状。
- ◆ 在第二步命令中输入 D，即选择“尺寸”选项，可根据矩形长宽确定矩形形状。
- ◆ 在第二步命令中输入 R，即选择“旋转”选项，可输入矩形旋转角度确定矩形方位。
- ◆ 这些命令在建筑制图中应用较少，读者可以自行尝试，这里不再详述。

2.6　绘制正多边形

正多边形是等边、等角的封闭几何图形，在 AutoCAD 中有专门的绘制命令。

启用正多边形命令的方式如下。

- ◆ GUI 方式，即单击“绘图”面板中的按钮，执行正多边形命令。

◆ 命令行方式，在命令行中输入 POLYGON，按 Enter 键或单击鼠标右键确认，执行正多边形命令。

执行正多边形命令后，系统将给出如下操作提示。

```
命令: POLYGON
输入边的数目 <4>: *
指定正多边形的中心点或 [边(E)]:
输入选项 [内接于圆(I)/外切于圆(C)] <I>:
指定圆的半径:
```

启用正多边形命令后，首先要输入该正多边形边的数目，然后指定正多边形的中心点，接着选择该多边形是内接于圆还是外切于圆（当内接于圆时，圆的半径为中心点至多边形顶点的距离；当外切于圆时，圆的半径为中心点至多边形任意边的垂直距离），最后输入圆的半径，并指定正多边形的方位，即可完成正多边形的绘制。

此外，也可以在输入边的数目后输入 E，则可以通过绘制正多边形的一条边来绘制出整个正多边形。

下面以绘制一个正六边形为例，对以上两种方法进行说明。

执行正多边形命令，输入边的数目为 6，指定任意一点为中心点，选择内接于圆，输入半径为 500，打开正交模式，确定多边形的方位为水平，即可完成绘制，如图 2-40 所示。如果在输入边的数目之后输入 E，则要先指定边的第一个端点，然后再指定另一个端点，通过绘制一条边来获得一个正多边形，如图 2-41 所示。

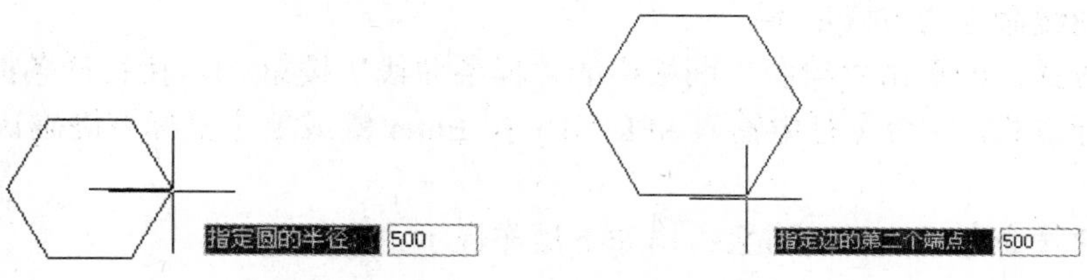

图 2-40　按半径绘制正多边形　　图 2-41　按边绘制正多边形

2.7 绘制圆环

圆环是由两个同心圆组成的一个图形对象，AutoCAD 中有专门的命令来绘制圆环。

启用圆环命令的方式如下。

◆ GUI 方式，即单击“绘图”面板中的◎按钮，执行圆环命令。

◆ 命令行方式，在命令行中输入 DONUT，按 Enter 键或单击鼠标右键确认，执行圆环命令。

执行圆环命令后，系统将给出如下操作提示。

```
命令: DONUT
指定圆环的内径 <*>:
指定圆环的外径 <*>:
```

```
指定圆环的中心点或 <退出>:
```

启用圆环命令后，要先后输入圆环的内径与外径。当内径值为 0 时，则绘制出的是一个实心圆，在默认设置下，绘制的圆环是一个填充的圆环。

接下来以绘制一个实心圆和一个圆环为例对圆环命令进行说明。

执行圆环命令，输入内径为 0，再输入外径为 500，得到一个实心圆；重复圆环命令，输入内径为 200，再输入外径为 500，得到一个填充的圆环，如图 2-42 所示。

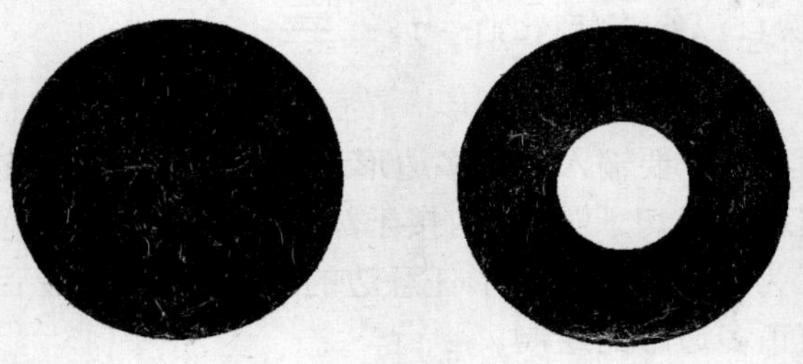

图 2-42　实心圆与圆环

2.8　绘制样条曲线

在图形设计中，曲线是一种非常重要的图形，常用于绘制道路、园林等。样条曲线命令是较常用的一种曲线绘制命令。

启用样条曲线命令的方式如下。

- GUI 方式，即单击“绘图”面板中的“样条曲线”按钮，执行样条曲线命令。
- 命令行方式，在命令行中输入 SPLINE，按 Enter 键或单击鼠标右键确认，执行样条曲线命令。

执行样条曲线命令后，系统将会给出如下操作提示。

```
命令: SPLINE
指定第一个点或 [对象(O)]:
指定下一点:
指定下一点或 [闭合(C)/拟合公差(F)] <起点切向>:
```

执行样条曲线命令后，指定第一个点，然后依次指定曲线接下来的各个控制点，一般是弯曲方向发生改变的反弯点，最后指定端点，按 Enter 键或单击鼠标右键确认，即可完成样条曲线的绘制。

下面以绘制波浪线为例对样条曲线命令进行说明。

执行样条曲线命令，指定第一个点为起点，然后向右绘制，依次指定各个波峰和波谷点，直到端点，确认后完成绘制，如图 2-43 所示。

当需要对样条曲线进行编辑时，可单击曲线，这时会显示曲线的各个控制点，即其属性点，也称夹点，然后单击这些控制点，拖动这些点就可以移动其位置，进而可以改变曲线的形状，完成对曲线的编辑修改，如图 2-44 所示。

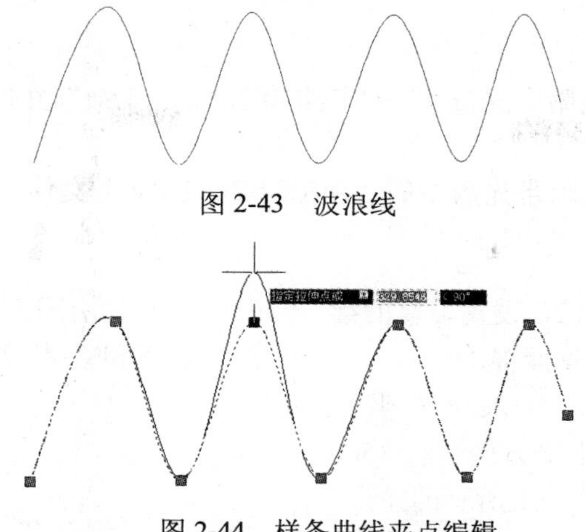

图 2-43　波浪线

图 2-44　样条曲线夹点编辑

2.9　实例·操作——绘制欧式窗立面图

本例绘制一幅欧式窗立面图，该窗宽 1500，高 1800，如图 2-45 所示。欧式窗的一大特点是其上部窗格多为圆弧形状，且较为复杂。通过此例我们可以加深对圆弧等基本绘图命令的掌握。

图 2-45　欧式窗立面窗

【思路分析】

该欧式窗主要由矩形和圆弧组成，有两扇窗页，上部分有多个窗格。绘制过程中需使用矩形和圆弧命令绘制出窗户外框，使用偏移、修剪及旋转命令绘制出窗户内部图形。过程较为复杂，其绘制流程如图 2-46 所示。

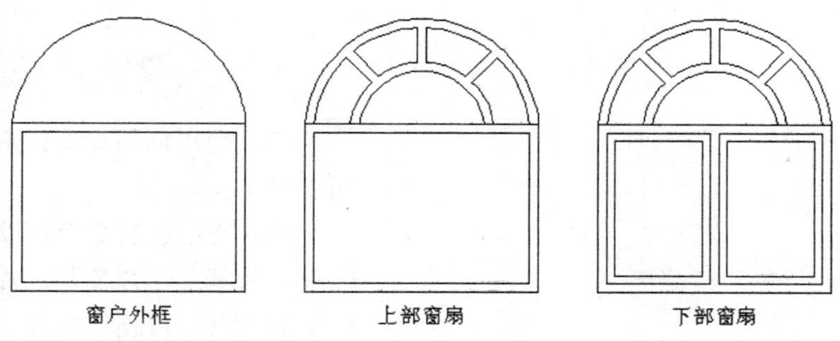

图 2-46　欧式窗的绘制流程

视频教学

【光盘文件】

结果文件——参见附带光盘中的“END\Ch2\2-9.dwg”文件。

动画演示——参见附带光盘中的“AVI\Ch2\2-9.avi”文件。

【操作步骤】

（1）启动 AutoCAD 2012，设置习惯的绘图环境，开启正交，设置对象捕捉。

（2）使用矩形命令，输入位置坐标（100,100），再输入矩形的水平方向边长 1500 与纵向边长 1100，得到如图 2-47 所示的矩形。

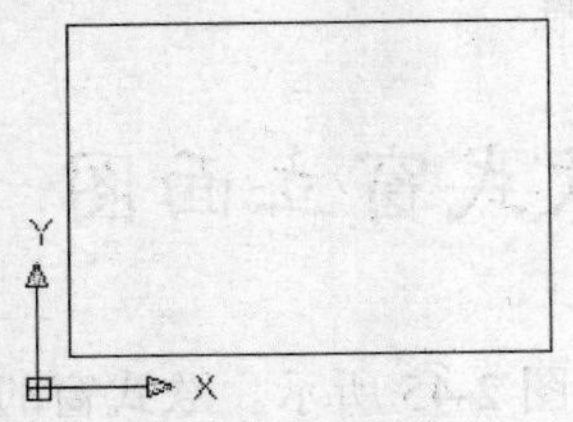

图 2-47　绘制矩形

（3）使用偏移命令，将绘制的矩形向内偏移 60，如图 2-48 所示。

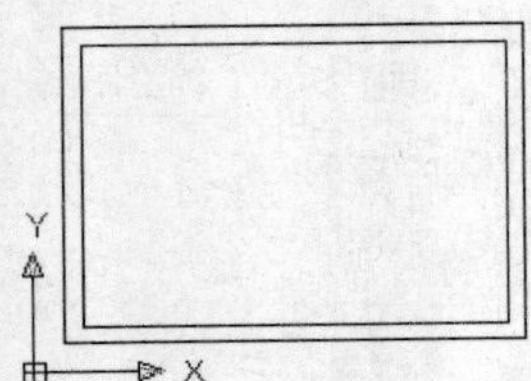

图 2-48　矩形偏移

（4）使用直线命令，以外侧矩形上侧边中点为起点，竖直向上作一条长度为 700 的直线，如图 2-49 所示。

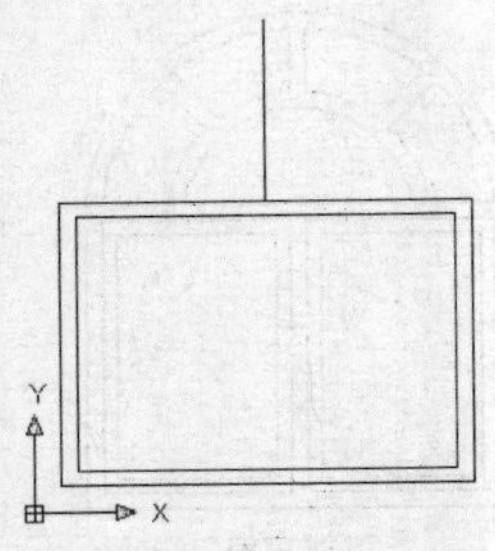

图 2-49　辅助直线

（5）使用圆弧命令，采用三点方式，以 A 点、B 点和 C 点绘制圆弧，如图 2-50 所示。

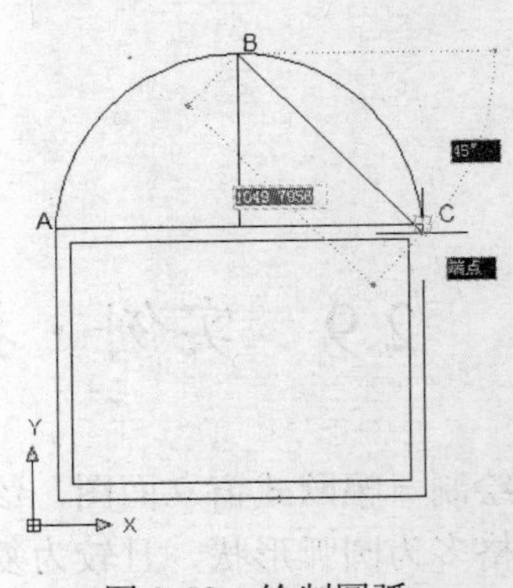

图 2-50　绘制圆弧

（6）将圆弧向下偏移 3 次，第 1 次偏移 60，第 2 次偏移 290，第 3 次偏移 60，如图 2-51 所示。

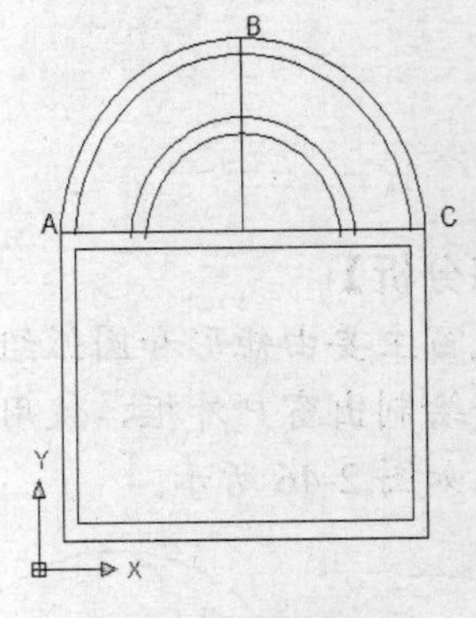

图 2-51　偏移圆弧

（7）使用修剪命令，对图形进行修剪，如图 2-52 所示。

（8）使用旋转命令，以步骤（4）所作直线的起点为基点，以旋转角度为 45°与-45°进行复制旋转，再使用直线命令连接内部矩形上下边中点，如图 2-53 所示。

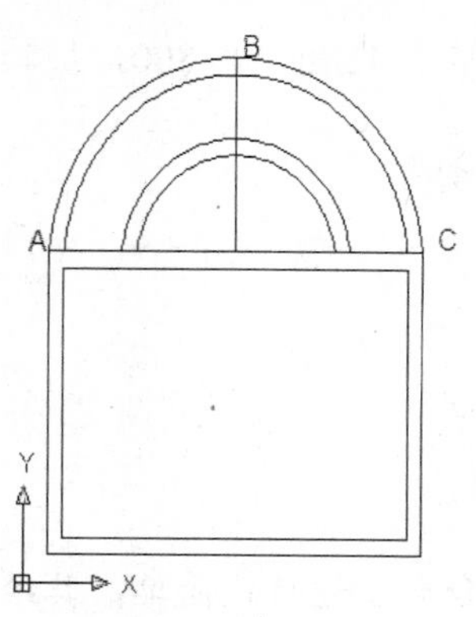

图 2-52　修剪图形

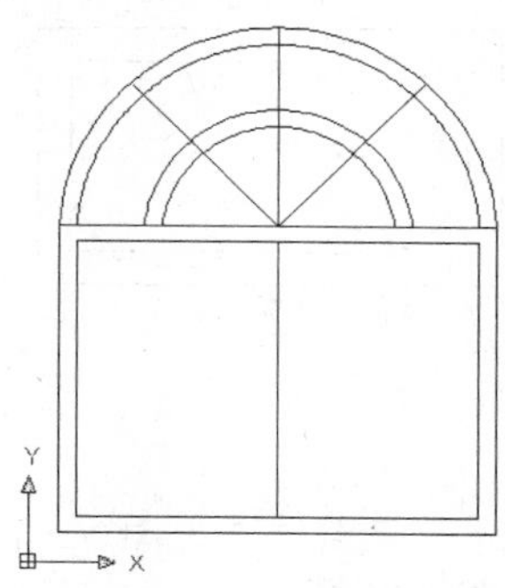

图 2-53　辅助直线

（9）使用偏移命令，对步骤（8）得到的直线向左、向右各偏移 30，如图 2-54 所示。

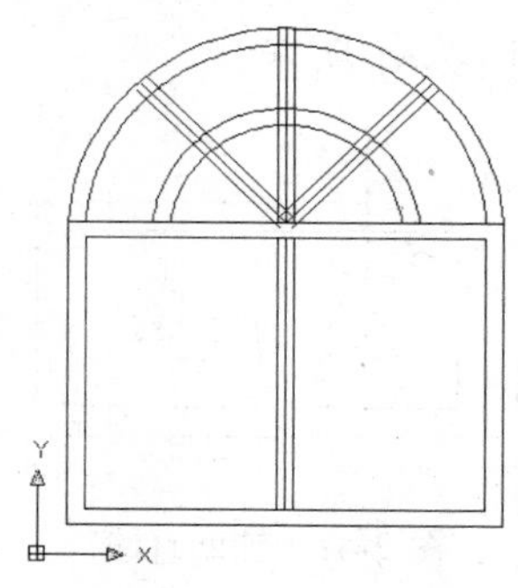

图 2-54　偏移辅助直线

（10）使用修剪命令，对图形进行修剪并删除辅助直线，如图 2-55 所示。

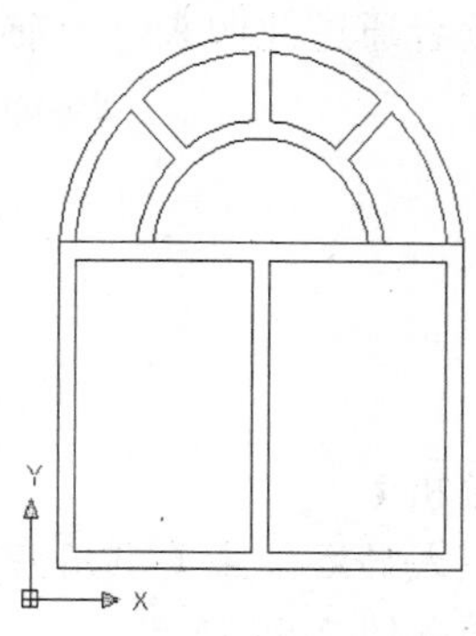

图 2-55　修剪图形

（11）接下来绘制窗页，使用偏移命令对内部两矩形各向内偏移 50，如图 2-56 所示。

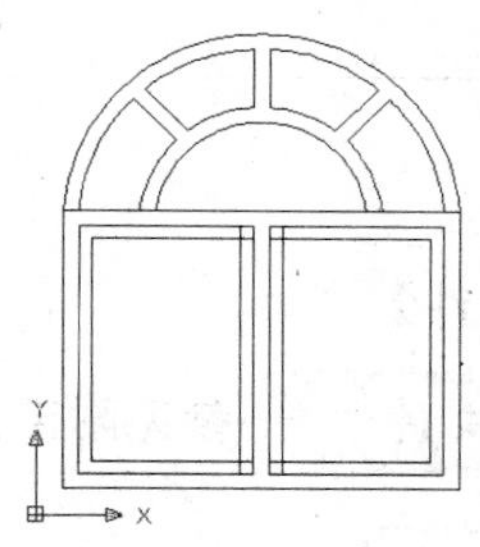

图 2-56　绘制窗页

（12）使用修剪命令，对图形进行修剪，完成欧式窗的绘制，如图 2-57 所示。

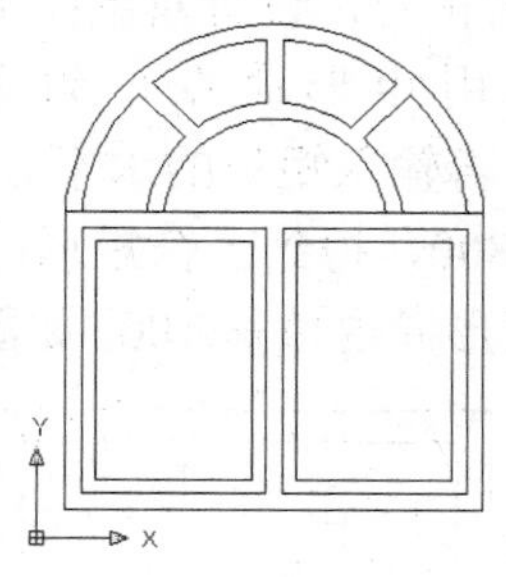

图 2-57　欧式窗

2.10　实例・练习——绘制矩形浴缸

本例绘制一幅矩形浴缸平面图，如图 2-58 所示。在建筑家居设计中，家具是不可缺少的，而浴缸则是卫浴家具之一，浴缸形状各式各样。本例中的浴缸长 1500，宽 800，是其中较普通的一种。希望读者通过此例来练习前述命令。

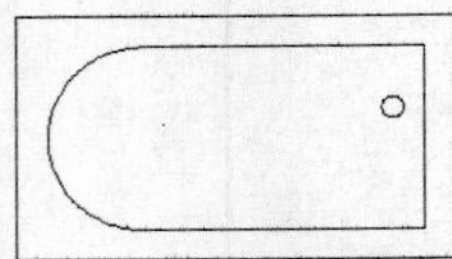

图 2-58　矩形浴缸

【思路分析】

绘制该样式的浴缸主要利用矩形、圆弧、偏移、修剪等命令。过程较简单，其绘制流程如下所述，流程图如图 2-59 所示。

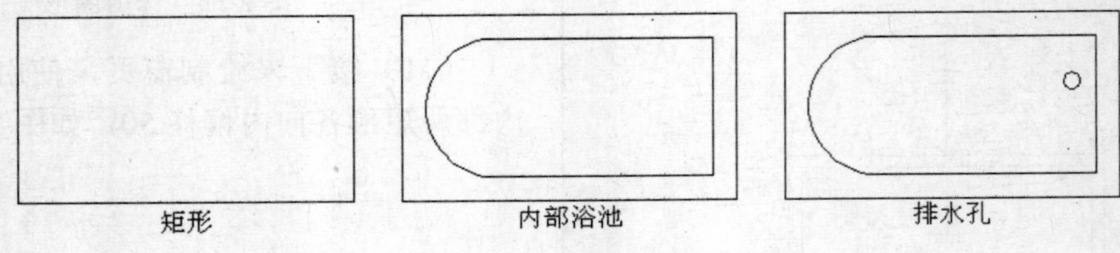

图 2-59　矩形浴缸

【光盘文件】

结果文件——参见附带光盘中的“END\Ch2\2-10.dwg”文件。

动画演示——参见附带光盘中的“AVI\Ch2\2-10.avi”文件。

【操作步骤】

（1）启动 AutoCAD 2012，设置习惯的绘图环境，开启正交，设置对象捕捉。

（2）使用矩形命令，输入位置坐标（100,100），再输入矩形的水平方向边长 1500 与纵向边长 800，得到一个矩形；然后使用偏移命令，将矩形向内偏移 100，如图 2-60 所示。

图 2-60　绘制矩形

（3）开启正交状态，使用直线命令，以内侧矩形左侧边中点为起点，作一条长度为 300 的水平直线，再以此直线端点为起点，向上作一任意长度的直线，只要与内侧矩形有交点即可，如图 2-61 所示。

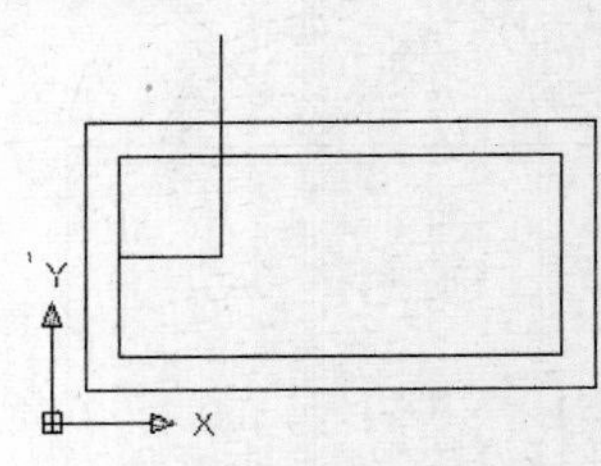

图 2-61　辅助直线

（4）使用圆弧命令，采用起点、圆心、角度方法，以步骤（3）所作的任意直线与内侧矩形交点为起点，以步骤（3）两条直线的交点为圆心，作一个角度为 180° 的圆弧，如图 2-62 所示。

（5）使用剪切命令，以圆弧为准，对矩形进行修剪，并删除辅助直线，如图 2-63 所示。

（6）使用圆命令，采用圆心、半径方法，以（1400,600）为圆心，作一个半径为 35 的圆，即排水孔。如此完成浴缸的绘制，如图 2-64 所示。

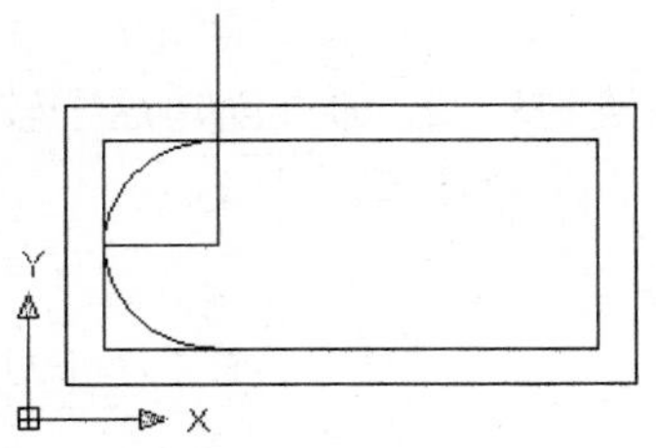

图 2-62　绘制圆弧

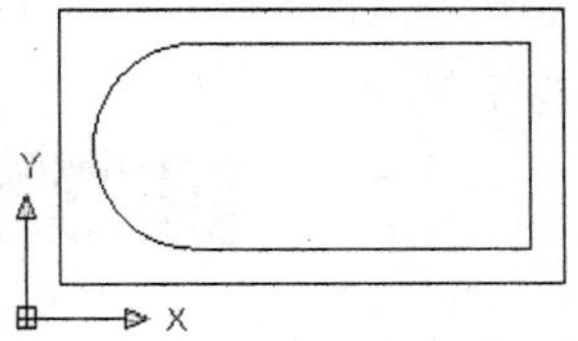

图 2-63　修剪图形

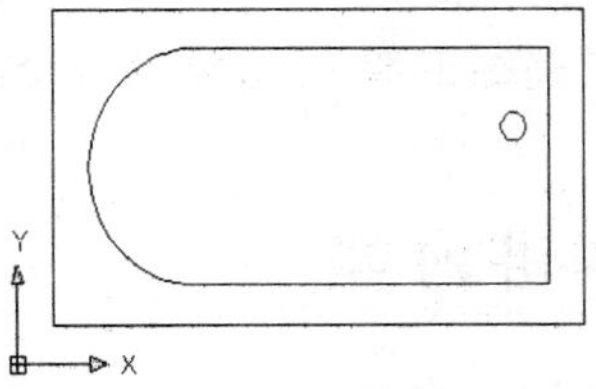

图 2-64　矩形浴缸

第 3 讲　绘制复杂图形

本讲将继续通过典型实例来介绍二维复杂图形的创建方法和步骤，通过创建这些较复杂的图形来熟悉更高级的绘制与编辑命令，并掌握这些命令的使用方法和技巧。

本讲内容

- 实例·模仿——绘制组合柜立面图
- 绘制构造线
- 绘制射线
- 绘制多线
- 绘制椭圆
- 绘制点
- 偏移
- 修剪与延伸
- 实例·操作——绘制平面墙体
- 实例·练习——绘制抽水马桶立面图

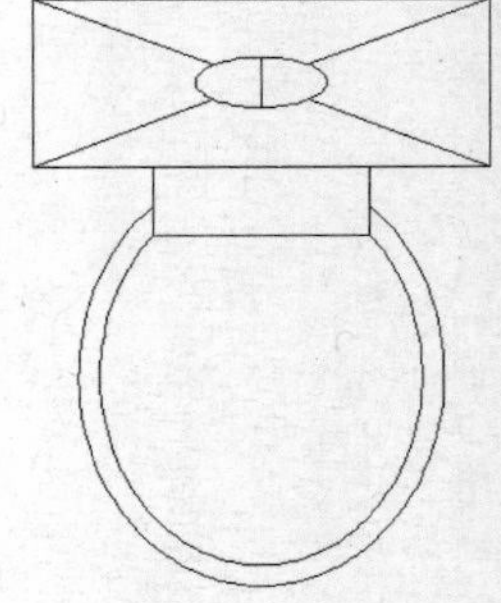

3.1　实例·模仿——绘制组合柜立面图

本例将绘制一组合柜立面图，如图 3-1 所示。组合柜是现代家具中的一种，主要用于放置衣物，其体形大多是长方体，因此其立面大多呈矩形。本例所绘组合柜属于较大型的一种，高 2200，宽 2680，但布置简单，绘制并不复杂。

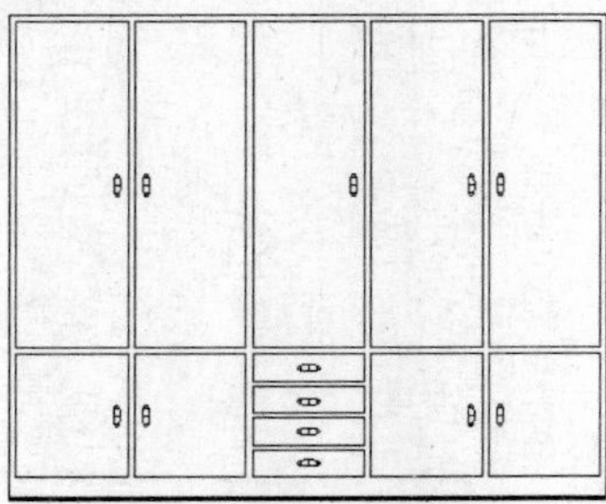

图 3-1　组合柜立面图

视频教学

【思路分析】

首先应用矩形命令绘制整体外框，接着将矩形分解，然后应用偏移命令对矩形进行分割，应用修剪命令形成门柜和抽屉，再应用椭圆命令绘制把手，最后加粗下边缘线，组合柜绘制完成，其主要流程如图 3-2 所示。

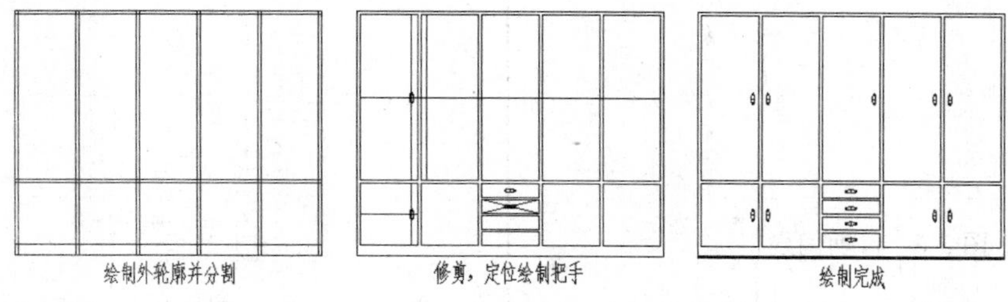

图 3-2　流程图

【光盘文件】

——参见附带光盘中的“END\Ch3\3-1.dwg”文件。

——参见附带光盘中的“AVI\Ch3\3-1.avi”文件。

【操作步骤】

（1）设置习惯的绘图环境。

（2）使用矩形命令绘制一个长 2680、宽 2200 的矩形，再选择“修改”→“分解”命令，将其分解成 4 条线，如图 3-3 所示。

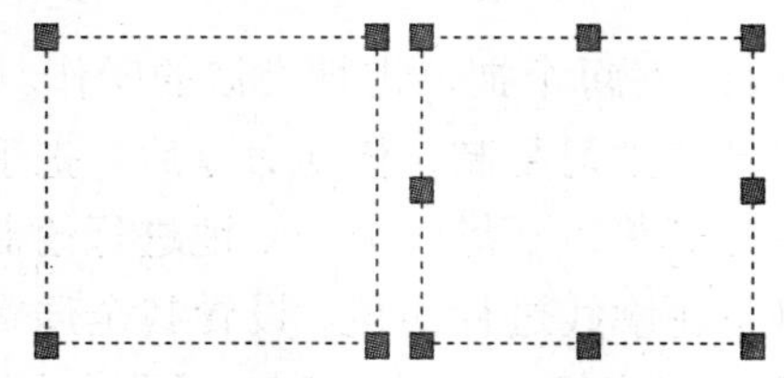

图 3-3　矩形分解

（3）使用偏移命令，首先以 530 为偏移距离，选择轮廓左侧竖边向右偏移，偏移 4 次，每次以刚偏移得到的直线为对象，再以 30 为偏移距离，向右偏移轮廓左侧竖边和上轮偏移命令中所获得的所有直线，如图 3-4 所示。

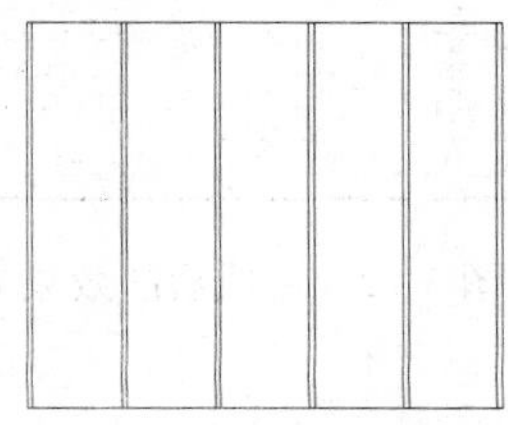

图 3-4　竖边偏移

（4）使用偏移命令，首先以 100 为偏移距离，选择轮廓下侧横边向上偏移；再以 30 为偏移距离，选择轮廓上侧横边向下偏移；然后将这两条偏移得到的直线分别向上偏移 560 和向下偏移 1480，如图 3-5 所示。通过这两步，就可以将矩形分割成上下各 5 个矩形，由此得到了组合柜的门扇。

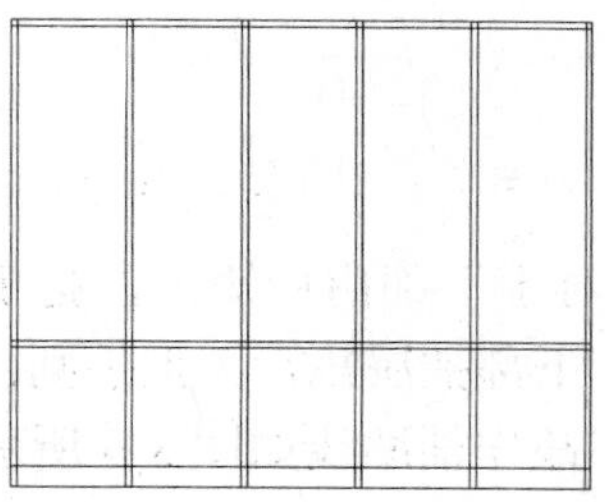

图 3-5　横边偏移

（5）接下来使用修剪命令，将矩形门扇清晰地表现出来。首先将与四边轮廓相连的直线修剪断开，再将中间相连直线断开，如图 3-6 所示。

（6）同样地，可以连续采用偏移和修剪命令将组合柜下侧中间的矩形进行分割，形成 4 个长 500、宽 125 的矩形，作为抽屉，如图 3-7 所示。

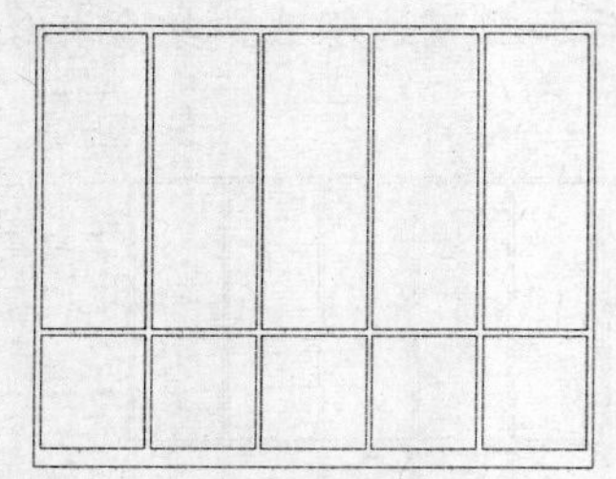
图 3-6　修剪门扇

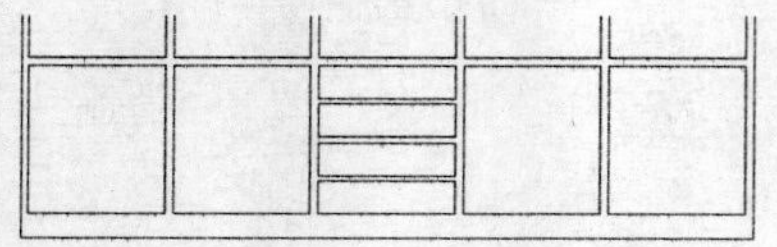
图 3-7　修剪抽屉

（7）接下来绘制把手。本例把手形状为椭圆，因此要用到椭圆命令。这里采用圆心方式画椭圆，首先要对圆心进行定位。使用偏移命令和对象捕捉画辅助线，线的交点即为椭圆圆心位置。对于上部门扇矩形，把手处于中间位置，偏离侧边 50，作辅助线如图 3-8 所示。

图 3-8　上部把手定位

（8）对于下部门扇矩形，把手位于同样位置；对于下部抽屉矩形，把手则位于矩形对角线交点，故作辅助线如图 3-9 所示。

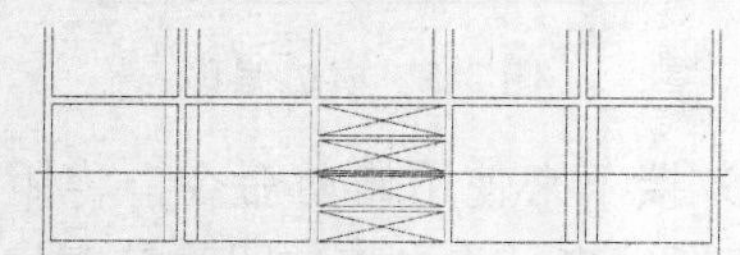
图 3-9　下部把手定位

（9）确定圆心位置后，以圆心方式画椭圆。使用椭圆命令，绘制长轴为 50、短轴为 15 的椭圆。在每个定位的点处绘制相同椭圆，不过门扇上椭圆长轴是竖向的，而抽屉上椭圆长轴则是横向的，如图 3-10 所示。

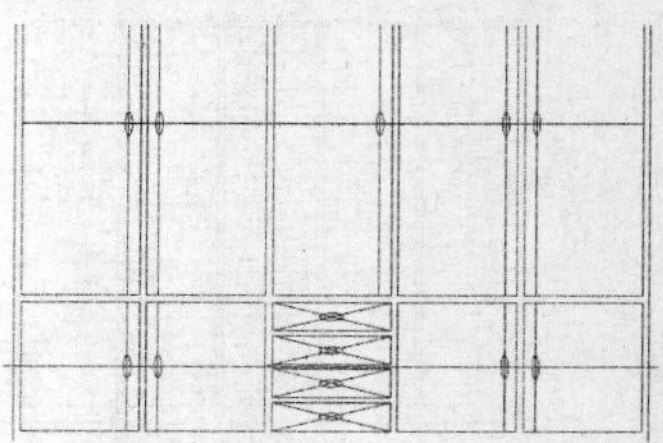
图 3-10　绘制椭圆

（10）删除辅助线，对椭圆进行如下操作。使用直线命令绘制椭圆短轴，再使用偏移命令向两边偏移 35，最后进行修剪，得到如图 3-11 所示的把手。

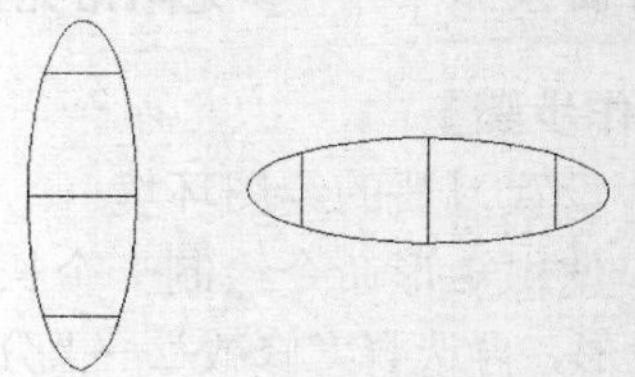
图 3-11　绘制把手图

（11）对每个把手进行类似的操作。当然，在以后章节学习复制、移动命令后，把手的绘制可以更简单，不需一个一个地进行绘制。最后再将下轮廓线进行加粗，设置其全局宽度为 15，即可完成组合柜的绘制，效果如图 3-12 所示。

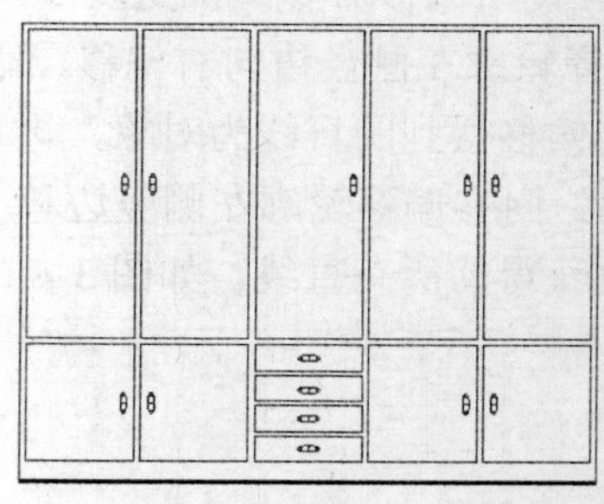
图 3-12　完成后的效果

3.2 绘制构造线

构造线是两端无限延伸的直线，没有起始的端点，通常作为绘图时的辅助线，一般不作为图形的一部分。

启用构造线命令的方式如下。

- GUI 方式，即单击“绘图”面板中的“构造线”按钮，执行构造线命令。
- 命令行方式，在命令行中输入 XLINE（或 XL），按 Enter 键或单击鼠标右键确认，执行构造线命令。

执行构造线命令后，系统将给出如下操作提示。

```
命令: XLINE
指定点或 [水平(H)/垂直(V)/角度(A)/二等分(B)/偏移(O)]:
指定通过点:
指定通过点: *取消*
```

其中各选项的含义介绍如下。

- 在命令行中输入 H，绘制通过指定点的水平构造线。
- 在命令行中输入 V，绘制通过指定点的垂直构造线。
- 在命令行中输入 A，可预先输入一个角度值，再指定通过点，绘制与 X 轴成指定角度的构造线。
- 在命令行中输入 B，绘制通过指定角的顶点且平分该角的构造线。
- 在命令行中输入 O，可预先输入一个偏移距离，然后指定所偏移的对象，绘制以指定距离平行于该对象的构造线。

下面以不同方法绘制 3 条构造线为例，对构造线命令进行说明。

执行构造线命令，输入 H，再指定一点，即可绘制一条水平构造线；重复构造线命令，输入 V，再指定一点，即可绘制一条垂直构造线；继续构造线命令，输入 A，输入角度为 45°，再指定一点，即可绘制一条斜向成一定角度的构造线，如图 3-13 所示。

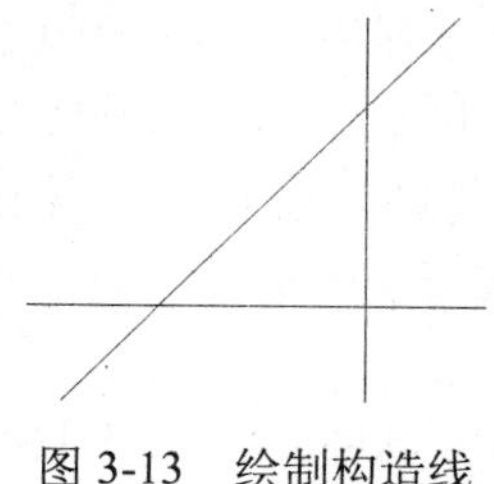

图 3-13　绘制构造线

3.3 绘 制 射 线

射线是从一个点向某方向无限延伸的直线，只有起点、方向，没有终点，也是 AutoCAD 中常用的一种辅助线，一般不作为图形的一部分。

启用射线命令的方式如下。

◆ GUI 方式，即单击“绘图”面板中的“构造线”按钮，执行射线命令。

◆ 命令行方式，在命令行中输入 RAY，按 Enter 键或单击鼠标右键确认，执行射线命令。

执行射线命令后，系统将给出如下操作提示。

```
命令: RAY
指定起点:
指定通过点:
指定通过点:*取消*
```

射线命令较为简单，只需依次指定起点和通过点，即可绘制出一条射线。根据需要还可继续指定点创建其他射线，不过所有后续射线都将经过指定起点。

下面使用射线命令绘制一个角，再以构造线命令将其平分，如此练习以上两个命令。

执行射线命令，指定一点为起点，然后通过输入角度来确定通过点，输入第一个点的角度为 60°，第二个点的角度为 120°，从而得到一个角；执行构造线命令，输入 B，指定角的顶点，再分别拾取两边上的点为角的起点与端点，即可获得平分该角的构造线，如图 3-14 所示。

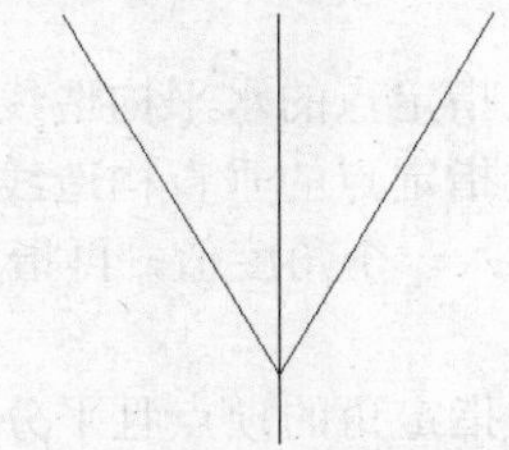

图 3-14　绘制射线和构造线

3.4 绘制多线

多线与多段线虽然只有一字之差，但两者在概念上却有很大的差别。多段线由连接成整体的一段段线组成，其元素为一条线；而多线则由没有条数限制的平行线组成，这些平行线都是其元素，可通过指定每个元素距多线原点预想的偏移量确定元素的位置，创建和保存多线样式（在绘制多线时可采用这些样式）。绘制完多线后，用户还可以使用编辑多线命令直接对其进行编辑。多线主要应用于建筑制图中平面墙线和门窗的绘制。

启用多线命令的方式如下。

◆ GUI 方式，即单击“绘图”面板中的“多线”按钮，执行多线命令。

◆ 命令行方式，在命令行中输入 MLINE（或 ML），按 Enter 键或单击鼠标右键确认，执行多线命令。

执行多线命令后，系统将给出如下操作提示。

```
命令: MLINE
```

当前设置：对正 = 上，比例 = 20.00，样式 = STANDARD
指定起点或 [对正(J)/比例(S)/样式(ST)]:
指定下一点:
指定下一点或 [放弃(U)]:

其中各选项含义介绍如下。

◆ 在命令行中输入 J，可以控制绘制多线时采用何种偏移（相对于光标所在位置或基准线），包括 3 种选择，即零偏移、顶偏移和底偏移。
◆ 在命令行中输入 S，可以控制多线的全局宽度。该比例不影响线型。
◆ 在命令行中输入 ST，可以通过输入多线样式名来选择适合的多线样式。
◆ 除了系统默认的 Standard 样式外，用户还可以通过多线样式命令来创建多线样式。

启用多线样式命令的方式如下。

◆ GUI 方式，即单击“格式”面板中的“多线样式”按钮，打开“多线样式”对话框。
◆ 命令行方式，在命令行中输入 MLSTYLE，按 Enter 键或单击鼠标右键确认，打开“多线样式”对话框，如图 3-15 所示。

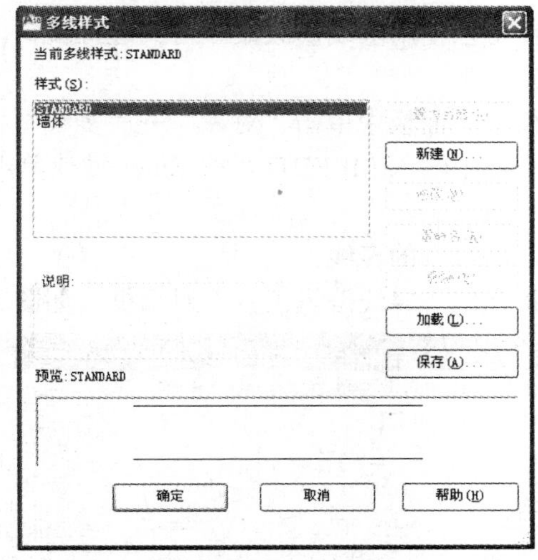

图 3-15 “多线样式”对话框

单击“新建”按钮，弹出如图 3-16 所示的“创建新的多线样式”对话框。

图 3-16 “创建新的多线样式”对话框

在“新样式名”文本框中输入文字后，单击“继续”按钮，弹出如图 3-17 所示的“新建多线样式：XIN”对话框。在该对话框中，用户可以对多线样式进行设置，如“说明”、“封口”、“填充”、“显示连接”及“图元”等。例如，若多线样式设置为起点与端点外弧封口，两条线各偏移 1.5，则使用该样式绘制的多线如图 3-18 所示。

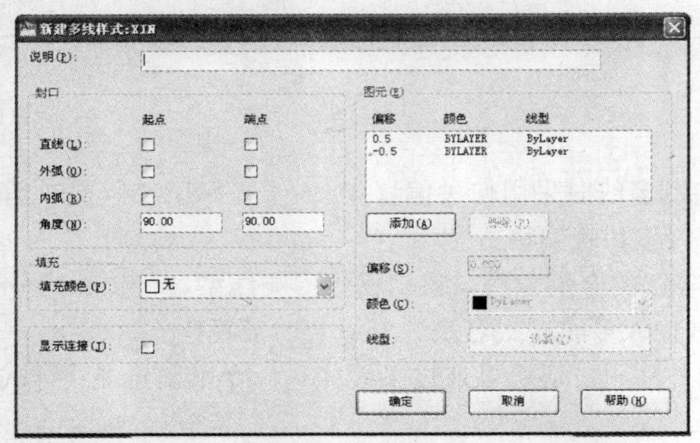

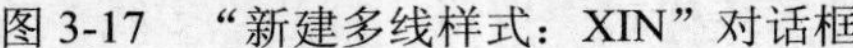

图 3-17 “新建多线样式：XIN”对话框

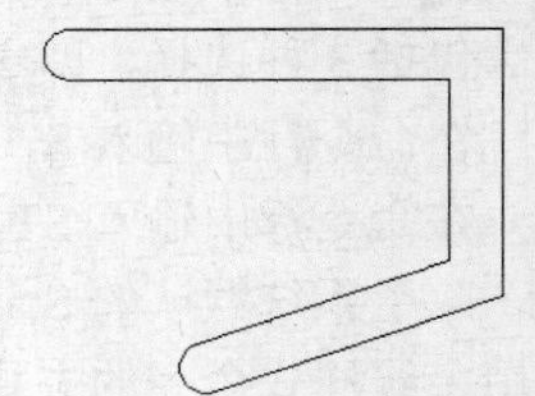

图 3-18 一种多线样式

通过多线样式命令还可以修改选定的多线样式，但不能修改默认的 Standard 多线样式和已经使用的多线样式。

多线绘制完毕后，用户还可以使用多线修改命令对其进行编辑。

启用多线修改命令的方式如下。

- ◆ GUI 方式，即在“修改”面板中单击“对象”→“多线”按钮，执行多线修改命令。
- ◆ 命令行方式，在命令行中输入 MLEDIT，按 Enter 键或单击鼠标右键确认，执行多线修改命令。
- ◆ 点击方式，即直接双击绘制的多线。

启用多线修改命令后，将弹出“多线编辑工具”对话框，如图 3-19 所示。

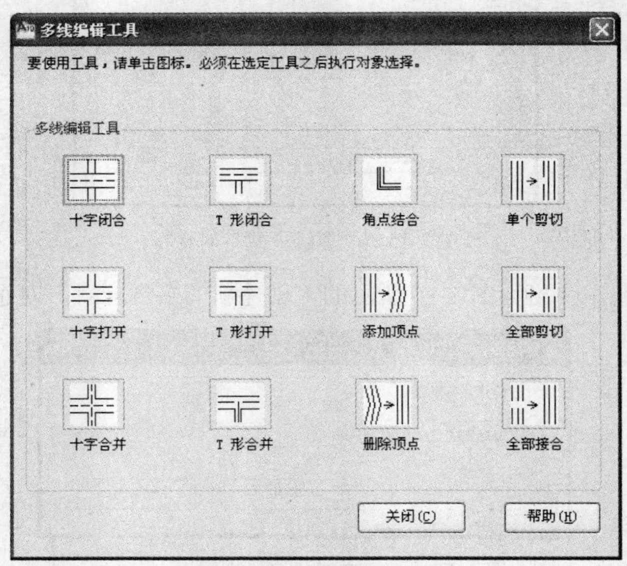

图 3-19 “多线编辑工具”对话框

其中各工具的具体功能分别介绍如下。

- 十字闭合：在两组多线之间创建闭合的十字交点。在此交叉口，先选中的第一条多线保持原状，第二条多线被修剪成与第一条多线分离的形状。
- 十字打开：在两组多线之间创建开放的十字交点。
- 十字合并：在两组多线之间创建合并的十字交点。在此交叉口，先后选中的多线都修剪到交叉的部分。
- T形闭合：在两条多线之间创建闭合的T形交点，即将先选中的第一条多线修剪或延伸到与后选中的第二条多线的交点处。
- T形打开：在两条多线之间创建开放的T形交点。
- T形合并：在两条多线之间创建合并的T形交点，即将多线修剪或延伸到与另一条多线的交点处。
- 角点结合：在多线之间创建角点连接。
- 添加顶点：在多线上添加多个顶点。
- 删除顶点：从多线上删除当前顶点。
- 单个剪切：分割多线，通过两个拾取点引入多线中的一条线的可见间断。
- 全部剪切：全部分割，通过两个拾取点引入多线的所有线上的可见间断。
- 全部接合：将被修剪的多段重新合并起来，但不能用来把两个单独的多线接成一体。

具体的操作这里不再举例，可以参看后面的实例。正是由于多线编辑工具的存在，才有了多线的广泛应用，否则对多线的修改将会显得复杂而繁琐。

3.5 绘制椭圆

椭圆也是建筑制图中常见的一种几何图元，其绘制有专门的椭圆命令。

启用椭圆命令的方式如下。

- GUI方式，即单击“绘图”面板中的按钮，执行椭圆命令；或者单击其右侧的下拉按钮，在弹出的下拉菜单中选取一种方法执行，如图3-20所示。

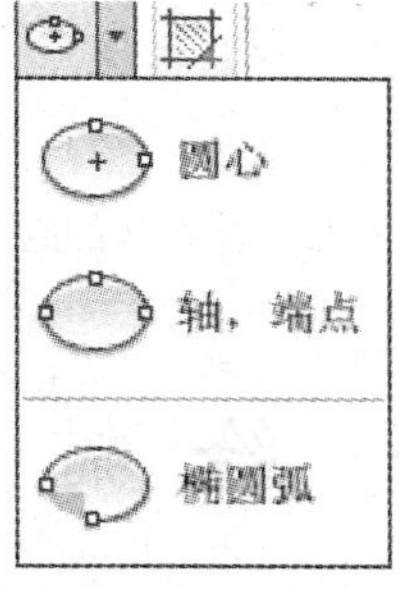

图3-20 椭圆命令

- 命令行方式，在命令行中输入ELLIPSE，按Enter键或单击鼠标右键确认，执行椭圆命令。

执行椭圆命令后，系统将给出如下操作提示。

```
命令：ELLIPSE
指定椭圆的轴端点或 [圆弧(A)/中心点(C)]:
指定轴的另一个端点:
指定另一条半轴长度或 [旋转(R)]:
```

系统默认以“轴，端点”的方式绘制椭圆。执行椭圆命令后，首先通过指定两端点确定一条轴，再指定另一条轴的半轴长度，即可完成椭圆的绘制，如图 3-21 所示。

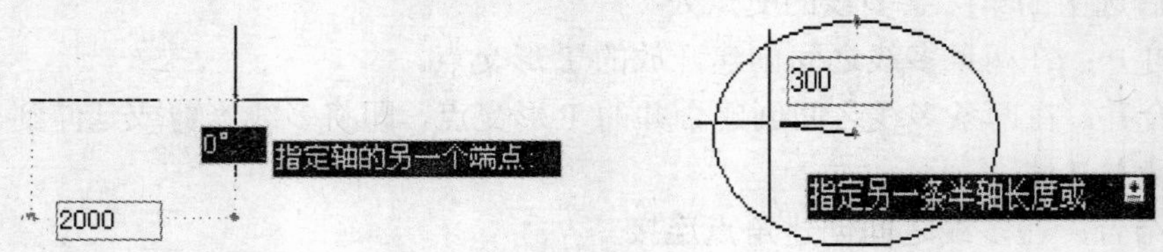

图 3-21　“轴，端点”方式绘制椭圆

此外，还可以采用圆心方式，即先确定椭圆圆心，再分别输入两条轴的半轴长度，确定两条轴的端点，来完成椭圆的绘制，如图 3-22 所示。

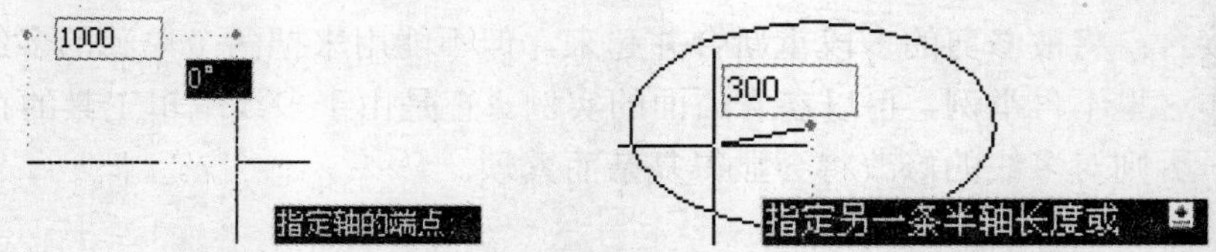

图 3-22　圆心方式绘制椭圆

使用椭圆命令还可以绘制椭圆弧。先采用“轴，端点”方式画出一个椭圆，再通过确定起始与终止角度来分割出一段椭圆弧来。例如，分别输入起始角度 30°和终止角度-30°，即可得到一个椭圆弧，如图 3-23 所示。

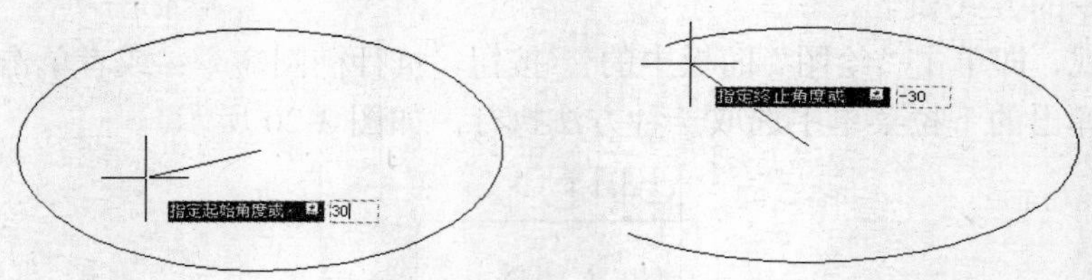

图 3-23　椭圆弧的绘制

3.6　绘 制 点

在 AutoCAD 中，可以直接绘制点。在建筑绘图过程中，点通常被作为对象捕捉的参考点，是用于精确绘图的辅助对象，当不再需要它时，用户可以随时将其删除。

在绘制点之前，需要先进行点样式的设置。AutoCAD 提供了多种点样式，用户可根据实际情况设置点的样式，以便绘图为准。

启用点样式命令的方式如下。

◆ GUI 方式，即单击“格式”面板中的“点样式”按钮，打开“点样式”对话框，如图 3-24 所示。

◆ 命令行方式，在命令行中输入 DDPTYPE，按 Enter 键或单击鼠标右键确认，打开“点样式”对话框。

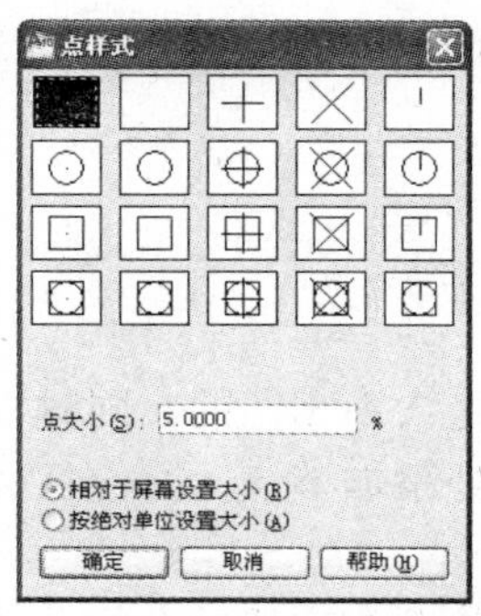

图 3-24 “点样式”对话框

选择需要的点样式，在“点大小”文本框中输入所需点的大小，然后单击“确定”按钮，即可完成点样式的设置。

点的绘制方法分为单点和多点两种，单点一次只能绘制一个点对象，而多点则可以连续绘制多个点对象。用户在绘制点时，可以直接指定点的位置或输入点的坐标。

启用单点命令的方式如下。

◆ GUI 方式，即单击“绘图”面板中的“单点”按钮，执行单点命令。

◆ 命令行方式，在命令行中输入 POINT，按 Enter 键或单击鼠标右键确认，执行单点命令。

执行单点命令后，在绘图区中指定点的位置，即可绘制出单点。

启用多点命令的方式只有一种，即 GUI 方式。单击“绘图”面板中的“点”按钮或者单击“绘图”面板中的“多点”按钮，执行多点命令。

执行多点命令后，依次指定点的位置，即可绘制出多个点；若退出命令时，按 Esc 键即可。

同时，点的相关命令中还包含定数等分和定距等分两个命令，通过这两个命令，可以更方便、准确地绘制所需的辅助点。

其中，定数等分命令是给定点的数目，等分所选的对象；而定距等分命令则是给定单元段长度，对某个对象进行等分，直到余下的部分不足给定的长度为止。使用这两个命令进行等分的对象包括直线、圆、圆弧和椭圆等。

启用定数等分命令的方式如下。

◆ GUI 方式，即单击“绘图”面板中的“定数等分”按钮，执行定数等分命令。

◆ 命令行方式，在命令行中输入 DIVIDE，按 Enter 键或单击鼠标右键确认，执行定数等分命令。

执行定数等分命令后，系统将给出如下操作提示。

```
命令: DIVIDE
```

```
选择要定数等分的对象:
输入线段数目或 [块(B)]: *
```

启用定距等分命令的方式如下。

◆ GUI 方式，即单击“绘图”面板中的“定距等分”按钮，执行定距等分命令。

◆ 命令行方式，在命令行中输入 MEASURE，按 Enter 键或单击鼠标右键确认，执行定距等分命令。

执行定距等分命令后，系统将给出如下操作提示。

```
命令: MEASURE
选择要定距等分的对象:
指定线段长度或 [块(B)]: *
```

这两个命令十分相似，但其效果是大不相同的。同时，需要注意的是，等分并没有把对象实际等分成各单独对象，而是在等分点处添加节点，方便目标捕捉。因此，这两个命令本质上是点的绘制命令，与分解命令是不同的。

下面以对一条直线分别进行定数等分和定距等分操作为例来说明这两个命令。

使用直线命令，绘制一条长 2400 的水平直线；执行点样式命令，在弹出的“点样式”对话框中选择点样式，输入“点大小”为 10，如图 3-25 所示。

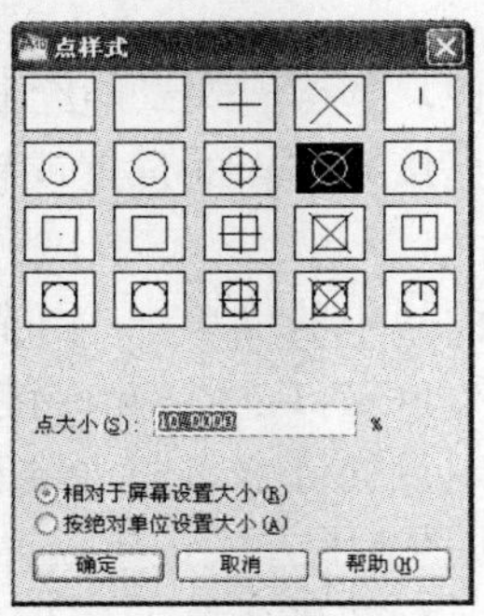

图 3-25　点样式设置

执行定数等分命令，选择直线为等分对象，输入线段数目为 3，即可得到直线的 3 等分点；执行定距等分命令，选择直线为等分对象，输入线段长度为 600，即可得到直线的 4 等分点，如图 3-26 所示。

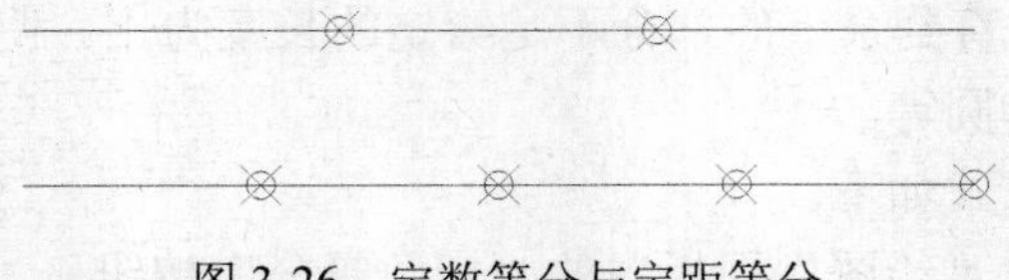

图 3-26　定数等分与定距等分

3.7　偏　　移

偏移命令是众多修改命令中的一种，主要用于创建造型与选定对象造型平行的新对象。偏移命令的操作对象必须是一个实体，如直线、构造线、圆、圆弧、矩形等。通过偏移命令所获得的圆、圆弧、矩形与选定对象的大小有所不同，将取决于偏移方向。例如，矩形向内侧偏移则获得较小的新矩形，反之获得较大的新矩形。

在建筑制图中，由于重复的绘图单元较多，偏移命令应用十分频繁，熟练使用偏移命令可以大幅提高绘图速度与质量。

启用偏移命令的方式如下。

◆ GUI 方式，即单击“修改”面板中的按钮或选择“修改”→“偏移”命令。

◆ 命令行方式，在命令行中输入 OFFSET，按 Enter 键或单击鼠标右键确认，执行偏移命令。

执行偏移命令后，系统将给出如下操作提示。

```
命令: _offset
当前设置: 删除源=否   图层=源   OFFSETGAPTYPE=0
指定偏移距离或 [通过(T)/删除(E)/图层(L)] <通过>:
选择要偏移的对象，或 [退出(E)/放弃(U)] <退出>:
指定要偏移的那一侧上的点，或 [退出(E)/多个(M)/放弃(U)] <退出>:
```

其中各选项含义介绍如下。

◆ 在命令行中输入 T，可以不用指定偏移距离，通过确定偏移后所要通过的点来使原有对象进行偏移。

◆ 在命令行中输入 E，可以在偏移原有对象的同时将原有对象删除。

◆ 在命令行最后一步中输入 M，可以不再重新选择要偏移的对象，直接进行多次偏移。每一次偏移均以偏移侧最新偏移所得的对象为操作对象。

下面以对一个椭圆进行偏移操作为例来说明偏移命令。

执行偏移命令，首先输入 300 作为偏移距离，然后选择椭圆作为偏移对象，最后单击椭圆，即指定要偏移的那一侧上的点，即可得到偏移的椭圆，如图 3-27 所示。

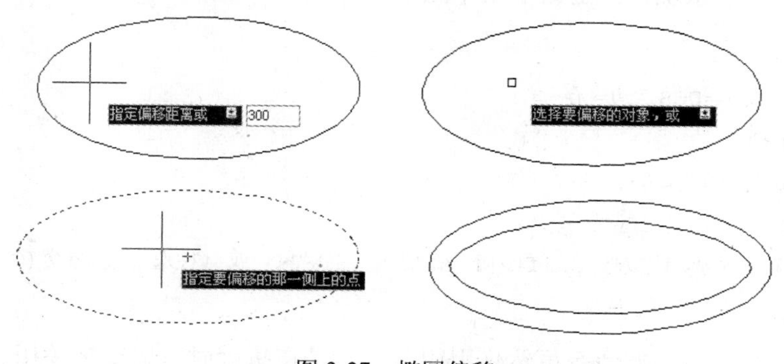

图 3-27 椭圆偏移

3.8 修剪与延伸

修剪与延伸命令是两个功能互为相反的命令，均属于修改命令，主要用于对实体进行修剪和延伸操作。

其中，修剪命令主要是用剪切边修剪对象，即以边界边为界，将被修剪对象上位于边界边某一侧的部分剪掉；而延伸命令则通过缩短或拉长使指定的对象到达指定的边界，使其与其他对象的边相接。

这两个命令选择的边界边并不需要一定与修剪或延伸对象相交，可以将对象修剪或延伸至投影边或延长线交点，即对象延长后相交的地方。

启用修剪命令的方式如下。

◆ GUI 方式，即单击“修改”面板中的“修剪”按钮，执行修剪命令。

◆ 命令行方式，在命令行中输入 TRIM，按 Enter 键或单击鼠标右键确认，执行修剪命令。

执行修剪命令后，系统将给出如下操作提示。

```
命令：_trim
当前设置：投影=UCS，边=无
选择剪切边...
选择对象或 <全部选择>:
选择对象:
选择要修剪的对象，或按住 Shift 键选择要延伸的对象，或
[栏选(F)/窗交(C)/投影(P)/边(E)/删除(R)/放弃(U)]:
```

启用延伸命令的方式如下。

◆ GUI 方式，即单击“修改”面板中的“延伸”按钮，执行延伸命令。

◆ 命令行方式，在命令行中输入“EXTEND”，按 Enter 键或单击鼠标右键确认，执行延伸命令。

执行延伸命令后，系统将给出如下操作提示。

```
命令：_extend
当前设置：投影=UCS，边=无
选择边界的边...
选择对象或 <全部选择>:
选择对象:
选择要延伸的对象，或按住 Shift 键选择要修剪的对象，或 [栏选(F)/窗交(C)/投影(P)/边(E)/
放弃(U)]:
```

由以上可见，修剪与延伸命令虽然作用相反，但是在执行时可以交替使用。

下面以对两直线分别进行修剪和延伸操作为例，对这两个命令进行说明。

执行延伸命令，选取圆为延伸边界，再选择较短的直线，即可将该直线延伸至与圆相交，如图 3-28 所示，然后按住 Shift 键，单击较长的直线在圆外侧的一点，即可将该直线在圆外侧的部分修剪掉，也可执行修剪命令来进行，如图 3-29 所示。

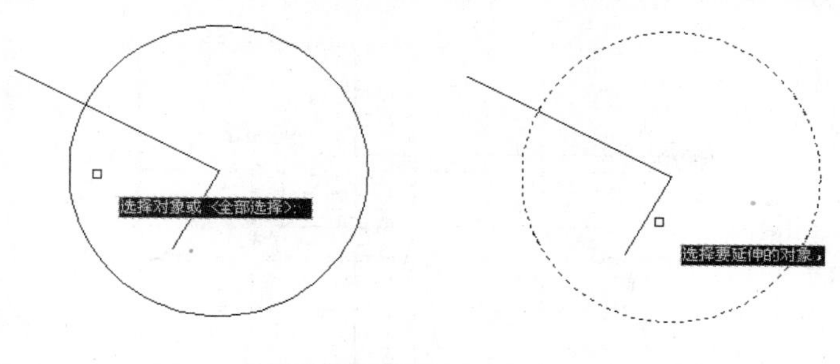

图 3-28　延伸直线

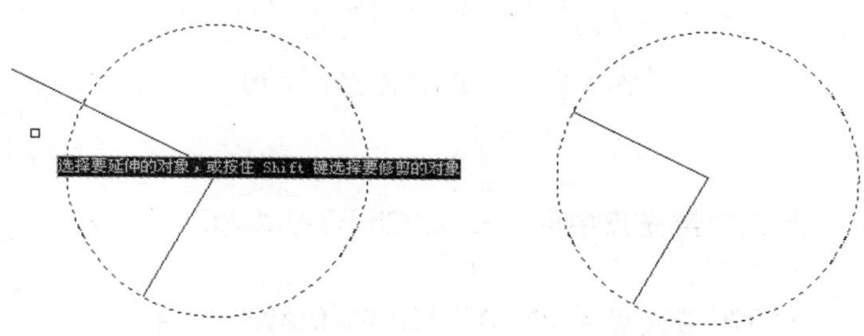

图 3-29　修剪直线

3.9　实例·操作——绘制平面墙体

本例将绘制一幅墙体平面图，如图 3-30 所示。在建筑平面图的绘制过程中，平面墙体的绘制占了很大一部分。本例的墙体布置相对比较简单，只需按步骤进行绘制，即可轻松完成。希望读者通过此例来熟悉前面介绍的几个重要命令。

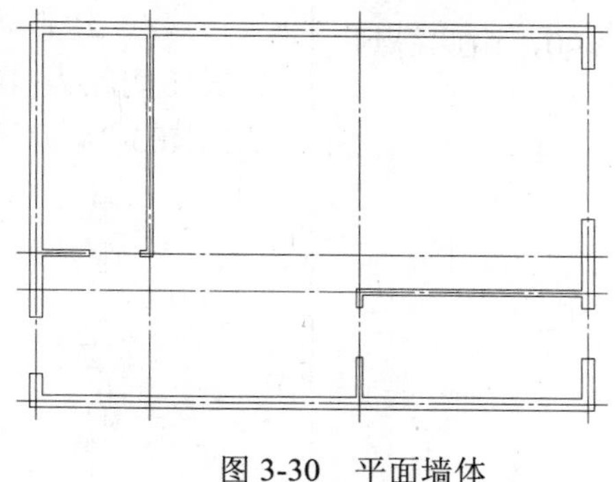

图 3-30　平面墙体

【思路分析】

首先使用直线命令和偏移命令绘制轴线，因为墙线定位要靠轴线位置来进行，然后使用多线命令绘制墙线，接着对轴线进行偏移，确定门洞位置，最后使用修剪命令绘制出门洞，并改变轴线线型，完成墙体平面图，如图 3-31 所示。

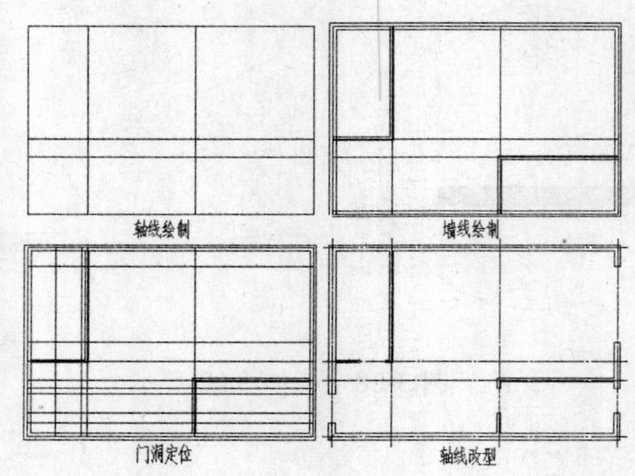

图 3-31　平面墙体的绘制流程

【光盘文件】

结果文件——参见附带光盘中的“END\Ch3\3-9.dwg”文件。

动画演示——参见附带光盘中的“AVI\Ch3\3-9.avi”文件。

【操作步骤】

（1）启动 AutoCAD 2010，设置习惯的绘图环境。

（2）绘制轴线，使用直线命令绘制一条长度为 6000 的竖向直线，然后将其向右侧依次偏移 1800、3300、3600，由此共获得 4 条竖向轴线；再使用直线命令，连接上一步中绘制的第一条直线与最后一条直线下部端点，将其向上侧依次偏移 1800、600、3600，由此得到了 4 条水平轴线，如图 3-32 所示。

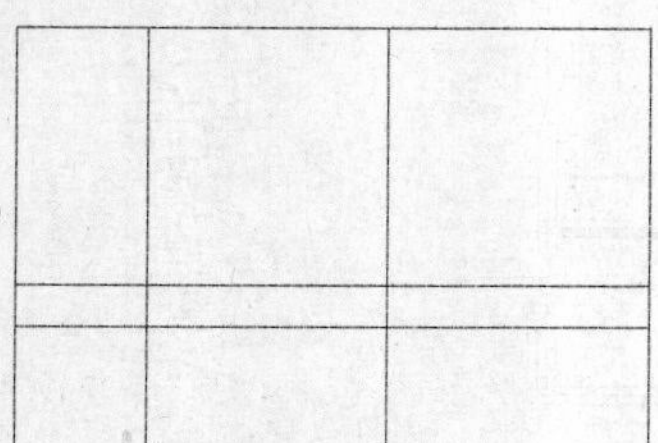

图 3-32　绘制轴线

（3）绘制墙线，在此使用多线命令。绘制周边墙线时，设置多线对正类型为无（Z），即选择两线之间的中点为控制点，输入多线比例为 200，即外墙墙厚定为 200，然后以轴线左下角交点为起点，绘制出周边墙线，如图 3-33 所示。

图 3-33　绘制周边墙线

（4）绘制内部墙线时，对正类型不变，多线比例改为 100，即内墙墙厚定为 100，参照如图 3-34 所示绘制余下墙线。

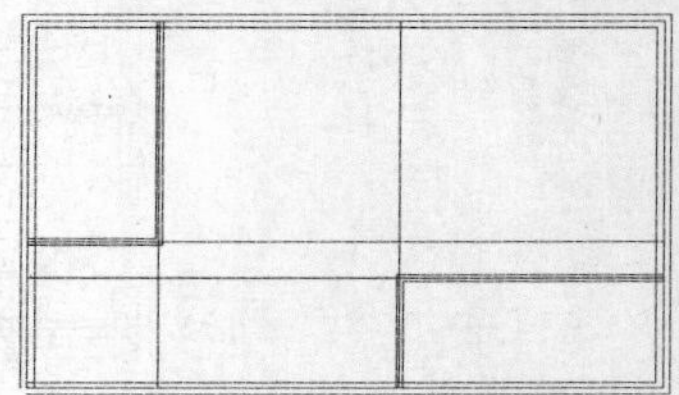

图 3-34　绘制内部墙线

（5）使用分解命令将所有墙线分解开，然后应用修剪命令对各节点进行处理，使其内部连通，搭接正确。

（6）按预先设计门洞的位置尺寸，由轴线偏移出门洞边界线。对轴线进行编号，水平轴线由下至上编为 A、B、C、D 轴，竖向轴线由左至右编为 1、2、3、4 轴。进行相关偏移操作：A 轴向上依次偏移 450、900，B 轴向下依次偏移 250、800，C 轴向上偏移 600，D 轴向下偏移 600，1 轴向右偏移 850，2 轴向左偏移 150，效果如图 3-35 所示。

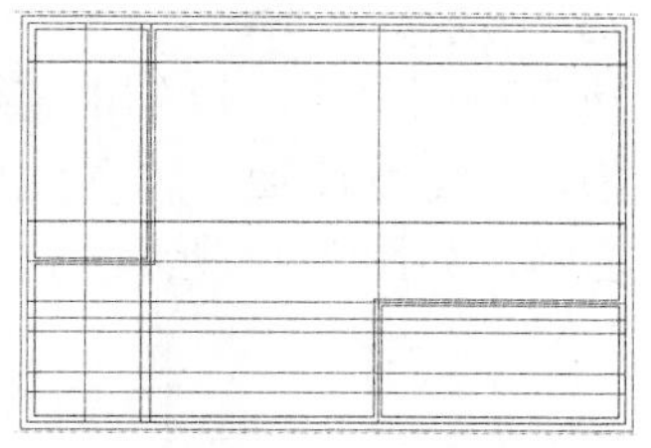

图 3-35　门洞定位

（7）接着用修剪命令对线条进行修剪，就可以将各门洞绘制出来，最后将轴线改为虚线线型，墙体平面图绘制完成，结果如图 3-36 所示。

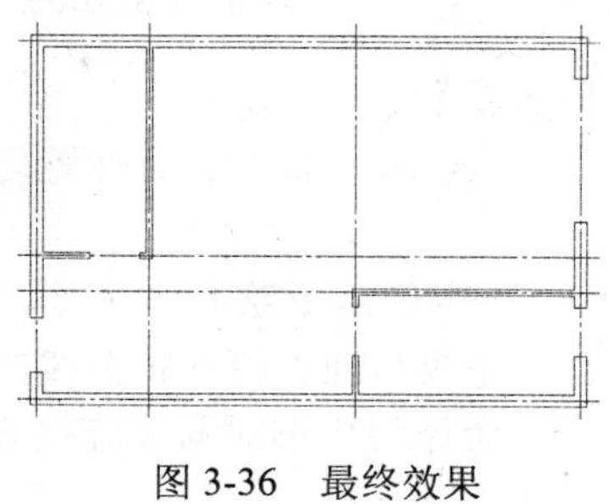

图 3-36　最终效果

3.10　实例·练习——绘制抽水马桶立面图

本例将绘制一幅简单的抽水马桶立面图，如图 3-37 所示。抽水马桶是卫浴家具的一种，其几何组成多为矩形（水箱）与椭圆（座便器），绘制比较简单。希望读者通过此例来练习前面所讲述的命令。

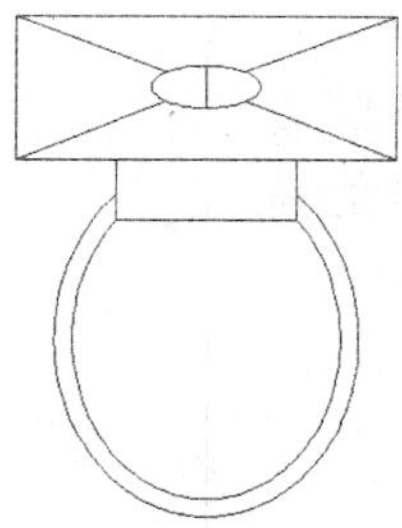

图 3-37　抽水马桶立面图

【思路分析】

在绘制过程中主要用到矩形、椭圆、偏移、修剪等命令，其主要流程如图 3-38 所示。

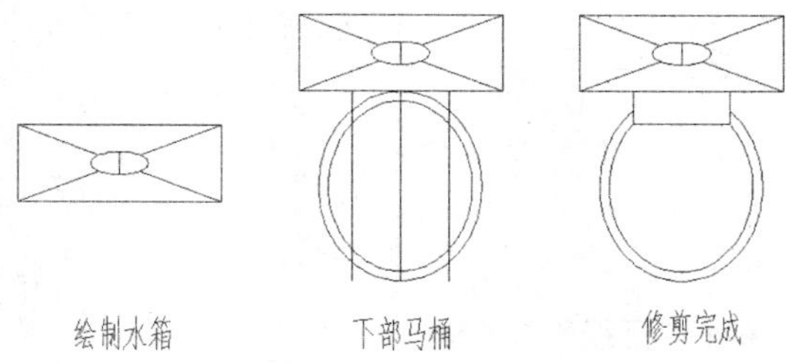

图 3-38　抽水马桶的绘制流程

【光盘文件】

结果文件——参见附带光盘中的“END\Ch3\3-10.dwg”文件。

动画演示——参见附带光盘中的“AVI\Ch3\3-10.avi”文件。

【操作步骤】

（1）启动 AutoCAD 2010，设置习惯的绘图环境。

（2）使用矩形命令绘制一个长 525、宽 200 的矩形，完成马桶水箱外轮廓线的绘制，然后使用直线命令将矩形对角线连接起来，如图 3-39 所示。

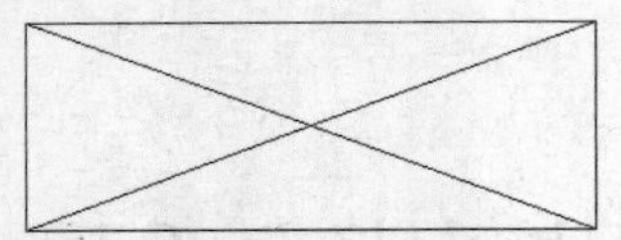

图 3-39　水箱外轮廓线

（3）以对角线交点为圆心绘制一个长轴为 75、短轴为 30 的椭圆，且长轴水平，然后以椭圆为边界线，使用修剪命令删除椭圆内部线段，另外将短轴使用直线命令绘制出来。如此水箱绘制完成，效果如图 3-40 所示。

（4）使用直线命令，以水箱矩形下侧边中点为起点，绘制一条竖直向下、长 500 的辅助直线，如图 3-41 所示。

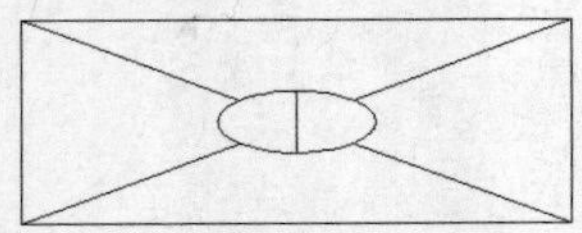

图 3-40　绘制的水箱效果

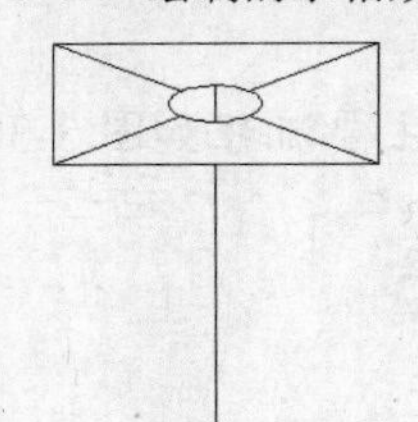

图 3-41　辅助直线

（4）按 Enter 键，重复执行“直线”命令，绘制水平中心线。水平中心线的起始点坐标为（−35,0），长度为 70，倾角为 0°，完成后的结果如图 3-61 所示。

（5）使用椭圆命令，以辅助直线中心为圆心，以辅助直线为长轴，输入短轴长度为 210，绘制椭圆，如图 3-42 所示。

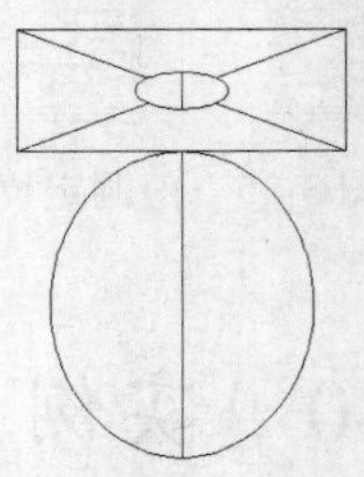

图 3-42　绘制椭圆

（6）使用偏移命令，将椭圆向内偏移 25，将辅助直线分别向两侧偏移 125，如图 3-43 所示。

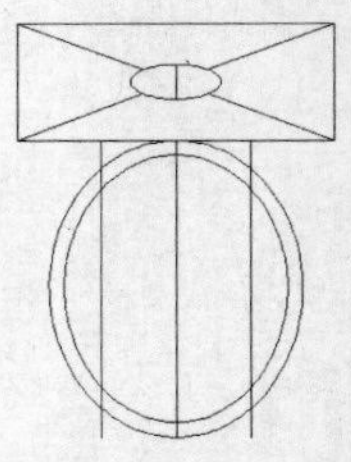

图 3-43　偏移操作

（7）使用修剪命令对图形进行修剪。首先以两侧直线为边界线，修剪两直线间的椭圆上部曲线，再使用直线命令连接内圈椭圆与两侧直线的交点，如图 3-44 所示。

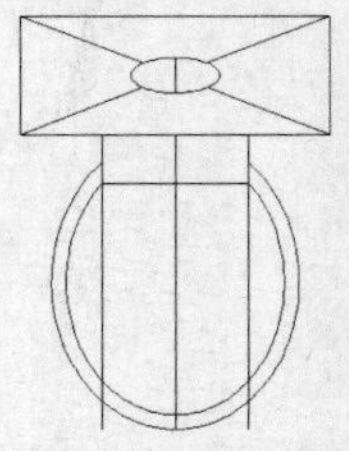

图 3-44　修剪椭圆

（8）继续对图形进行修剪。以上一步所连直线为边界线，将两侧直线的下部修剪掉，然后删除中间的辅助线，完成绘制，最终效果如图 3-45 所示。

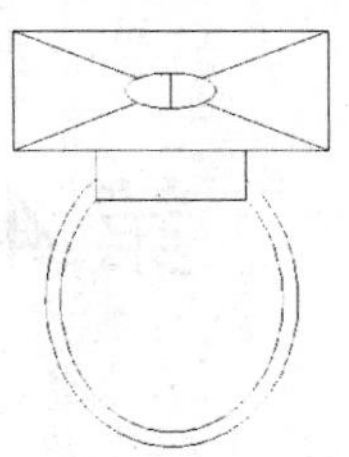

图 3-45　最终效果

第 4 讲　编辑图形（一）

编辑命令是 AutoCAD 中非常重要的命令，本讲以典型实例引出常用图形编辑命令，接着重点介绍如何对一些图形进行编辑和修改，并结合建筑制图的实例进一步说明这些常用编辑命令的使用方法和技巧。

本讲内容

- 实例·模仿——绘制书柜立面图
- 选择对象
- 圆角
- 旋转
- 阵列
- 镜像
- 打断与合并
- 实例·操作——绘制罗马柱立面图
- 实例·练习——绘制复杂的门立面图

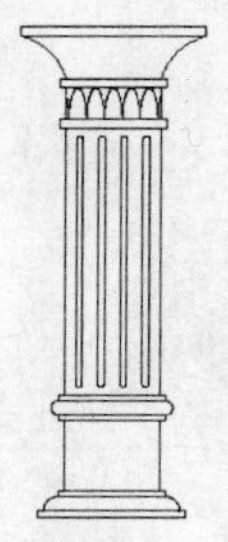

4.1　实例·模仿——绘制书柜立面图

本例将绘制一幅书柜立面图，如图 4-1 所示。书柜是建筑家居设计中不可缺少的，其样式多种多样。本例书柜体型较大，高 2500、宽 1890，不过几何图形组成很有规律，掌握一定技巧后绘制起来并不是很复杂。

图 4-1　书柜立面图

【思路分析】

该书柜左右对称，上部门扇可以使用矩形命令和多线命令绘制，中部抽屉使用矩形命令绘制，部门扇使用矩形命令和圆环命令绘制。绘制出四分之一书柜后，通过两次镜像操作，即可绘制出整个书柜。绘制过程中关键在于发现各部分间的对称关系，应用镜像命令将大大简化绘制过程。整个流程如图 4-2 所示。

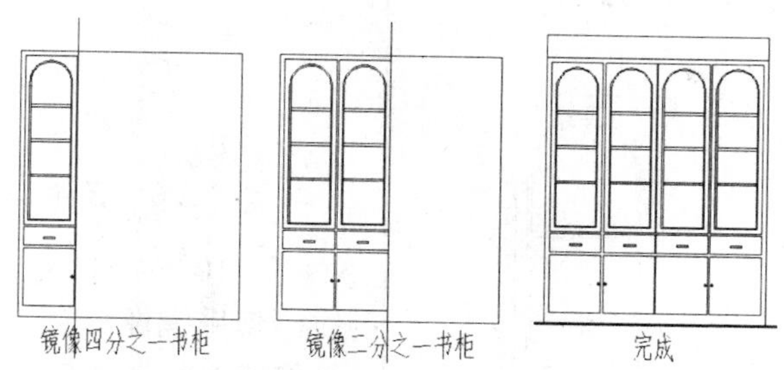

图 4-2　书柜的绘制流程图

【光盘文件】

结果文件——参见附带光盘中的“END\Ch4\4-1.dwg”文件。

动画演示——参见附带光盘中的“AVI\Ch4\4-1.avi”文件。

【操作步骤】

（1）打开 AutoCAD 2012，设置习惯的绘图环境，开启正交，设置对象捕捉。

（2）使用矩形命令绘制一个尺寸为 1890×2500 的矩形。

（3）使用矩形命令，配合捕捉自功能，以已绘矩形左上角点为基点，以（@40,-40）为偏移距离，绘制尺寸为 440×1460 的上部门扇边框。

（4）继续使用矩形命令，以左下角点为基点，以（@40,100）为偏移距离，绘制尺寸为 440×500 的下部门扇边框；重复矩形命令，配合对象追踪功能，捕捉上一步所绘矩形左上角点向上 20 为基点，绘制尺寸为 440×160 的抽屉边框，如图 4-3 所示。

（5）接着绘制门扇面上的图形。对上部门扇使用矩形命令，以门扇矩形左下角点为基点，以（@40,40）为偏移距离，绘制尺寸为 360×1200 的矩形，再将所得的矩形向内偏移 10，如图 4-4 所示。

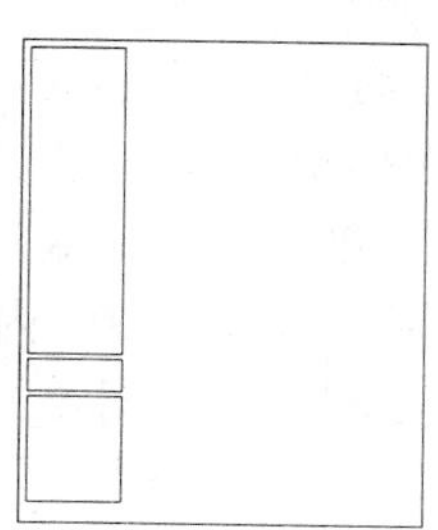

图 4-3　书柜轮

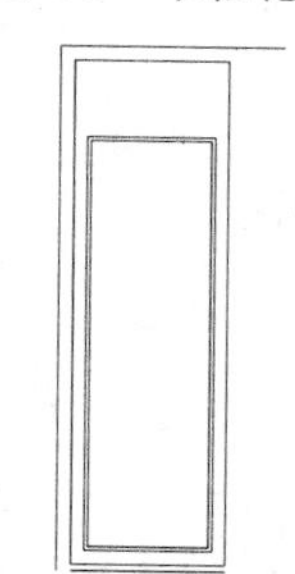

图 4-4　扇面图形

（6）将得到的两个矩形进行分解，对内侧矩形上侧横边进行偏移操作，依次向下偏移 190、300、300，再将新得到的 3 条直线分别向下偏移 18，如图 4-5 所示。

（7）接着根据步骤（5）中得到的两个矩形上侧边画圆弧，即以其右端点为起点，中点为圆心，左端点为终点，按“起点、圆心、端点”方式画圆弧，然后将两边删除，如图 4-6 所示。

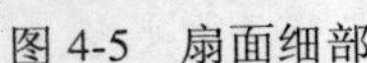

图 4-5　扇面细部

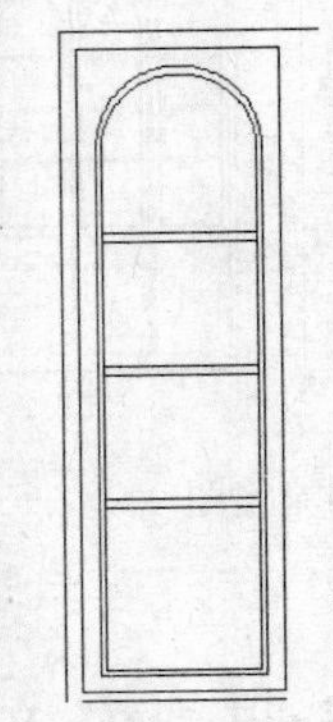

图 4-6　圆弧绘制

（8）对中间抽屉使用矩形命令，配合捕捉自功能，以抽屉矩形左下角为基点，以（@170,55）为偏移距离，绘制尺寸为 100×20 的矩形，作为抽屉把手；对下部门扇，以门扇矩形右侧边中点为起点，向左作一条长度为 20 的直线，然后以该直线左端点为圆心，使用圆环命令，绘制一条外径 20、内径 10 的圆环，再将原辅助直线删除，如图 4-7 所示。

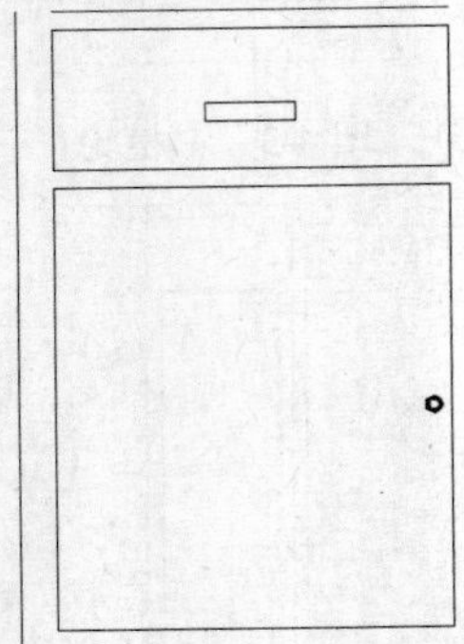

图 4-7　绘制抽屉把手与柜门把手

（9）使用构造线命令，以步骤（2）中所得的矩形左下角点为基点，向右偏移 490 作一条竖直构造线，如图 4-8 所示。

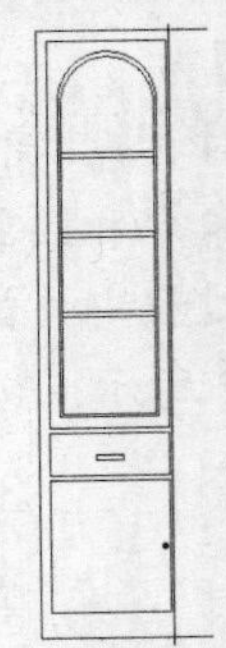

图 4-8　绘制镜像线

（10）以步骤（9）所得的构造线为镜像线，使用镜像命令，复制 1/4 的书柜，并删除镜像线，如图 4-9 所示。

（11）使用构造线命令，以步骤（2）中所得的矩形左下角点为基点，向右偏移 945 作一条竖直构造线，如图 4-10 所示。

图 4-9　镜像操作

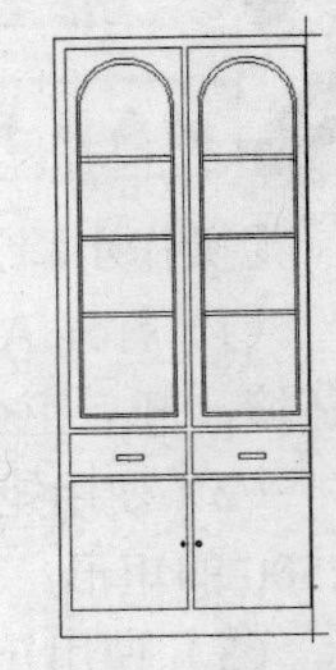

图 4-10　绘制镜像线

（12）以步骤（11）所得的构造线为镜像线，使用镜像命令，复制 1/2 的书柜，并删除镜像线，最后加粗延长书柜下边线，完成书柜的绘制，最终效果如图 4-11 所示。

图 4-11　最终效果

4.2 选择对象

在编辑图形之前需要进行图形对象的选择，在 AutoCAD 中有多种选择图形对象的方式，较常用的是点选、框选和快速选择 3 种。

1. 点选

在 AutoCAD 2012 中，如果绘图区中已存在图形对象，则当光标移动到可点选的对象上时，对象将显示为加黑的虚线状态。此时若单击鼠标，即可选中该图形对象，将显示为虚线状态，同时还会显示蓝色的夹点。如图 4-12 所示为将一个矩形对象选中。

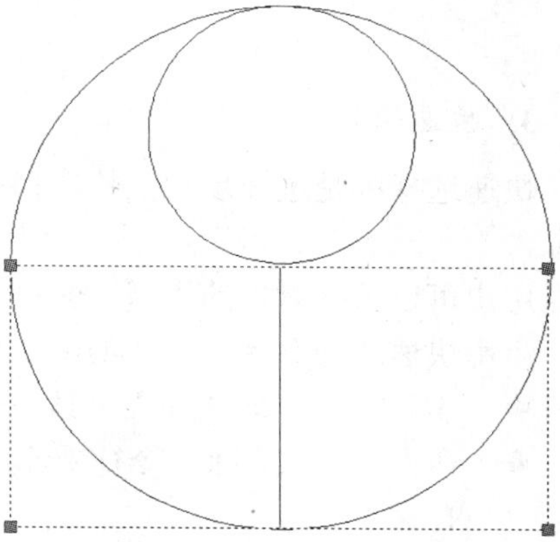

选择了一个目标后，还可以继续选择其他目标，直到将所有要编辑的目标对象全部选中为止。

如果选错了某目标，可以按 Esc 键来取消单个或多个选中的目标，不过是按先后选中的顺序依次倒退取消的；当需要取消选中的多个目标中的某一个目标时，可以在按住 Shift 键的同时单击要取消的目标，即可取消错选的目标。

图 4-12　点选

2. 框选

框选是通过按住鼠标左键并拖动鼠标来进行的，可以一次选择多个对象。框选可进一步分为窗口选择和交叉选择两种方式。

◆ 默认状态下，窗口选择是从左向右框选，可以将所有整体处于选择框内的图形对象选中。如图 4-13 所示，利用窗口选择可将矩形与直线选中，而不会选中圆。

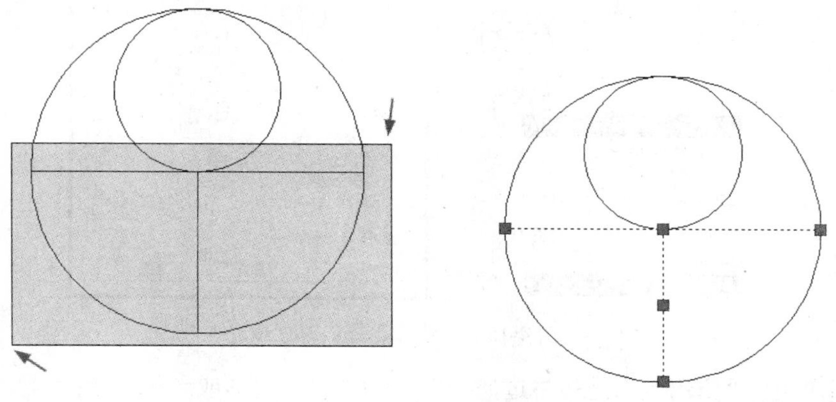

图 4-13　窗口选择

◆ 交叉选择是从右向左框选，可以将选择框内所有图形对象以及与选择框交叉的图形对象一并选中。如图 4-14 所示，利用交叉选择可将矩形、直线和圆一并选中。

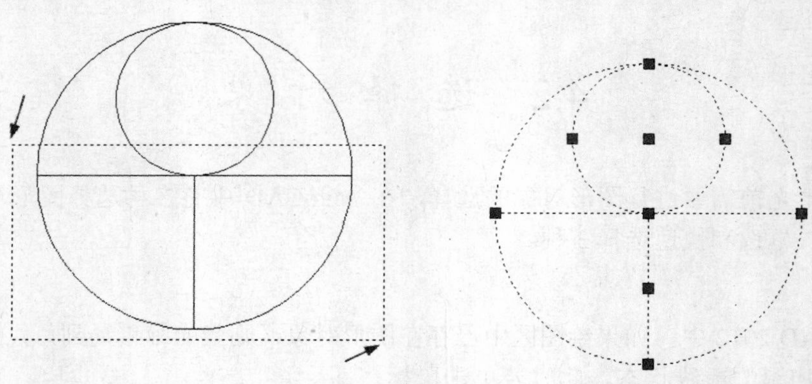

图 4-14　交叉选择

3. 快速选择

快速选择则是进一步加强的选择命令，可以快速、灵活、简便地从复杂的图形中选择所需的对象。

用户可以根据对象的类型、颜色、图层等属性来限定所要选择的对象，即过滤条件。

启用快速选择命令的方式如下。

- ◆ GUI 方式，即选择“工具”→“快速选择”命令。
- ◆ 命令行方式，在命令行中输入 QSELECT，按 Enter 键或单击鼠标右键确认，执行快速选择命令。

执行快速选择命令后，将打开“快速选择”对话框，如图 4-15 所示。

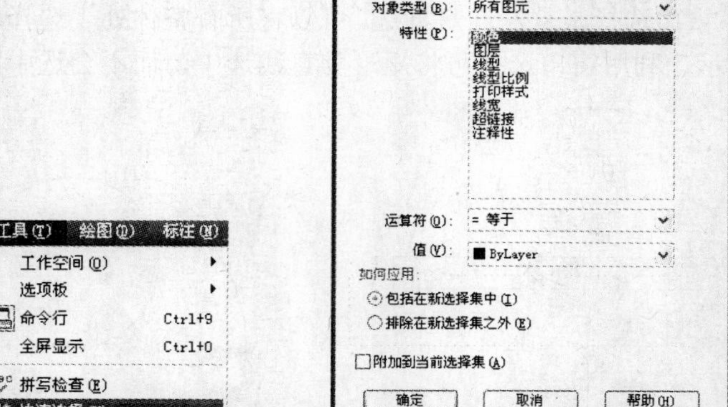

图 4-15　“快速选择”对话框

在该对话框中，“应用到”是指将过滤条件应用到整个图形或当前选择；“对象类型”是指选择目标作为过滤条件的对象类型，包含“直线”、“多段线”、“多线”、“圆”等；“特性”可指定对象类型所需的过滤条件；“运算符”可设定过滤条件的运算方式，包括“等于”、“不等于”、“大于”和“小于”；“值”是指过滤条件的量值。

例如，利用快速选择命令选择图中的圆对象，设置“对象类型”为“圆”，其他过滤条件默认，即可选中两个圆，如图 4-16 所示。

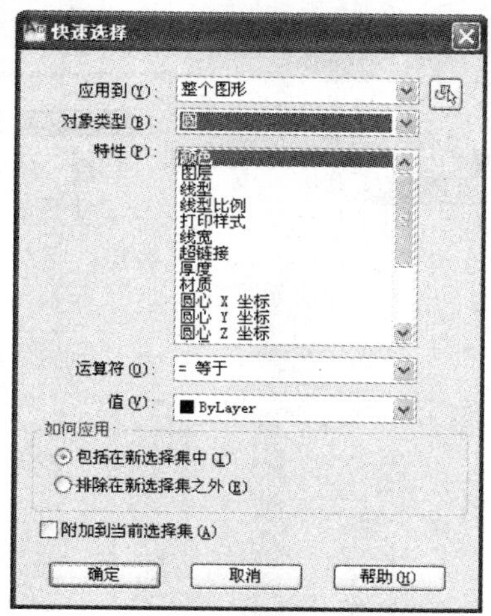

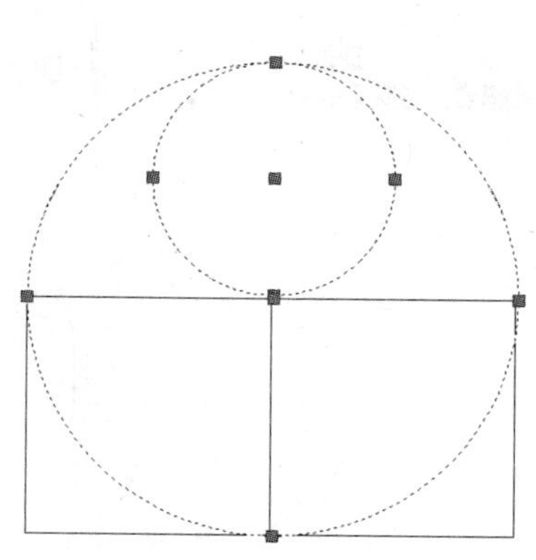

图 4-16　快速选择圆对象

其他的选择命令还有栏选、全部选择等，实际应用中并不多见，因为所介绍的 3 种选择方式已经基本可以满足选择对象的需要，读者需掌握它们并学会灵活应用。

4.3　圆　　角

圆角命令用来将两个线性对象之间以圆弧相连，多用于修改图形的角部，使其边界光滑呈弧线状。圆角命令可以处理的对象很多，如圆弧、直线、多段线、构造线等。

启用圆角命令的方式如下。

- GUI 方式，即单击“绘图”面板中的按钮，执行圆角命令。
- 命令行方式，在命令行中输入 FILLET（或 F），按 Enter 键或单击鼠标右键确认，执行圆角命令。

执行圆角命令后，系统将给出如下操作提示。

```
命令：FILLET
当前设置：模式=修剪，半径=0.0000
选择第一个对象或 [放弃(U)/多段线(P)/半径(R)/修剪(T)/多个(M)]：
选择第二个对象，或按住 Shift 键选择要应用角点的对象：
```

使用圆角命令需设置圆角半径，即连接圆角两条边的的圆弧半径，系统默认圆角半径为 0。一旦被定义后，此次定义的圆角半径值将成为后续圆角命令的当前半径。在需要修改时，可重新定义，并且不影响已有的圆角弧。

不过，对两条平行直线使用圆角命令时，可以不定义半径，直接选取第一、第二对象，系统将自动调整半径使圆弧与两对象相切。

下面以对两条垂直直线和两条平行直线使用圆角命令为例来说明其操作。

对两条垂直直线，设置圆角半径为 500，依次选取竖直直线和横向直线为对象，得到圆角，如图 4-17 所示。

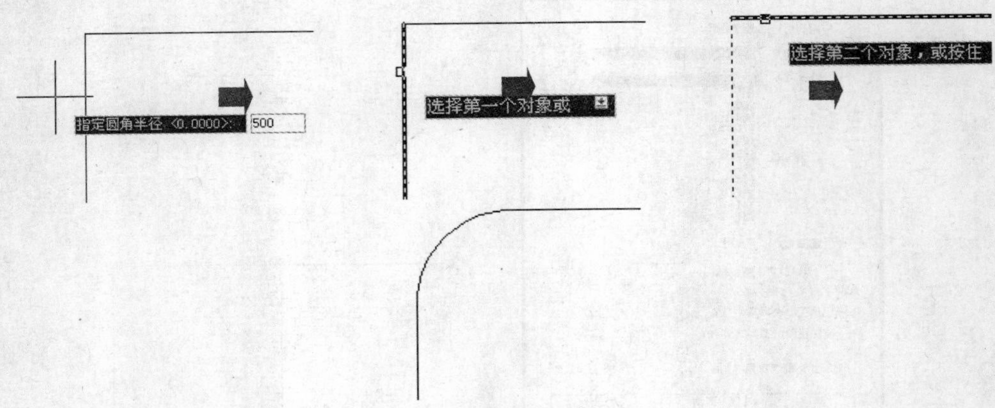

图 4-17　对两条垂直直线进行圆角操作

对两条平行直线，不需设置半径，依次选取为对象，即可得到圆角，如图 4-18 所示。

图 4-18　对两条平行直线进行圆角操作

4.4　旋　　转

利用旋转命令可绕指定的基点旋转图形中的对象。此命令在执行过程中需要指定基点，定义旋转角度，并选择是否保留原有对象。旋转的对象可以是直线、多边形、椭圆等单个对象，当然也可以对多个对象进行旋转。

启用旋转命令的方式如下。

- GUI 方式，即单击“修改”面板中的按钮或选择“修改”→“旋转”命令。
- 命令行方式，在命令行中输入 ROTATE（或 RO），按 Enter 键或单击鼠标右键确认，执行旋转命令。

执行旋转命令后，系统将给出如下操作提示。

```
命令: _rotate
UCS 当前的正角方向:  ANGDIR=逆时针  ANGBASE=0
选择对象:
指定基点:
指定旋转角度，或 [复制(C)/参照(R)] <0>:
```

下面以对一条直线进行旋转操作为例来说明旋转命令。

视频教学

执行旋转命令，选择一个圆的直径为对象，指定左端点为基点，输入旋转角度为 60°，效果如图 4-19 所示。若指定直径中点即圆心为基点，输入 C，选择复制保留原对象，然后输入旋转角度为 90°，效果如图 4-20 所示。

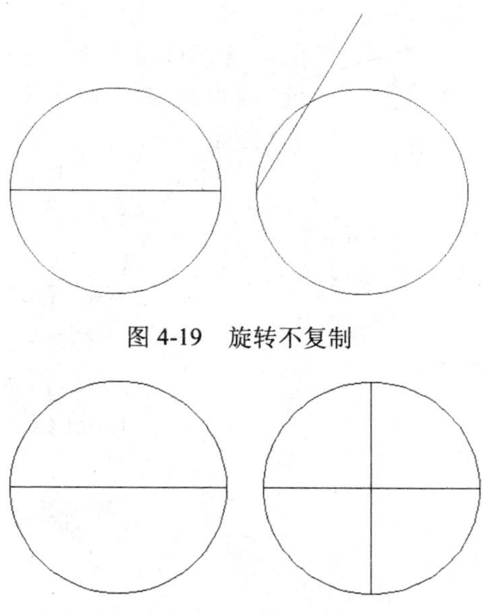

图 4-19　旋转不复制

图 4-20　旋转且复制

4.5　阵　　列

利用阵列命令可以将操作对象按一定的规则复制多个并进行阵列排列。阵列复制出的多个对象是分散的对象，可以只对其中的一个或几个分别进行编辑而不影响其他对象。阵列有矩形阵列和环形阵列两种，下面分别进行讲解。

1. 矩形阵列

阵列对象的方法有以下几种。

◆　GUI 方式：选择“常用”→“修改”→“矩形阵列”命令。

◆　命令行方式：输入 arrayrect。

矩形阵列的操作步骤包括如下 5 步。

（1）单击“矩形阵列”按钮器。

（2）选择拾取需要阵列的对象后，按 Enter 键完成对象选定。

（3）拖动光标，在不同角度可以出现行数和列数不同的阵列形式，阵列形式满足要求时，单击鼠标左键确定。

（4）输入“100，75”（包括逗号），以确定阵列的总长度和总宽度，按 Enter 键确定。

（5）按 Enter 键，完成“阵列”命令，操作过程如图 4-21 所示。

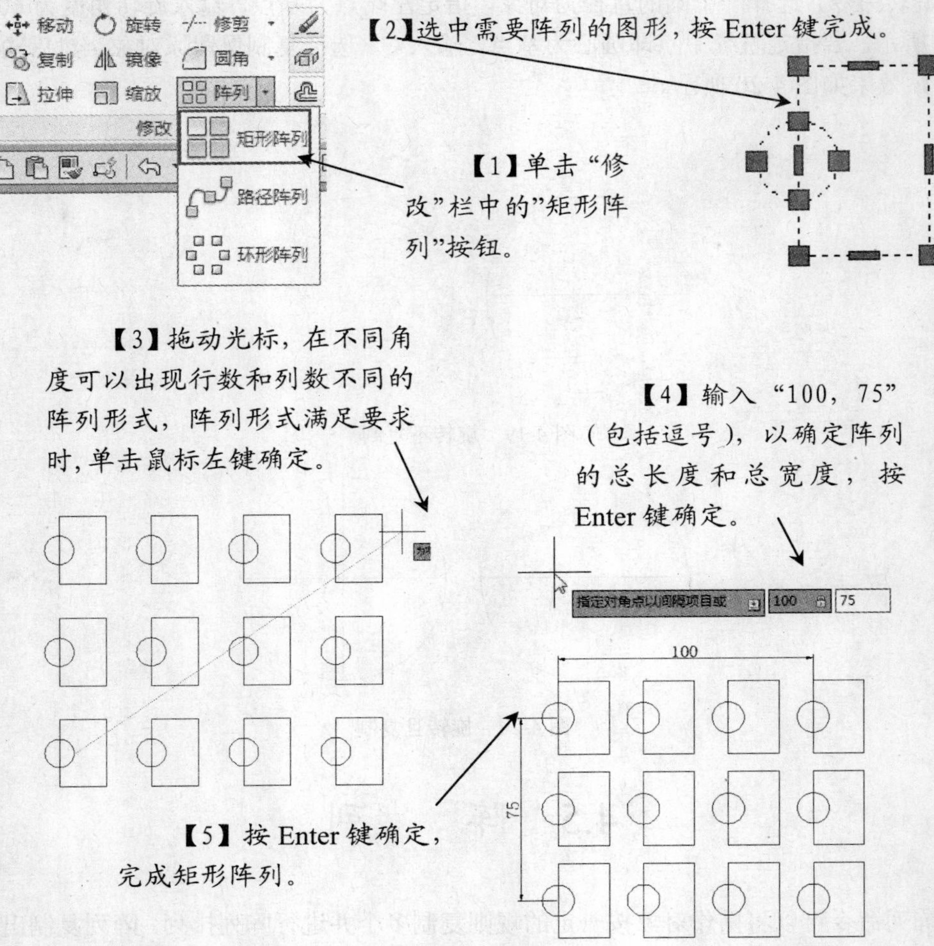

图 4-21　矩形阵列命令的执行

2. 环形阵列

阵列对象的方法有以下几种。

◆　GUI 方式：选择“常用”→“修改”→“环形阵列”命令。

◆　命令行方式：输入 arraypolar。

环形阵列的步骤包括以下 6 步。

（1）单击“环形阵列”按钮。

（2）在“选择对象”提示下，需要阵列的对象，按 Enter 键完成对象选定。

（3）在“指定阵列的中心点”提示下，利用对象捕捉选取十字交点作为环形阵列的中心点。

（4）在“输入项目数”提示下，输入 8 作为生成的项目数量。

（5）在命令行“指定填充角度（+=逆时针、-=顺时针）或 [表达式(EX)] <360>:”提示下，直接按 Enter 键确定，表示全周阵列。

（6）按 Enter 键，完成环形阵列，操作过程如图 4-22 所示。

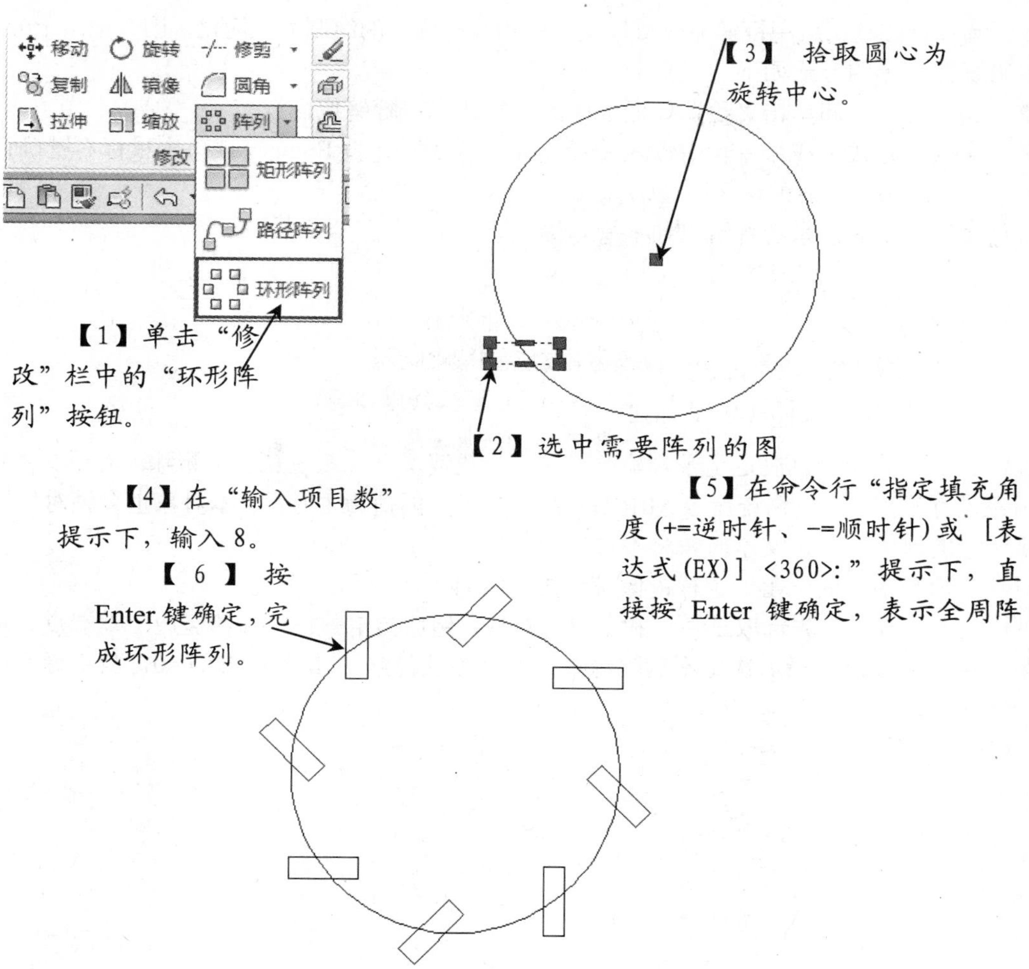

移动
旋转
修剪
复制
镜像
圆角
拉伸
缩放
阵列
修改
矩形阵列
路径阵列
环形阵列
【3】 拾取圆心为旋转中心。
【1】单击“修改”栏中的“环形阵列”按钮。
【2】选中需要阵列的图
【4】在“输入项目数”提示下，输入8。
【5】在命令行“指定填充角度(+=逆时针、-=顺时针)或［表达式(EX)］<360>:”提示下，直接按 Enter 键确定，表示全周阵
【6】按 Enter 键确定，完成环形阵列。

图 4-22　环形阵列命令的执行

用户可以对阵列结果进行编辑修改。单击选中需要编辑的阵列对象，出现“阵列”选项页，如图 4-23 所示，即可对阵列参数进行修改。

常用
插入
注释
参数化
视图
管理
输出
插件
联机
阵列
极轴
8
45
360
1
244.1993
244.1993
1
1
1
基点
旋转项目
编辑来源
替换项目
重置矩阵
类型
项目
行
级别
特性
选项

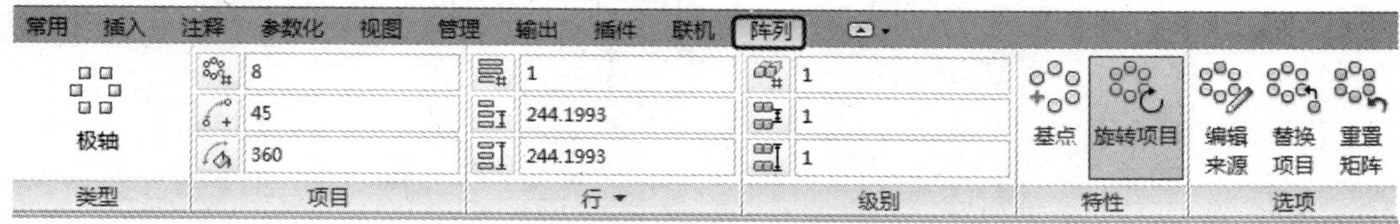

图 4-23　“阵列”选项页

4.6　镜　　像

镜像命令用来创建与原对象关于指定轴对称的图像。指定轴起到了类似镜子的作用，因此关键

在于如何选择镜像轴。应用镜像命令可以使一些轴对称图形的绘制大大简化，因此应用十分频繁。

启用镜像命令的方式如下。

◆ GUI 方式，即单击“绘图”面板中的按钮，执行镜像命令。

◆ 命令行方式，在命令行中输入 MIRROR（或 MI），按 Enter 键或单击鼠标右键确认，执行镜像命令。

执行镜像命令后，系统将给出如下操作提示。

```
命令: _mirror
选择对象:
指定镜像线的第一点: 指定镜像线的第二点:
要删除源对象吗? [是(Y)/否(N)] <N>:
```

镜像命令最后一步可决定是否删除源对象，一般情况下，系统默认不删除。对于文本镜像，需要预先进行设置。通过系统命令 MIRRTEXT，赋予它的值为 1 时，文本对象也会轴对称反向复制；赋予它的值为 0 时，文本对象将不会反向。

对一个内含字母的三角形进行镜像操作的说明如下。

调用镜像命令，首先选取三角形和字母为对象，然后指定三角形右侧竖边上下端点分别为镜像线第一点、第二点，最后决定不删除源对象。因为软件默认 MIRRTEXT=0，故字母不反向，效果如图 4-24 所示。

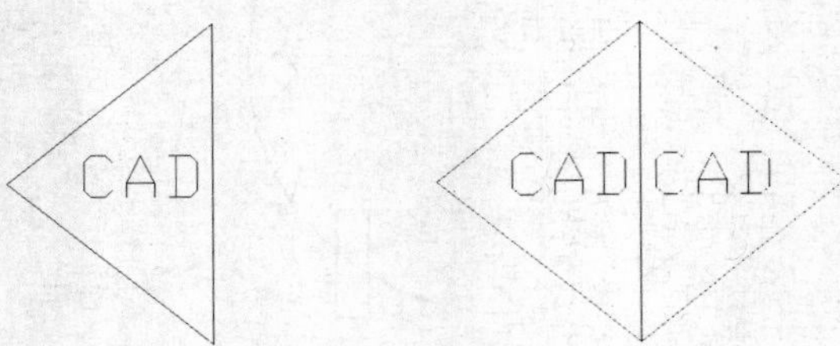

图 4-24　MIRRTEXT=0 时的镜像操作效果

如果设置 MIRRTEXT=1，则效果如图 4-25 所示。

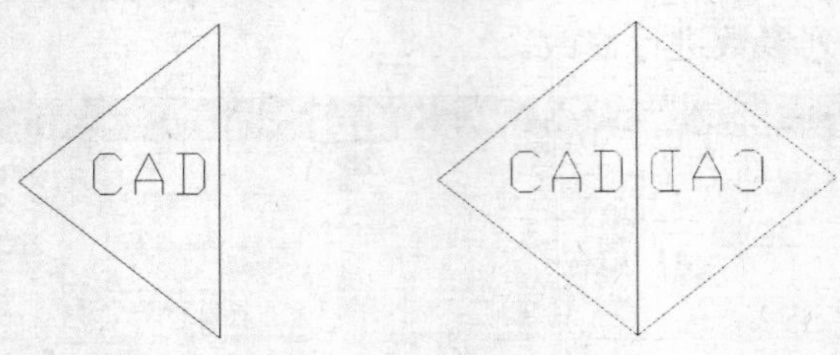

图 4-25　MIRRTEXT=1 时的镜像操作效果

4.7　打断与合并

在进行建筑图的绘制时，经常需要将一个图形对象打断为两个图形对象，或将多个图形对象合并成一个图形对象，这时就需要使用打断与合并命令。

1. 打断

打断命令可以在对象上创建一个间隙，使一个对象分成两个对象。该命令多用于为块或文字创建插入的空间。

启用打断命令的方式如下。

- ◆ GUI 方式，即单击“修改”面板中的“打断”按钮或“打断于点”按钮，执行打断命令。
- ◆ 命令行方式，在命令行中输入 BREAK（或 BR），按 Enter 键或单击鼠标右键确认，执行打断命令。

执行打断命令后，系统将给出如下操作提示。

```
命令: BREAK
选择对象:
指定第二个打断点 或 [第一点(F)]:
```

在一般情况下，打断命令在选择对象的同时，即会选中第一个打断点，除非在选择对象后输入 F，可重新选择第一点，否则再选择第二个打断点后，即可将对象打断。

2. 合并

合并命令可将多个图形对象合并成一个图形对象，可以合并的对象包括直线、多段线、样条曲线、圆弧以及椭圆弧等。

启用合并命令的方式如下。

- ◆ GUI 方式，即单击“修改”面板中的“合并”按钮，执行合并命令。
- ◆ 命令行方式，在命令行中输入 JION（或 J），按 Enter 键或单击鼠标右键确认，执行合并命令。

执行合并命令后，系统将给出如下操作提示。

```
命令: JION
选择源对象:
选择要合并到源的对象:
```

当用户选择不同的源对象时，命令的执行条件会有所不同，并且命令行的提示也会不同。

- ◆ 当源对象是直线时，选择要合并到源的对象必须是直线，且直线之间要有间隙，命令行提示“选择要合并到源的直线”。
- ◆ 当源对象是多段线时，选择的对象之间不能有间隙，且必须位于与 UCS 的 XY 平面平行的同一平面上，命令行提示“选择要合并到源的对象”。
- ◆ 当源对象是样条曲线时，选择的对象必须位于同一个平面上，且首尾相邻，命令行提示“选择要合并到源的样条曲线”。
- ◆ 当源对象是圆弧时，选择的对象要位于假设的圆上，且圆弧之间必须有间隙。合并两条或多条圆弧时，将从源对象开始按逆时针方向合并圆弧，命令行提示“选择圆弧，以合并到源或进行[闭合](L)”。

◆ 当源对象是椭圆弧时，与圆弧基本类似，命令行提示“选择椭圆弧，以合并到源或进行[闭合](L)”。

下面以打断一个圆，再将其合并为例来说明打断与合并命令。

执行打断命令，选择圆为打断对象，再输入 F，指定圆周最上侧点为第一个打断点，圆周最左侧点为第二个打断点（注意，圆的打断部分是从第一个打断点顺时针到第二个打断点），效果如图 4-26 所示。重复打断命令，按同样方法，依次指定圆周最下侧点和最右侧点为打断点，效果如图 4-27 所示。执行合并命令，选择右上圆弧为源对象，再选择左下圆弧为要合并的对象，即可从源对象的弧线按逆时针合并左下方的圆弧，如图 4-28 所示。

图 4-26　打断　　图 4-27　再打断　　图 4-28　合并

4.8 实例·操作——绘制罗马柱立面图

本例将绘制一幅罗马柱立面图，如图 4-29 所示。罗马柱是欧式建筑的显著特点，在欧式建筑设计中十分常见，其体型对称，线条简洁明了，富有古典美感。通过此例的学习，我们可以加深对前面所叙述命令的掌握。

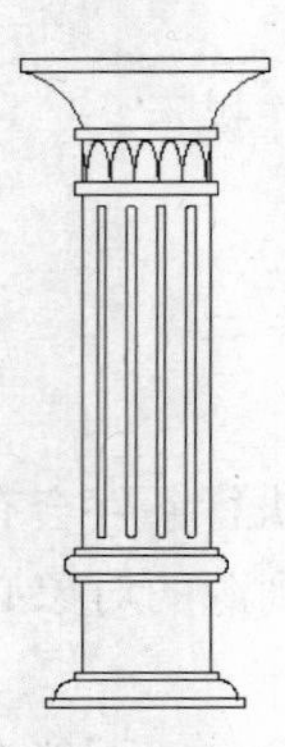

图 4-29　罗马柱立面图

【思路分析】

先应用矩形、偏移、修剪绘制出罗马柱大致的外轮廓，然后应用椭圆、阵列命令绘制其表面构造，最后应用圆角、修剪命令进行完善，完成绘制。其主要流程如图 4-30 所示。

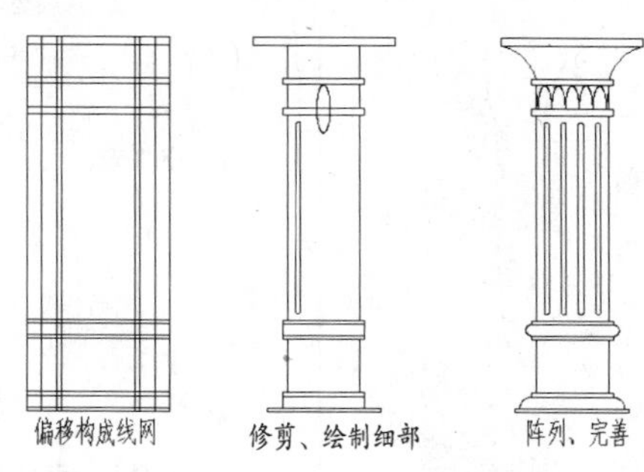

图 4-30　罗马柱流程图

【光盘文件】

——参见附带光盘中的“END\Ch4\4-8.dwg”文件。

——参见附带光盘中的“AVI\Ch4\4-8.avi”文件。

【操作步骤】

（1）启动 AutoCAD 2012，设置习惯的绘图环境。

（2）从一点出发，使用直线命令竖直向上绘制一条长 3400 的直线，水平向右绘制一条长 1250 的直线。使用偏移命令，将竖向直线依次向右偏移 125、140、40、640、40、140、125，将水平直线依次向上偏移 40、100、40、480、35、100、35、1860、60、220、60、300、70，得到如图 4-31 所示的线网。

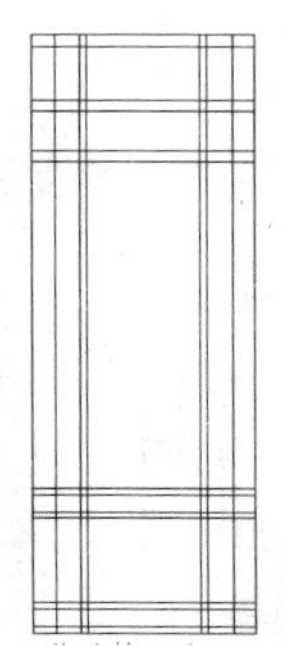

图 4-31　线网

（3）对该线网使用修剪命令修剪，得到如图 4-32 所示的罗马柱基本轮廓。

（4）使用弧线命令，选择其中的“起点，端点，角度”方式，以从上往下数第二个矩形左下角点为起点，第一个矩形左下角点为端点，角度为 60°，绘制弧线；同理，对称地在右侧绘制弧线，如图 4-33 所示。

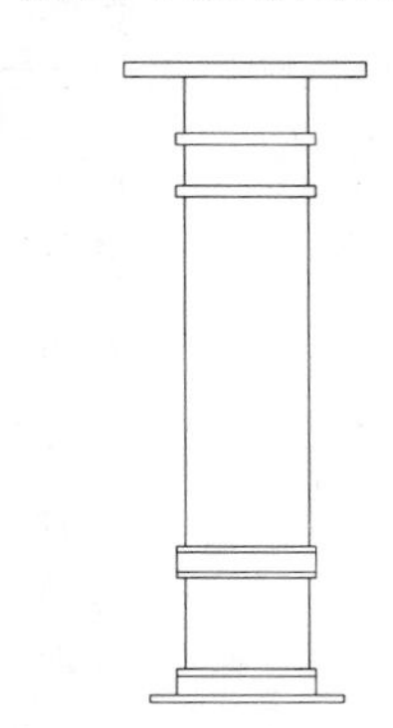

图 4-32　罗马柱基本轮廓

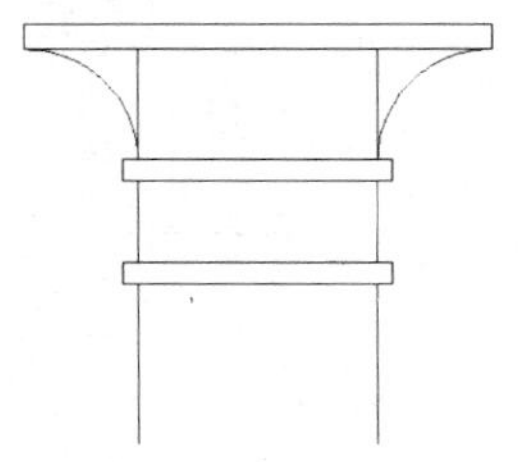

图 4-33　绘制柱顶弧线

（5）继续使用弧线命令，选择其中的“起点，圆心，角度”方式，以从下往上数第 2 个矩形左上角点为起点，第 2 个矩形左下角点为圆心，角度取为 90°，绘制弧线；同理，对称地在右侧绘制弧线，如图 4-34 所示。

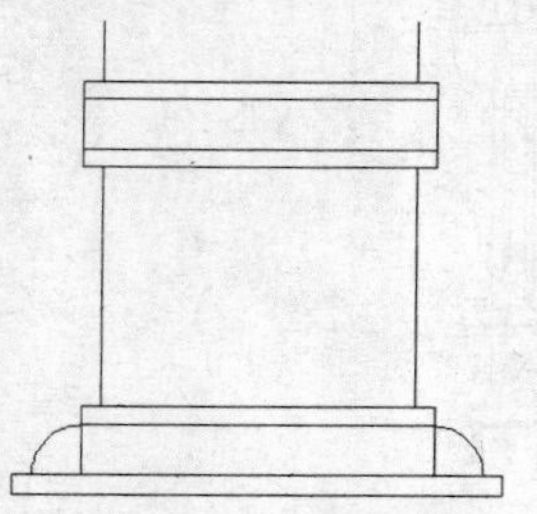

图 4-34 绘制柱底弧线

（6）使用圆角命令，选取从下往上数第 6 个矩形上、下两条边，绘制圆角，如图 4-35 所示。

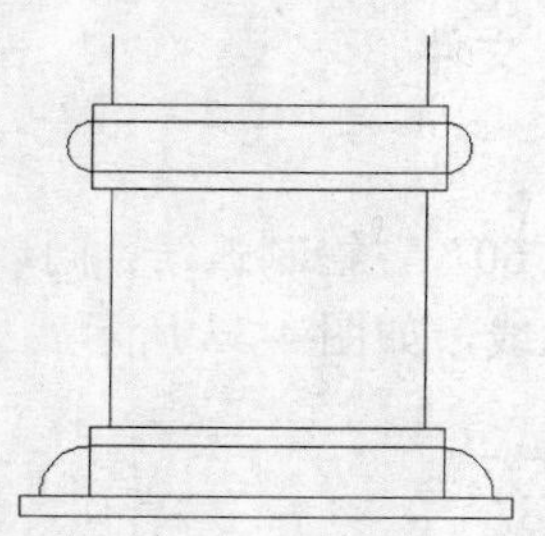

图 4-35 圆角操作

（7）删除已绘弧线内侧的直线，则罗马柱外轮廓绘制完成，如图 4-36 所示。

图 4-36 罗马柱轮廓

（8）接下来绘制罗马柱表面的装饰线条。使用椭圆命令，选择“圆心”方式，以现在从上往下数第 3 个矩形下侧边中点为圆心，绘制长轴长 220、短轴长 60 的竖向椭圆，如图 4-37 所示。

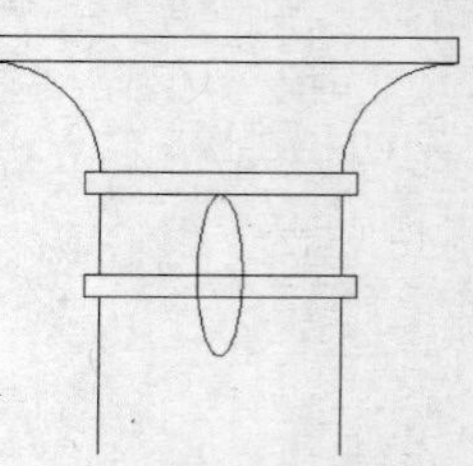

图 4-37 椭圆命令

（9）使用矩形阵列命令，选取椭圆为对象，分别以 120、-120 为偏移距离，向左、右分别偏移复制 3 个椭圆，如图 4-38 所示。

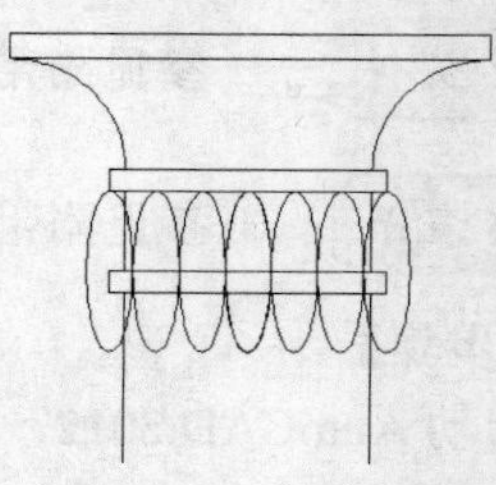

图 4-38 阵列椭圆

（10）使用修剪命令进行修剪，如图 4-39 所示。

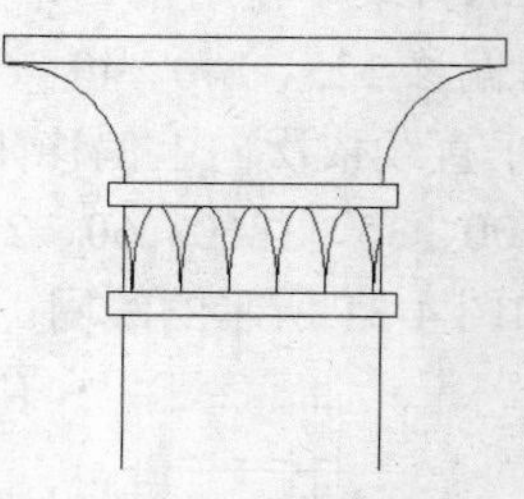

图 4-39 修剪椭圆

（11）使用偏移命令，对于现在从上往下数第 5 个矩形，将其左侧竖边向右依次偏移 72.5、45，将其上侧横边向下偏移 80，将其下侧横边向上偏移 80，如图 4-40 所示。

（12）对步骤（11）所得到的图形进行修剪，可得到细窄矩形，再执行圆角命令并删除相应边，使该矩形上下呈圆角，如图 4-41 所示。

（13）使用矩形阵列命令，选取步骤（12）所得的图形为对象，以 150 为偏移距离，向右偏移复制 3 个矩形，完成绘制，最终效果如图 4-42 所示。详细操作方法请参考操作视频。

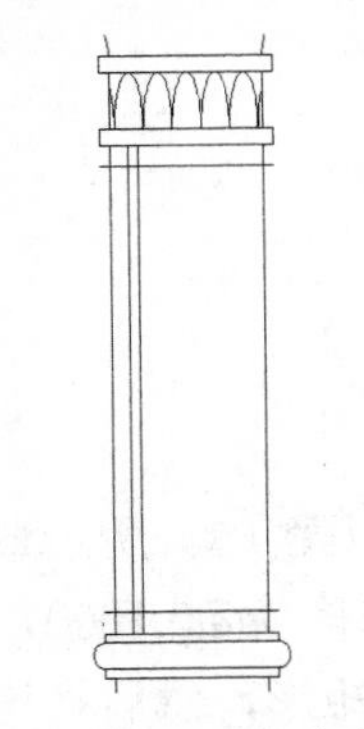
图 4-40　细部线条

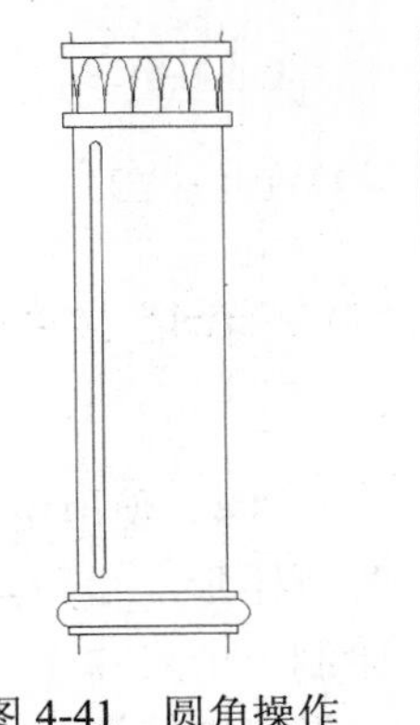
图 4-41　圆角操作

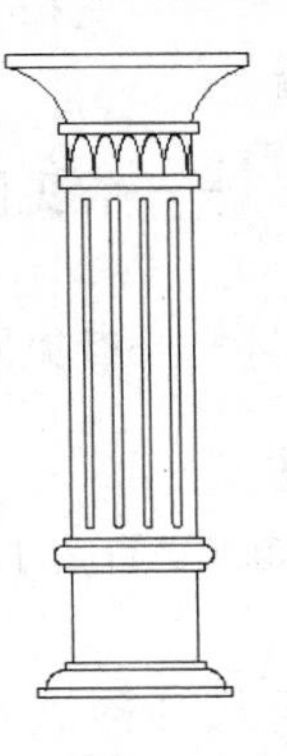
图 4-42　最终效果

4.9　实例·练习——绘制复杂的门立面图

本例将绘制一幅单扇门立面图，该门高 2200、宽 1200，如图 4-43 所示。这种门在家居装修中比较常见，较第 2 讲中的简单门主要在门面多了些图案装饰，从而增加了绘制难度。希望读者通过此例来练习前面叙述的命令。

图 4-43　木门立面图

【思路分析】

首先应用矩形、多线命令绘制门扇轮廓，接着结合各种命令绘制左半部图案装饰，然后采用镜像命令复制到右半部，最后进行完善处理。其主要流程如图 4-44 所示。

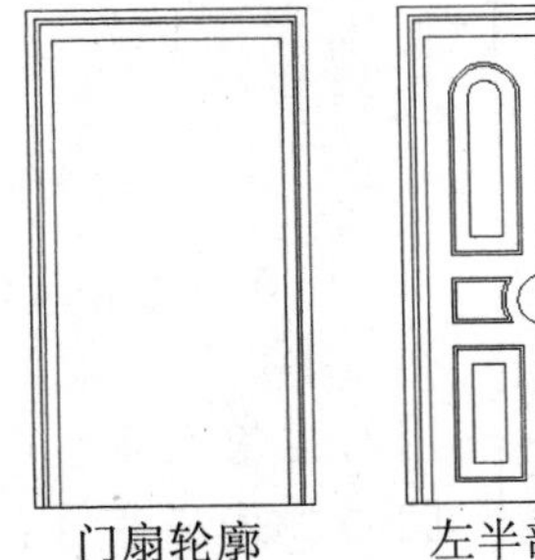
门扇轮廓

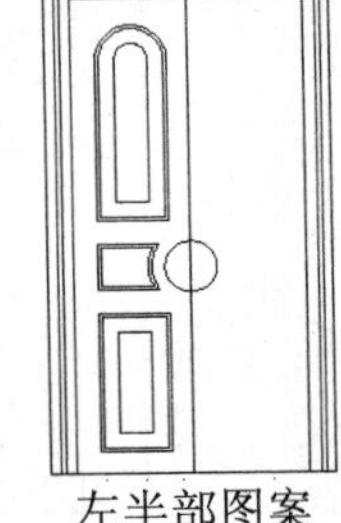
左半部图案

镜像并完善

图 4-44　木门流程图

【光盘文件】

结果文件——参见附带光盘中的“END\Ch4\4-9.dwg”文件。

动画演示——参见附带光盘中的“AVI\Ch4\4-9.avi”文件。

【操作步骤】

（1）启动 AutoCAD 2012，设置习惯的绘图环境。

（2）使用矩形命令，绘制一个尺寸为1200×2200 的矩形；使用多线命令，对正方式为无，比例为 20，配合捕捉自功能，以矩形左下角点为基点，向右偏移 50 作为起点，作一个高 2150、宽 1100 的框形；使用多段线命令，以矩形左下角点为基点，向右偏移 110 作为起点，作一个高 2070、宽 980 的框形，如图 4-45 所示。

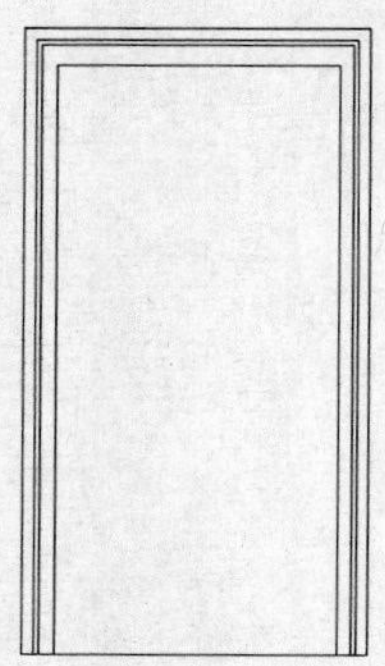

图 4-45　木门轮廓

（3）使用矩形命令，以最内侧矩形左下角点为基点，偏移（@100,100），作一个尺寸为 600×300 的矩形，然后将该矩形依次向内偏移 15、65，如图 4-46 所示。

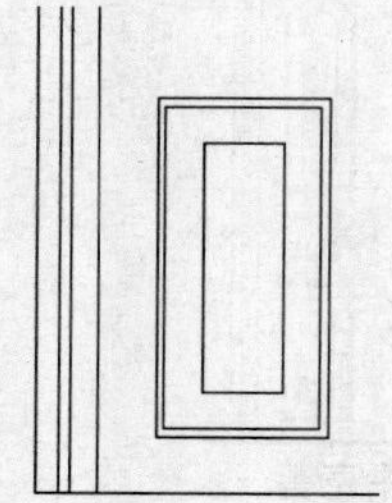

图 4-46　左下细部图形

（4）使用矩形命令，以步骤（3）所绘最外侧矩形左上角点为基点，偏移（@0,100），绘制一个尺寸为 300×200 的矩形，然后将该矩形向内偏移 15，如图 4-47 所示。

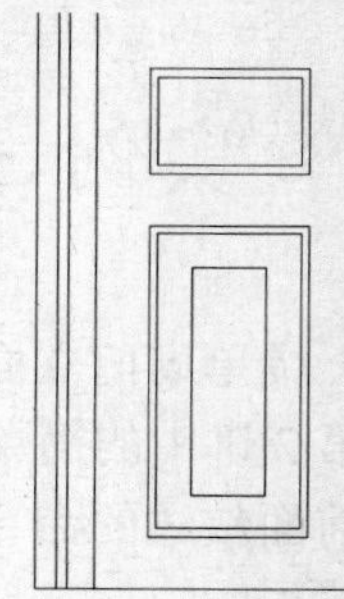

图 4-47　中部细部图形

（5）仍然使用矩形命令，同理以步骤（4）所绘最外侧矩形左上角点为基点，偏移“@0,120”，绘制一尺寸为 300×700 的矩形，然后将该矩形向内依次偏移 15、65，如图 4-48 所示。

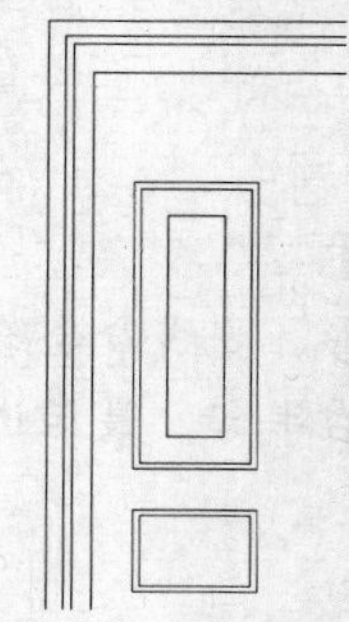

图 4-48　上部细部图形

（6）使用弧线命令，采用 “起点，圆心，端点”方式，以步骤（5）所绘最外侧矩形右上角点为起点，以该矩形上侧边中点为圆心，其左上角点为端点，绘制一条半圆弧线，然后将该弧线向内依次偏移 15、65，如图 4-49 所示。

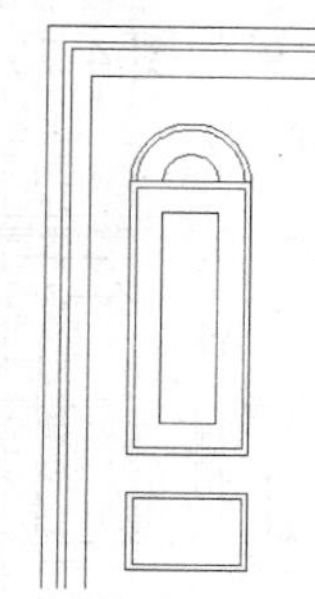

图 4-49　绘制圆弧

（7）将圆弧下侧 3 个矩形分解，然后删除这 3 个矩形的上侧边，并将内侧两个矩形的左、右两边向上延伸与圆弧相交，如图 4-50 所示。

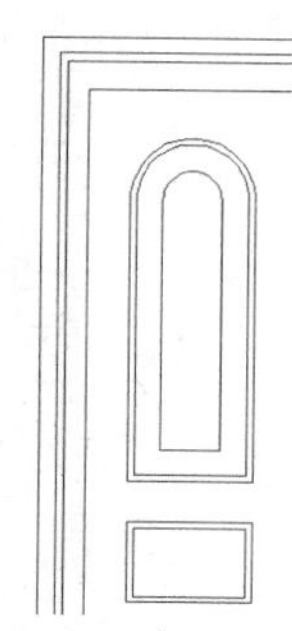

图 4-50　细部操作

（8）使用直线命令，沿门扇最外侧矩形上、下侧边中点绘制一条直线，平分整个门扇为左、右两部分；再以步骤（4）中所获外侧矩形右侧边中点为起点，绘制一条辅助直线与新获得直线相交；然后以该交点为圆心，绘制一个半径为 110 的圆；将该圆向外依次偏移 55、15，如图 4-51 所示。

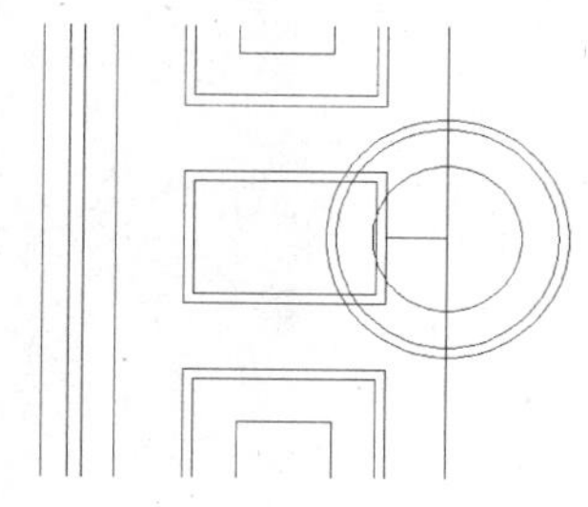

图 4-51　绘制圆

（9）使用修剪命令，以两个外侧的圆和相交矩形为边界线，进行修剪，并删除辅助直线，效果如图 4-52 所示。

图 4-52　修剪细部

（10）使用镜像命令，以平分门扇的直线为镜像线，将门扇左侧的图案复制至右侧，如图 4-53 所示。

图 4-53　镜像操作

（11）使用修剪命令将圆外镜像线修剪掉，然后绘制圆内图案。首先以圆与直线侧交点为圆心，绘制一个半径与原有圆相同的圆（即半径为 110），然后使用环形阵列命令，选取原有圆心为中心点，设置项目总数为 6、填充角度为 360°，选取新绘圆为阵列对象，阵列复制得到 6 个圆，如图 4-54 所示。

图 4-54　阵列圆

（12）使用修剪命令，以原有圆为边界线，将该圆外侧的圆线均修剪掉，然后使用偏移命令，将原有圆向外偏移 15，并删除圆内直线，如图 4-55 所示。

图 4-55　修剪图形

（13）最后使用圆环命令绘制木门钥匙孔，将门扇下侧边加粗并向两侧各延伸 100，完成绘制，最终效果如图 4-56 所示。详细操作方法请参考操作视频。

图 4-56　最终效果

第 5 讲　编辑图形（二）

本讲将继续第 4 讲的内容，对余下的一些重要的编辑命令进行叙述。依然是通过实例引出，然后再重点分别讲解，最后通过实例加以巩固。

本讲内容

- 实例・模仿——绘制楼梯剖面图
- 倒角
- 复制
- 移动
- 删除与分解
- 拉长与拉伸
- 缩放
- 图案填充
- 实例・操作——绘制地板拼花造型图
- 实例・练习——绘制单人沙发立面图

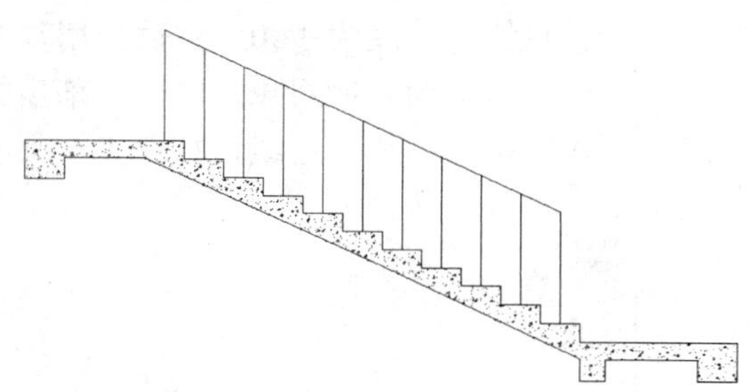

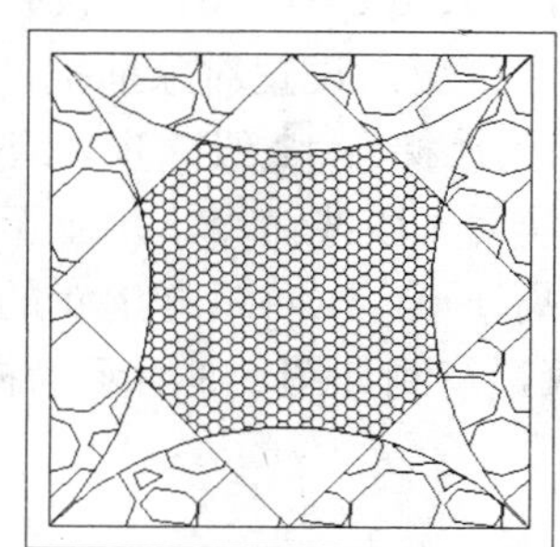

5.1　实例・模仿——绘制楼梯剖面图

本例将绘制一幅楼梯剖面图，如图 5-1 所示。楼梯是建筑物不可缺少的组成部分，起到了上下层之间的连通作用。要完整地描绘一个楼梯的构造方式，需要绘制出楼梯的平面图、剖面图和细部详图。本例将介绍一个简单楼梯剖面图的绘制方法。

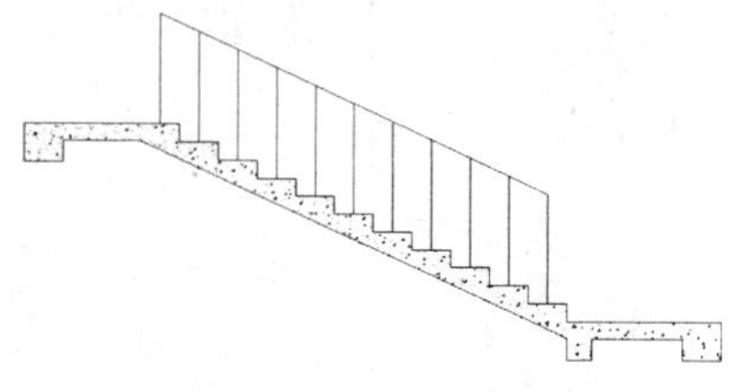

图 5-1　楼梯剖面图

【思路分析】

首先使用直线和多段线命令配合偏移命令绘制楼梯剖面的轮廓形状，然后使用直线命令配合复制、粘贴命令绘制栏杆，最后进行图案填充，即可完成绘制。绘制流程如图 5-2 所示。

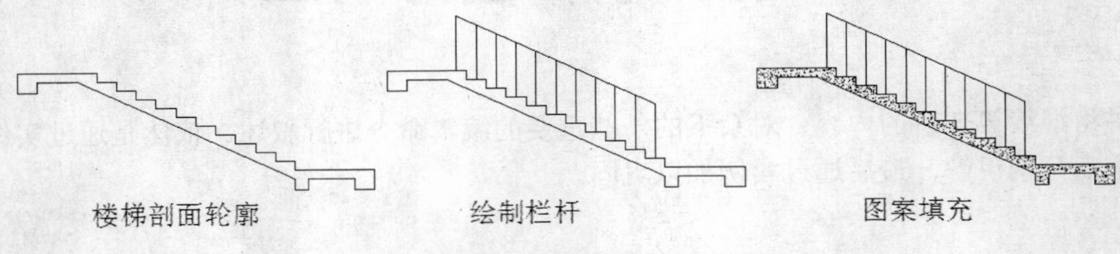

图 5-2　楼梯流程图

【光盘文件】

结果文件——参见附带光盘中的“END\Ch5\5-1.dwg”文件。

动画演示——参见附带光盘中的“AVI\Ch5\5-1.avi”文件。

【操作步骤】

（1）启动 AutoCAD 2012，设置习惯的绘图环境，开启正交，设置对象捕捉。

（2）该例楼梯有 12 级踏步，踏步高 140、宽 300。故使用多段线命令，由上至下，间隔绘制竖向距离 140、横向距离 300 的线段，至第 11 级结束，得到如图 5-3 所示的梯段。

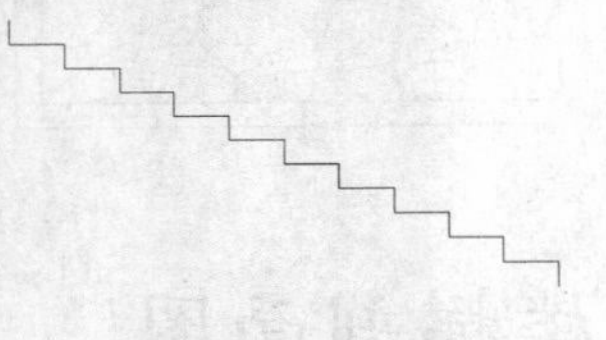

图 5-3　梯段线段

（3）楼梯上、下两平台宽均为 1200，平台梁高为 300，梁宽外侧为 300、内侧为 200，楼梯板厚为 120，平台板厚为 140。由以上数据，使用直线命令配合偏移命令绘制上、下平台及平台梁轮廓，如图 5-4 所示。

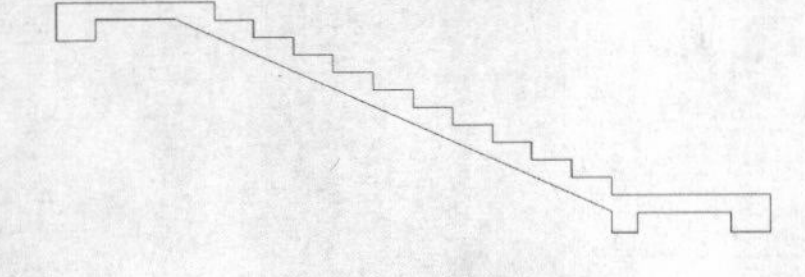

5-4　楼梯轮廓

（4）楼梯栏杆高 900，故使用直线命令，以第 1 级踏步的中点为起点，向上绘制一条竖直直线，长度为 900。然后使用复制命令，选取该直线为复制对象，以每一踏步的中点为插入点，粘贴相同直线，如图 5-5 所示。

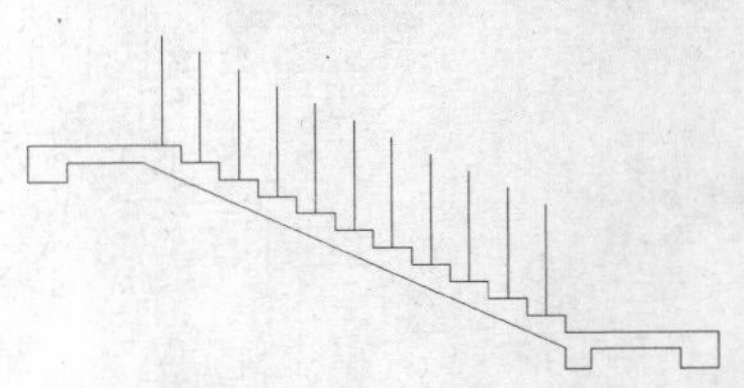

图 5-5　绘制栏杆

（5）使用直线命令，将步骤（4）所绘的直线上部端点连接起来，封闭成形为栏杆。最后使用图案填充命令，设置图案为 AR-CONC（此图案代表混凝土），比例为 0.75，对所剖到的楼梯板、平台板及梁进行填充，完成楼梯剖面图的绘制，最终效果如图 5-6 所示。

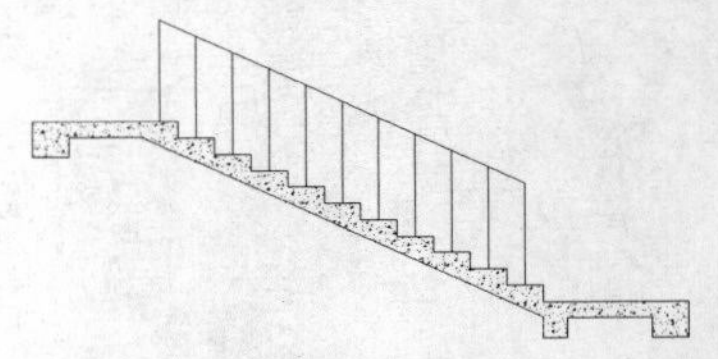

图 5-6　最终效果

5.2 倒　　角

倒角命令用于将两条非平行直线或者样条曲线作出有斜度的倒角，多用于处理类似矩形等图形的角部。倒角与第 4 讲中所述的圆角有许多类似的地方，但在调用命令的过程中还是有很大的不同，并且最终所得的一个是斜线，一个则是弧线。

启用倒角命令的方式如下。

- GUI 方式，即单击“绘图”面板中的按钮，执行倒角命令。
- 命令行方式，在命令行中输入 CHAMFER（或 CHA），按 Enter 键或单击鼠标右键确认，执行倒角命令。

执行倒角命令后，系统将给出如下操作提示。

```
命令: _chamfer
(“修剪”模式) 当前倒角距离 1 = 0.0000，距离 2 = 0.0000
选择第一条直线或 [放弃(U)/多段线(P)/距离(D)/角度(A)/修剪(T)/方式(E)/多个(M)]:
选择第二条直线，或按住 Shift 键选择要应用角点的直线:
```

在使用倒角命令的过程中，与圆角命令需预先指定半径不同，倒角可通过两种方式进行：一种是指定距离，另一种是指定长度和角度。下面以两个例子分别叙述。

例如，以指定距离方式对两条相交垂直直线进行倒角操作。调用倒角命令，系统默认的距离 1、距离 2 均为 0，输入 D 可重新设置这两个距离。于是设置距离 1、距离 2 分别为 10、5，然后再依次选取水平线和竖直线为第一、第二对象，效果如图 5-7 所示。

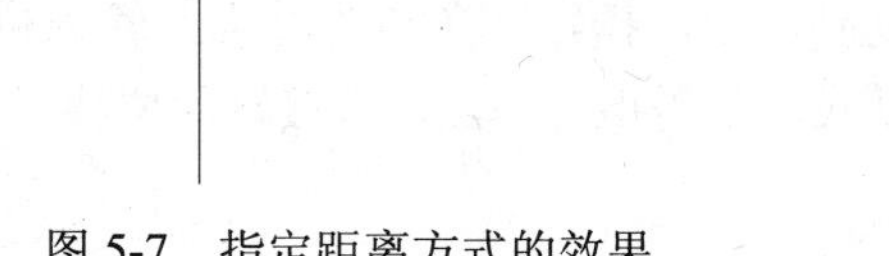

图 5-7　指定距离方式的效果

此外，也可采用指定长度和角度的方式对两条相互垂直的直线进行倒角操作。调用倒角命令，输入 A 即可采用该方式。先后设置“第一条直线的倒角长度”为 5 和“第一条直线的倒角距离”为 30，然后再依次选取竖直线和水平线为第一、第二对象，效果如图 5-8 所示。

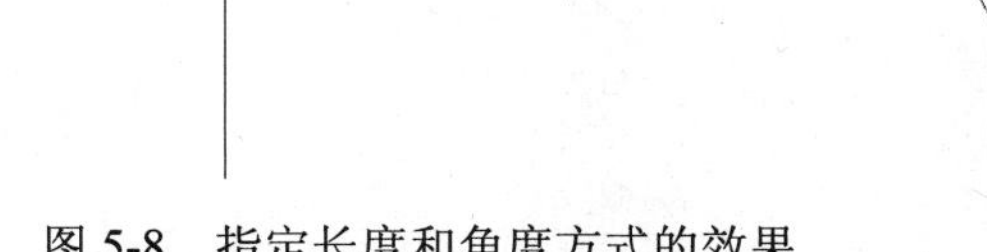

图 5-8　指定长度和角度方式的效果

5.3 复　　制

复制命令是操作系统和普通办公软件中很普遍的一种命令，AutoCAD 中的此命令同样具有强大的功能，即复制已有的对象，再粘贴到适当的位置，这可以在相当程度上减少画图中的重复性工作。不过 AutoCAD 中的复制命令具有两种形式，一种是利用剪贴板进行复制粘贴，与操作系统中的复制操作完全一样，在此不再赘述；一种是直接复制对象，不需要执行粘贴命令。以下主要介绍这种方式的复制命令。通常情况下，这两种方式是可以通用的。

启用复制命令的方式如下。

◆ GUI 方式，即单击“绘图”面板中的 按钮，执行复制命令。

◆ 命令行方式，在命令行中输入 COPY（或 CO），按 Enter 键或单击鼠标右键确认，执行复制命令。

执行复制命令后，系统将给出如下操作提示。

```
命令: _copy
选择对象:
当前设置: 复制模式 = 多个
指定基点或 [位移(D)/模式(O)] <位移>:
指定位移 <0.0000, 0.0000, 0.0000>:
```

执行复制命令的难点在于选取对象并复制后，如何确定插入的位置。一般情况下，复制命令都与移动命令结合起来使用，前者用于复制对象，后者用于精确定位。

不过，复制命令中指定基点后输入相对基点位移或直接使用位移模式也是可以精确定位的。下面以复制一含字母的三角形为例来进行说明。

选取该三角形，调用复制命令，指定下角点为基点，输入位移 “5，5”，效果如图 5-9 所示。或者输入 D 直接使用位移模式，不需指定基点，直接输入位移“5，5”，同样可得到如图 5-9 所示的效果。

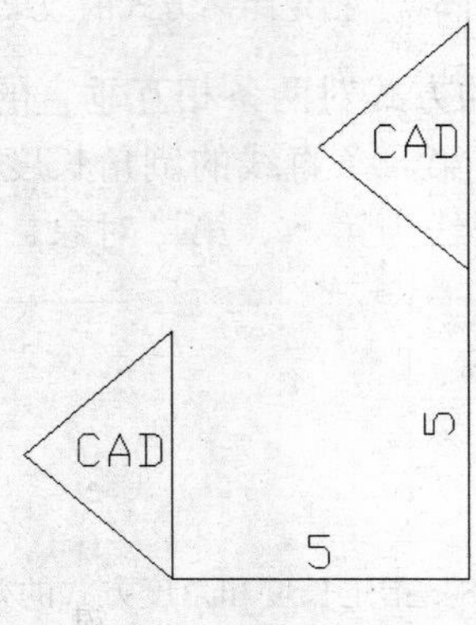

图 5-9　复制命令的应用

5.4 移　　动

移动命令用于改变对象的位置，同时不改变对象的大小和方向。其在工程制图过程中的使用也是很频繁的，基本上所有的图形元素均可进行移动操作。配合复制命令的移动操作可以大大提高绘图的速度。

启用移动命令的方式如下。

◆ GUI方式，即单击“修改”面板中的“移动”按钮，执行移动命令。

◆ 命令行方式，在命令行中输入MOVE（或M），按Enter键或单击鼠标右键确认，执行移动命令。

执行移动命令后，系统将给出如下操作提示。

```
命令：_move
选择对象：
指定基点或 [位移(D)] <位移>：指定第二个点或 <使用第一个点作为位移>：
```

移动命令中的精确定位也是两种途径：一种是指定基点，然后拖动至指定的点，这些点可以由对象捕捉确定；另一种是直接指定位移。下面同样以移动一个字母的三角形为例进行说明。

选取该三角形，调用移动命令，指定下角点为基点，移动至直线中点，如图5-10所示。或者输入D，采用指定位移模式，输入位移“2.5，0”，同样可得到如图5-10所示的效果。

图5-10　移动命令的应用

5.5　删除与分解

1．删除

删除命令是绘图过程中使用频率较高的一个命令，其功能是将一些不需要的或绘制错误的图形对象删除，保证图形的正确、简洁。

启用删除命令的方式如下。

◆ 快捷键方式，选中需要删除的对象，直接按Delete键，执行删除命令。

◆ GUI方式，即单击“修改”面板中的“删除”按钮，执行删除命令。

◆ 命令行方式，在命令行中输入ERASE，按Enter键或单击鼠标右键确认，执行删除命令。

显然，第一种方法应用起来更为方便、快捷，较为普遍使用。

2. 分解

分解命令一般用于分解比较复杂的图形对象，如图块、多段线等，可使分解后的各部分对象独立存在，方便编辑操作。

启用分解命令的方式如下。

◆ GUI 方式，即单击“修改”面板中的“分解”按钮，执行分解命令。

◆ 命令行方式，在命令行中输入 EXPLODE，按 Enter 键或单击鼠标右键确定，执行分解命令。

执行分解命令后，选择要分解的对象，确认后即可完成图形对象的分解。

下面以对马桶图块进行操作为例来说明分解命令。

执行分解命令，选中马桶图块，确认即可将其分解，如图 5-11 所示；再选择其中的文字对象并按 Delete 键，即可将其删除，如图 5-12 所示。

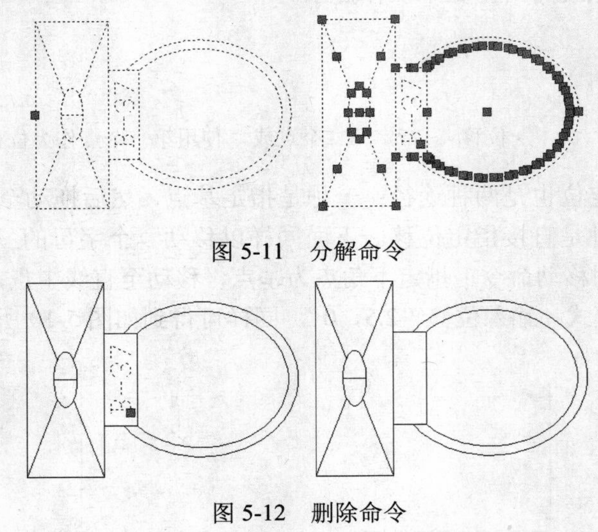

图 5-11　分解命令

图 5-12　删除命令

5.6　拉长与拉伸

在绘制建筑图形的过程中，经常需要对图形对象的长度、宽度、高度等进行修改，同时还要保证其他量不变。这时可使用调整对象大小和形状的命令来实现，如拉长、拉伸以及缩放等。

1. 拉长

拉长命令可用于改变非封闭对象的长度。执行拉长命令后，用户可通过指定一个长度增量、角度增量、总长度、相对于原长度的百分比增量或动态拖动的方式来改变原图形对象的大小。由于增量既可以是正的，也可以是负的，因而可以使对象变长或缩短。拉长命令主要应用在对直线、圆弧的编辑中。

启用拉长命令的方式如下。

◆ GUI 方式，即单击“修改”面板中的“拉长”按钮，执行拉长命令。

◆ 命令行方式，在命令行中输入 LENGTHEN（或 LEN），按 Enter 键或单击鼠标右键确认，执行拉长命令。

执行拉长命令后，选择一条直线对象，选择通过指定长度增量的方式来进行拉长时，系统将给出如下操作提示。

```
命令: LENGTHEN
选择对象或 [增量(DE)/百分数(P)/全部(T)/动态(DY)]:
当前长度: *
选择对象或 [增量(DE)/百分数(P)/全部(T)/动态(DY)]: de
输入长度增量或 [角度(A)] <0.0000>: *
选择要修改的对象或 [放弃(U)]:
```

其中各选项含义介绍如下。

- 输入 DE，通过指定一个增量来加长或缩短原图形对象的长度，其中正的增量表示加长，负的增量表示缩短。在此基础上，再输入 A，指定的增量则可以表示为角度，通过指定角度改变量来改变弧长。
- 输入 P，通过指定百分数来改变对象的长度。此时，输入的百分数是与原图形长度比较所得的，不允许为负值；当其大于 100 时表示拉长对象，小于 100 时表示缩短对象。
- 输入 T，通过指定从固定端点开始的对象的总长度改变对象的长度。对于直线而言，总长度指全长；对于圆弧而言，则指圆弧的夹角。
- 输入 DY，将以动态方法拖动对象的一个端点来改变对象的长度或角度。

下面以对圆弧和直线进行拉长操作为例来说明拉长命令。

执行拉长命令，选择圆弧对象，命令提示行显示圆弧包含角为 150°；输入 DE，通过指定增量来改变圆弧长，再输入 A，即可输入角度增量为 30，然后选择要修改的圆弧，完成圆弧的拉长。重复拉长命令，选择直线对象，命令提示行显示直线长度为 5000，输入 P，通过指定百分数来改变直线长度，即可输入百分数为 50，再选择要修改的直线，完成直线的缩短。整个过程如图 5-13 所示。

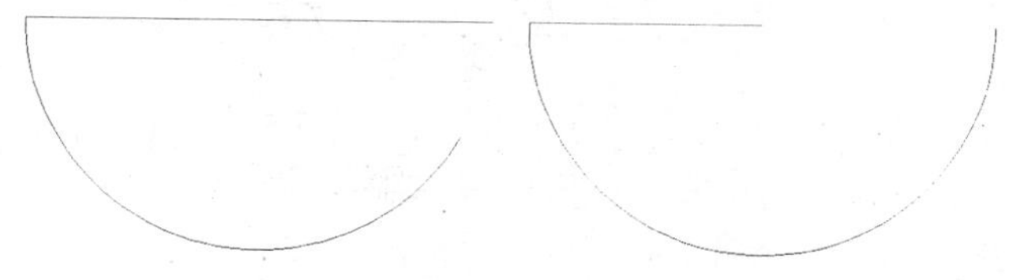

图 5-13　拉长命令的应用

2. 拉伸

拉伸命令用于改变图形对象的形状，在应用时需先指定一个基点，然后进行拉伸。拉伸对象时，选定的部分被移动，但同时保持与原图形对象中不动部分的连接。

启用拉伸命令的方式如下。

- GUI 方式，即单击“修改”面板中的“拉伸”按钮，执行拉伸命令。
- 命令行方式，在命令行中输入 STRETCH（或 S），按 Enter 键或单击鼠标右键确认，执行拉伸命令。

执行拉伸命令后，系统将给出如下操作提示。

```
命令: STRETCH
以交叉窗口或交叉多边形选择要拉伸的对象...
选择对象: 指定对角点: 找到 1 个
选择对象:
指定基点或 [位移(D)] <位移>:
指定第二个点或 <使用第一个点作为位移>:
```

执行拉伸命令后，使用交叉窗口选择至少包含一个顶点或端点的对象，然后输入相对位移，按 Enter 键，完成拉伸；或者指定拉伸的基点，然后指定第二个点，确定距离和方向，也可完成拉伸。

若交叉窗口选择了整个对象，拉伸命令将只移动对象，因而拉伸命令的关键在于对对象的部分选择。

下面以对一个矩形进操作行拉伸操作为例来进行说明。

启用拉伸命令，使用交叉窗口选择矩形左半部分，然后确认，完成对象选择，接着指定矩形左下角点为基点，再指定左侧边中点为第二个点，按 Enter 键确认，即可完成该矩形的拉伸。整个过程如图 5-14 所示。

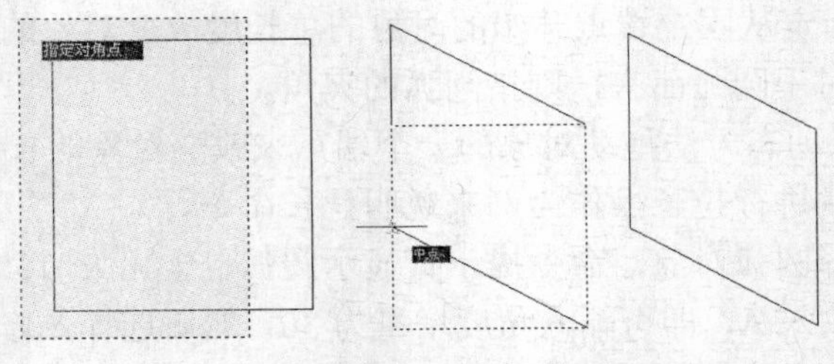

图 5-14　拉伸命令的应用

5.7　缩　　放

对于形状相同、大小不同的图形对象，可以通过缩放命令相互得到。缩放命令可以将图形对象按照指定的比例因子进行放大或缩小。

启用缩放命令的方式如下。

- GUI 方式，即单击“修改”面板中的“缩放”按钮，执行缩放命令。
- 命令行方式，在命令行中输入 SCALE（或 SC），按 Enter 键或单击鼠标右键确认，执行缩放命令。

执行缩放命令后，系统将给出如下操作提示。

```
命令: SCALE 找到 1 个
指定基点:
指定比例因子或[复制(C)/参照(R)]<1.0000>:*
```

缩放命令有指定比例缩放和以参照长度模式缩放两种方式。

- 当指定比例缩放时，在指定基点后，需输入比例因子，若比例因子大于 1，则表示放大对象；若比例因子小于 1 且大于 0，则表示缩小对象。注意，比例因子不可以是小于 0 的值。
- 当不知道具体的缩放比例时，可以采取参照方式，方便、快捷地将图形对象缩放到指定的大小。

下面以对圆和正六边形进行缩放操作为例来说明。

启用圆命令，绘制两个半径分别为 500 和 250 的圆，使用多边形命令绘制一边长为 1000 的正六边形，三者的圆心重合；执行缩放命令，选择半径为 500 的圆对象，指定圆心为基点，然后输入比例因子为 2，确认后即可得到一个放大 2 倍的圆，如图 5-15 所示。重复缩放命令，选择正六边形为对象，同样指定圆心为基点，输入 R，采用参照长度模式进行缩放，先选取原正六边形上的边长作为参照长度（其长度为 1000），然后输入 250，指定为新的长度，即可完成正六边形的缩小，如图 5-16 所示。

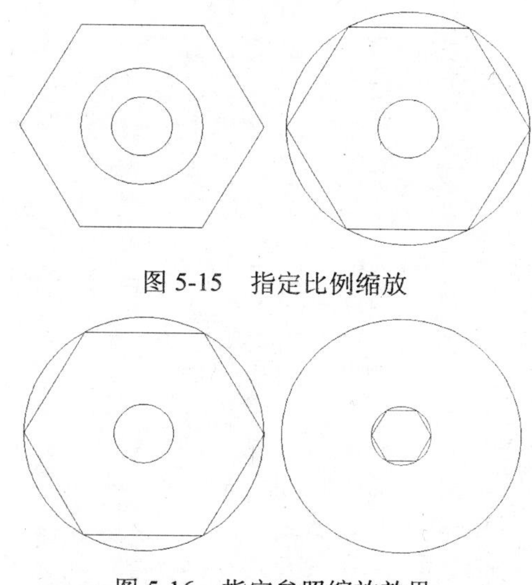

图 5-15　指定比例缩放

图 5-16　指定参照缩放效果

5.8　图　案　填　充

图案填充也是 AutoCAD 的主要绘图功能之一。在工程制图中，绘制剖面图时需使用图案填充显示剖面结构关系，而在建筑图中，则需要使用图案填充来表达建筑材料的类型，如不同材料的地面、不同材料的墙体等。

启用图案填充命令的方式如下。

- GUI 方式，即单击“绘图”面板中的按钮，执行图案填充命令。
- 命令行方式，在命令行中输入 BHATCH（或 H），按 Enter 键或单击鼠标右键确认，执行图案填充命令。

执行“图案填充”命令后，系统出现“图案填充创建”标签，如图 5-17 所示。用户可以根据需要对其进行设置。

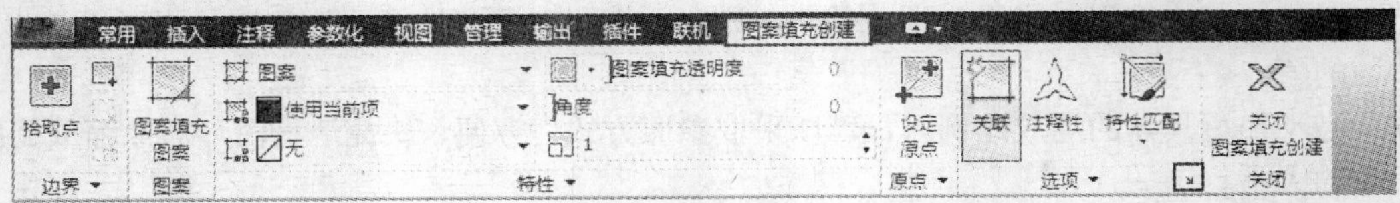

图 5-17 “图案填充创建” 标签

单击“选项”栏中的 ↘ 图标，弹出“图案填充和渐变色”对话框，如图 5-18 所示。该对话框提供了图案填充的全部功能，操作起来比较方便，对于使用 AutoCAD 的老用户来说，习惯使用该对话框进行图案填充操作。因此，为了讲解方便，本书默认利用“图案填充和渐变色”对话框对图案填充功能进行讲解。在调用“图案填充”命令后，单击“图案填充创建”标签中的“选项”卡右侧的 ↘ 图标，弹出“图案填充和渐变色”对话框。

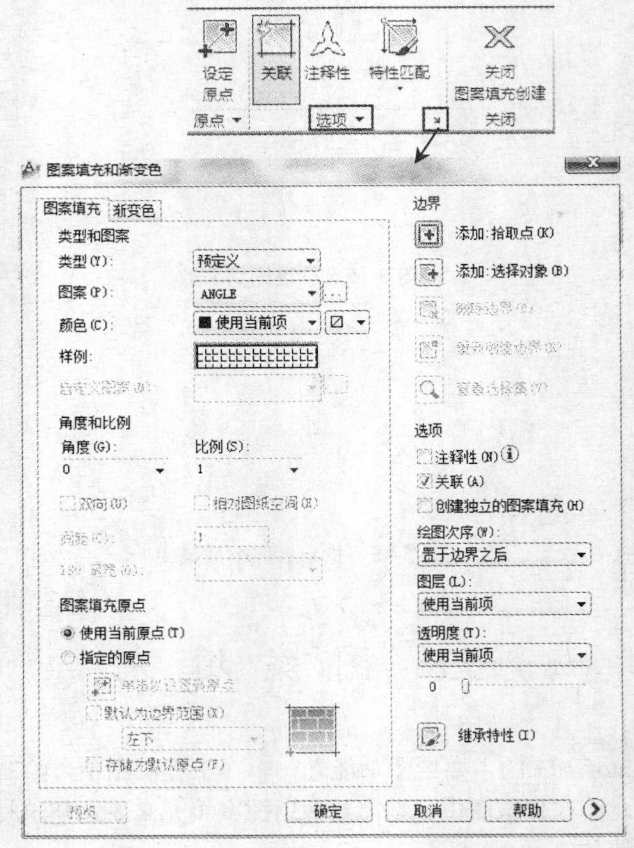

图 5-18 “图案填充和渐变色”对话框

通过“图案填充”选项卡可以对以下几方面内容进行设置。

1. 类型和图案

AutoCAD 提供了“预定义”、“用户定义”和“自定义”3 种图案类型，可通过“类型”下拉列表框进行选择，且各种图案类型下包含了很多供用户选择的填充图案。“图案”下拉列表框可控制对填充图案的选择，其中显示了大量填充图案的名称。单击其右侧的⋯按钮，将弹出如图 5-19 所示的“填充图案选项板”对话框，通过该对话框可以查看填充图案并作出选择。

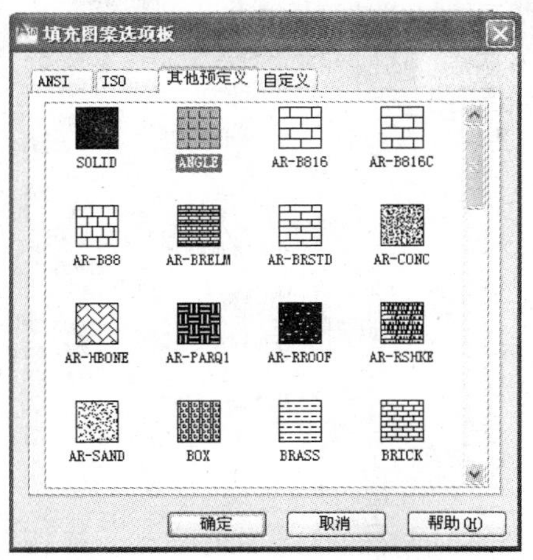

图 5-19　“填充图案选项板”对话框

2. 角度和比例

通过设置角度和比例可以控制填充的疏密、倾斜程度，其中角度和比例均可在下拉列表中选择或直接输入。设置角度和比例（从左至右，角度分别为 0°、0°、45°，比例分别为 0.1、0.2、0.2）的效果如图 5-20 所示。

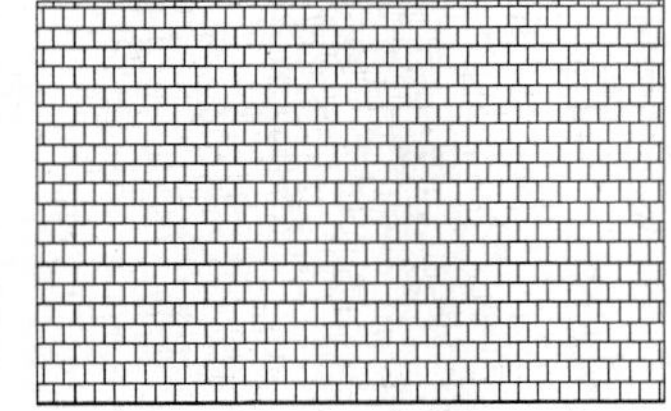
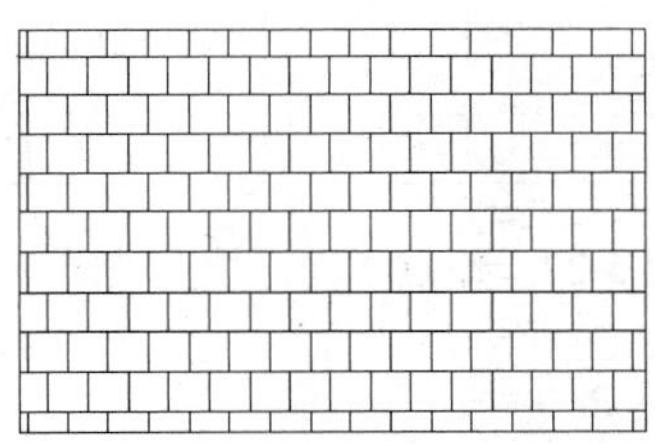

图 5-20　设置角度和比例的效果

3. 边界

“边界”栏主要用于指定图案填充的边界。有两种方式：一种是单击“添加：拾取点”按钮，通过指定对象封闭区域中的点来确定填充边界；另一种是单击“添加：选择对象”按钮，通过直接指定封闭区域的对象来确定填充边界。

在拾取内部点时，可以设置孤岛检测。AutoCAD 提供了 3 种检测模式，即普通孤岛检测、外部孤岛检测和忽略孤岛检测，可以在带孤岛检测的图案填充选项卡中进行选择，如图 5-21 所示。

4. 图案填充原点

在默认情况下，填充图案始终相互对齐，但是有时可能需要移动图案填充的起点，即原点。对此，可以在“图案填充原点”栏中进行设置。当指定矩形左下角为原点时，填充效果将有所不同，如图 5-22 所示。

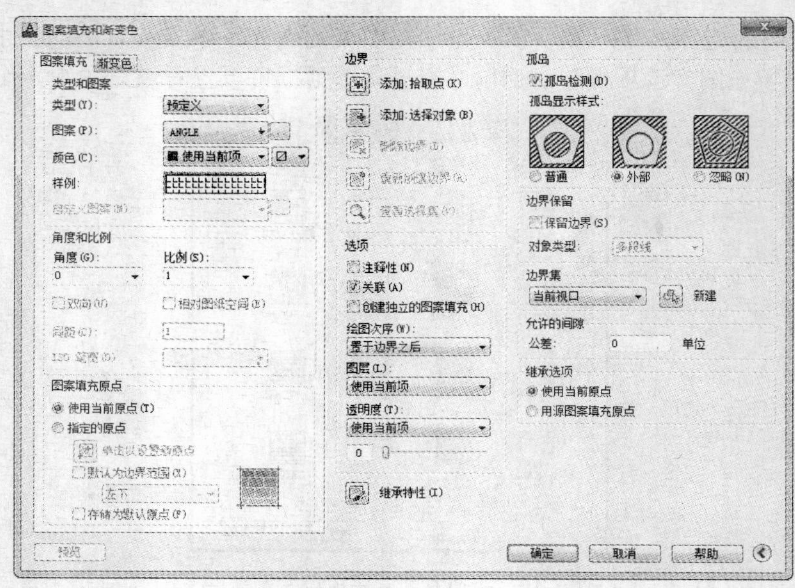

图 5-21　设置“边界”与“孤岛检测”

图 5-22　原点不同，填充效果不同

5. 选项

在“选项”栏中可进行 3 种相关设置：一是控制填充图案与边界是否关联的“关联”复选框，当确定关联后，则边界更改时图案填充将随其自动更新；二是创建单个还是多个图案填充对象的“创建独立的图案填充”复选框；三是用于为图案填充指定绘图次序的“绘图次序”下拉列表框。

如图 5-23 所示为“渐变色”选项卡，其中 “单色“和“双色”单选按钮用来选择填充颜色是单色还是双色；选择颜色可通过单击颜色框，在弹出的如图 5-24 所示的“选择颜色”对话框中进行选择；对于渐变方式，系统提供了 9 种渐变方式供用户选择；“居中”复选框用于控制颜色渐变居中；“角度”下拉列表框用于控制颜色渐变的方向；其余选项功能及操作与图案填充一样。

在完成图案填充操作后，需要修改时可直接使用图案填充编辑命令对原图案填充进行修改、编辑，包括变换填充图案、调整填充角度、调整填充比例等。

启用图案填充编辑命令的方式如下。

- GUI 方式，即单击“修改”面板中的按钮，执行图案填充编辑命令。
- 命令行方式，在命令行中输入 HATCHEDIT，按 Enter 键或单击鼠标右键确认，执行图案填充编辑命令。

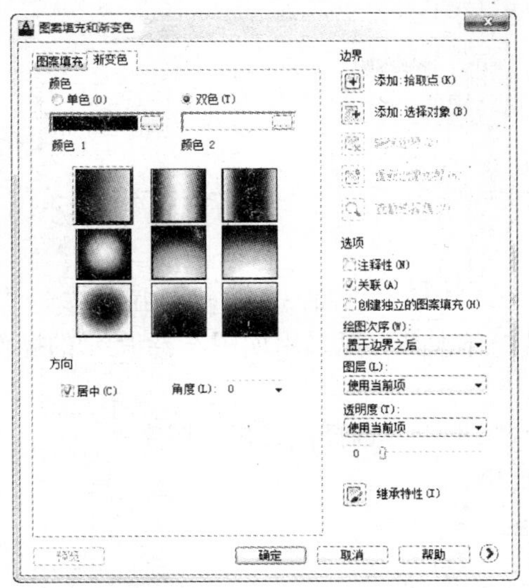

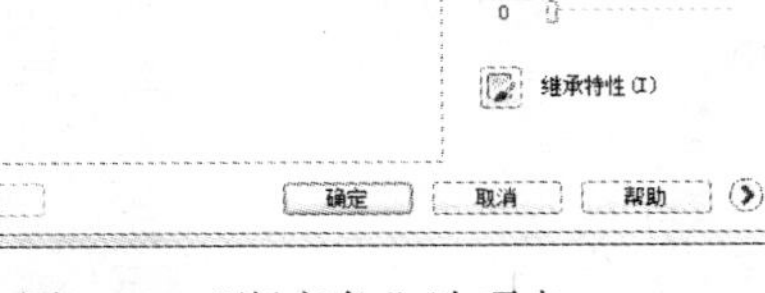

图 5-23 “渐变色”选项卡

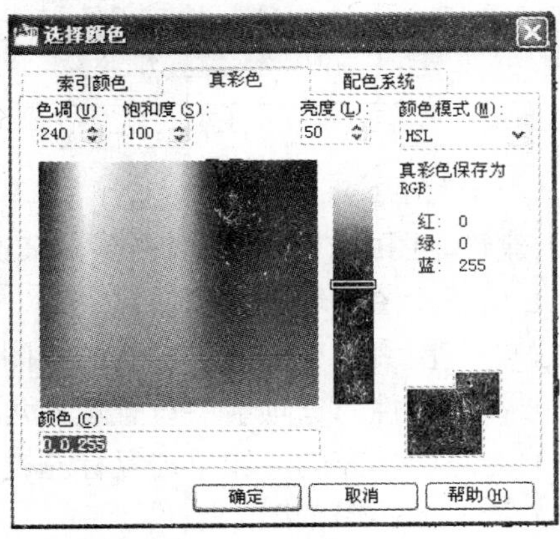

图 5-24 “选择颜色”对话框

执行图案填充编辑命令后，选择要编辑的对象，弹出如图 5-25 所示的“图案填充编辑”对话框。该对话框与“图案填充和渐变色”对话框类似，只是新增了“删除边界”、“重新创建边界”和“选择边界对象”按钮。

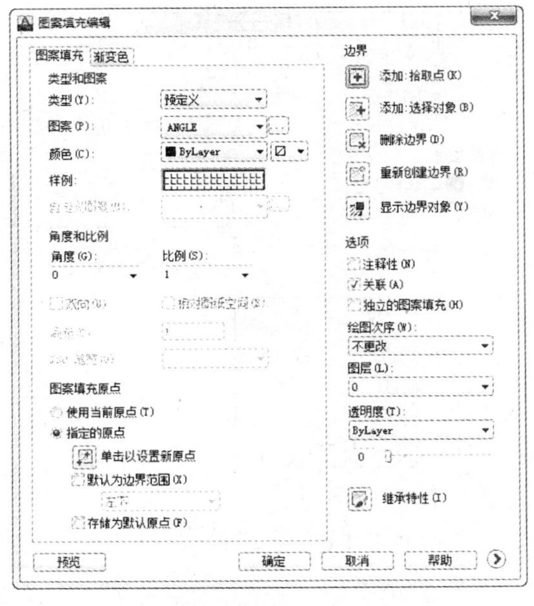

图 5-25 “图案填充编辑”对话框

下面对矩形进行填充操作，然后对其进行编辑，以此为例来对以上两个命令进行说明。

执行图案填充命令，选择图案为预定义的 AR-B88，设置角度为 0°，比例为 0.2，然后采用“添加：拾取点”方式，拾取矩形内部一点作为原点，按 Enter 键确认，即可得到如图 5-26 所示的填充矩形。接着选取该矩形填充图案，执行图案填充编辑命令，重新设置角度为 60°，比例为 0.3，拾取原点为矩形左下角点，按 Enter 键确认，得到如图 5-27 所示的矩形。

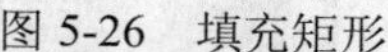

图 5-26 填充矩形

图 5-27 修改后的矩形

对于建筑制图中的大多数填充图案来说，其操作大多可以采用如图 5-28 所示的操作步骤。

（1）调用“图案填充”按钮。

（2）在“图案填充创建”标签的“图案”选项卡中，选择一种填充图案。

（3）在“特性”选项卡中设置填充角度和比例。

（4）在需要填充的区域单击鼠标左键。

（5）按 Enter 键结束填充。

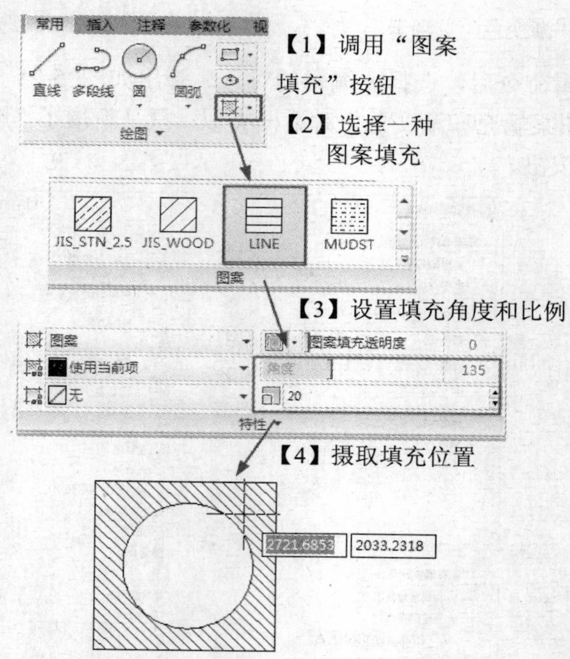

图 5-28 图案填充的简易步骤

5.9 实例·操作——绘制地板拼花造型图

本例将绘制一幅地板拼花造型图，如图 5-29 所示。在建筑家居设计过程中，地板除了采用木地板之外，也可以进行拼花造型设计，其样式多种多样。

视频教学

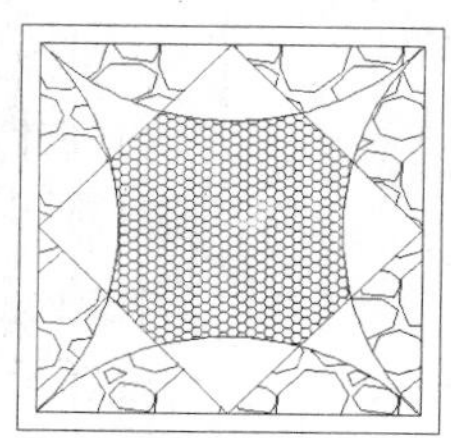

图 5-29　地板拼花造型图

【思路分析】

首先使用矩形命令配合对象捕捉绘制内、外矩形轮廓，其次添加辅助的矩形对角线，按相切方式画圆，再修剪得到圆弧，最后进行图案填充操作，完成绘制。流程如图 5-30 所示。

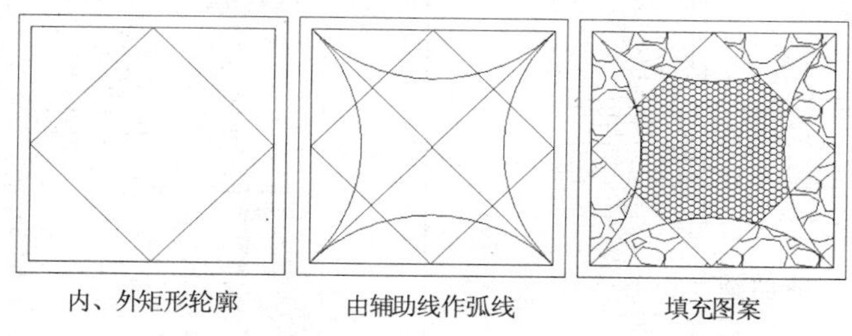

图 5-30　地板拼花造型流程

【光盘文件】

——参见附带光盘中的“END\Ch5\5-9.dwg”文件。

——参见附带光盘中的“AVI\Ch5\5-9.avi”文件。

【操作步骤】

（1）启动 AutoCAD 2012，设置习惯的绘图环境。

（2）使用矩形命令，绘制一个尺寸为 4400×4400 的正方形，然后使用偏移命令将该正方形向内偏移 200，从而获得一个较小正方形，再使用直线命令，将内侧正方形四边的中点两两连接起来，构成一个更小的正方形，如图 5-31 所示。

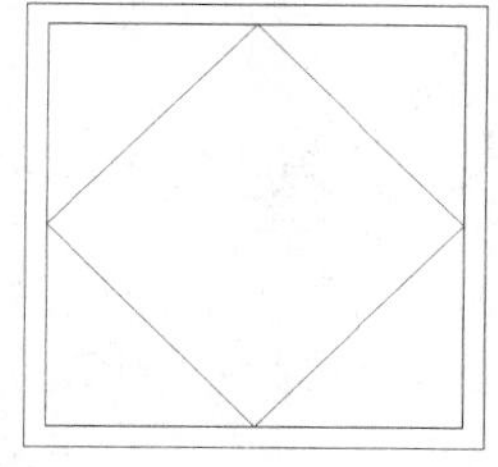

图 5-31　内、外矩形轮廓

（3）使用直线命令连接内侧正方形的两条对角线，如图 5-32 所示。

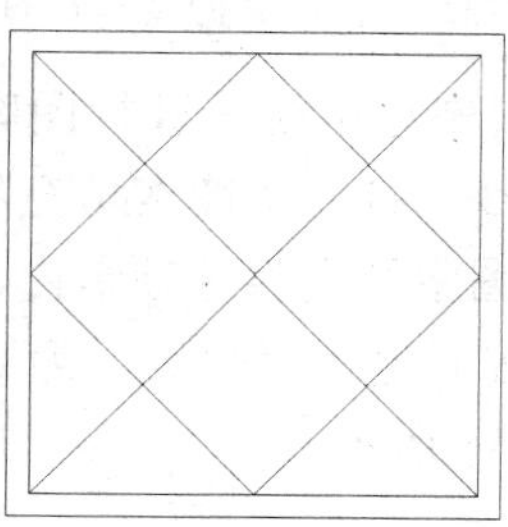

图 5-32　对角线

（4）使用圆命令，采用“相切，相切，半径”方式，选取两对角线右半侧为与圆相切的对象，选取对角线一半的长度为圆的半径，绘制一个圆，如图 5-33 所示。

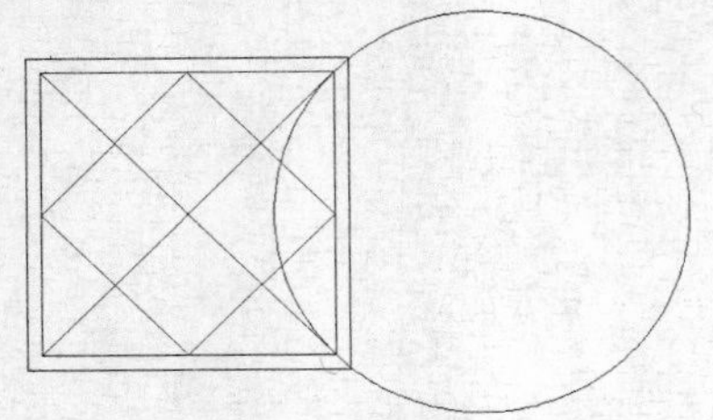

图 5-33　相切画圆

（5）使用修剪命令，以内侧正方形为边界线，修剪正方形外侧圆，如图 5-34 所示。

图 5-34　修剪圆

（6）重复步骤（4）、（5），绘制上侧、下侧、左侧的圆弧；或者使用复制、移动、旋转命令绘制，效果如图 5-35 所示。

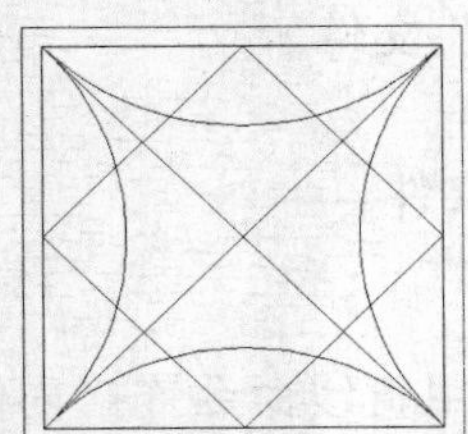

图 5-35　重复绘制圆弧后的效果

（7）删除对角线，进行图案填充。启用图案填充命令，打开“图案填充和渐变色”对话框，在“图案填充”选项卡内，选择“图案“为 HONEY，输入“角度”为 0°、“比例”20，如图 5-36 所示。

（8）单击“添加：拾取点”按钮，拾取中间正方形由弧线切割出部分内的任意一点，得到一个填充范围，然后按 Enter 键确认，拾取填充区域完毕后，返回对话框，单击“确定”按钮，即可完成该区域的填充。

（9）同样地，对于四周各部分的填充，设置“图案”为 GRAVEL，输入“比例”50。完成该部分填充后，整个地板拼花造型即绘制完毕，最终效果如图 5-37 所示。

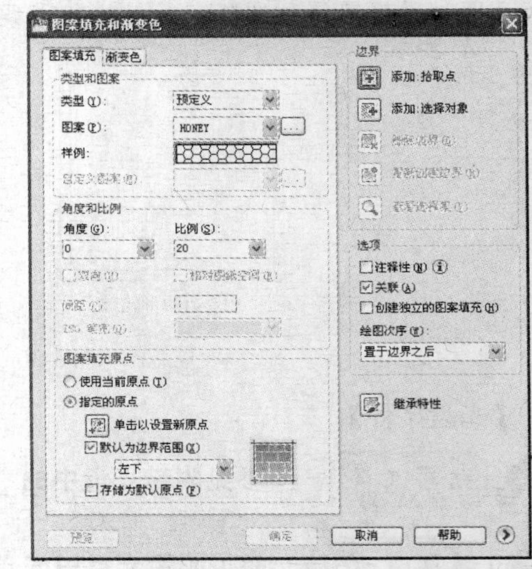

图 5-36　“图案填充”选项卡

图 5-37　最终效果

5.10　实例·练习——绘制单人沙发立面图

本例将绘制一幅单人沙发立面图，如图 5-38 所示。在建筑家居布置中，沙发是不可或缺的。沙发的种类有很多，本例为较简单的单人沙发。

视频教学

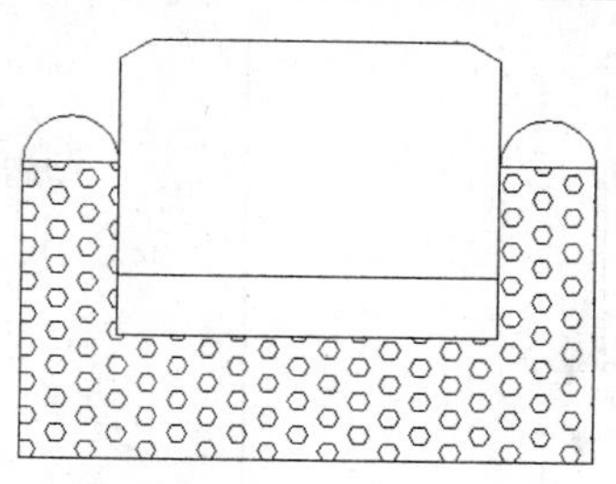

图 5-38　单人沙发立面图

【思路分析】

由于该沙发主面图线条较为简单，可直接使用矩形命令、偏移命令和修剪命令绘制出基本轮廓，再加以圆角命令、倒角命令绘制圆角、倒角，即可完成绘制。流程如图 5-39 所示。

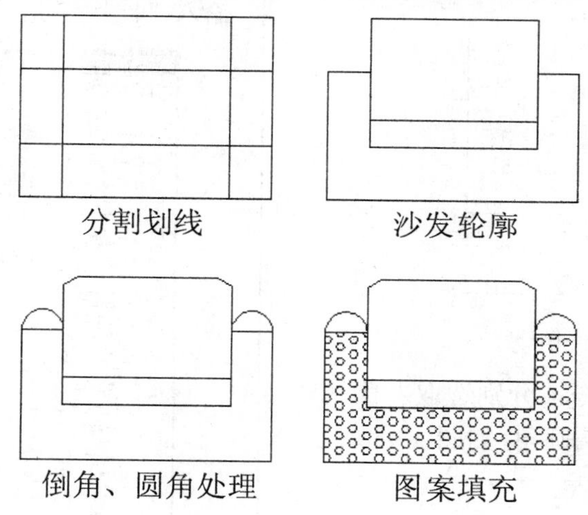

图 5-39　沙发主面图绘制流程

【光盘文件】

——参见附带光盘中的“END\Ch5\5-10.dwg”文件。

动画演示——参见附带光盘中的“AVI\Ch5\5-10.avi”文件。

【操作步骤】

（1）启动 AutoCAD 2012，设置习惯的绘图环境。

（2）使用矩形命令绘制一个尺寸为 900×680 的矩形，然后使用分解命令将其分解，接着使用偏移命令，将上、下两横边向中间各偏移 200，左、右两竖边向中间各偏移 150，如图 5-40 所示。

（3）使用修剪命令，按照如图 5-41 所示进行修剪。

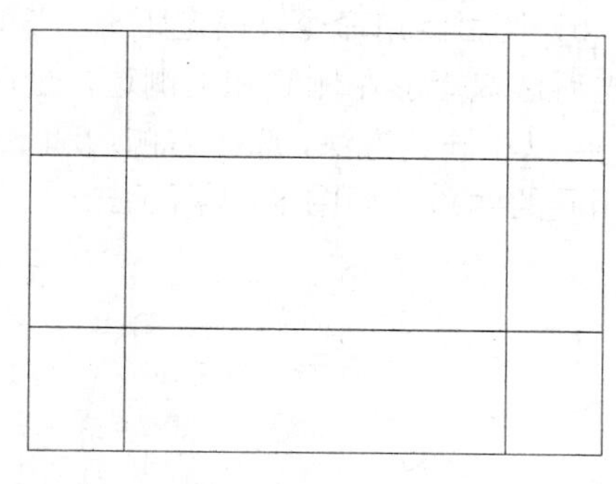

图 5-40　绘制矩形

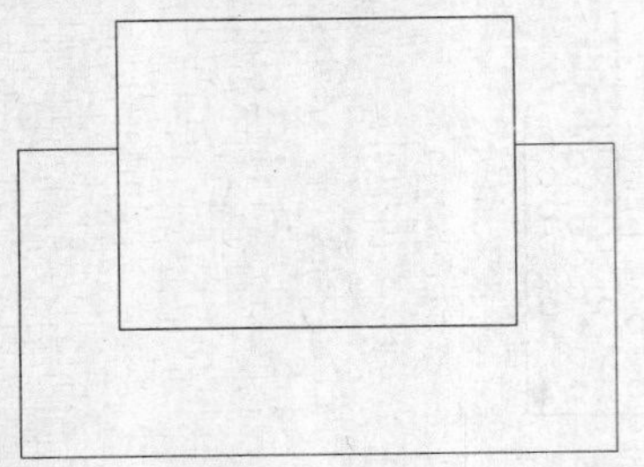

图 5-41　修剪

（4）使用偏移命令将现有矩形下侧横边向上偏移 100，如图 5-42 所示。

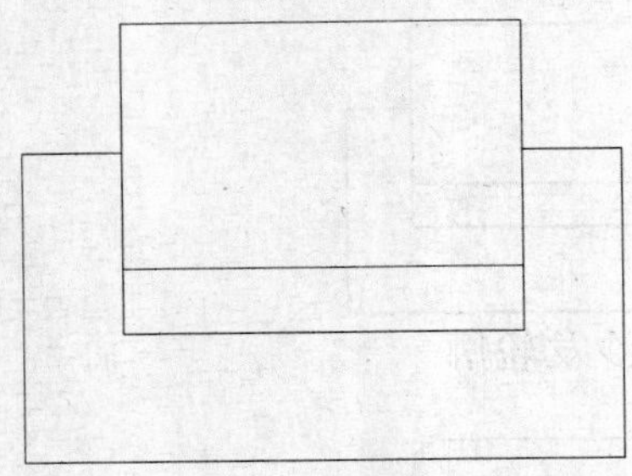

图 5-42　偏移

（5）使用圆角命令，分别选取左侧两竖边和右侧两竖边，绘制两圆角，如图 5-43 所示。

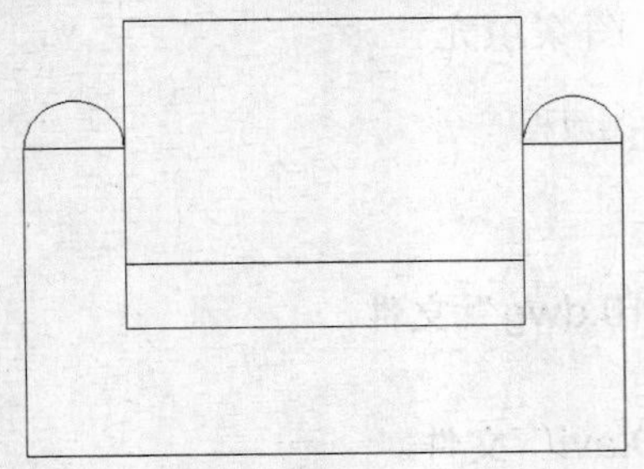

图 5-43　绘制左右两侧的圆角

（6）使用倒角命令，设定距离为 30、50，然后先后选取矩形左侧边和上侧边，绘制一个倒角，再以相同的方法，选取右侧边和上侧边，绘制相同的倒角，如图 5-44 所示。

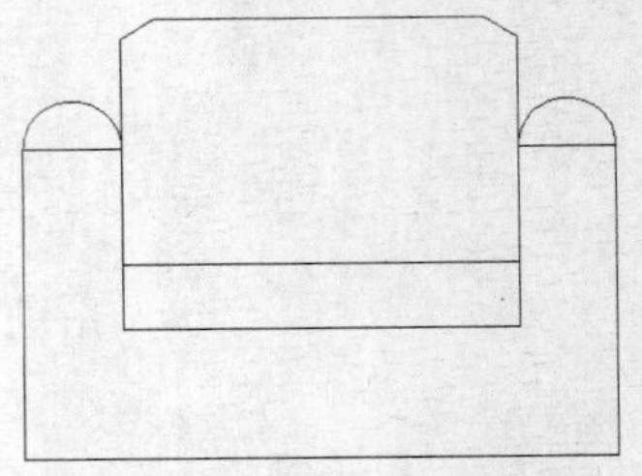

图 5-44　倒角

（7）启用图案填充命令，打开“图案填充和渐变色”对话框，选择“图案”为 HEX，输入“比例”5，如图 5-45 所示。

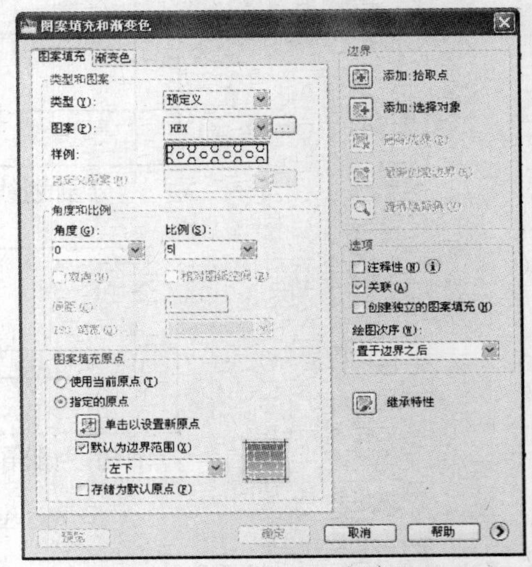

图 5-45　图案填充的设置

（8）拾取沙发下部分区域为填充区域，确定后即可完成填充。填充完成后，整个沙发绘制完毕，最终效果如图 5-46 所示。

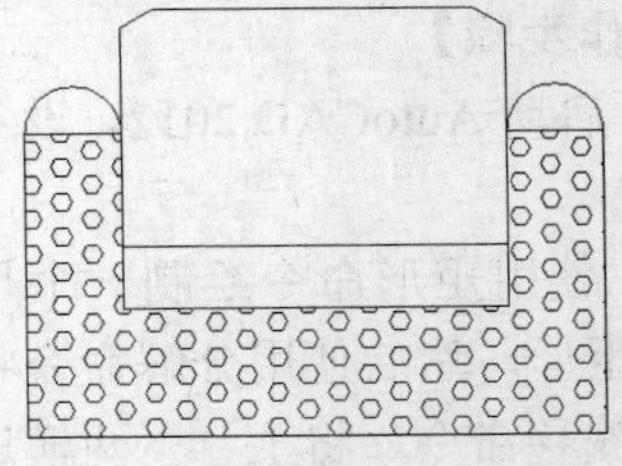

图 5-46　最终效果

第 6 讲　图块的创建及应用

绘制建筑图时，有些图形常常需要重复绘制，如家具、建筑符号、门窗等。如果使用复制命令逐一绘制会比较麻烦，特别是当图形组合复杂时。此时可将一些常用的图形对象创建为图块，然后在需要的位置将其插入，这样更加快捷、准确，效率更高。本讲将着重讲解如何创建图块及其相关应用。通过本讲的学习，读者可以掌握图块的创建及应用方法，加快绘图速度。

本讲内容

- 实例·模仿——创建单扇门图块
- 创建图块
- 插入图块
- 图块属性
- 外部参照
- 实例·操作——创建电视柜图块
- 实例·练习——创建抽水马桶图块并应用

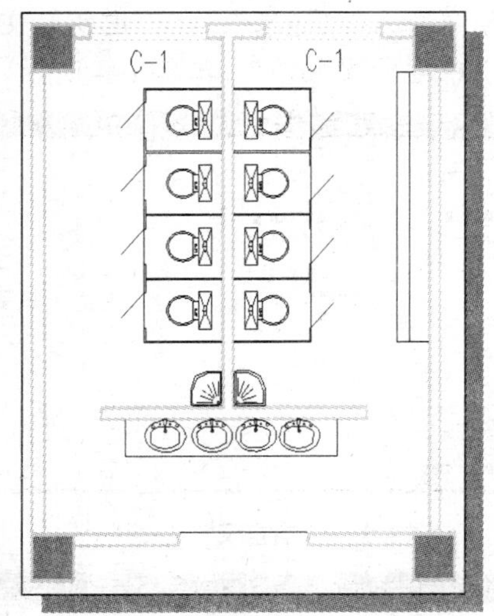

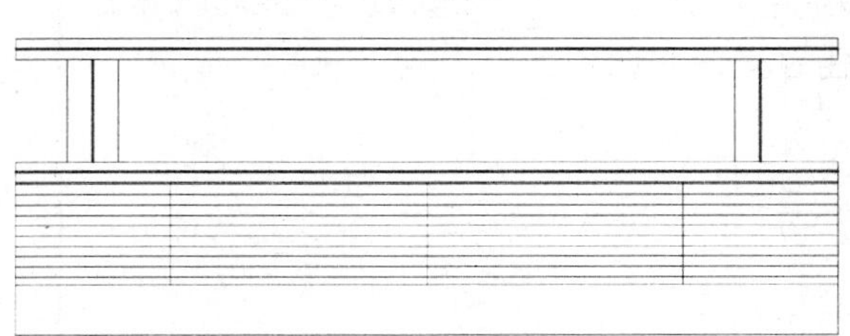

6.1　实例·模仿——创建单扇门图块

本例将创建一幅单扇门平面图的图块，如图 6-1 所示。单扇门平面图在建筑平面图中十分普遍，并且尺寸大多相同，因此将其创建为图块，可以加快建筑平面图的绘制。通过此例读者可以熟悉图块的创建过程。

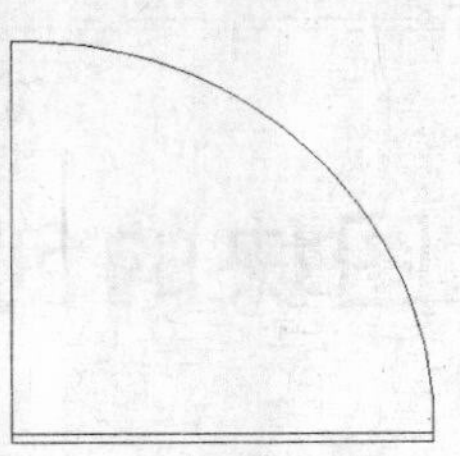

图 6-1　单扇门平面图

【思路分析】

首先绘制一个门宽为 900 的单扇门平面图，然后使用创建图块命令进行相关设置，包括名称、基点等，再选取该单扇门为对象，即可完成创建。

【光盘文件】

——参见附带光盘中的“END\Ch6\6-1.dwg”文件。

——参见附带光盘中的“AVI\Ch6\6-1.avi”文件。

【操作步骤】

（1）启动 AutoCAD 2012，设置习惯的绘图环境。

（2）使用直线命令，绘制两条相互垂直、长度为 900 的直线；使用偏移命令，将水平直线向上偏移 20，并将两水平直线右侧端点用直线相连；使用圆弧命令，采用“起点，圆心，端点”方式，以上侧水平直线右侧端点为起点，上侧水平直线与竖直直线交点为圆心，竖直直线上侧端点为端点，作一个圆弧，得到如图 6-2 所示的单扇门平面图。

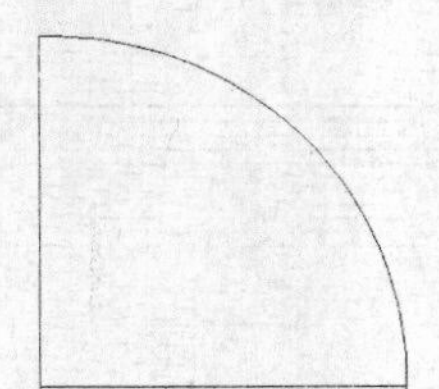

图 6-2　绘制单扇门平面图

（3）调用创建图块命令，即单击“块”面板中的“创建”按钮后，弹出如图 6-3 所示的“块定义”对话框。

（4）接着进行相关设置。在“名称”下拉列表框中输入“单扇门”；对于“基点”，通过“拾取点”按钮拾取单扇门左下角点；对于“对象”，通过“选择对象”按钮将整个单扇门框选，并且设置将原对象“转换为块”；设置“块单位”为 “毫米”；在“说明”文本框中输入“单扇门平面图”，如图 6-4 所示。

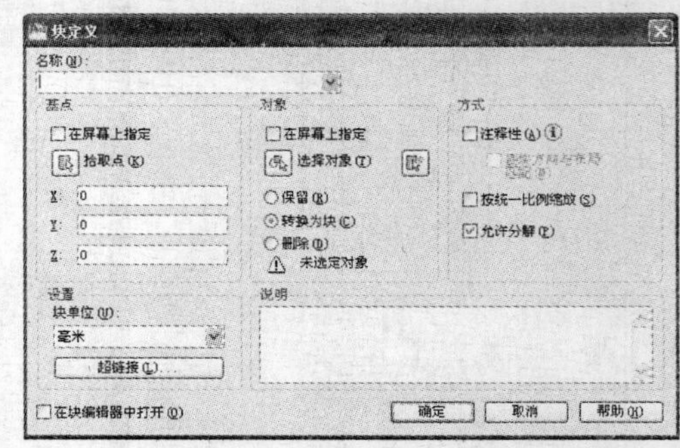

图 6-3　“块定义”对话框

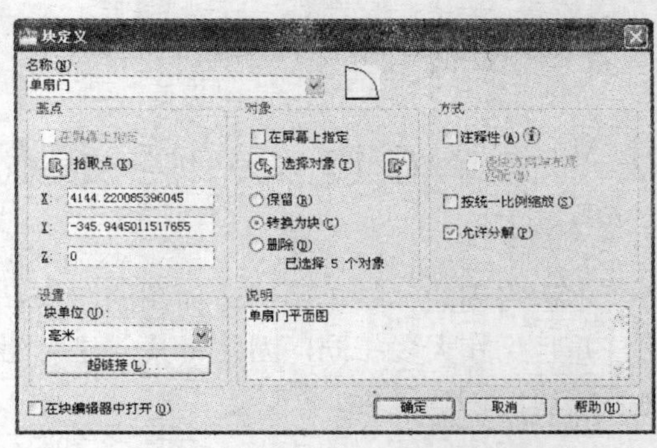

图 6-4　参数设置

（5）单击“确定”按钮，即可完成该图块的创建。当需插入图块时，即可使用图块插入命令，直接选择单扇门进行插入，如图 6-5 所示。

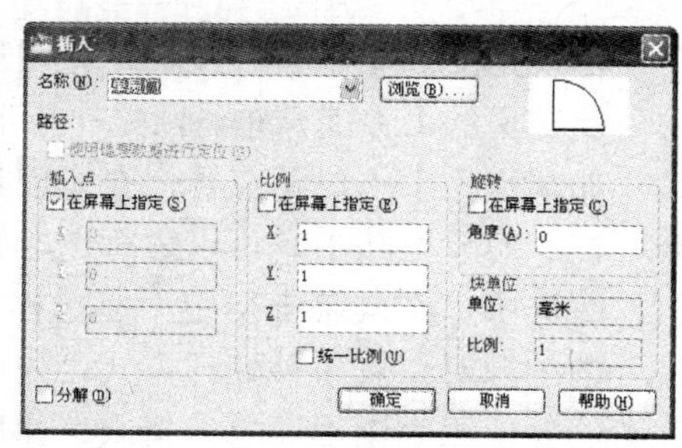

图 6-5　图块插入

6.2　创 建 图 块

应用图块工具，首先要创建所需的图块，然后才能以此为基础进行后续操作。创建图块就是根据需要，将一个或多个图形对象整合为一个图块，形成一个整体。整合出来的图块将只保存图块的整体参数，而不保存图块中每一个对象的相关信息。

在 AutoCAD 中可创建的图块分为两种：一种是内部图块，这种图块存储在文件的内部，只能在创建图块的文件中调用；一种是外部图块，这种图块不依赖于某一个图形文件，自身就是一个图形文件，可在任意文件中调用。

1. 内部图块

启用创建内部图块命令的方式如下。

- GUI 方式，即单击“块”面板中的创建按钮，执行创建图块命令。
- 命令行方式，在命令行中输入 BLOCK（或 B），按 Enter 键或单击鼠标右键确认，执行创建图块命令。

执行创建图块命令后，将弹出如图 6-6 所示的“块定义”对话框。

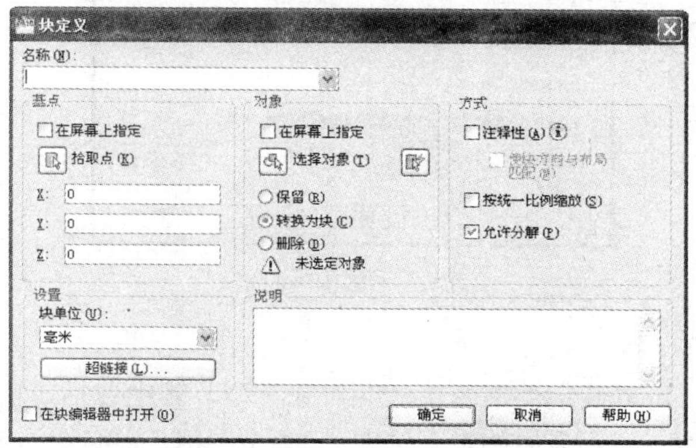

图 6-6　“块定义”对话框

其中各选项功能介绍如下。

- 在“名称”下拉列表框中，可输入所创建块的名称。
- 在“基点”栏中，可选择拾取基点的方式。一种是选中“在屏幕上指定”复选框，即可在块定义的整个命令过程中在图形上拾取基点；另一种是单击“拾取点”按钮，即可在块定义的命令完成前，预先在图形上拾取。一般情况下，图块的基点应拾取一些特殊点，如端点、中点、角点等，在方便指定的同时也方便后期的插入操作。

◆ 在“对象”栏中，可以进行选取图块组成对象的操作，有两种方法，同选取基点类似，即选中“在屏幕上指定”复选框和单击“选择对象”按钮。除选取对象外，“对象”栏中的源对象有 3 种处理方式：如选中“保留”单选按钮，则被选取的源对象在定义后依然保留原来图形对象的格式；如选中“转换为块”单选按钮，则被选取的源对象同时被定义为图块；如选中“删除”单选按钮，则所选取的源对象被定义为图块后将被删除。

◆ 在“方式”栏中，选中“允许分解”复选框，可以使生成的图块在以后的编辑过程中使用分解命令变回组成图块前源对象的状态，这样就可以更好地编辑图形。建议在大部分情况下予以选中。

◆ 在“设置”栏中，可以对图块的单位进行选择（通过“块单位”下拉列表框），一般情况下多选择“毫米”。

◆ 在“说明”文本框中，可以输入该图块的属性说明，便于以后的应用。

2. 外部图块

启用创建外部图块命令的方式只有一种，即在命令行中输入 WBLOCK（或 W），按 Enter 键或单击鼠标右键确认，执行创建图块命令。

执行该命令后，将弹出如图 6-7 所示的“写块”对话框，从中可以进行外部图块的创建。

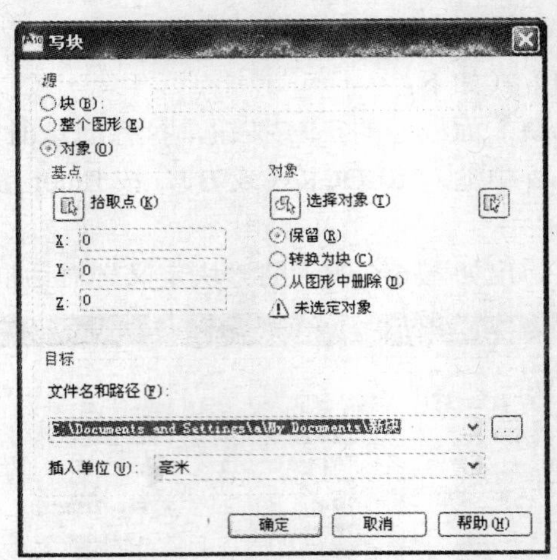

图 6-7　“写块”对话框

其中各选项功能如下。

◆ 在“源”栏中，可以确定外部图块的源对象类型，其中包括“块”单选按钮，即已定义的内部图块，按下拉列表中的名称选取；“整个图形” 单选按钮，即当前所打开的图形文件；“对象” 单选按钮，即图形内可选择的各对象。

◆ 在“基点”和“对象”栏中，具体设置与创建内部图块选取基点和对象类似。

◆ 在“目标”栏中，可以设置外部图块的存储名称和存储路径，还可以设置其插入时所采取的单位。

下面将如图 6-8 所示的餐椅分别创建为内部图块与外部图块，以此为例对上述命令进行说明。

执行创建图块命令，弹出“块定义”对话框，输入“名称”为“餐椅”，在“基点”栏中选中“在屏幕上指定”复选框，在“对象”栏中选中“在屏幕上指定”复选框和“保留”单选按钮；在“方式”栏中选中“允许分解”复选框，设置“块单位”为“毫米”，然后在“说明”文本框中输入“餐椅平面”，如图 6-9 所示。

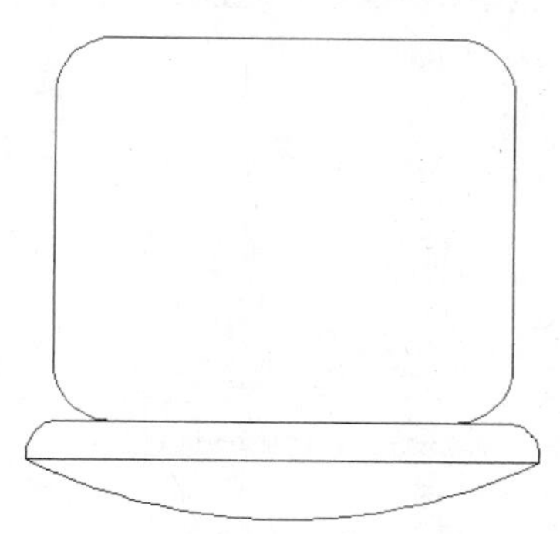

图 6-8　餐椅

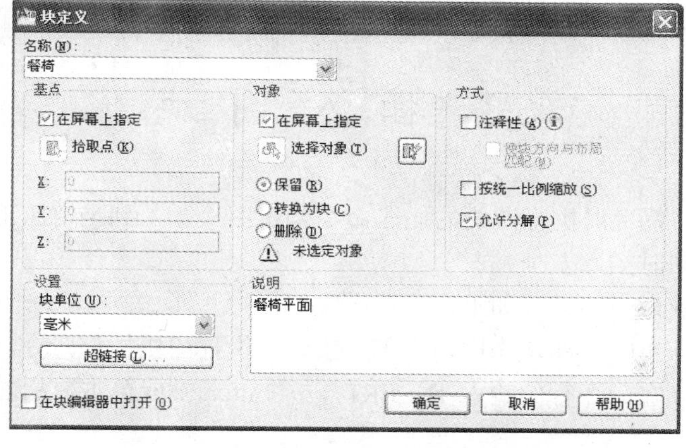

图 6-9　“块定义”对话框

单击“确定”按钮后，首先指定插入基点，将椅背弧线的中点指定为基点，如图 6-10 所示，然后“选择对象”，选取组成餐椅的各图形对象，如图 6-11 所示。最后单击鼠标右键或按 Enter 键确认，内部图块创建完毕。

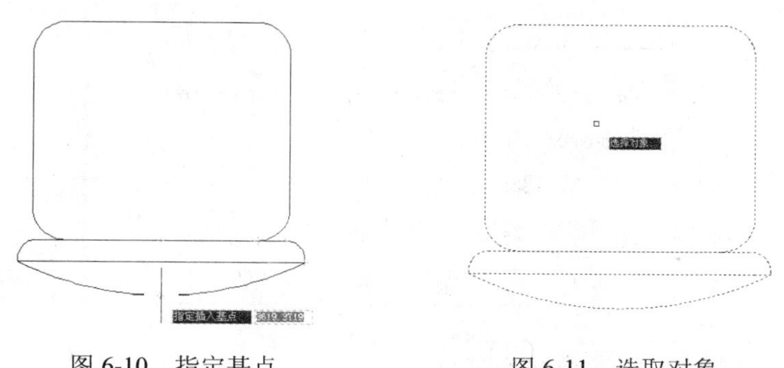

图 6-10　指定基点　　　　图 6-11　选取对象

输入命令 W，执行创建外部图块命令，弹出“写块”对话框，如图 6-12 所示。设置“源”为“块”，在其右侧下拉列表框中选取所创建的内部图块“餐椅”，“文件名和路径”为“C:\Documents and Settings\a\My Documents\餐椅”，然后设置“插入单位”为“毫米”，单击“确定”按钮，餐椅的外部图块创建完毕。

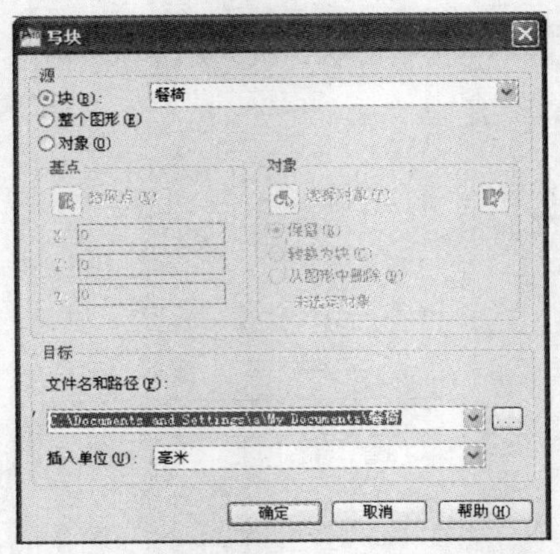

图 6-12 “写块”对话框

6.3 插入图块

图块创建完成后，就可以执行图块的插入命令来将图块插入到当前图形中。图块的插入既可以单个进行，也可以同时插入多个。

启用插入单个图块命令的方式如下。

- GUI 方式，即单击“图块”面板中的按钮，执行图块插入命令。
- 命令行方式，在命令行中输入 INSERT，按 Enter 键或单击鼠标右键确认，执行图块插入命令。

执行图块插入命令后，将弹出如图 6-13 所示的“插入”对话框，在其中可对图块插入时的名称方式等参数进行设置。

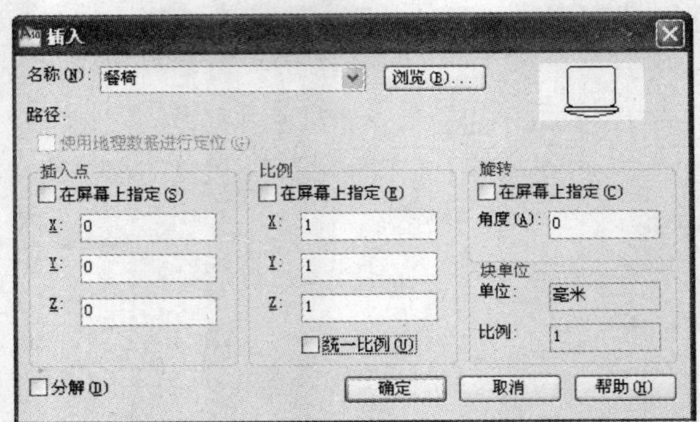

图 6-13 “插入”对话框

◆ 在“名称”下拉列表框中，可选择要插入的名称，也可以单击“浏览”按钮，在打开的对话框中选择块或外部图形。

◆ 在“插入点”栏中，可设置块的插入点位置，选中“在屏幕上指定”复选框，可以直接在屏幕上指定插入点。

◆ 在“比例”栏中，可设置插入块时的缩放比例。可直接在 X、Y、Z 文本框中输入各方向上的缩放比例，选中“统一比例”复选框时，3 个方向上缩放比例一致，也可以选中“在屏幕上指定”复选框，在绘图区中指定。

◆ 在“旋转”栏中，可设置插入块时的旋转角度。可直接在“角度”文本框中输入角度值，也可以通过选中“在屏幕上指定”复选框，在绘图区中指定旋转角度。

◆ 选中“分解”复选框，可以在插入图块的同时将其分解成基本对象。

同时插入多个图块的方式有阵列、定数等分点和定距等分点等。下面主要以阵列方式进行说明。

启用阵列插入图块命令的方式只有一种，即在命令行中输入 MINSERT，按 Enter 键或单击鼠标右键确认，执行图块插入命令。

执行该命令后，系统将给出如下操作提示。

```
命令: MINSERT
输入块名或 [?] <默认>:
单位:毫米
转换:1.0000
指定插入点或 [基点(B)/比例(S)/X/Y/Z/旋转(R)]:
输入 X 比例因子，指定对角点，或[角点(C)/XYZ(XYZ)] <1>:
输入 Y 比例因子或<使用 X 比例因子>:
指定旋转角度 <0>:
输入行数 (---) <1>:
输入列数 (|||) <1>:
```

当输入行数和列数大于 1 时，系统还会要求输入行间矩与列间矩。注意，使用 MINSERT 命令插入的多个图块会形成一个整体，将无法分解。

下面以插入 6.2 节中所创建的餐椅图块为例，对插入命令进行说明。

需要插入餐椅图块的绘图区如图 6-14 所示，以内部圆为桌，外部圆与直线交点为插入基点。执行插入图块命令，弹出“插入”对话框，在“名称”下拉列表框中选择“餐椅”，设置“插入点”为“在屏幕上指定”，不改动比例，旋转角度则根据插入位置依次有 0°、90°、180° 和 270°，取消选中“分解”复选框，如图 6-15 所示。重复插入图块命令，插入 4 张餐椅图，删除辅助线，即可得到如图 6-16 所示的桌椅图。

执行阵列插入图块命令，选择插入餐椅图块，设置比例为 1，旋转角度为 45°，行数为 2，列数为 5，行偏移为 1200，列偏移为 1500，效果如图 6-17 所示。

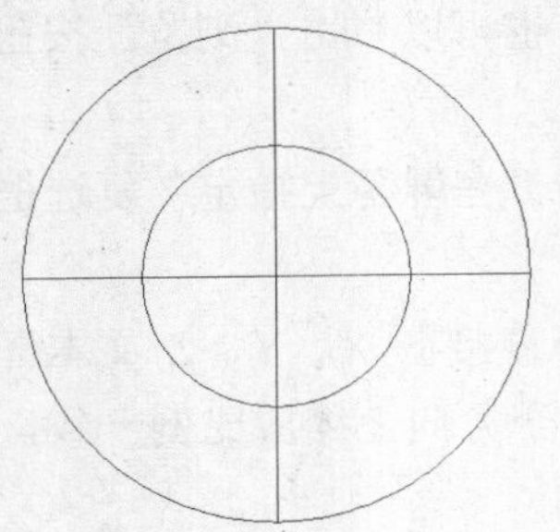

图 6-14 绘图区

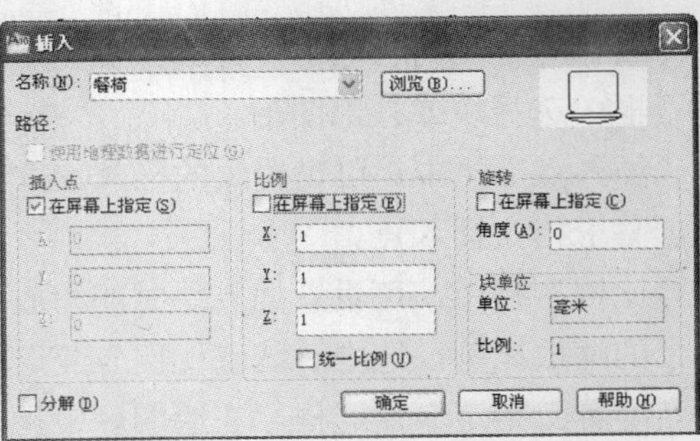

图 6-15 “插入”对话框的参数设置

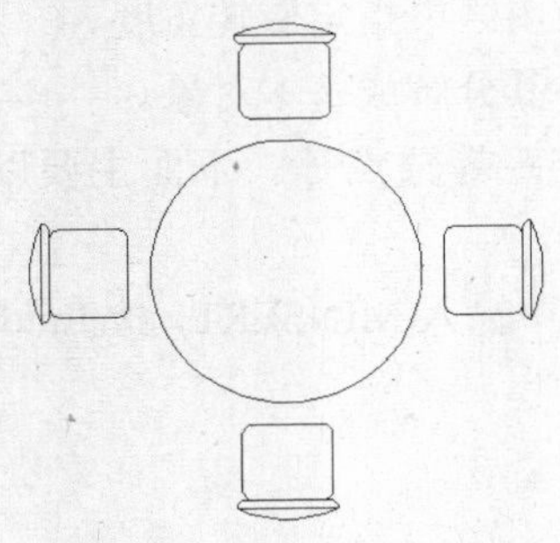

图 6-16 桌椅图

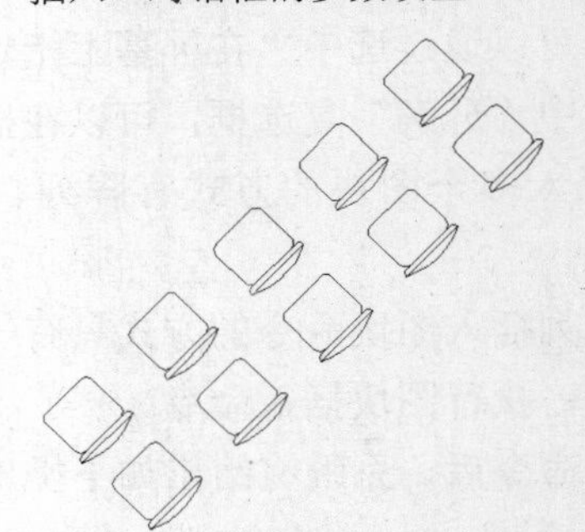

图 6-17 阵列插入效果

6.4 图 块 属 性

图块的属性是指附着在块上的数据标签或标记，属于图块的非图形信息，是图块不可见的组成部分，可以是部件名、产品名和物主名等。

图块属性一般在图块创建完成后进行定义，然后还需将属性附加给图块。此外，属性还可以通过编辑属性命令进行修改。

启用定义图块属性命令的方式如下。

◆ GUI 方式，即单击“块”面板中的 按钮，执行定义图块属性命令。

◆ 命令行方式，在命令行中输入 ATTDEF，按 Enter 键或单击鼠标右键确认，执行定义图块属性命令。

执行定义图块属性命令后，将弹出如图 6-18 所示的“属性定义”对话框，在其中可依次定义图块的属性标记名、提示、属性默认值等。

图块属性定义完成后，只有将其附加到图块上，才能体现其价值。这一过程只需在属性定义完成后，再执行一次创建图块操作即可。

当图块属性值需要修改时，则需使用编辑属性命令。

启用编辑属性命令的方式如下。

◆ GUI 方式，即单击“块”面板中的 编辑属性 按钮，执行编辑属性命令。

◆ 命令行方式，在命令行中输入 EATTEDIT，按 Enter 键或单击鼠标右键确认，执行编辑属性命令。

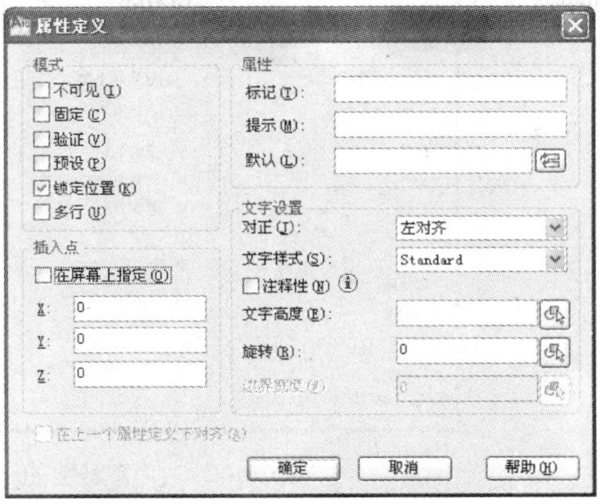

图 6-18 “属性定义”对话框

执行该命令前，必须选中附着有属性的图块，否则无法执行。执行该命令后，将弹出“增强属性编辑器”对话框。下面结合具体实例介绍其操作方法。

下面以赋予餐椅图块名称属性为例，来说明编辑属性命令。

执行定义属性命令，弹出“属性定义”对话框，如图 6-19 所示。在“模式”栏中选中“锁定位置”复选框，在“属性”栏中的“标记”文本框中输入“餐椅”，在“提示”文本框中输入“名称”，单击“默认”文本框右侧的按钮；在弹出的如图 6-20 所示的“字段”对话框中选择字段名称为“标题”，格式为“大写”，单击“确定”按钮；返回“属性定义”对话框，在“插入点”栏中选中“在屏幕上指定”复选框，在“文字设置”栏中的“对正”下拉列表框中选择“左对齐”，在“文字高度”文本框中输入 100，然后单击“确定”按钮，即可将“餐椅”两字插入图块下方适当位置，如图 6-21 所示。

此时名称属性尚未附着到餐椅图块上，应执行创建图块命令，重新选取原餐椅图块和“餐椅”两字为对象，创建附着有属性的新图块“新餐椅”，如图 6-22 所示。

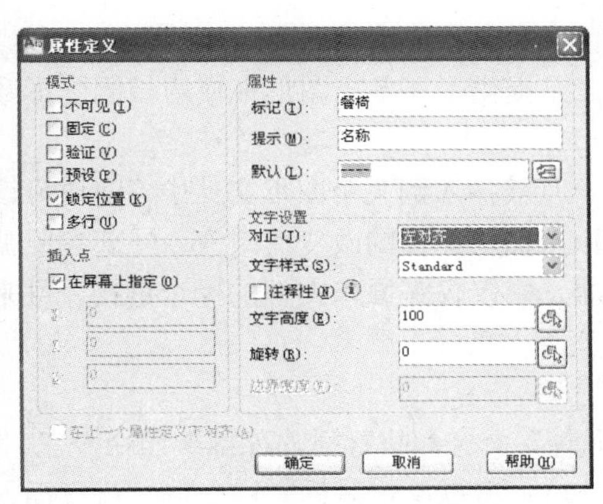

图 6-19 “属性定义”对话框

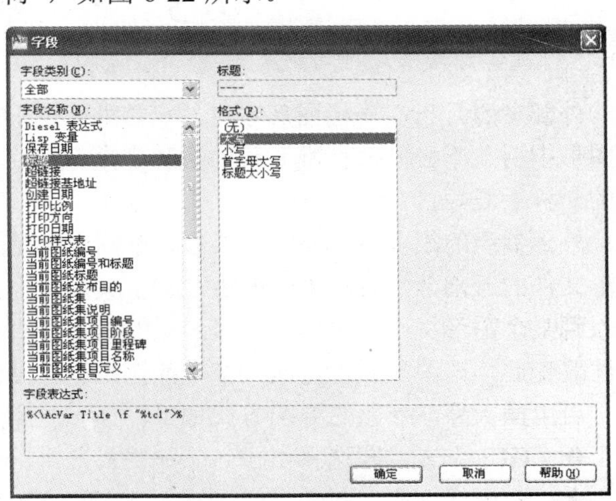

图 6-20 “字段”对话框

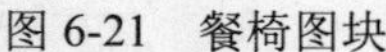
图 6-21　餐椅图块

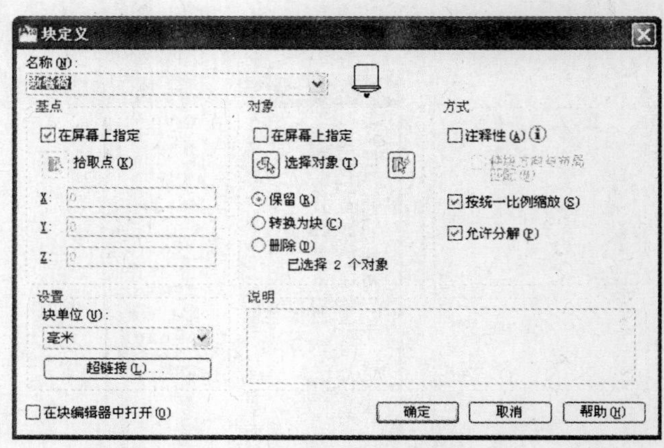

图 6-22　附着属性的图块设置

当需要修改属性名称时，可选定图形中的新餐椅图块，执行编辑属性命令，在弹出的如图 6-23 所示的对话框中对“值”文本框进行修改即可，如将其改为“新餐椅”，效果如图 6-24 所示。

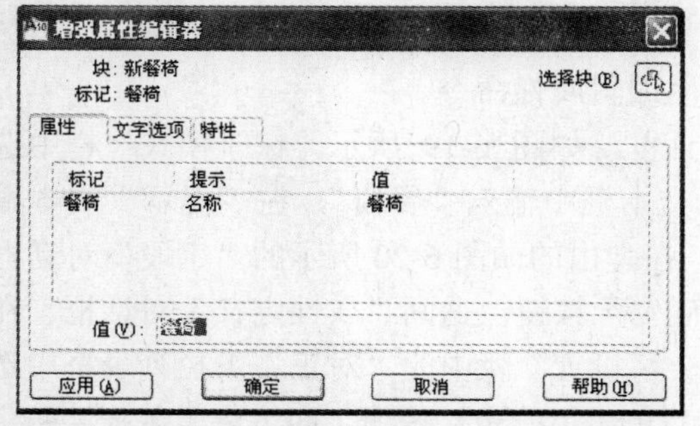

图 6-23　“增强属性编辑器”对话框

图 6-24　新餐椅

6.5 外 部 参 照

外部参照是指在一幅图形中对另一幅外部图形的引用。外部参照有两种基本用途：一是在当前图形中引入不必修改标准元素的一种高效率的途径；二是提供了在多个图形中应用相同图形数据的一种手段。

外部参照的很多特征与图块类似，不同之处是图块一旦被插入到某个图形文件中，便作为该图形文件的一部分，与原来的图块没有了关系，不会随原来图块文件的改变而改变；外部参照被插入到某个图形文件后虽然也会显示，但是不能直接编辑，它仅仅是原来文件的一个链接，原来文件改变后，该图形文件内的外部参照图形也会随之改变。

启用插入外部参照命令的方式如下。

◆ GUI 方式，即选择“插入”→“参照”→“附着”命令，执行插入外部参照命令。

◆ 命令行方式，在命令行中输入 XATTACH，按 Enter 键或单击鼠标右键确认，执行插入外部参照命令。

执行附着命令后，弹出“选择参照文件”对话框，如图 6-25 所示。

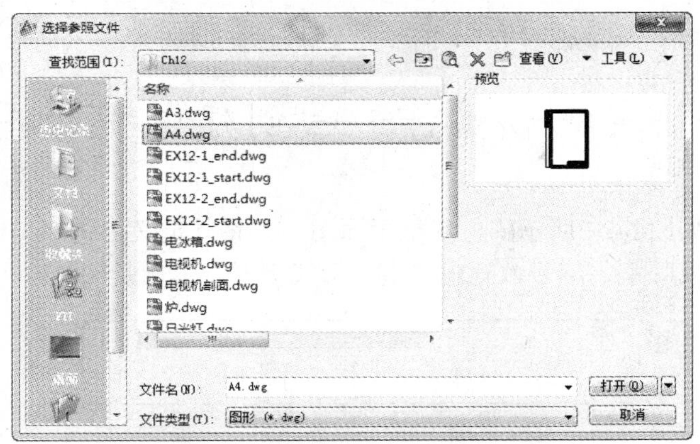

图 6-25 “选择参照文件”对话框

在其中选择要作为外部参照的图形文件，单击“打开”按钮，弹出“附着外部参照”对话框，如图 6-26 所示。

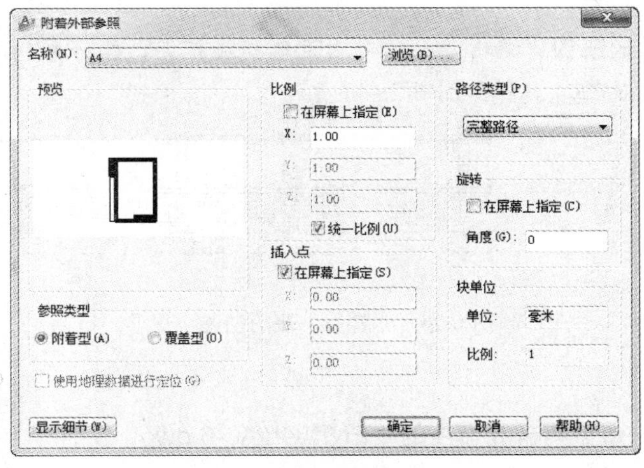

图 6-26 “附着外部参照”对话框

其中各参数的含义分别介绍如下。

- 参照类型：选中“附着型”单选按钮，以捆绑的方式参照外部文件；选中“覆盖型”单选按钮，则以覆盖的方式参照外部文件。
- 比例：选中“在屏幕上指定”复选框，可在图形中指定比例，也可在其下 X、Y、Z 文本框中输入 X、Y、Z 各轴上的比例因子。
- 插入点：选中“在屏幕上指定”复选框，可在绘图区中指定插入点，也可在其下 X、Y、Z 文本框中输入 X、Y、Z 坐标值确定插入点。
- 路径类型：在该下拉列表框中可选择路径类型，包括“完整路径”、“相对路径”和“无路径”3 种。
- 旋转：选中“在屏幕上指定”复选框，可在图形中指定旋转的角度，也可在“角度”文本框中输入旋转的角度。

◆ 块单位：在“单位”文本框中可输入单位，如毫米等；在“比例”文本框中可输入比例。该单位为插入外部参照的单位。

6.6 实例·操作——创建电视柜图块

本例将绘制一幅如图 6-27 所示的电视柜平面图，并将其定义为图块。电视柜是家居家具的一种，多布置在客厅或卧室，用于放置电视机，形式多样。本例是一种较为常见的电视柜。

图 6-27　电视柜平面图

【思路分析】

首先使用前面所学的绘图、编辑命令绘制出该电视柜框架，然后再利用相应图块工具将其创建为图块，并赋予一定属性。流程如图 6-28 所示。

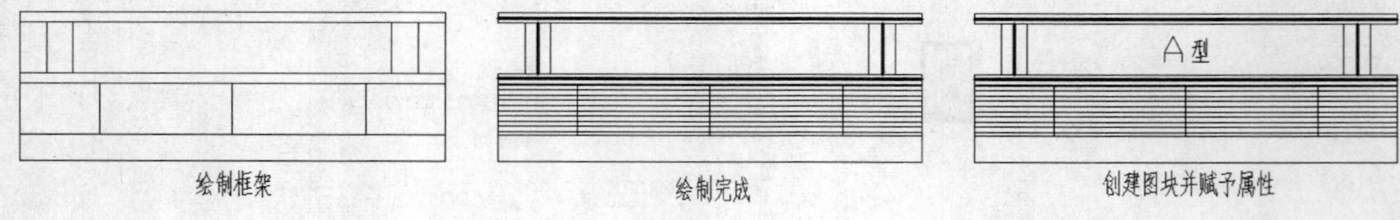

图 6-28　“螺母”块的创建步骤

【光盘文件】

——参见附带光盘中的“END\Ch6\6-6.dwg”文件。

——参见附带光盘中的“AVI\Ch6\6-6.avi”文件。

【操作步骤】

（1）启动 AutoCAD 2012，设置习惯的绘图环境。

（2）使用矩形命令绘制尺一个寸为 1600×580 的矩形，然后使用分解命令将其分解，接着使用偏移命令，将上侧横边依次向下偏移 40、200、40、200，如图 6-29 所示。

（3）将矩形两侧竖边删除，并使用直线命令重新分段连接，使用偏移命令，将从上往下数第 2 个矩形两侧竖边各向内侧依次偏移 100、100，然后删除，再将从上往下数第 4 个矩形左侧竖边向右依次偏移 300、500、500，如图 6-30 所示。

图 6-29　初步轮廓

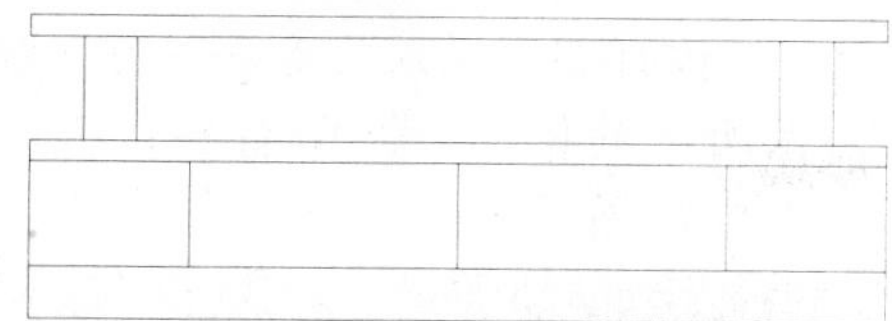

图 6-30　偏移

（4）使用直线命令，以上部 4 个矩形短边的中点为端点，绘制 4 条直线，并将其加粗为 0.30 毫米，如图 6-31 所示。

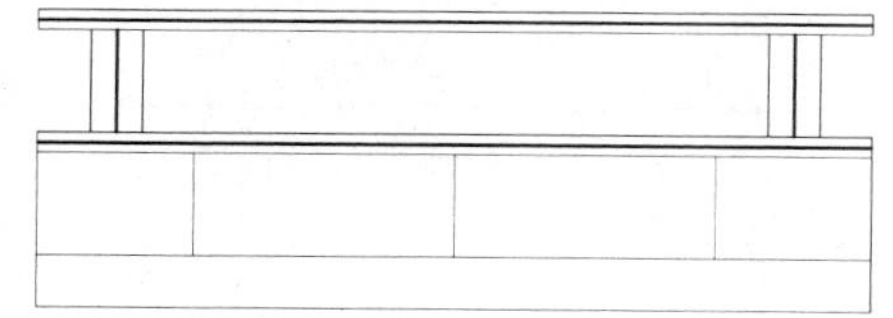

图 6-31　绘制直线

（5）调用图案填充命令，在弹出的“图案填充和渐变色”对话框中选择“类型”为“用户定义”，设置“角度”为 0°，“间距”为 15，如图 6-32 所示。选取从下往上数第二排 4 个矩形为填充对象，进行填充，完成电视柜的绘制。

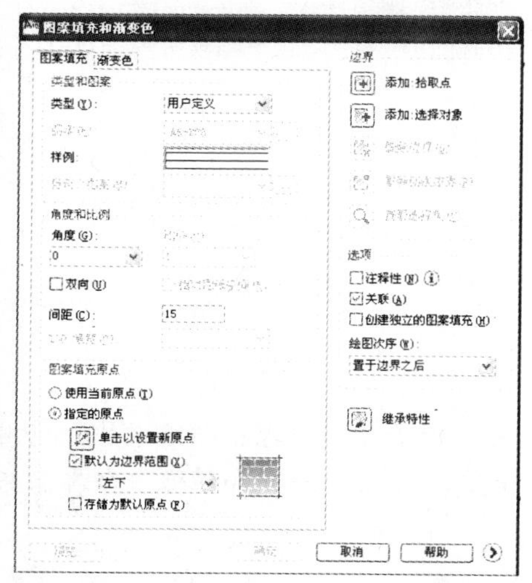

图 6-32　“图案填充和渐变色”对话框

（6）接下来就是将电视柜图形定义为图块。首先进行属性定义，调用定义属性命令，在弹出的“属性定义”对话框中设置“标记”为“A 型”，“提示”为“类型”，“文字高度”为 100，如图 6-33 所示。

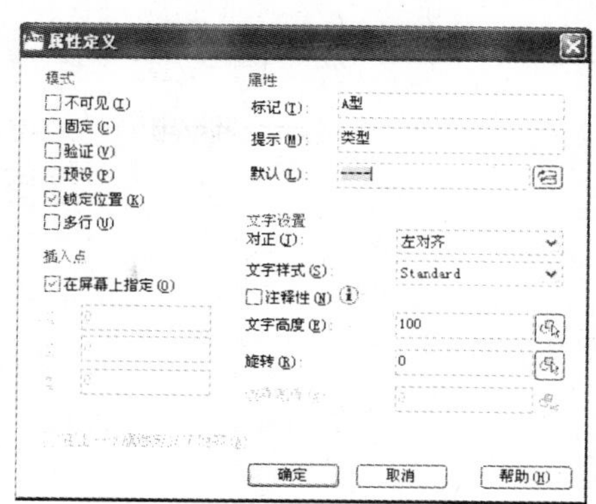

图 6-33　定义属性

（7）单击“确定”按钮，将“A 型”两字放置在适当位置，如图 6-34 所示。

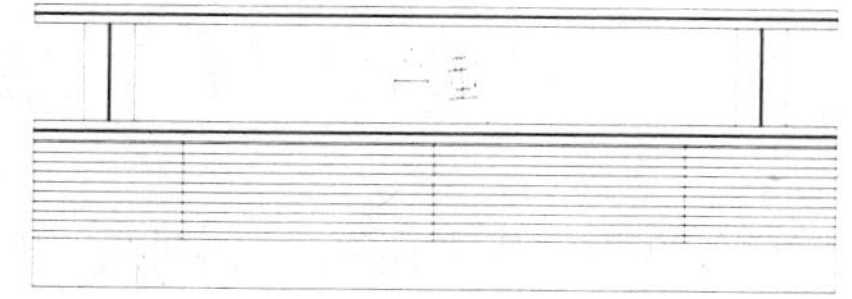

图 6-34　放置标记

（8）执行创建图块命令时，弹出“块定义”对话框，在“名称”下拉列表框中输入“电视柜”，“基点”与“对象”栏中均选中“在屏幕上指定”复选框，然后选中“保留”单选按钮和“允许分解”复选框，“块单位”设置为“毫米”，如图 6-35 所示。

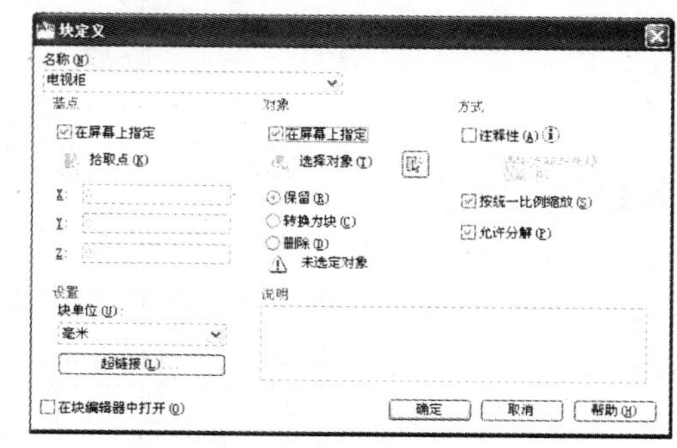

图 6-35　“块定义”对话框的参数设置

（9）单击“确定”按钮，指定图形上侧边中点为插入基点，如图 6-36 所示。

（10）基点确定后，框选整个图形以及标记，如图 6-37 所示。单击鼠标右键或按 Enter 键确认，电视柜图块即创建完毕。

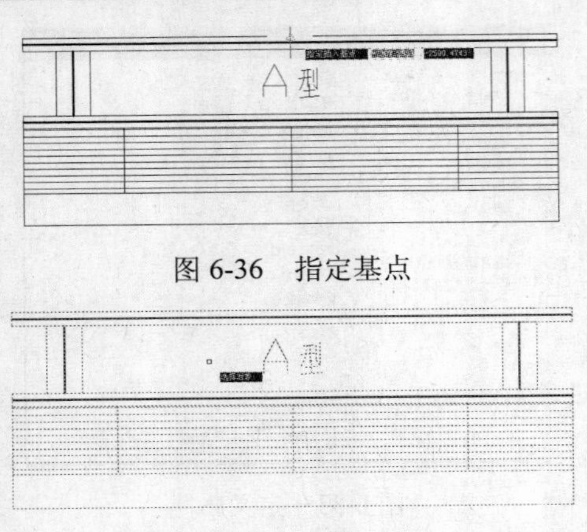

图 6-36 指定基点

图 6-37 选择对象

（11）执行图块插入命令，即可将电视柜图块插入所需的位置，并附有各自的类型属性，如图 6-38 所示。

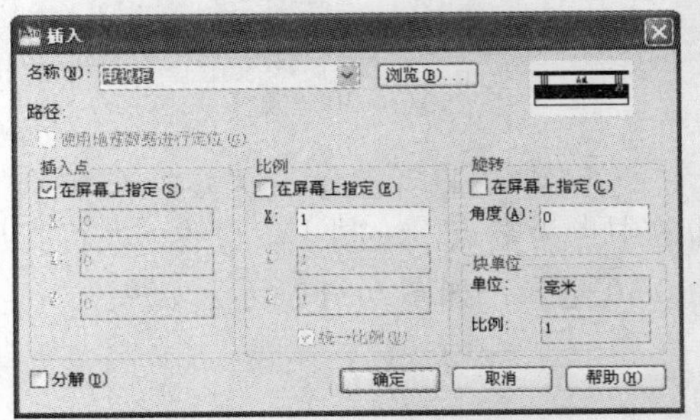

图 6-38 插入图块设置

6.7 实例·练习——创建抽水马桶图块并应用

本例将 3.10 节中所绘制的抽水马立面图桶创建为图块，并将其插入到厕所平面图中，如图 6-39 所示。抽水马桶型号众多，应赋予型号属性。希望读者通过此例练习图块的创建及使用。

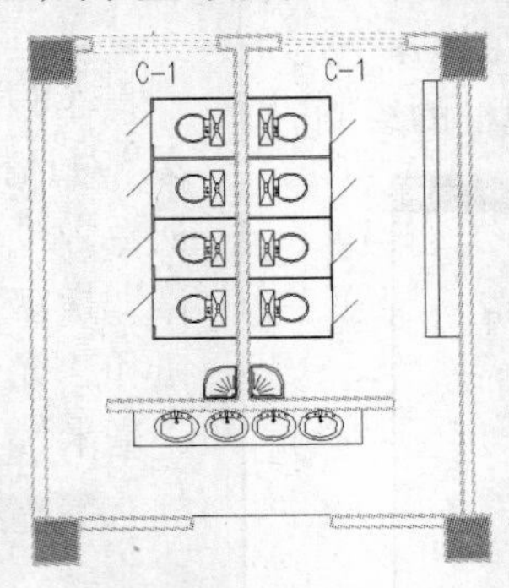

图 6-39 厕所平面图

【思路分析】

首先绘制抽水马桶，然后定义其型号属性，最后将属性附着于图形上并创建成块。应用图块时，应先在平面图上定出一个插入位置，再插入单个图块，然后使用阵列和镜像命令在需布置的地方布上。流程如图 6-40 和图 6-41 所示。

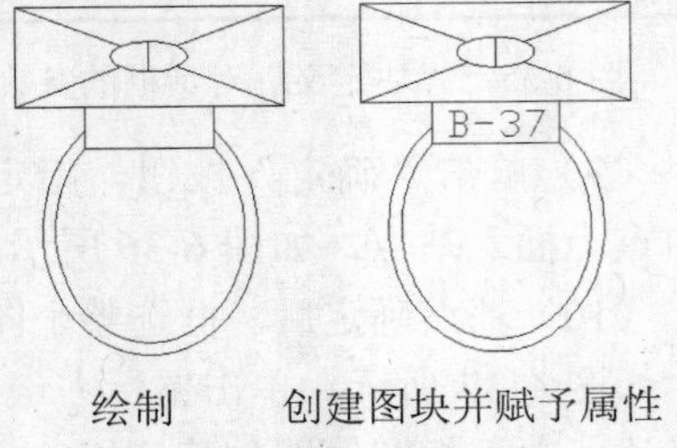

绘制　　创建图块并赋予属性

图 6-40 创建图块流程图

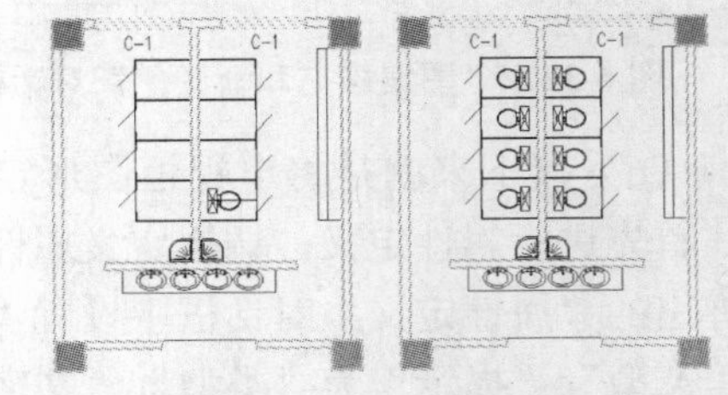

定位并插入单个图块　　布置完全

图 6-41 插入图块流程

【光盘文件】

结果文件——参见附带光盘中的“END\Ch6\6-7.dwg”文件。

动画演示——参见附带光盘中的“AVI\Ch6\6-7.avi”文件。

【操作步骤】

（1）启动 AutoCAD 2012，设置习惯的绘图环境。

（2）参照 3.10 节，绘制抽水马桶。

（3）执行定义图块属性命令，在弹出的“属性定义”对话框中设置“标记”为 B-37，“提示”为“型号”，“文字高度”为 50，如图 6-42 所示。

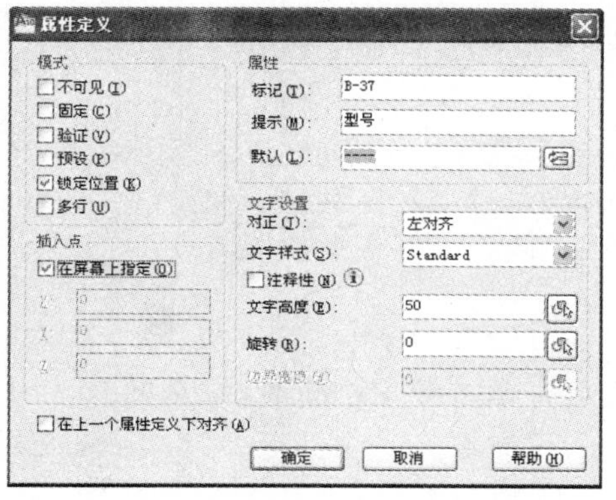

图 6-42　定义属性

（4）单击“确定”按钮，将标记 B-37 放置在抽水马桶的合适位置，如图 6-43 所示。

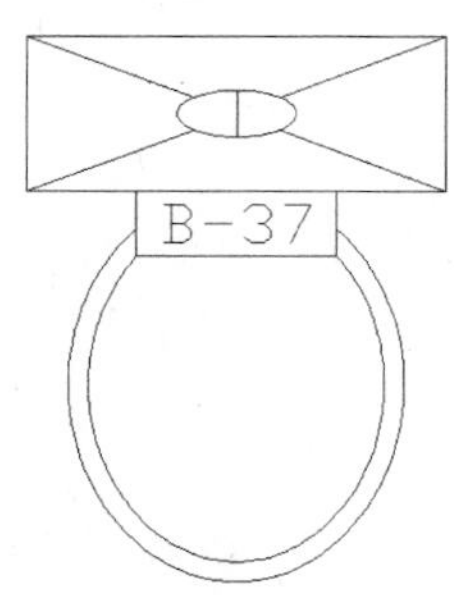

图 6-43　放置标记

（5）执行创建图块命令，在弹出的“块定义”对话框中输入“名称”为“抽水马桶”，“基点”和“对象”栏均选中“在屏幕上指定”复选框，然后选中“删除”单选按钮和“允许分解”复选框，“块单位”设置为“毫米”，如图 6-44 所示。

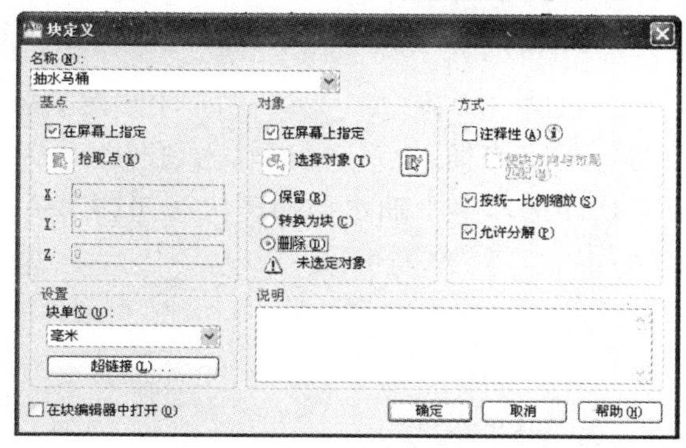

图 6-44　“块定义”对话框

（6）单击“确定”按钮，指定水箱上边缘横边中点为插入点，框选整个抽水马桶图形及标记，然后单击鼠标右键或按 Enter 键确认，则抽水马桶图块创建完毕。

（7）应用该图块，将其插入到厕所平面图中。首先应确定插入点，执行直线命令，以一边缘蹲位门扇中点为起点，作一条长 1050 的水平直线，则该线终点即可作为插入点，如图 6-45 所示。

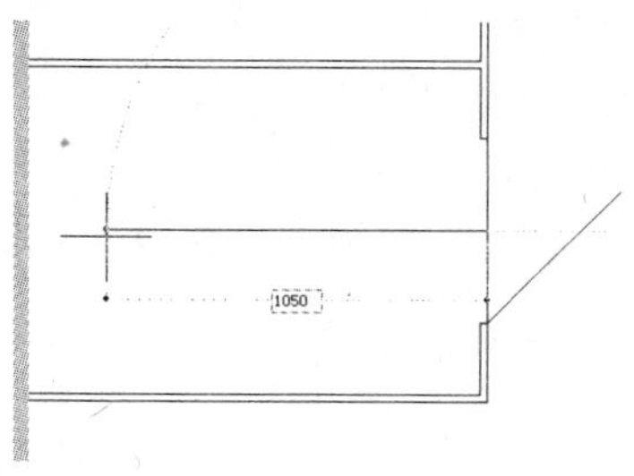

图 6-45　确定插入点

（8）执行图块插入命令后，弹出“插入”对话框，选择“名称”为“抽水马桶”，“插入点”设置为“在屏幕上指定”，“比例”的 X 为

1，“角度”为 90°，如图 6-46 所示。

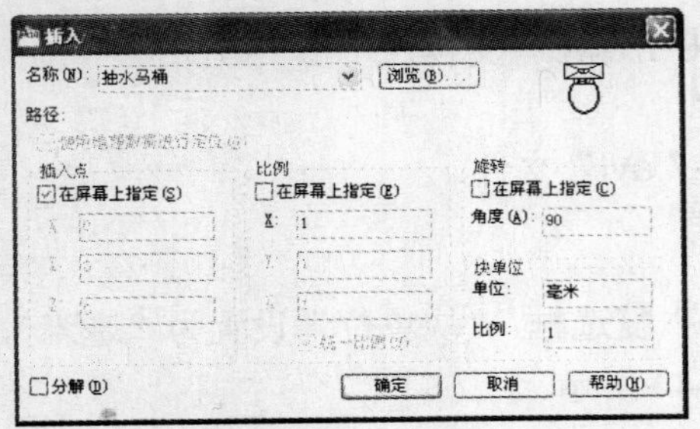

图 6-46　设置“插入”对话框

（9）单击“确定”按钮，指定由步骤（7）所得到的点为插入点，随后输入“类型”为 B-37，即插入单个抽水马桶图块，如图 6-47 所示。

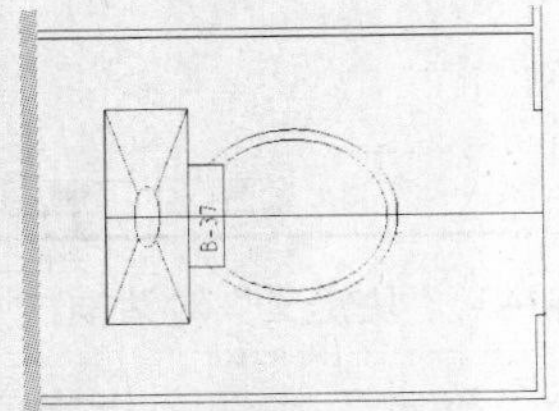

图 6-47　插入图块

（10）使用阵列命令，以已插入图块为对象，设置行数为 4，列数为 1，行偏移为 900，即可将一侧蹲位布置完全，然后删除掉原辅助线，效果如图 6-48 所示。

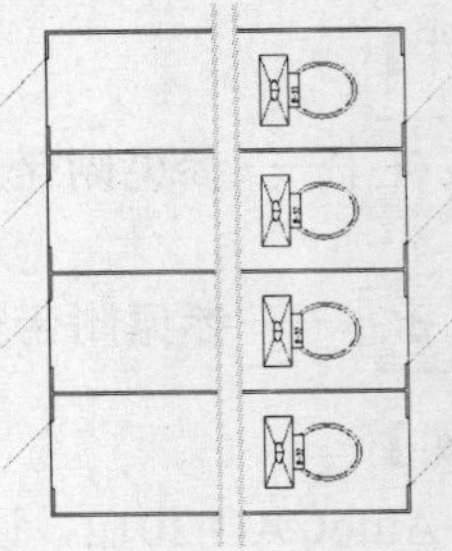

图 6-48　阵列

（11）执行镜像命令，以中间墙中线为镜像线，将右侧抽水马桶复制到左侧，布置完全，效果如图 6-49 所示。

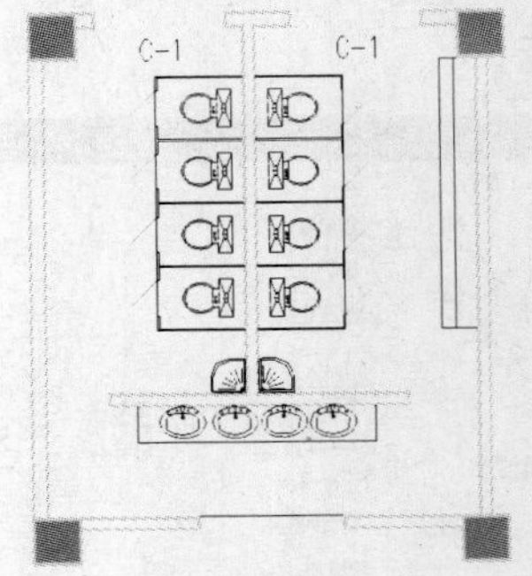

图 6-49　完成镜像后的效果

第7讲 尺 寸 标 注

尺寸标注在建筑制图中是不可缺少的一部分，详细的尺寸说明信息能够清晰地表现出建筑图形所要表达的含义。本讲主要涉及尺寸标注概述、标注样式、标注类型及对标注的编辑等内容。通过本讲的学习，读者可以掌握对图形进行各种尺寸标注的方法，确保能够准确地完成工程图的尺寸标注。

本讲内容

- 实例·模仿——建筑平面图尺寸标注
- 尺寸标注概述
- 尺寸样式设置
- 标注尺寸
- 标注尺寸编辑
- 实例·操作——欧式窗标注
- 实例·练习——楼梯剖面图标注

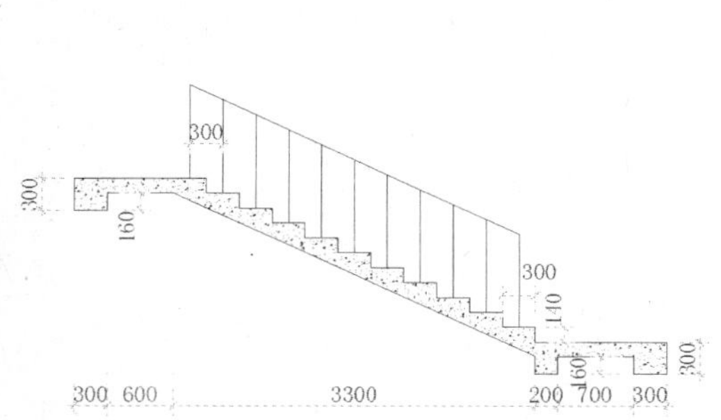

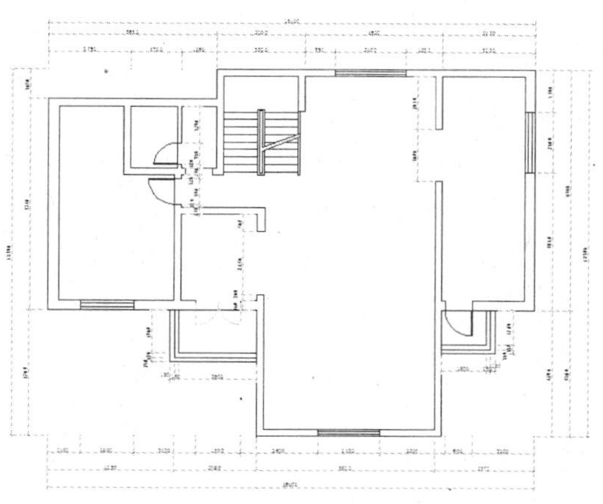

7.1 实例·模仿——建筑平面图尺寸标注

本例将对一个别墅的平面图进行尺寸标注，如图 7-1 所示。相对一些复杂的建筑平面图，该别墅的布置较为简单，尺寸标注也不是太复杂。通过此例，读者可以熟悉尺寸的标注过程。

【思路分析】

首先按照建筑制图标注绘制的规范，创建合适的尺寸标注样式，然后应用该样式进行标注。先标注别墅外围尺寸，再标注内部尺寸，如此即可完成标注，如图 7-2 所示。

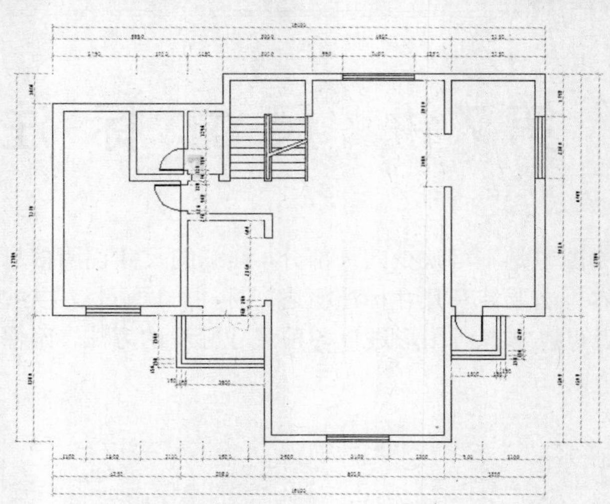
图 7-1　建筑平面图尺寸标注

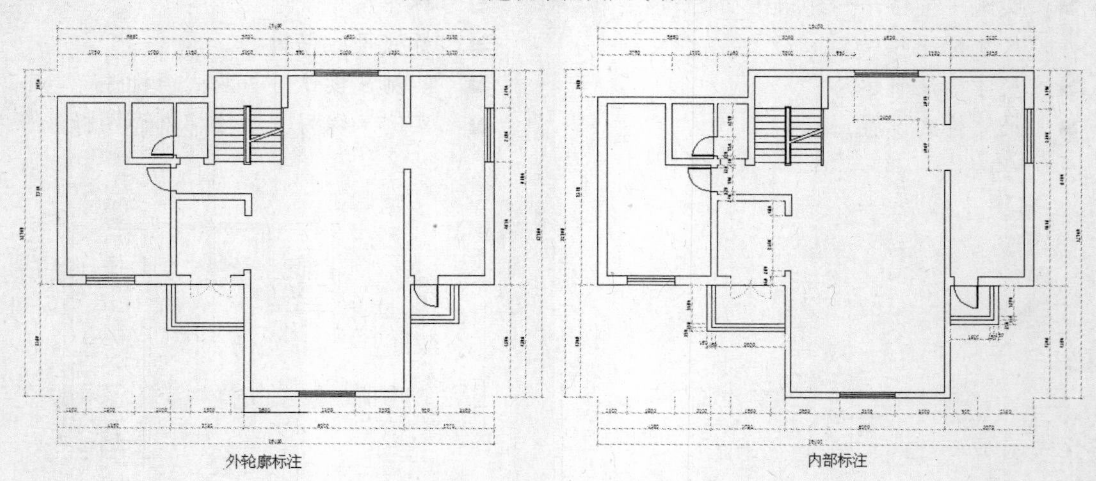

图 7-2　标注流程

【光盘文件】

结果文件——参见附带光盘中的“END\Ch7\7-1.dwg”文件。

动画演示——参见附带光盘中的“AVI\Ch7\7-1.avi”文件。

【操作步骤】

（1）启动 AutoCAD 2012，设置习惯的绘图环境。

（2）执行标注样式命令后，打开“标注样式管理器”对话框，如图 7-3 所示。

（3）单击“新建”按钮，打开“创建新标注样式”对话框，输入“新样式名”为“建筑制图”，如图 7-4 所示。

（4）单击“继续”按钮，打开“新建标注样式：建筑制图”对话框，选择“符号和箭头”选项卡，从中设置符号及箭头的类型、大小等参数。根据建筑制图标注的相关要求，在“箭头”栏中的“第一个”和“第二个”下拉列表框中均选择“建筑标记”，在“箭头大小”数值框中输入 1.3，如图 7-5 所示。

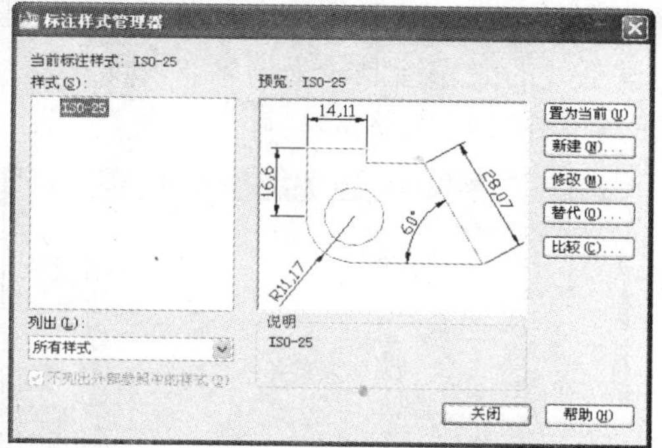

图 7-3 “标注样式管理器”对话框

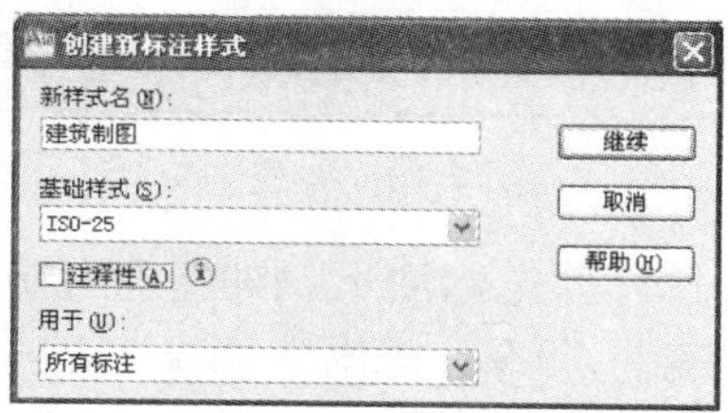

图 7-4 “创建新标注样式”对话框

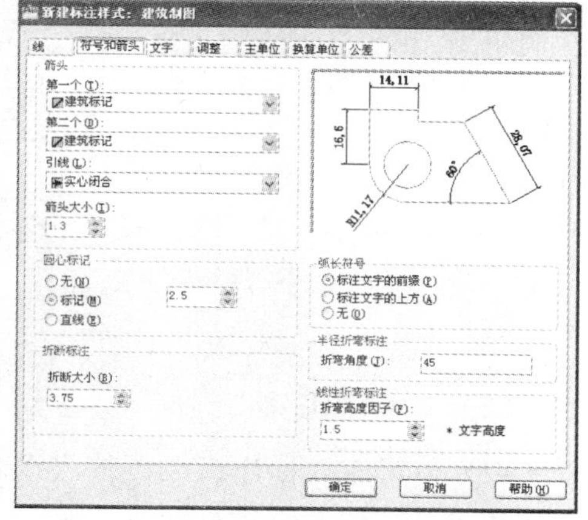

图 7-5 “符号和箭头”选项卡的设置

（5）选择“线”选项卡，从中设置尺寸线及尺寸界线的颜色、线型、线宽、位置等参数。根据要求，在“尺寸线”栏中设置颜色为绿，输入“基线间距”为 8（基线间距是指采用基线标注时尺寸线间的距离）；在“延伸线”栏中设置颜色为绿，输入“超出尺寸线”为 1.8（超出尺寸线是指尺寸界线终点超出尺寸线的距离），输入“起点偏移量”为 2（起点偏移量是指尺寸界线起点与标注原点的距离），如图 7-6 所示。

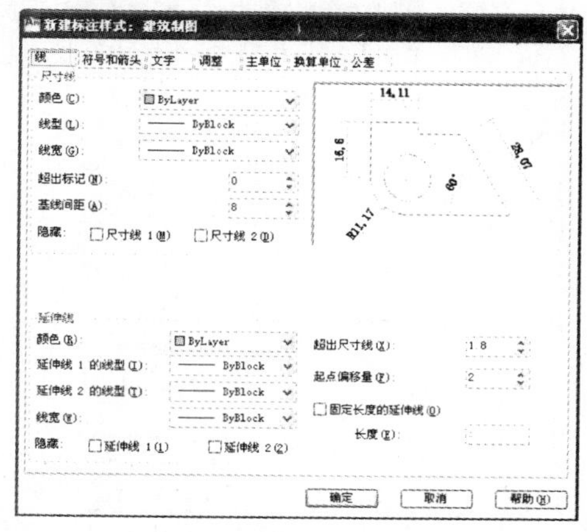

图 7-6 “线”选项卡的设置

（6）选择“文字”选项卡中可以设置文字的样式、颜色、高度、位置和对齐方式等参数。根据要求，在“文字外观”栏中输入“文字高度”为 2.5；在“文字位置”栏中输入“从尺寸线偏移”为 0.8（指文字与尺寸线间的距离）；在“文字对齐”栏中选中“与尺寸线对齐”单选按钮，如图 7-7 所示。

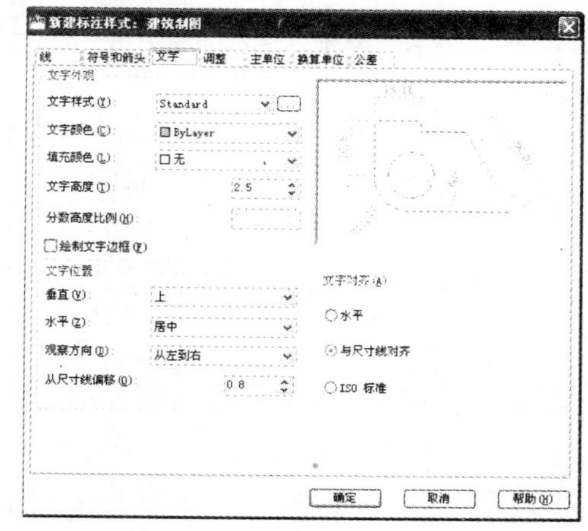

图 7-7 “文字”选项卡的设置

（7）选择“调整”选项卡，从中设置标注特征的比例因子以及一些特殊情况下文字、箭头、尺寸线的位置。根据要求，在“标注特征比例”栏中选中“使用全局比例”单选按钮，并在其后的数值框中输入 50（全局比例与尺寸标注设置值的乘积决定了尺寸标注外观的几何尺寸），如图 7-8 所示。

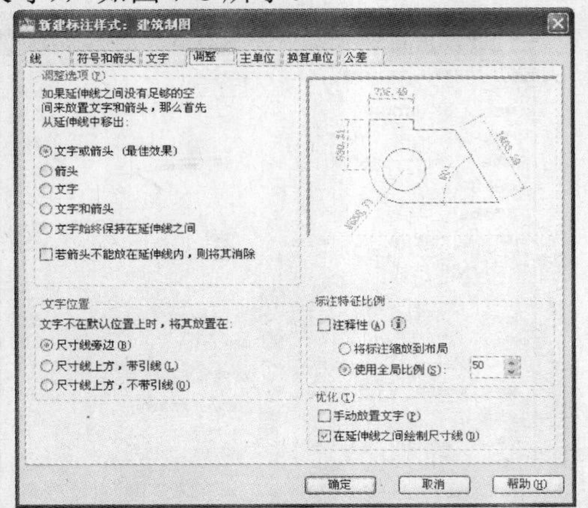

图 7-8 “调整”选项卡的设置

（8）选择“主单位”选项卡，从中设置尺寸标注使用的单位格式。根据要求，在“线性标注”栏中设置“单位格式”为“小数”，设置“精度”为 0，设置“小数分隔符”为“.”（句点），如图 7-9 所示。

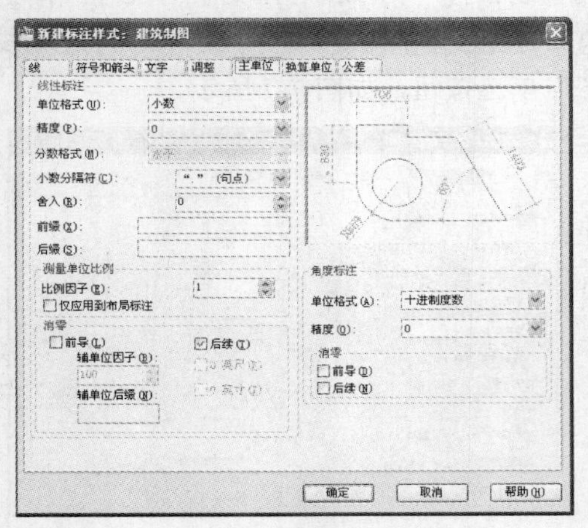

图 7-9 “主单位”选项卡的设置

（9）“换算单位”和“公差”选项卡无须设置，单击“确定”按钮，即可完成“建筑制图”标注样式的定义，并将其置为当前，如图 7-10 所示。

（10）合适的尺寸标注样式创建完成后，即可开始进行尺寸标注。建筑平面图的尺寸标注是有相应要求的，外轮廓尺寸标注一般有 3 层，最外面一层是总尺寸，中间一层是轴线或墙尺寸，最里面一层是门窗及墙尺寸，一般按由里至外的顺序绘制较为清晰。内部尺寸一般只有一层，即门窗及墙尺寸。

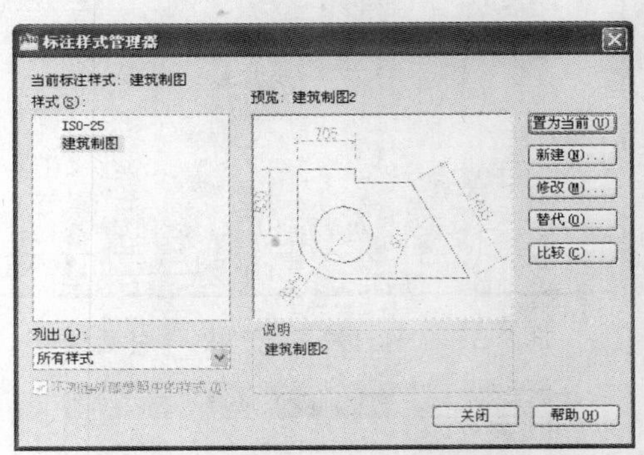

图 7-10 完成定义

（11）首先标注下侧轮廓里层尺寸。使用线性标注命令，依次选择最左侧一段墙的起点与终点为延伸线原点，指定尺寸线位置（宜较最外侧墙线更靠外），进行标注后如图 7-11 所示。

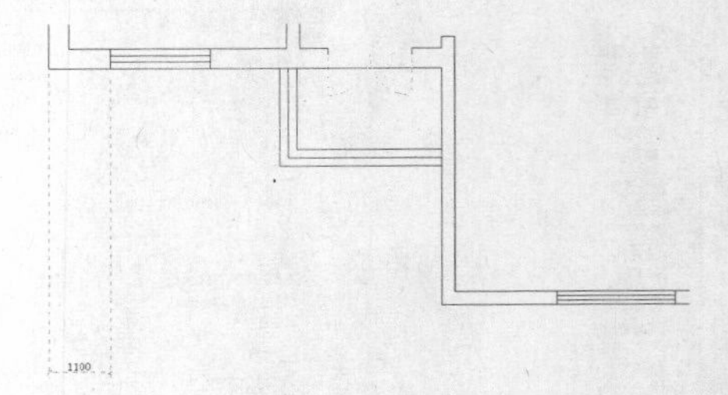

图 7-11 线性标注

（12）使用连续标注命令，依次以各个门窗界线为延伸线原点进行标注，如图 7-12 所示。

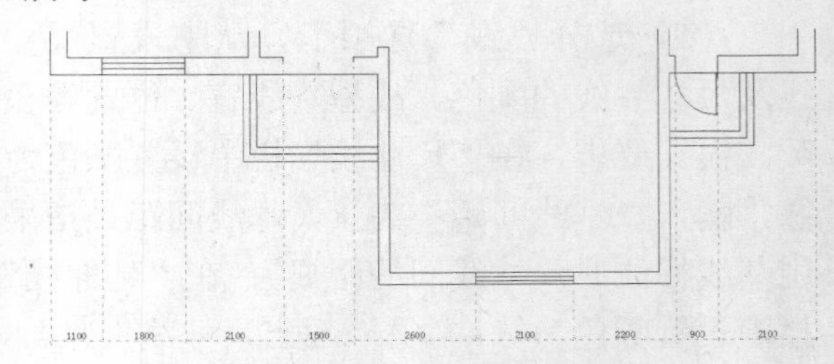

图 7-12 连续标注

（13）同样使用线性标注和连续标注命令，依次以各墙线为延伸线原点，对中间一层进行标注，如图 7-13 所示。

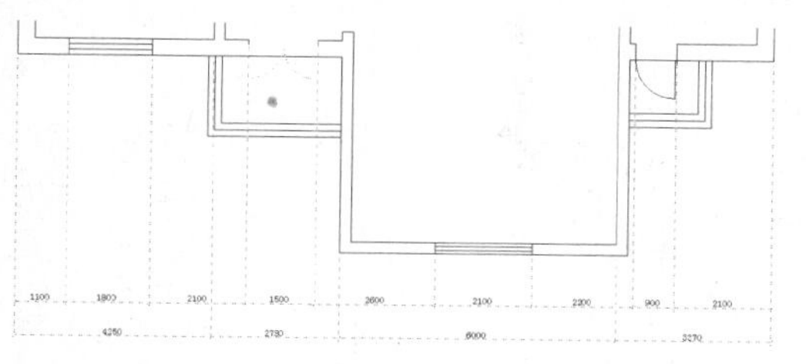

图 7-13　中层标注

（14）使用线性标注命令，选择下侧轮廓左、右端点为延伸线原点，对最外一层标注，如图 7-14 所示。

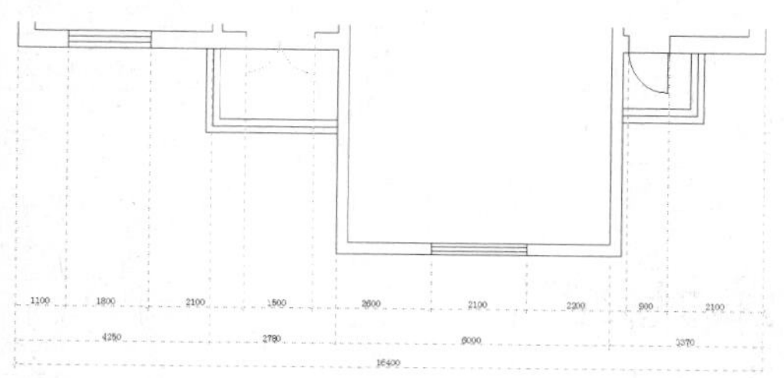

图 7-14　外层标注

（15）使用夹点编辑，调节尺寸延伸线长度，以最下侧墙线为准，使其一致；调节边界线的位置，设置最内侧尺寸延伸线长 600，再以 600 为间距调节后两条边界线，如图 7-15 所示。

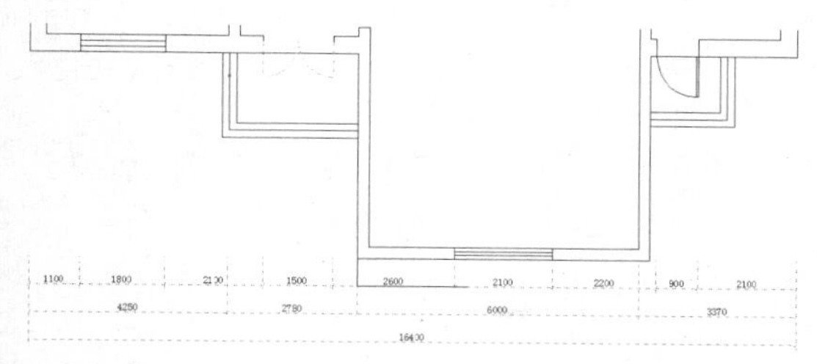

图 7-15　调节尺寸

（16）同理，可对平面图各侧轮廓分别进行尺寸标注。如左侧轮廓没有绘制门窗，则可以只对两层进行尺寸标注。标注效果如图 7-16 所示。

（17）外轮廓标注完成后，再对平面图内部进行尺寸标注。平面图内部主要标注门、开间、墙厚等。使用线性标注、连续标注等命令，标注内部门及墙的尺寸（注意调节文字的位置，避免重叠），效果如图 7-17 所示。

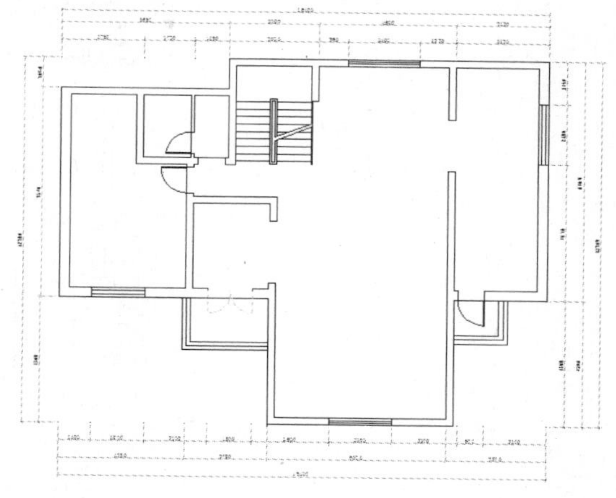

图 7-16　各侧标注

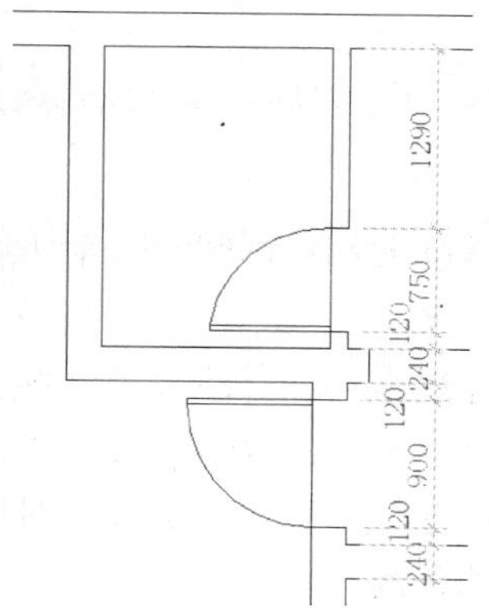

图 7-17　门墙尺寸

（18）使用线性标注命令，对门口台阶进行标注，如图 7-18 所示。

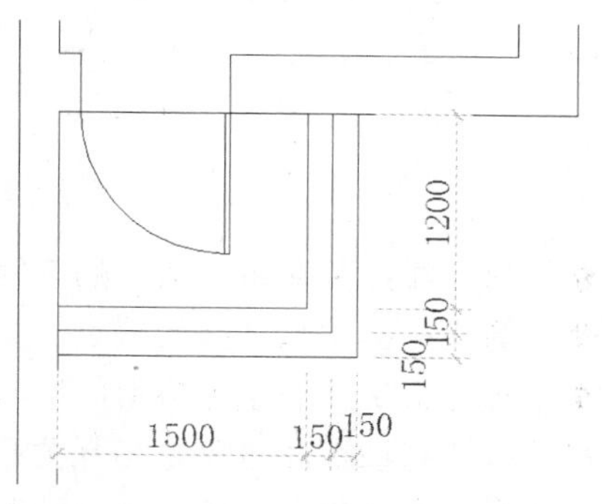

图 7-18　台阶尺寸

（19）最终完成尺寸标注，效果如图 7-19 所示。

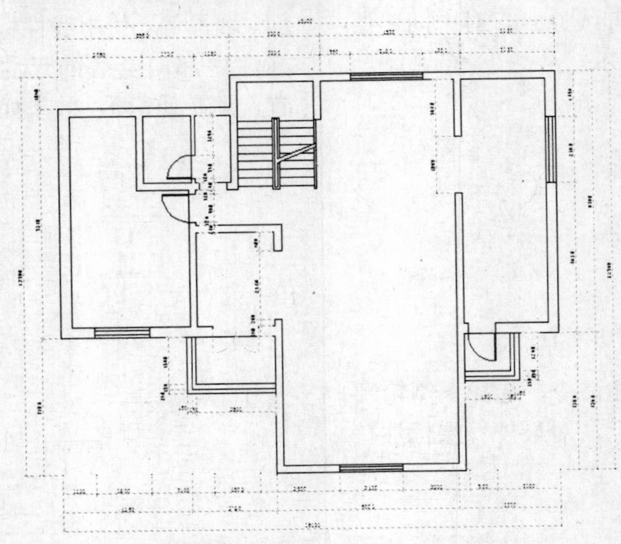

图 7-19　最终效果

7.2　尺寸标注概述

利用 AutoCAD 的尺寸标注功能，可通过测量被指定的点或对象，将测得的尺寸在指定的位置上标注出来。

尺寸标注由尺寸界线、尺寸线、箭头和尺寸文字组成，如图 7-20 所示。

◆　尺寸界线：界定测量范围的直线。通常从被标注的对象延伸到尺寸线，与被标注对象和尺寸线垂直。为了分辨对象的轮廓与尺寸界线，一般让尺寸界线与被标注对象离开一定的距离。

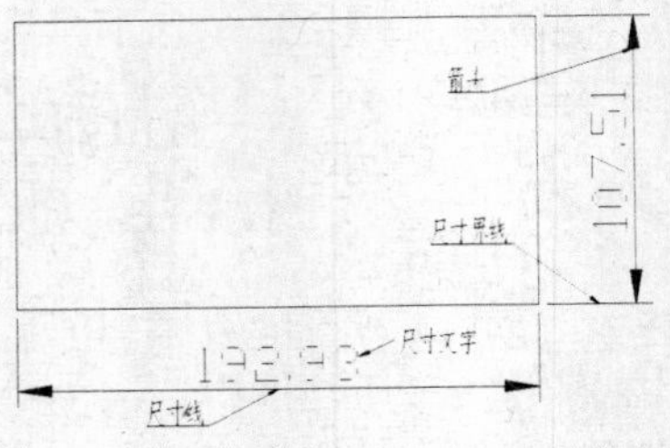

图 7-20　尺寸标注的组成

◆　尺寸线：两端带有箭头的直线或弧线段，它以尺寸界线为界，指明标注的方向和范围。

◆　箭头：标识尺寸线的端点。

◆　尺寸文字：表示测量值的字符串，可以附带前缀、后缀和公差。

尺寸标注与被标注对象是相互关联的，若改变被标注对象的大小，则标注尺寸也会随着改变。不过，作为一个完整图块的尺寸标注若被分解，则尺寸标注与被标注对象的关联性将不存在。

7.3 尺寸样式设置

尺寸样式是设置标注的命令集合，可用来控制尺寸标注的格式和外观。由于不同国家或不同行业对尺寸标注的标准有所不同，因此在对建筑图进行尺寸标注时，应先创建符合建筑制图标注要求的尺寸标注样式，定义尺寸线、符号和箭头、文字、标注比例等各种参数，并保存该标注设置以供应用。

在 AutoCAD 中，尺寸样式设置可通过标注样式命令进行。

启用标注样式命令的方式如下。

◆ GUI 方式，即单击“注释”面板中的按钮，弹出“标注样式管理器”对话框。

◆ 命令行方式，在命令行中输入 DIMSTYLE，按 Enter 键或单击鼠标右键确认，弹出“标注样式管理器”对话框。

“标注样式管理器”对话框如图 7-21 所示，其中各主要选项的含义分别介绍如下。

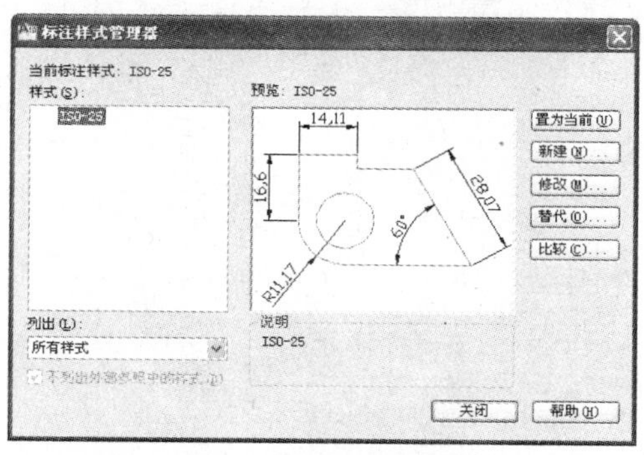

图 7-21 “标注样式管理器”对话框

◆ “样式”列表框：用于显示当前图形文件中已定义的所有尺寸标注样式。

◆ “预览”框：用于显示当前尺寸标注样式设置的各种特征参数的预览效果图。

◆ “列出”下拉列表框：用于控制在当前图形文件中是否全部显示所有的尺寸标注样式。

◆ “置为当前”按钮：用于将“样式”列表框中选定的标注样式设置为当前标注样式进行使用。

◆ “新建”按钮：用于创建新的标注样式。

◆ “修改”按钮：用于修改在“样式”列表框中选定的标注样式。

◆ “替代”按钮：用于设置在“样式”列表框中选定的标注样式的临时替代。

◆ “比较”按钮：用于比较两种标注样式的特性。

创建尺寸样式的操作步骤如下。

（1）首先，利用上述任意一种方法执行“标注样式”命令，弹出“标注样式管理器”对话框。

（2）单击“新建”按钮，弹出“创建新标注样式”对话框，如图 7-22 所示。在“新样式名”文本框中输入新的样式名称，在“基础样式”下拉列表框中选择新标注样式是基于哪一种标注样式创建的，在“用于”下拉列表框中选择标注的应用范围，如应用于所有标注、半径标注、对齐标注等。

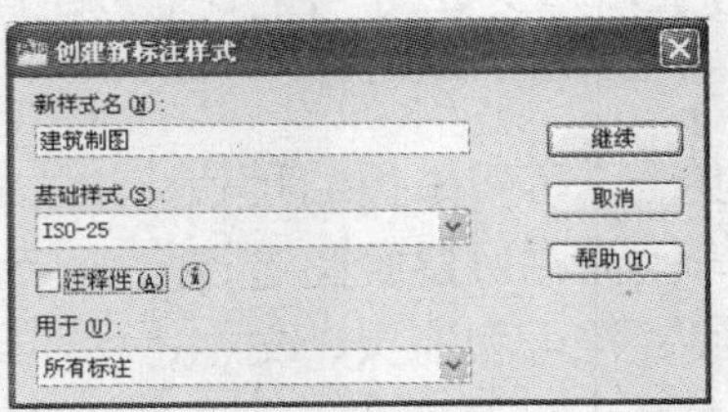

图 7-22　“创建新标注样式”对话框

（3）单击“继续”按钮，弹出“新建标注样式：建筑制图”对话框，如图 7-23 所示，从中可以对尺寸标注的相关参数进行设置。

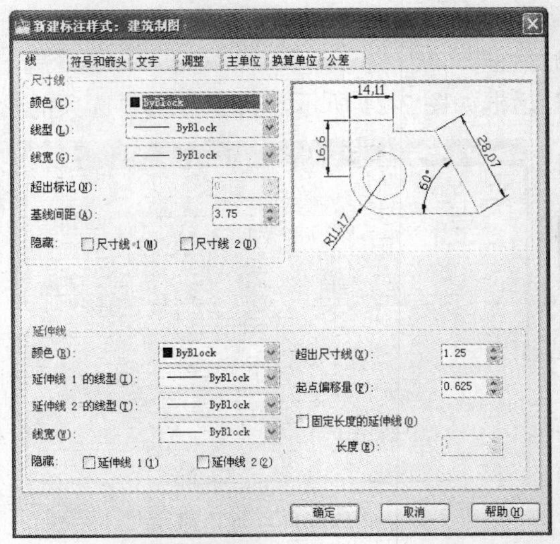

图 7-23　“新建标注样式：建筑制图”对话框

（4）设置完毕后，单击“确定”按钮，即可得到一个新的尺寸样式。当要使用时，单击“置为当前”按钮，即可使其成为当前样式，如图 7-24 所示。

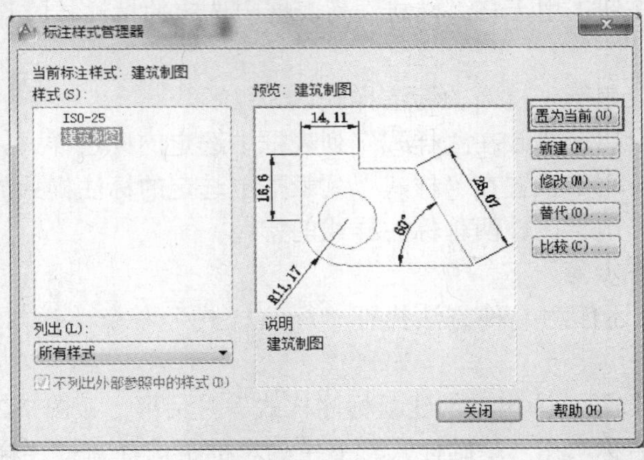

图 7-24　定义完成

当需要修改尺寸样式时，同样可在标注样式管理器中进行，且修改后以该尺寸样式标注的相关尺寸均可以自动更新。其操作步骤如下。

打开"标注样式管理器"对话框，在"样式"列表框中选中需修改的尺寸样式，单击"修改"按钮，在弹出的如图 7-25 所示的"修改标注样式：建筑制图"对话框（与"新建标注样式：建筑制图"对话框基本相同）中，即可对标注样式的相关参数进行调整，从而完成修改操作。

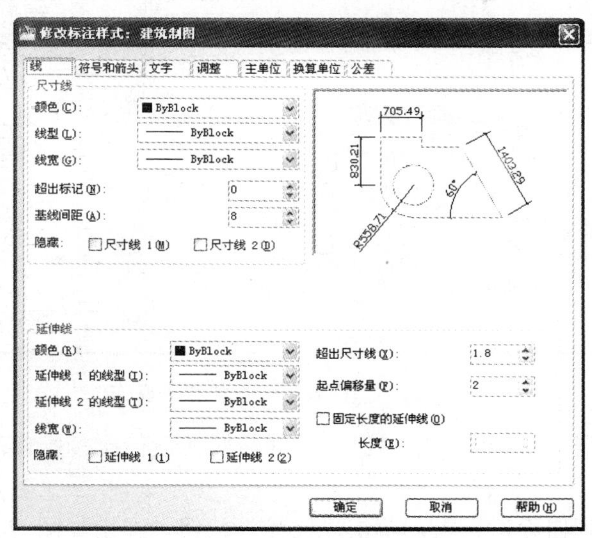

图 7-25 "修改标注样式：建筑制图"对话框

如需替换一个尺寸标注样式，仍可以利用标注样式管理器来进行（在其中创建一个当前样式的副本，使新的尺寸标注使用选中的包含替换特性的样式），其操作步骤如下。

打开"标注样式管理器"对话框，在"样式"列表框中选中需替换的尺寸样式，单击"替代"按钮，在弹出的如图 7-26 所示的"替代当前样式：建筑制图"对话框（与"新建标注样式：建筑制图"对话框基本相同）中对标注样式的相关参数进行调整，即可替换得到一个新的尺寸样式。

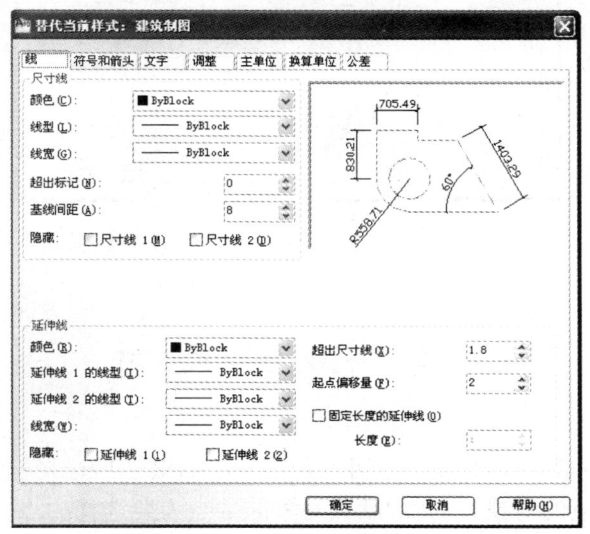

图 7-26 "替代当前样式：建筑制图"对话框

当需要停止使用替换样式时，可以将子样式删除并替换到当前标注样式中或创建新的样式，如图 7-27 所示。

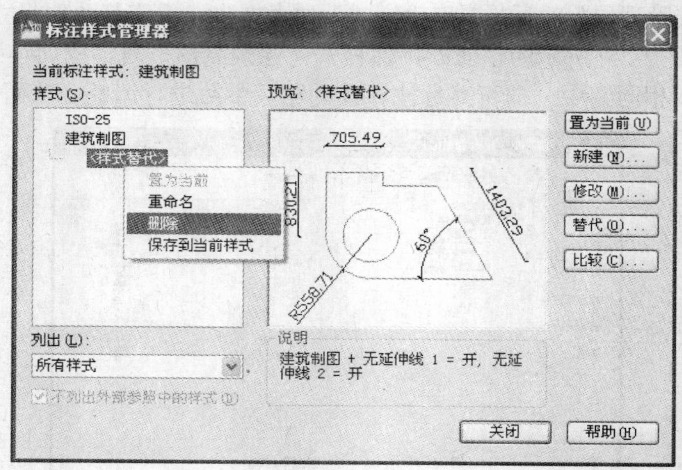

图 7-27 “样式替代”的相关操作

利用标注样式管理器，用户还可以对已有的标注样式进行比较操作，方便地列出它们之间的不同。其操作步骤如下。

打开“标注样式管理器”对话框，单击“比较”按钮，弹出如图 7-28 所示的“比较标注样式”对话框，在其中选择要进行比较的样式后，由软件自行发现其区别。

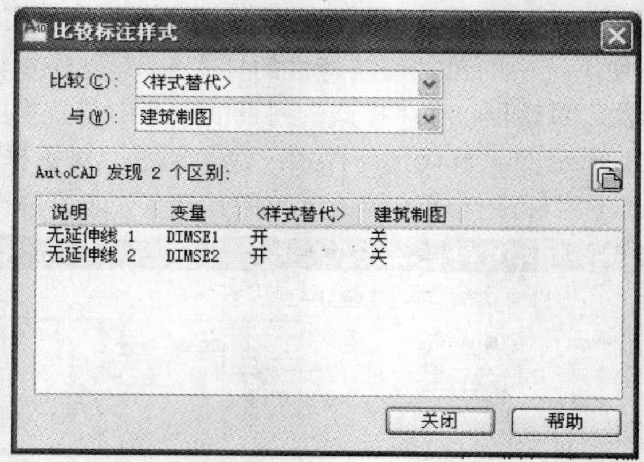

图 7-28 “比较标注样式”对话框

7.4 标注尺寸

标注点的选择可以先后单击选定，也可以单击鼠标右键然后选择标注对象（只可以是直线或圆弧等能够识别两个端点的对象），此时默认对象的端点为要选择的点。

7.4.1. 线性标注

线性标注指两点可以通过指定两点之间的水平或垂直距离尺寸，也可以是旋转一定角度的直线尺寸。定义可以通过指定两点、选择直线或圆弧等能够识别两个端点的对象来确定。

启用线性标注命令的方法如下。

◆ GUI 方式，即单击“注释”面板中的按钮，执行线性标注命令。

◆ 命令行方式，在命令行中输入 DIMLINEAR，按 Enter 键或单击鼠标右键确认，执行线性标注命令。

执行线性标注命令后，系统将给出如下操作提示。

```
命令: _dimlinear
指定第一条尺寸界线原点或 <选择对象>:
指定第二条尺寸界线原点:
指定尺寸线位置或[多行文字(M)/文字(T)/角度(A)/水平(H)/垂直(V)/旋转(R)]:
```

其中各选项含义介绍如下。

◆ 输入 M，可打开“文字格式”对话框和“文字输入”框。

◆ 输入 T，用于设置尺寸标注中的文本值。

◆ 输入 A，用于设置尺寸标注中的文本数字的倾斜角度。

◆ 输入 H，用于创建水平线性标注。

◆ 输入 V，用于创建垂直线性标注。

◆ 输入 R，用于创建旋转一定角度的尺寸。

7.4.2 对齐标注

对倾斜的对象进行标注时，可以使用对齐标注命令。对齐标注的特点是其尺寸线平行于倾斜的标注对象。

启用对齐标注命令的方式如下。

◆ GUI 方式，即单击“注释”面板中的按钮，执行对齐标注命令。

◆ 命令行方式，在命令行中输入 DIMALIGNED，按 Enter 键或单击鼠标右键确认，执行对齐标注命令。

执行对齐标注命令后，系统将给出如下操作提示。

```
命令: _dimaligned
指定第一条尺寸界线原点或<选择对象>:
指定第二条尺寸界线原点:
指定尺寸线位置或[多行文字(M)/文字(T)/角度(A)]:
```

其中各选项含义与线性标注的相同。

下面以对一个边长为 125 的多边形标注为例，来说明线性标注和对齐标注两种标注命令。

对 AB 边，使用线性标注命令，依次选取 A、B 点为第一条和第二条尺寸界线原点，默认为水平方向，再输入 50 用以指定尺寸线的位置；对 BC 边，使用线性标注命令，依次选取 B、C 点为第一条和第二条尺寸界线原点，输入 V，获得垂直线性标注；对 CD 边，使用对齐标注命令，依次选取 C、D 点为第一条和第二条尺寸界线原点，尺寸线与 CD 边平行，再输入 50 用以指定尺寸线位置；对 EF 边，使用线性标注命令，依次选取 F、E 点为第一条和第二条尺寸界线原点，输入 R，旋转尺寸线，输入角度值为 60，最后输入 50 用以指定尺寸线的位置，效果如图 7-29 所示。

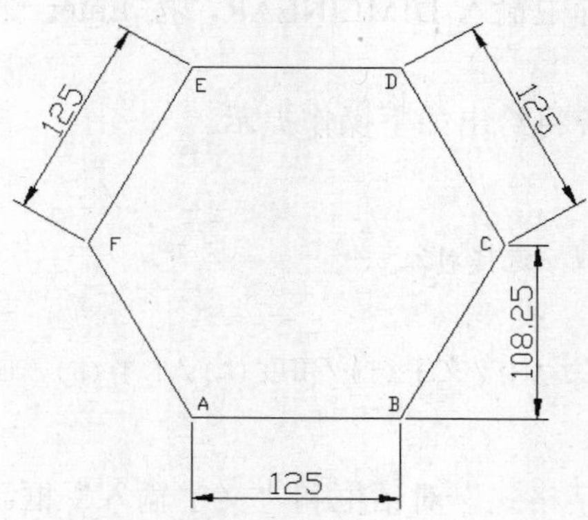

图 7-29　线性标注与对齐标注的效果

7.4.3　基线标注

基线标注是指由同一个基准面引出的一系列尺寸标注，其最大特点就是它们共用第一条尺寸标注界线。

启用基线标注命令的方式如下。

◆ GUI 方式，即选择“标注”→“基线”命令。

◆ 命令行方式，在命令行中输入 DIMBASELINE，按 Enter 键或单击鼠标右键确认，执行基线标注命令。

执行基线标注命令后，系统将给出如下操作提示。

```
命令: _dimbaseline
选择基准标注:
指定第二条尺寸界线原点或 [放弃(U)/选择(S)] <选择>:
```

其中各选项含义介绍如下。

◆ 输入 U，放弃上一个基线尺寸标注。

◆ 输入 S，选择基线标注基准。

7.4.4　连续标注

连续标注是工程制图（特别是建筑制图）中常用的一种标注方式，指一系列首尾相连的尺寸标注。其中，相邻的两个尺寸标注间的尺寸界线作为公用界线。

启用连续标注命令的方式如下。

- ◆ GUI 方式，即单击标注菜单栏中的连续按钮，执行连续标注命令。
- ◆ 命令行方式，在命令行中输入 DIMCONTINUE（或 DCO），按 Enter 键或单击鼠标右键确认，执行连续标注命令。

执行连续标注命令后，系统将给出如下操作提示。

```
命令: _dimcontinue
选择连续标注:
或 [放弃(U)/选择(S)] <选择>:
```

其中各选项含义介绍如下。

- ◆ 输入 U，放弃上一个连续标注。
- ◆ 输入 S，重新选择一个线性尺寸为连续标注的基准。

下面以对如图 7-30 所示的图形进行基线标注和连续标注操作为例来说明基线标注和连续标注两个命令。

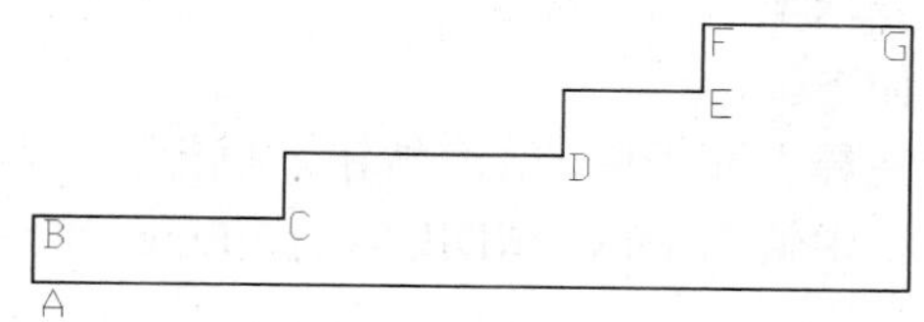

图 7-30　图形

该图形类似于建筑物的立面轮廓，竖向采用基线标注，横向采用连续标注。无论是基线标注还是连续标注，其命令执行后都必须选择一个标注且一般默认选择刚结束的那个标注，因此需要先进行一步线性标注。

对于此例，先使用线性标注命令，标注 AB 直线；然后使用基线标注命令，默认以 AB 直线标注为基准，依次选取 D、E、F 点，完成图形竖向的标注；再使用线性标注命令，标注 GF 直线；最后使用连续标注命令，默认从 GF 直线标注开始，依次选取 D、C、B 点，完成图形横向的标注，效果如图 7-31 所示。

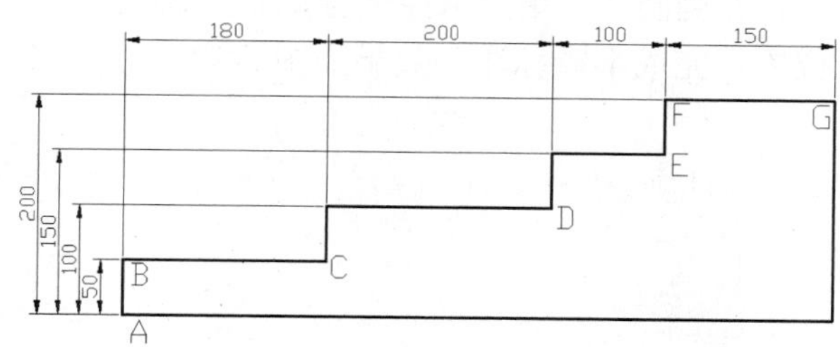

图 7-31　基线标注与连续标注的效果

7.4.5 弧长标注

弧长尺寸标注用于测量圆弧或多段线弧线段上的距离，其标注的尺寸是线段的曲线长度。

启用弧长标注命令的方式如下。

◆ GUI 方式，即单击“注释”面板中的弧长按钮，执行弧长标注命令。

◆ 命令行方式，在命令行中输入 DIMARC，按 Enter 键或单击鼠标右键确认，执行弧长标注命令。

执行弧长标注命令后，系统将给出如下操作提示。

```
命令: _dimarc
选择弧线段或多段线弧线段:
指定弧长标注位置或 [多行文字(M)/文字(T)/角度(A)/部分(P)/]:
```

其中各选项含义与前文中的相关命令类似，只有一点不同，即输入 P，标注部分弧长，需确定所标弧线的第一个点和第二个点。

7.4.6 标注半径尺寸

半径标注是由一条具有指向圆或圆弧的箭头的半径尺寸线组成，测量圆或圆弧半径时，自动生成的标注文字前将显示一个表示半径的字母 R。

启用半径标注命令的方式如下。

◆ GUI 方式，即单击“注释”面板中的半径按钮，执行半径标注命令。

◆ 命令行方式，在命令行中输入 DIMRADIUS，按 Enter 键或单击鼠标右键确认，执行半径标注命令。

执行半径标注命令后，系统将给出如下操作提示。

```
命令: _dimradius
选择圆弧或圆:
标注文字=XX
指定尺寸线位置或 [多行文字(M)/文字(T)/角度(A)]:
```

其中各选项含义与前文中的相关命令类似。

下面以对两段相切圆弧进行标注操作为例来说明弧长标注和半径标注两个命令。

使用弧长标注命令，选择左侧圆弧，指定标注位置，完成弧长标注；使用半径标注命令，选择右侧圆弧，指定尺寸线位置，完成半径标注，效果如图 7-32 所示。

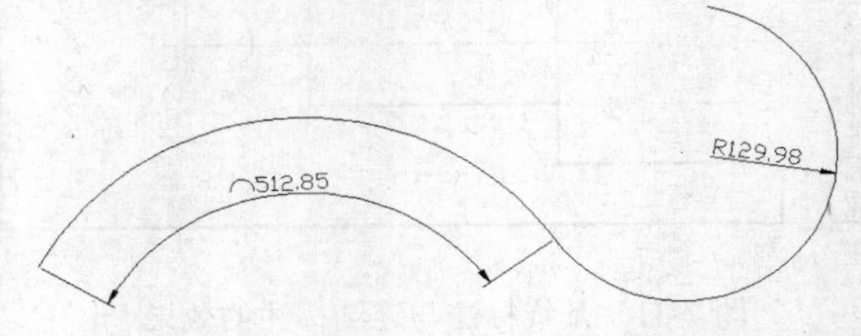

图 7-32 弧长标注与半径标注的效果

7.4.7 标注直径尺寸

直径标注主要用于对圆或圆弧的直径进行标注，与圆或圆弧半径的标注方法相似，自动生成的标注文字前将显示一个表示直径的符号“ϕ”。

启用直径标注命令的方式如下。

◆ GUI 方式，即单击“注释”面板中的按钮，执行直径标注命令。

◆ 命令行方式，在命令行中输入 DIMDIAMETER，按 Enter 键或单击鼠标右键确认，执行直径标注命令。

执行直径标注命令后，系统将给出如下操作提示。

```
命令: _dimdiameter
选择圆弧或圆:
标注文字=XX
指定尺寸线位置或 [多行文字(M)/文字(T)/角度(A)]:
```

其中各选项含义与前文中的相关命令类似，在此不再赘述。

7.4.8 圆心标记

圆心标记命令可以在选择了圆或圆弧后，自动找到其圆心并对其进行指定的标记。

启用圆心标记命令的方法如下。

◆ GUI 方式，即选择“标注”→“圆心标记”命令。

◆ 命令行方式，在命令行中输入 DIMCENTER，按 Enter 键或单击鼠标右键确认，执行圆心标记命令。

执行圆心标记命令后，系统将给出如下操作提示。

```
命令: _dimcenter
选择圆弧或圆:
```

圆心标记的形式和大小可以在“修改标注样式：建筑制图”对话框的“符号和箭头”选项卡中进行调整，可以是十字形的标记，也可以是直线。

下面以对圆进行标注为例来说明直径标注和圆心标记两个命令。

使用直径标注命令，选择圆为标注对象，指定尺寸线位置，完成直径标注；使用圆心标记命令，选择圆为标注对象，按 Enter 键或单击鼠标右键确认，完成圆心标记，效果如图 7-33 所示。

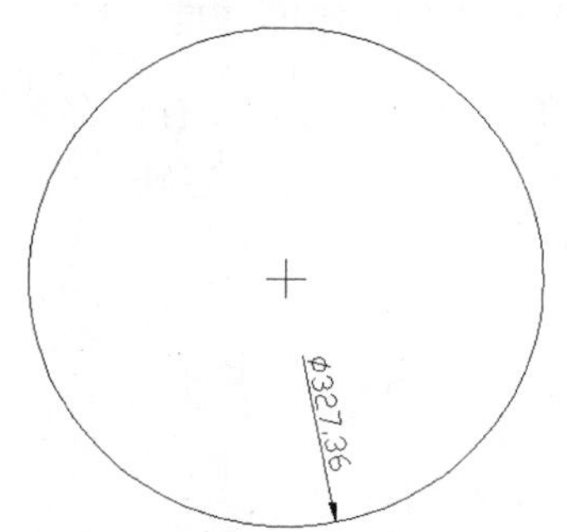

图 7-33 直径标注与圆心标记的效果

7.4.9 角度标注

角度尺寸标注可用于标注两条非平行直线间、圆弧或圆上两点间的角度。

启用角度标注命令的方式如下。

◆ GUI 方式，即单击“注释”面板中的△角度按钮，执行角度标注命令。

◆ 命令行方式，在命令行中输入 DIMANGULAR，按 Enter 键或单击鼠标右键确认，执行角度标注命令。

使用角度标注命令标注不同对象的角度，其过程有些不同。

◆ 标注圆弧的角度时，执行角度标注命令，选择圆弧对象后，系统自动生成角度标注，只需移动鼠标确定尺寸线的位置即可，类似于弧长标注，如图 7-34 所示。

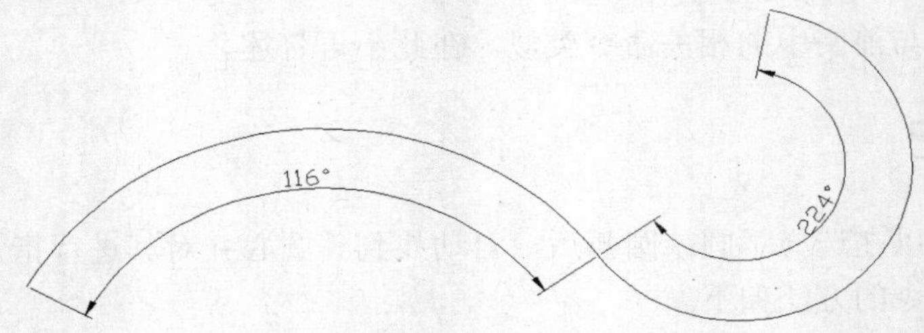

图 7-34　圆弧的角度标注

◆ 标注圆的角度时，执行角度标注命令，单击选择对象，选中圆的同时，可确定角度的第一端点和角度的顶点位置，再单击选择角度的第二端点，即可测量出角度的大小，最后确定标注弧线的位置即可完成标注，如图 7-35 所示。

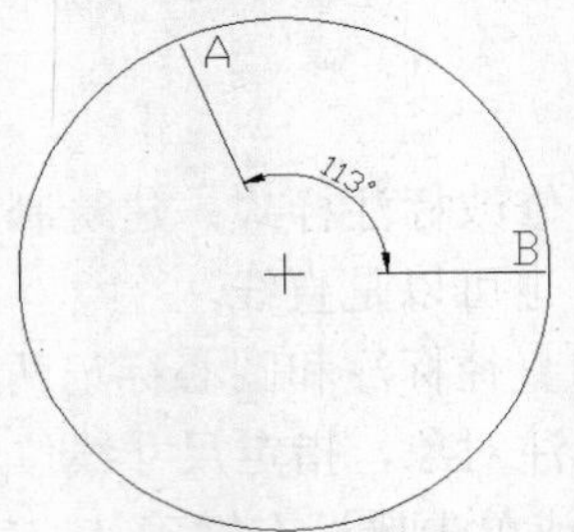

图 7-35　圆的角度标注

◆ 标注两条非平行直线间的角度时，执行角度标注命令，依次选取两条直线，以两条直线为角的边，直线之间的交点为角度顶点，再确定尺寸线位置即可完成标注，如图 7-36 所示。

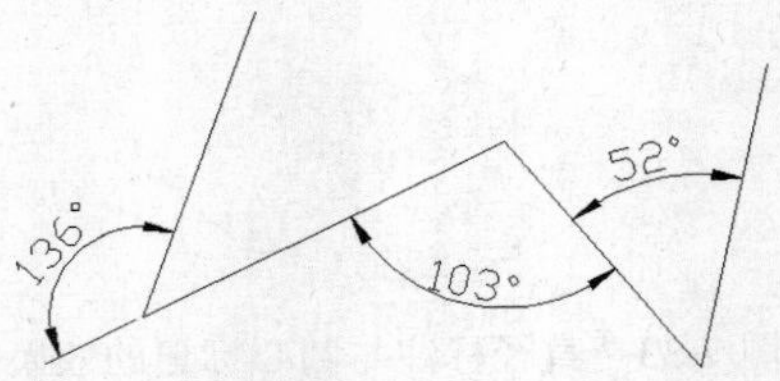

图 7-36　直线的角度标注

7.4.10 坐标标注

坐标标注是指标注图形对象的某点相对于坐标原点的 X 坐标值或 Y 坐标值。

启用坐标标注命令的方式如下。

- ◆ GUI 方式，即单击“注释”面板中的按钮，执行坐标标注命令。
- ◆ 命令行方式，在命令行中输入 DIMORDINATE（或 DOR），按 Enter 键或单击鼠标右键确认，执行坐标标注命令。

执行坐标标注命令后，系统将给出如下操作提示。

```
命令: _DIMORDINATE
指定点坐标:
指定引线端点或 [X 基准(X)/Y 基准(Y)/多行文字(M)/文字(T)/角度(A)]:
```

其中大部分选项含义与前文的相关命令类似，不同之处有以下两点。

- ◆ 输入 X，则只标 X 轴坐标。
- ◆ 输入 Y，则只标 Y 轴坐标。

例如，先拾取要标注的点（如图 7-37 所示的圆的中心），再指定引线端点，即可完成坐标标注。横指引线标注的是 Y 轴坐标，竖指引线标注的是 X 轴坐标。

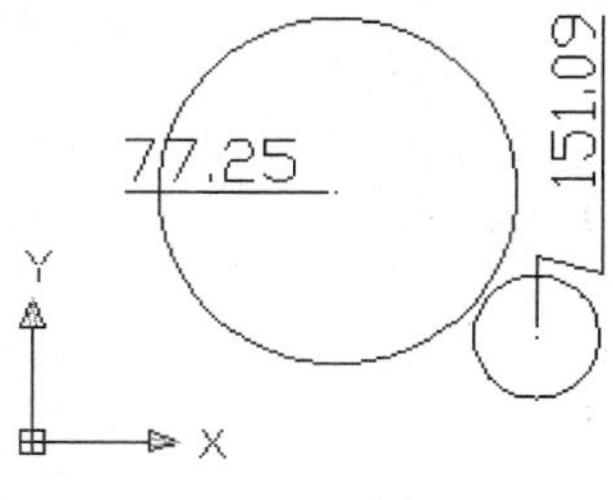

图 7-37 坐标标注

7.4.11 快速标注

使用快速标注命令，可以快速创建或编辑基线标注、连续标注，还可以一次选择多个对象，AutoCAD 将自动完成所选对象的标注。

启用快速标注命令的方式如下。

- ◆ GUI 方式，即选择“标注”→“快速标注”命令。
- ◆ 命令行方式，在命令行中输入 QDIM，按 Enter 键或单击鼠标右键确认，执行快速标注命令。

执行快速标注命令后，系统将给出如下操作提示。

```
命令: _QDIM
关联标注优先级=端点
```

选择要标注的几何图形：

指定尺寸线位置或[连续(C)/并列(S)/基线(B)/坐标(O)/半径(R)/直径(D)/基准点(P)/编辑(E)/设置(T)]<连续>：

其中各选项含义介绍如下。

◆ 输入 C：采用连续方式标注所选图形。

◆ 输入 S：采用并列方式标注所选图形。

◆ 输入 B：采用基线方式标注所选图形。

◆ 输入 O：采用坐标方式标注所选图形。

◆ 输入 R：对所选圆或圆弧标注半径。

◆ 输入 D：对所选圆或圆弧标注直径。

◆ 输入 P：设定坐标标注或基线标注的基准点。

◆ 输入 E：对标注点进行编辑，用于显示所有的标注节点，可以在现有标注中添加或删除点。

◆ 输入 T：为指定尺寸界线原点设置默认对象的捕捉方式。

下面以对正八边形进行标注操作为例来说明快速标注命令。

使用快速标注命令，选取正八边形为标注对象，输入 C，采用连续标注，将尺寸线设置在下方；输入 S，采用并列标注，将尺寸线设置在左侧，效果如图 7-38 所示。

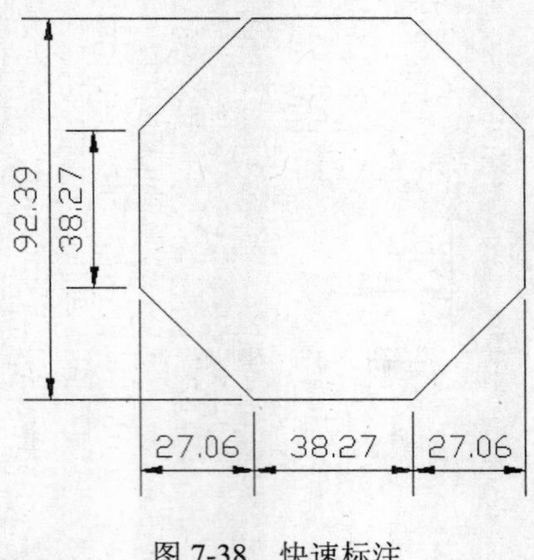

图 7-38 快速标注

7.5 标注尺寸编辑

尺寸标注完成后，有时标注的一些特性可能需要修改，如文本大小、角度、位置及尺寸界限形式等。由于尺寸标注所包含的尺寸界线、尺寸线、箭头和尺寸文字是一个整体，因而不能单独地进行修改，应该使用相关的尺寸标注编辑方法进行修改。

尺寸标注的编辑方法主要有以下几种。

1. 通过编辑尺寸样式

当需要批量修改某一类型标注尺寸时，应选择修改尺寸标注样式的方法进行修改。修改尺寸样式可以通过单击“标注样式管理器”对话框中的“修改”、“替代”等按钮来进行，这在尺寸样式设置中已有详细说明，这里不再赘述。

2. 通过“特性”选项板

快速双击需要修改的尺寸启动 PROPERTIES 命令，或者选中需要修改的尺寸后右击，在弹出的快捷菜单中选择“特性”命令，即可打开“特性”选项板，如图 7-39 所示。

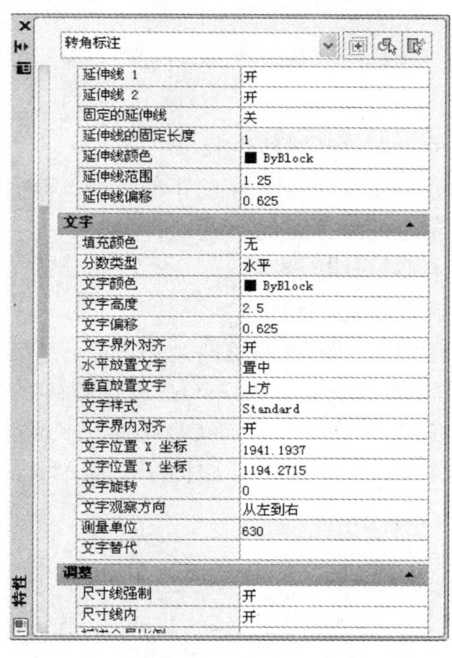

图 7-39 “特性”选项板

在“特性”选项板中，列出了所有控制该尺寸外观的设置及其设置值。当需修改某项设置时，单击其设置值，重新输入新的值或者选择新的值，即可完成修改。

3. 通过标注编辑命令

标注的编辑命令主要有两个：一是 DIMEDIT 命令，用于修改尺寸文字的内容、旋转角度和倾斜尺寸界线；另一个是 DIMTEDIT 命令，用于修改所选尺寸文字的位置和旋转角度。

启用这两个命令的方式如下。

- GUI 方式，即选择“标注”→“对齐文字”→“默认”或“角度”命令。
- 命令行方式，在命令行中输入 DIMEDI 或 DIMTEDIT，按 Enter 键或单击鼠标右键确认后执行标注编辑命令。

执行 DIMEDIT 命令后，系统将给出如下操作提示。

```
命令: _DIMEDIT
输入标注编辑类型 [默认(H)/新建(N)/旋转(R)/倾斜(O)] <默认>:
```

其中各选项含义介绍如下。

◆ 输入 H：修改指定的尺寸文字到默认位置，即回到原始点。
◆ 输入 N：通过多行文字编辑器输入新的文字。
◆ 输入 R：按指定的角度旋转文字。
◆ 输入 O：将尺寸界线倾斜指定的角度。

执行 DIMTEDIT 命令后，系统将给出如下操作提示。

```
命令: _DIMTEDIT
选择标注:
指定标注文字的新位置或 [左(L)/右(R)/中心(C)/默认(H)/角度(A)]:
```

其中各选项含义介绍如下。

◆ 输入 L：沿尺寸线左对齐文本（对线性尺寸、半径、直径尺寸适用）。
◆ 输入 R：沿尺寸线右对齐文本（对线性尺寸、半径、直径尺寸适用）。
◆ 输入 C：将尺寸文本放置在尺寸线的中间。
◆ 输入 H：放置尺寸文本在默认位置。
◆ 输入 A：将尺寸文本旋转指定的角度。

下面以编辑修改正六边形标注为例来说明这两个命令。

使用 DIMEDIT 命令，选择 AB 边标注，输入 O，进行旋转尺寸界线操作，输入角度为-120，确认即可完成修改；使用 DIMTEDIT 命令，选择 CD 边标注，输入 A，进行旋转尺寸文字操作，输入角度为 30，确认即可完成修改，再选择 EF 边标注，输入 R，确认即可将尺寸文字移动到尺寸线右侧，如图 7-40 所示。

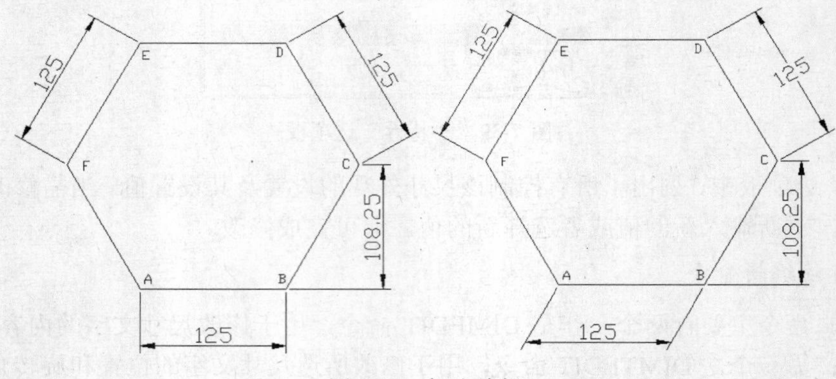

图 7-40 标注编辑

7.6 实例·操作——欧式窗标注

本例将对第 2 讲中所绘制的欧式窗立面图进行标注，如图 7-41 所示。由于欧式窗上部为半圆，要应用到半径标注。通过此例，希望读者掌握更多的标注方法。

视频教学

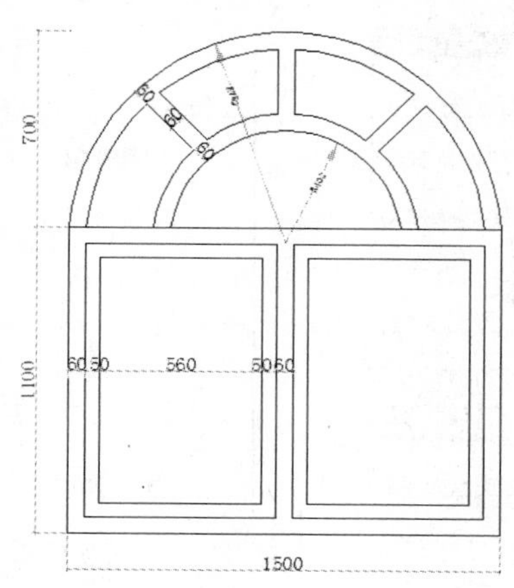

图 7-41　欧式窗标注

【思路分析】

首先确定标注样式，使用已定义的“建筑制图”标注样式，然后对外部轮廓、半圆半径进行标注，最后再对内部尺寸进行标注。标注流程如图 7-42 所示。

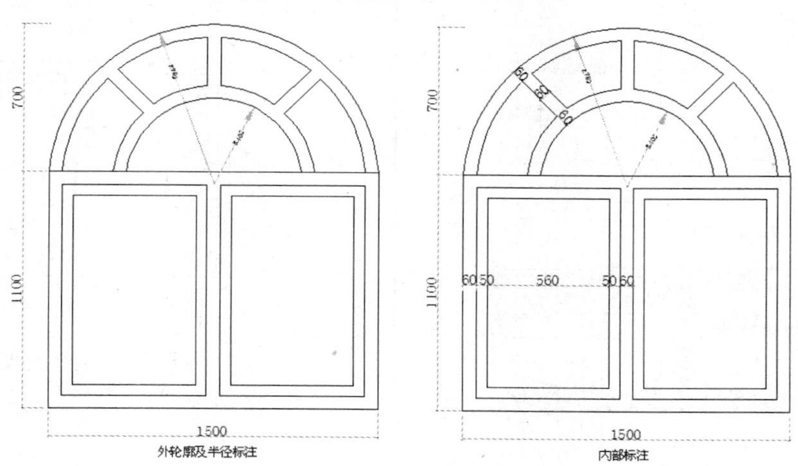

图 7-42　标注流程

【光盘文件】

——参见附带光盘中的“END\Ch7\7-6.dwg”文件。

——参见附带光盘中的“AVI\Ch7\7-6.avi”文件。

【操作步骤】

（1）启动 AutoCAD 2012，设置习惯的绘图环境。

（2）执行标注样式命令，将“建筑制图”样式置为当前，如图 7-43 所示。

（3）使用线性标注命令，标注窗户的宽和高，如图 7-44 所示。

（4）使用半径标注命令对窗户上部圆弧进行标注，并对标注进行编辑。使用编辑尺寸样式的方法，将箭头尺寸放大，并缩小文字尺寸，如图 7-45 所示。

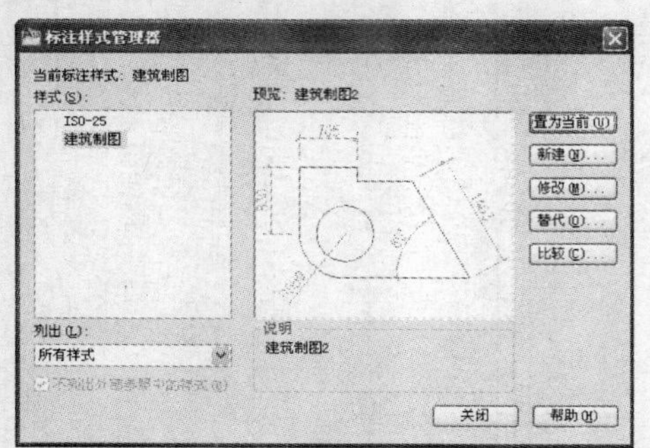

图 7-43　设置当前标注样式

图 7-44　宽、高标注

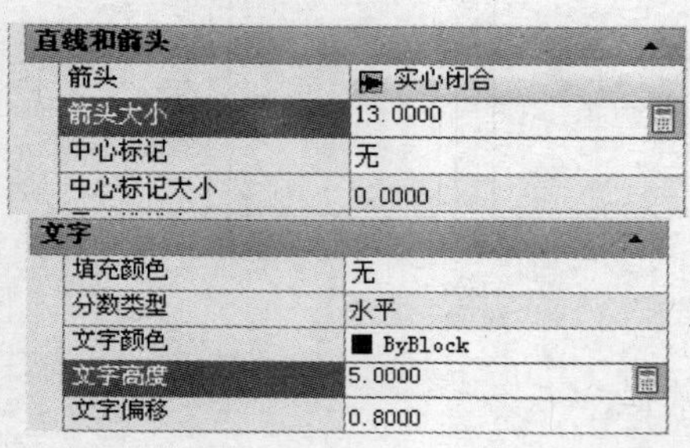

图 7-45　特性修改

（5）再使用对齐标注命令对相隔间距进行标注，如图 7-46 所示。

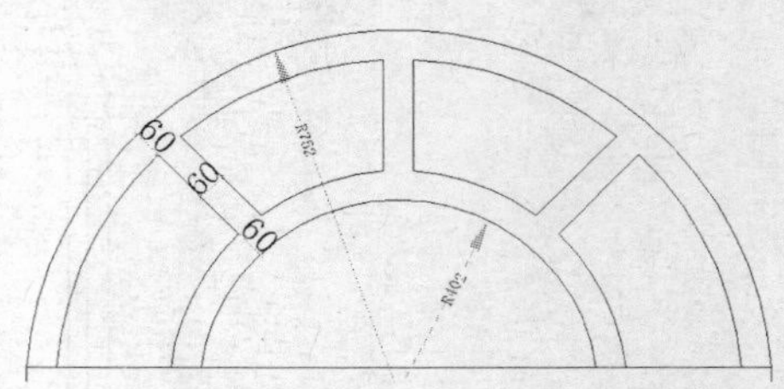

图 7-46　间距标注

（6）最后使用线性标注和连续标注命令对内部窗扇尺寸进行标注，完成标注，最终效果如图 7-47 所示。

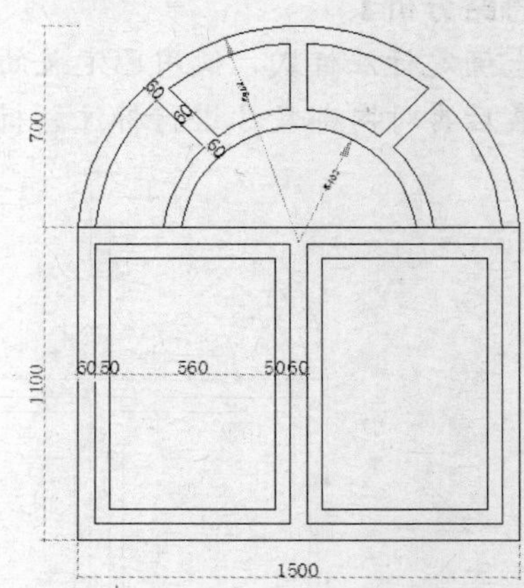

图 7-47　最终效果注

7.7　实例·练习——楼梯剖面图标注

本例将对第 5 讲中所绘制的楼梯剖面图进行标注，如图 7-48 所示。通过此例，希望读者对一般的标注方法进行练习。

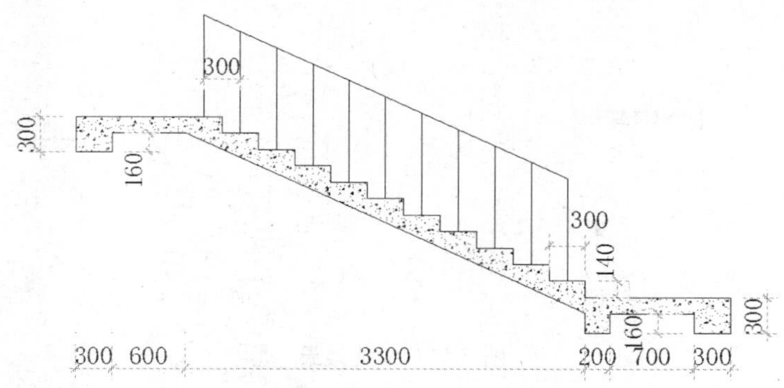

图 7-48 楼梯剖面图标注

【思路分析】

首先确定标注样式，使用已定义的“建筑制图”标注样式，然后对外部轮廓进行标注，最后再对楼梯步长、栏杆间距等细部进行标注。标注流程如图 7-49 所示。

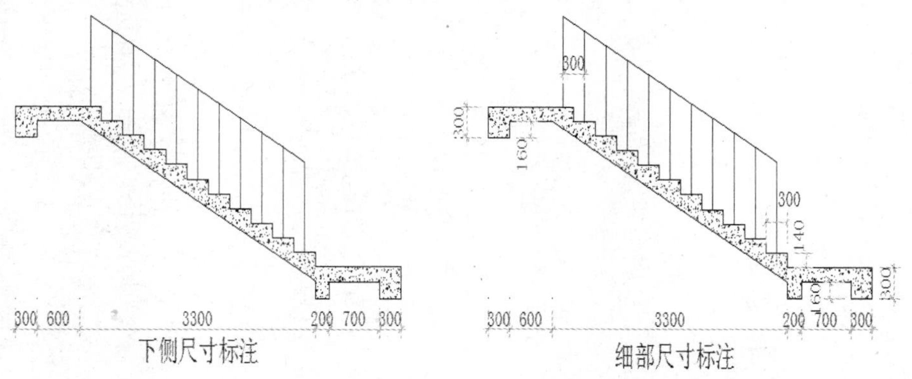

图 7-49 标注流程

【光盘文件】

——参见附带光盘中的“END\Ch7\7-7.dwg”文件。

——参见附带光盘中的“AVI\Ch7\7-7.avi”文件。

【操作步骤】

（1）启动 AutoCAD 2012，设置习惯的绘图环境。

（2）执行标注样式命令，将“建筑制图”样式置为当前。

（3）使用线性标注和连续标注命令，对剖面图下侧尺寸进行标注（注意对尺寸延伸线进行调节），如图 7-50 所示。

（4）使用线性标注命令对相应细部进行标注，完成标注后的最终效果如图 7-51 所示。

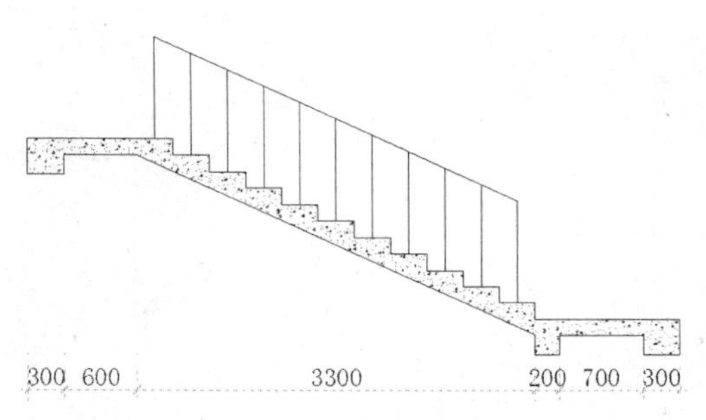

图 7-50 下侧尺寸标注

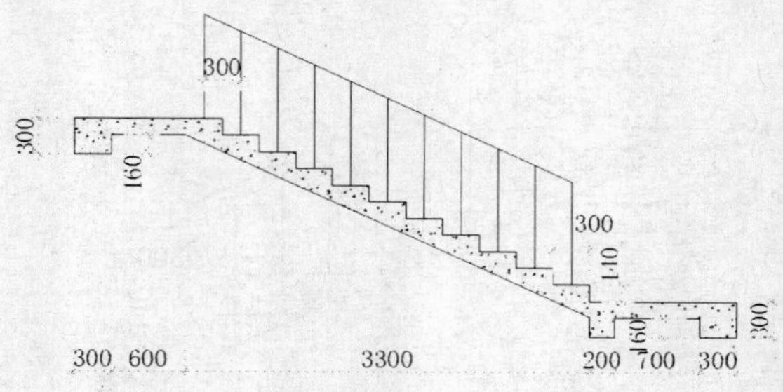

图 7-51　最终效果

第 8 讲　文字标注及表格

在建筑制图过程中，文字和表格也是不可或缺的组成部分。建筑制图需要用文字来表达设计说明、技术要求、材料种类、构造做法等；使用表格则可以做出相应构件、材料的统计表，显得较有条理，方便检查。通过本讲的学习，读者可以掌握文字标注和表格绘制的基本方法，完善工程图的绘制。

本讲内容

- 实例·模仿——绘制标题栏
- 文字标注
- 引线标注
- 表格绘制
- 测量对象
- 实例·操作——绘制标准足球场
- 实例·练习——房屋平面图文字标注

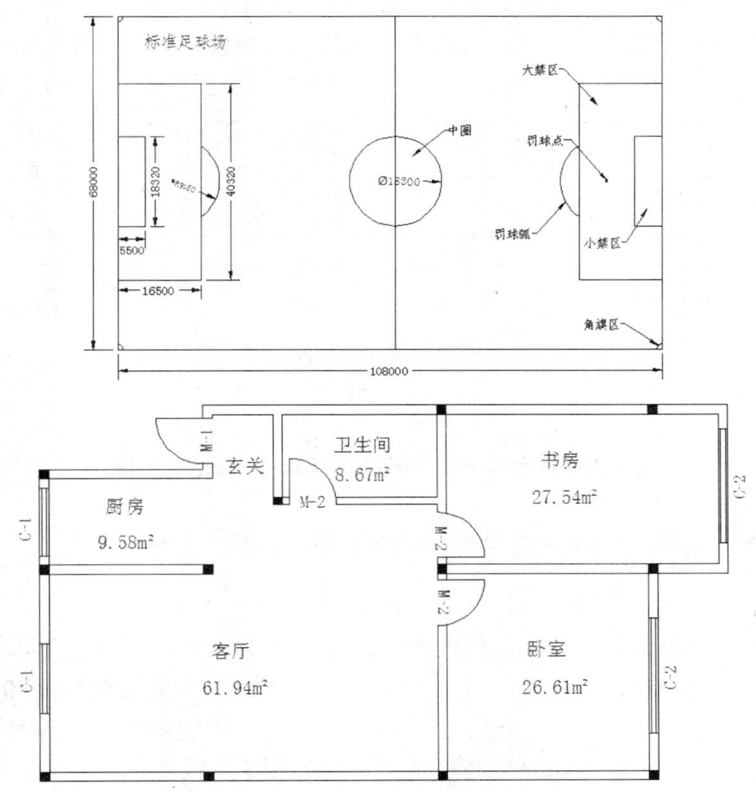

8.1 实例·模仿——绘制标题栏

本例将绘制建筑类专业毕业设计所绘制图的标题栏，如图 8-1 所示。标题栏是一幅完整的建筑图所不可缺少的，其中主要标识了该图的类别、名称及制图人等，方便查阅和整理。通过此例，读者可以对文字标注有所了解。

某大学建筑工程学院毕业设计					
题 目	某社区综合服务楼的建筑与结构设计		图号	建施	1
图 名	建筑设计总说明				7
学 生	张 三	指导教师	李 四	系主任	
年 级	2010	指导教师	王 五	院 长	
日 期		答辩教师			

图 8-1 标题栏

【思路分析】

首先使用直线、偏移和修剪等命令绘制表格，然后使用单行文字和多行文字命令进行文字标注，最后通过夹点编辑修改文字位置，从而完成标题栏的绘制。流程如图 8-2 所示。

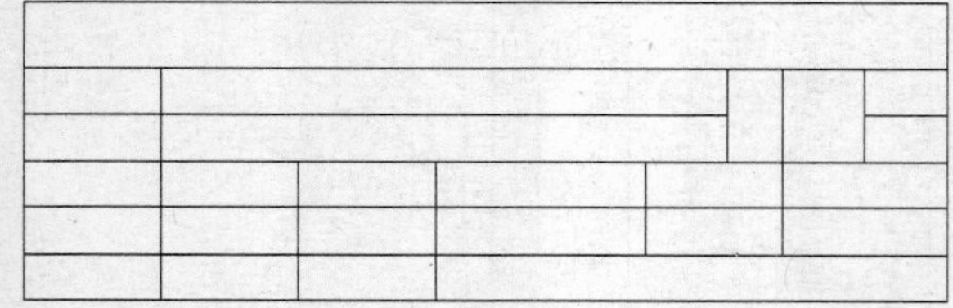

绘制表格　　编辑文字内容

图 8-2 流程图

【光盘文件】

——参见附带光盘中的“END\Ch8\8-1.dwg”文件。

动画演示——参见附带光盘中的“AVI\Ch8\8-1.avi”文件。

【操作步骤】

（1）启动 AutoCAD 2012，设置习惯的绘图环境。

（2）使用矩形命令，绘制一个尺寸为 16800×4500 的矩形，然后使用分解命令将其分解。

（3）使用偏移命令，将矩形上侧边向下依次偏移 1000、700、700、700、700，将矩形左侧边向右依次偏移 2500、2500、2500，将矩形右侧边依次向左偏移 3000、2500，效果如图 8-3 所示。

（4）使用修剪命令，按照如图 8-4 所示进行修剪。

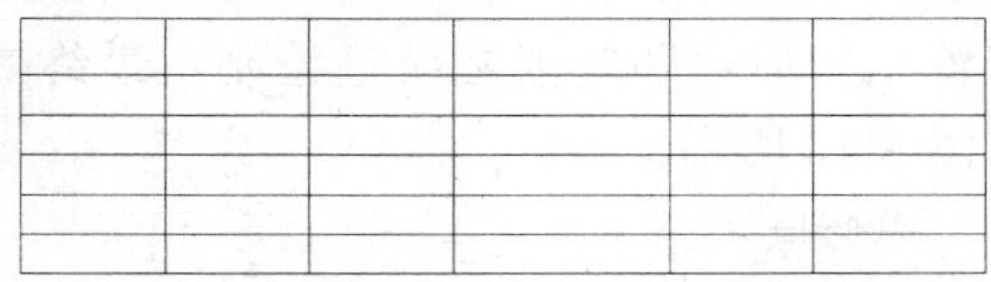

图 8-3 绘制表格

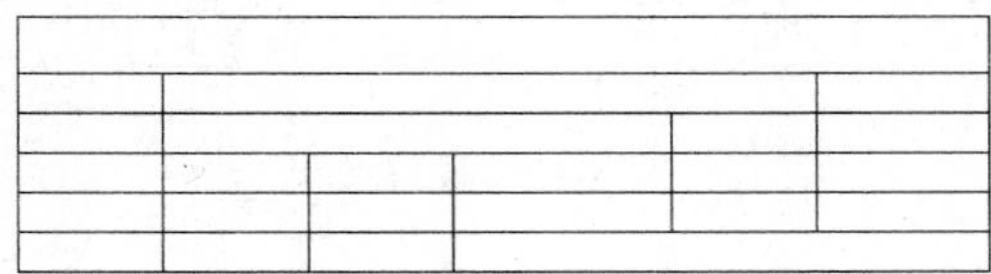

图 8-4 修剪

（5）使用偏移命令，将从右数第二条纵边分别向左、向右偏移 1000、1500，再进行修剪，效果如图 8-5 所示。

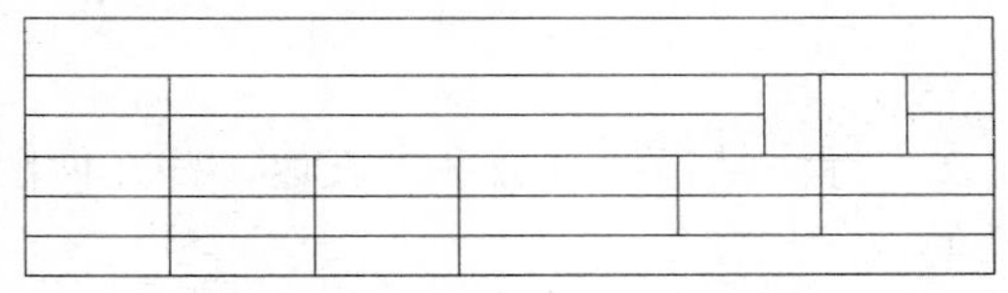

图 8-5 完成表格绘制

（6）表格绘制完成后，即可进行文字的编辑。首先定义合适的文字样式，执行文字样式命令后，弹出“文字样式”对话框，如图 8-6 所示。

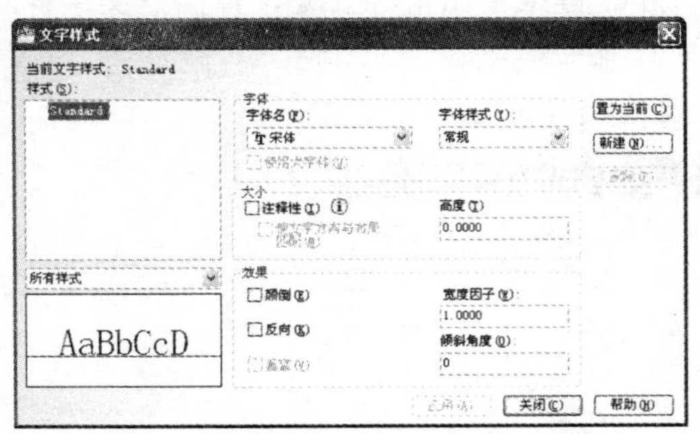

图 8-6 “文字样式”对话框

（7）单击“新建”按钮，弹出“新建文字样式”对话框，输入“样式名”为“样式 1”，如图 8-7 所示。

图 8-7 “新建文字样式”对话框

（8）单击“确定”按钮，返回“文字样式”对话框，选择“字体”名为“仿宋”，其他保持默认设置，如图 8-8 所示。

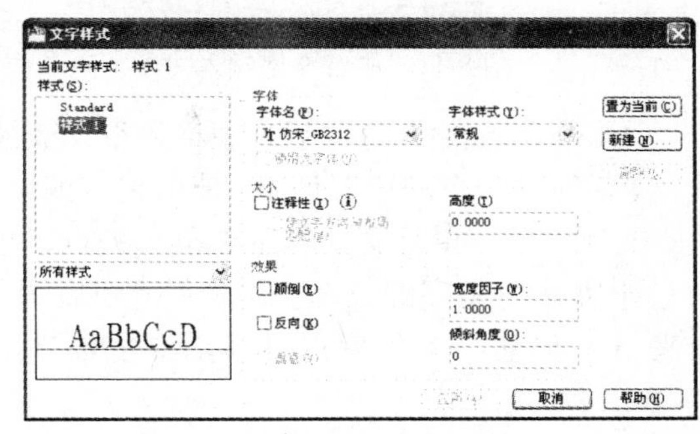

图 8-8 样式设置

（9）选定新的文字样式，单击“置为当前”按钮，关闭“文字样式”对话框。

（10）文字样式定义完成后，即可开始进行文字标注。首先标注表格第一行，执行单行文字命令，设定对齐方式为“左上”，即指定的插入点为输入文字的左上角点。先单击表格内一适当位置作为文字左上点，然后输入文字高度为 600，旋转角度默认为 0°，即可开始文字输入，如图 8-9 所示。

某大学建筑工程学院

图 8-9 输入文字

（11）同理，标注表格其他行，输入文字高度改为 400，在各单元格内选取适当位置插入，如图 8-10 所示。

某大学建筑工程学院毕业设计					
题 目	某社区综合服务楼的建筑与结构设计			建施	
图 名	建筑设计总说明				
学 生	张 三	指导教师	李 四	系主任	
年 级	2010	指导教师	王 五	院 长	
日 期		答辩教师			

图 8-10 各单元格文字输入

（12）对“图号”单元格，需使用多行文字命令，框选指定适当角点，设定文字高度为 400，输入“图号”，如图 8-11 所示。

某大学建筑工程学院毕业设计						
题 目	某社区综合服务楼的建筑与结构设计			图号	建施	1
图 名	建筑设计总说明					7
学 生	张 三	指导教师	李 四	系主任		
年 级	2010	指导教师	王 五	院 长		
日 期		答辩教师				

图 8-11　多行文字输入

（13）文字输入完成后，表格显得比较凌乱，需要做进一步的位置调整。使用夹点编辑，选定文字对象，单行文字显示左下角夹点，拖动它即可移动文字的位置；多行文字则显示 3 个夹点，拖动右上角夹点可移动文字位置。调整完毕后，即完成标题栏绘制，最终效果如图 8-12 所示。

某大学建筑工程学院毕业设计						
题 目	某社区综合服务楼的建筑与结构设计			图号	建施	1
图 名	建筑设计总说明					7
学 生	张 三	指导教师	李 四	系主任		
年 级	2010	指导教师	王 五	院 长		
日 期		答辩教师				

图 8-12　最终效果

8.2　文 字 标 注

建筑制图不仅需要尺寸标注，也需要文字标注。文字标注是指通过文字来表达一些几何图形难以表达的信息，如构件名称、材料种类、施工做法等。

文字标注前要先选择文字样式，即所使用的文字种类。AutoCAD 在默认情况下，当前的文字样式是 Standard 样式，是软件自带的专用字体。当然，用户也可以通过文字样式命令来设置文字样式。

启用文字样式命令的方式如下。

- ◆ GUI 方式，即单击“常用”→“注释”面板中的按钮，弹出“文字样式”对话框。
- ◆ 命令行方式，在命令行中输入 STYLE，按 Enter 键或单击鼠标右键，弹出“文字样式”对话框。

“文字样式”对话框如图 8-13 所示，其中各主要选项含义分别介绍如下。

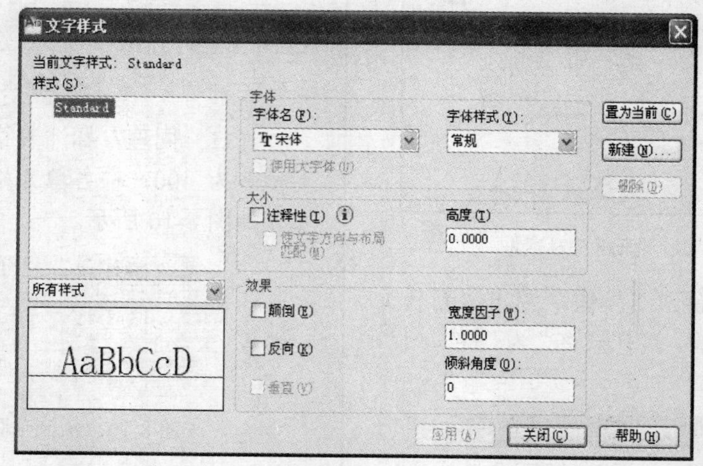

图 8-13　“文字样式”对话框

- ◆ “样式”列表框：用于显示当前图形文件中已定义的所有文字样式。

- 预览框：用于显示当前文字样式设置的各种特征参数的最终效果图。
- “字体”栏：用于定义文字样式的字体，通过“字体名”下拉列表框选取字体，“字体样式”一般默认为“常规”。
- “大小”栏：用于定义文字的几何尺寸，通过 “高度”文本框可定义文字高度。
- “效果”栏：用于定义文字的相关特征，可以设置字体为“颠倒”、“反向”，通过 “宽度因子”文本框可定义文字相对宽度，通过 “倾斜角度”文本框可定义文字倾斜程度。
- “置为当前”按钮：用于将“样式”列表框中选定的标注样式设置为当前标注样式进行使用。
- “新建”按钮：用于创建新的标注样式。

单击“新建”按钮，弹出“新建文字样式”对话框，设置“样式名”为“样式 1”，单击“确定”按钮（如图 8-14 所示），即可在弹出的“文字样式”对话框中设置新建文字样式的各种参数。

图 8-14 “新建文字样式”对话框

适合的文字样式设置完毕并置为当前后，即可进行文字标注。AutoCAD 提供了单行和多行两种文字标注功能。

1. 单行文字

单行文字标注用于创建一行文字或多行文字，不过每一行都各自是独立的对象，可重新定位、调整格式或进行其他修改。

启用单行文字命令的方式如下。

- GUI 方式，即单击“注释”面板中的 A 单行文字 按钮，执行单行文字命令。
- 命令行方式，在命令行中输入 DTEXT（或 DT），按 Enter 键或单击鼠标右键确认，执行单行文字命令。

执行该命令后，系统将给出如下操作提示。

```
命令: DTEXT
当前文字样式: ***  文字高度: ***   注释性:否
指定文字的起点或 [对正(J)/样式(S)]:
指定高度 <***>:
指定文字的旋转角度 <0>:
```

其中各选项含义介绍如下。

- 输入 J，弹出如图 8-15 所示的列表，可设置文字对齐方式。
- 输入 S，可通过输入样式名指定文字样式。

在执行命令过程中，需依次指定文字的起点、高度、旋转角度，然后在如图 8-16 所示的文本框内输入文字，确认退出命令后即可完成文字的输入。

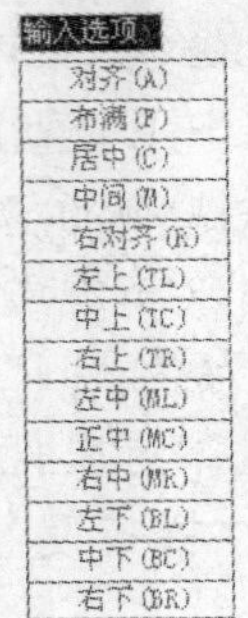

图 8-15　对齐方式列表

图 8-16　单行文字输入

2. 多行文字

多行文字标注用于创建较长、较复杂的文字对象。与单行文字标注不同，多行文字能够自动换行，并且保持整齐的边距，无论有多少行，都可作为一个单独的对象用于编辑。

启用多行文字命令的方式如下。

◆ GUI 方式，即单击“注释”面板中的按钮，执行多行文字命令。

◆ 命令行方式，在命令行中输入 MTEXT，按 Enter 键或单击鼠标右键确认，执行多行文字命令。

执行该命令后，系统将给出如下操作提示。

```
命令: _ MTEXT
当前文字样式: ***  文字高度: ***  注释性:否
指定第一角点:
指定对角点或 [高度(H)/对正(J)/行距(L)/旋转(R)/样式(S)/宽度(W)/栏(C)]:
```

其中各选项含义介绍如下。

◆ 输入 H，可设置文字高度。

◆ 输入 J，可设置文字对齐方式。

◆ 输入 L，可设置两行文字基线间的距离，有“至少”与“精确”两种类型。

◆ 输入 R，可设置文字旋转角度。

◆ 输入 S，可指定文字样式。

◆ 输入 W，可指定文字输入框的宽度。

◆ 输入 C，可进行分栏设置。

在执行命令过程中，主要指定文字输入框的两个角点，当然在其中也可以对相关参数进行设置，然后在如图 8-17 所示的文本框内输入文字，确认退出命令后即可完成文字的输入。

图 8-17　多行文字输入

另外，在执行多行文字命令时，在功能区将显示如图 8-18 所示的“文字编辑器”选项卡，利用其中提供的各种功能区面板，用户可编辑多行文字对象的文字样式、字符格式，设置段落形式，插入符号字段。此外，其中还包含一些文字软件中才有的功能，如查找和替换、拼写检查等。

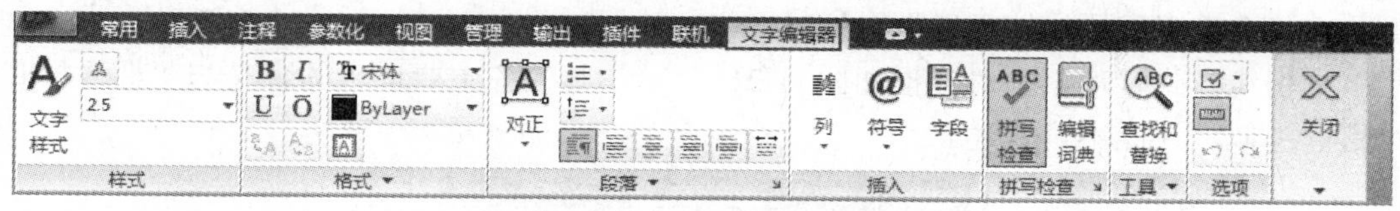

图 8-18　多行文字编辑器

文本输入完成后，可采用编辑命令对文本进行修改。

当只需修改文字内容时，可选取对象，单击鼠标右键，在弹出的快捷菜单中选择“编辑”命令，如图 8-19 所示，即可重新编辑文字内容。

如需修改除文字内容外的其他文字特性，如样式、文字高度等，可选取对象，单击鼠标右键，在弹出的快捷菜单中选择“特性”命令，在弹出的如图 8-20 所示的“特性”选项板中即可重新定义文字的相关特性。

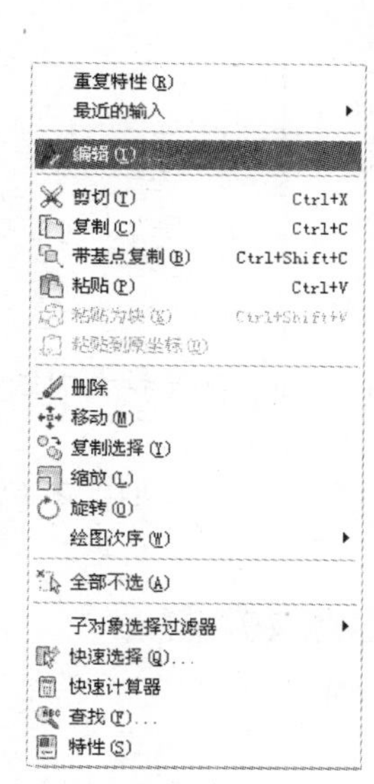

图 8-19　选择“编辑”命令

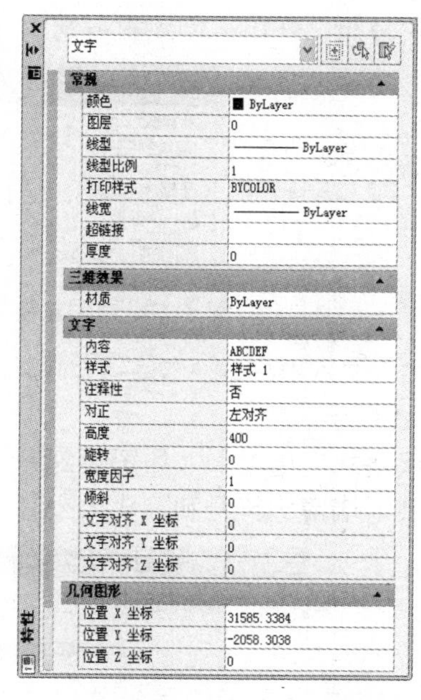

图 8-20　文字“特性”选项板

8.3　引 线 标 注

引线标注一般用于标记对象或提供注释。引线是一条带箭头的直线，箭头指向被标注的对象，直线的尾部带有文字注释或图形。

引线标注前也需设置引线样式，有专门的多重引线样式命令。

启用多重引线样式命令的方式如下。

◆　GUI 方式，即单击“常用”→“注释”面板中的按钮，弹出“多重引线样式管理器”

对话框。

- 命令行方式，在命令行中输入 MLEADERSTYLE，按 Enter 键或单击鼠标右键确认，弹出“多重引线样式管理器”对话框。

“多重引线样式管理器”对话框如图 8-21 所示，其中各主要选项的含义与“标注样式管理器”对话框类似，在此不再赘述。

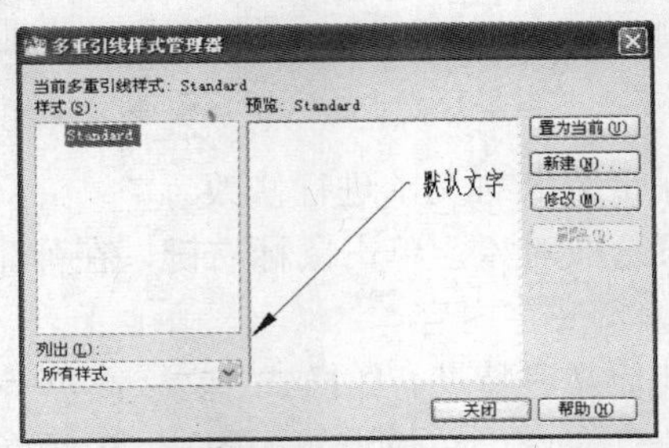

图 8-21 “多重引线样式管理器”对话框

单击“新建”按钮，弹出“创建新多重引线样式”对话框，如图 8-22 所示。

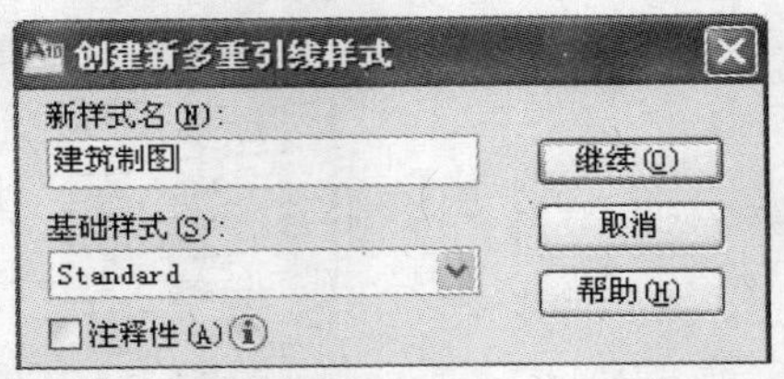

图 8-22 “创建新多重引线样式”对话框

在“新样式名”文本框中输入文字后，单击“继续”按钮，弹出“修改多重引线样式：Standard”对话框，如图 8-23 所示。

- 在“引线格式”选项卡（如图 8-23 所示）中，可设置引线的类型、颜色、线型和线宽，以及引线前端箭头符号和箭头大小等。

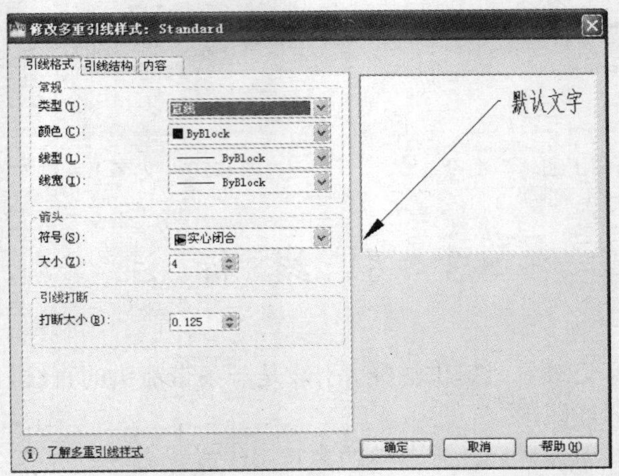

图 8-23 “修改多重引线样式：Standard”对话框

◆ 在“引线结构”选项卡（如图 8-24 所示）中，可设置最大引线点数、是否包含基线，以及基线长度等。

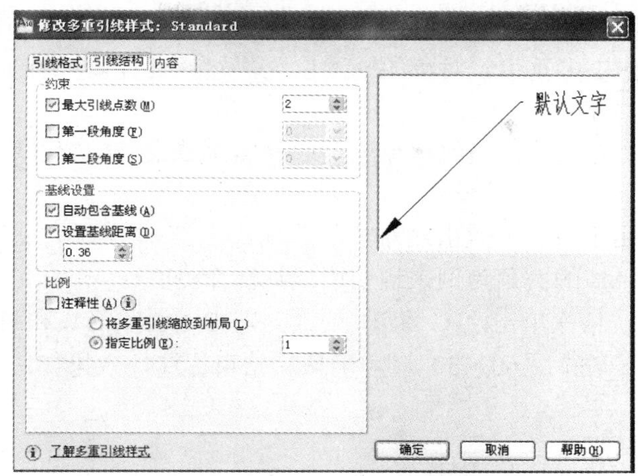

图 8-24 “引线结构”选项卡

◆ 在“内容”选项卡（如图 8-25 所示）中，可设置多重引线类型（多行文字或块），如果多重引线类型为多行文字，还可设置文字的样式、角度、颜色、高度等。其中的“引线连接”栏用于设置当文字位于引线左侧或右侧时，文字与基线的相对位置，以及文字与基线的距离。

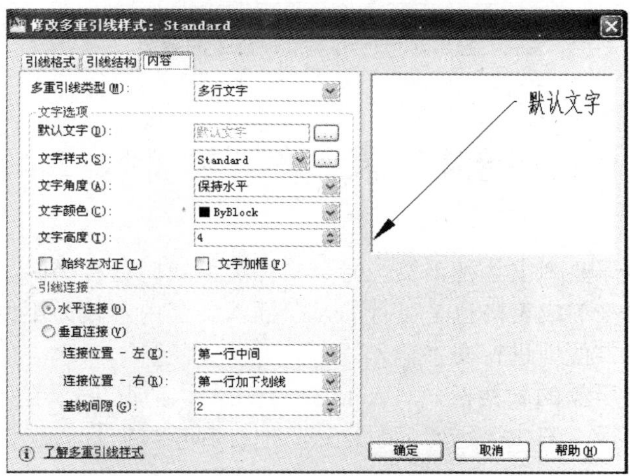

图 8-25 “内容”选项卡

引线样式设置完毕后，就可使用多重引线命令进行引线标注了。

启用多重引线命令的方式如下。

◆ GUI 方式，即单击“注释”面板中的“多重引线”按钮，执行多重引线命令。
◆ 命令行方式，在命令行中输入 MLEADER，按 Enter 键或单击鼠标右键确认，执行多重引线命令。

执行多重引线命令后，系统给出如下操作提示。

命令：_MLEADER
指定引线箭头的位置或[引线基线优先(L)/内容优先(C)/选项(O)]：

其中各选项含义介绍如下。

- ◆ 输入 L，首先指定多重引线对象的基线位置，然后设置多重引线对象的箭头位置，最后输入相关联的文字。
- ◆ 输入 C，首先指定与多重引线对象相关联的文字或块的位置，然后输入文字，最后指定引线箭头位置。
- ◆ 输入 O，指定用于放置多重引线对象的选项。

下面以标注斜线段 AB 的倒角为例来说明引线标注命令。

使用多重引线命令，依次单击点 C 和 D 处，分别指定引线箭头和引线基线的位置，然后在打开的多行文字编辑器中输入“60×30°”，确认后结束标注，效果如图 8-26 所示。

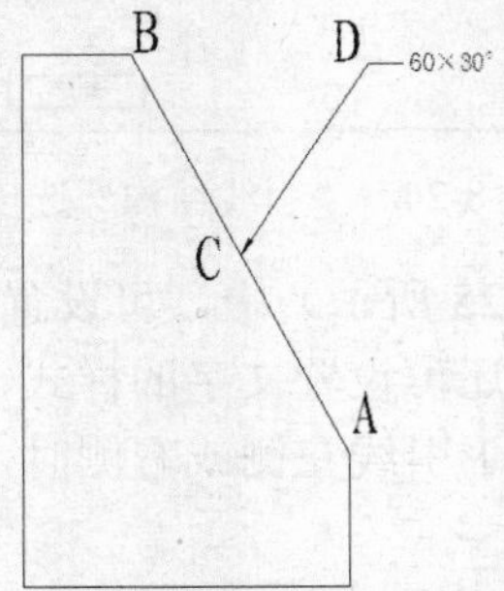

图 8-26 使用多重线命令的效果

8.4 表格绘制

在建筑制图中，当需要列出各种钢筋型号、构件类型或门窗种类时，往往要绘制表格。有些情况下，通过绘制直线来形成表格也是可行的，但插入文字内容较为不便；而表格创建命令则可以在绘出表格的同时，方便地进行文字输入。

创建表格需要设置所需的表格样式。AutoCAD 在默认情况下，当前的表格样式是 Standard 样式，其第一行是标题行，第二行是列标题行，其他行都是数据行。用户可以通过表格样式命令设置表格样式。

启用表格样式命令的方式如下。

- ◆ GUI 方式，即单击“常用”→“注释”面板中的按钮，弹出“表格样式”对话框。
- ◆ 命令行方式，在命令行中输入 TABLESTYLE，按 Enter 键或单击鼠标右键确认，弹出“表格样式”对话框。

“表格样式”对话框如图 8-27 所示。该列表框显示了当前图形中创建的全部表格样式，选择某一样式，单击“置为当前”按钮，即可将其设置为当前表格样式。

单击“新建”按钮，弹出“创建新的表格样式”对话框，如图 8-28 所示。

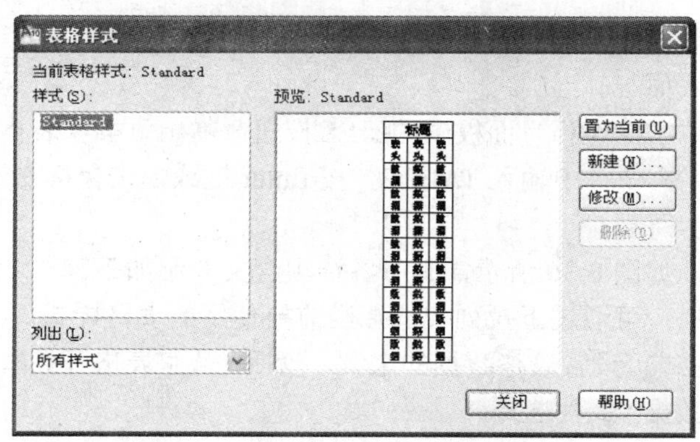

图 8-27 “表格样式”对话框

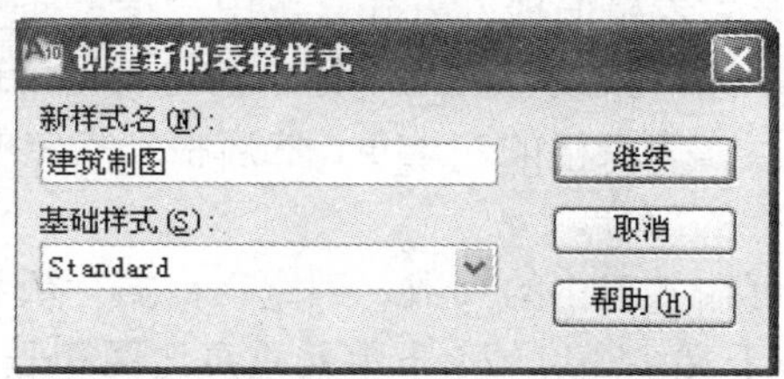

图 8-28 “创建新的表格样式”对话框

在“新样式名”文本框中输入“建筑制图”，单击“继续”按钮，弹出“新建表格样式：建筑制图”对话框，在其中即可定义表格样式，如图 8-29 所示。

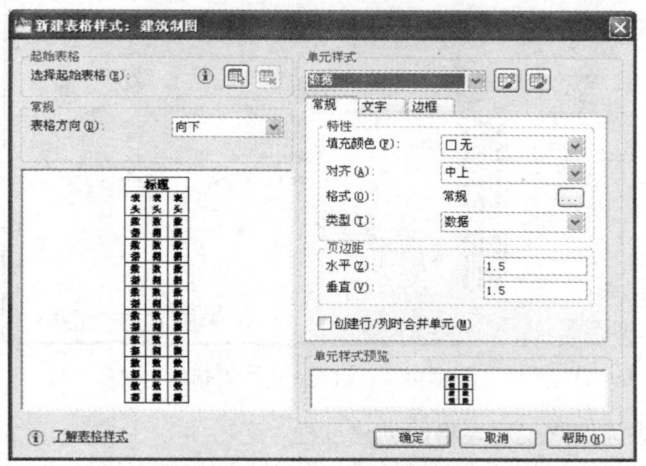

图 8-29 “新建表格样式：建筑制图”对话框

- 在“起始表格”栏中，可选择图形中的一个表格用作该新表格样式的模板。
- 在“常规”栏中，可设置表格读取方向，即标题行的位置设在数据行下面还是上面。
- 在“单元样式”栏中，可分别设置“标题”、“表头”和“数据”3 种单元各自的样式，也可以单击右侧的按钮，创建新的单元样式；而通过“常规”、“文字”和“边框”3 个选项卡，可对表格单元的相关参数进行设置，如单元格式、文字高度、网格线线宽和颜色等。

表格样式定义完成后，即可通过表格命令来选择一种样式创建表格。

启用表格命令的方式如下。

- ◆ GUI 方式，即单击“注释”面板中的表格按钮，弹出“插入表格”对话框。
- ◆ 命令行方式，在命令行中输入 TABLE，按 Enter 键或单击鼠标右键确认，弹出“插入表格”对话框。

“插入表格”对话框如图 8-30 所示，其中各选项含义介绍如下。

- ◆ “表格样式”栏：可通过下拉列表选择当前要使用的表格样式。
- ◆ “插入选项”栏：可设置表格数据的来源，包括“从空表格开始”、“自数据链接”和“自图形中的对象数据”3 种选择。
- ◆ “预览”框：显示当前设置的表格预览效果。
- ◆ “插入方式”栏：可设置表格的插入方式。选中“指定插入点”单选按钮，将以指定的插入点作为表格的左上角，按设置的列、行来创建表格；选中“指定窗口”单选按钮，则以指定的第一个角点作为表格的左上角，然后根据指定的第二角点自动计算列宽和整数行数，省略不足一行的部分。
- ◆ “列和行设置”栏：可输入表格的列数、列宽、数据行数和行高。注意，行高的单位为“行”，一行的高度等于文字高度、上下单元垂直边距和垂直间隙（1/3 文字高度）之和。
- ◆ “设置单元样式”栏：可设置各行单元的样式，分别有标题、表头、数据 3 种。

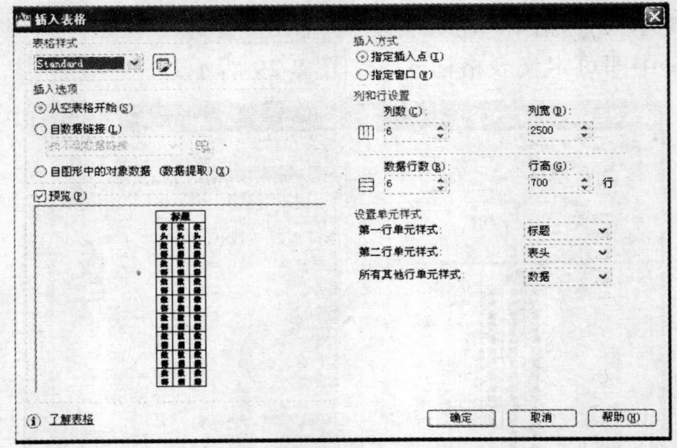

图 8-30 “插入表格”对话框

下面以绘制门窗表为例来说明表格的创建过程。

首先新建一个表格样式。执行“表格样式”命令，弹出“表格样式”对话框，单击“新建”按钮；在弹出的“创建新的表格样式”对话框中的“新样式名”中输入“建筑制图”，单击“继续”按钮；在弹出的“新建表格样式：建筑制图”对话框中，只对单元样式进行设置；对“数据”单元，选择文字样式为“样式 1”（用仿宋字体预先创建），文字高度设为 500，对齐方式为“正中”，输入单元页边距水平和垂直均为 150；对“表头”单元，设置相同；对“标题”单元，设置文字高度为 600，其余设置相同；然后单击“确定”按钮，即可完成该表格样式的定义，并将其置为当前。

执行表格命令，弹出“插入表格”对话框，设置“表格样式”为“建筑制图”，只对行和列进行设置，“列数”为 4，“列宽”为 2500，“数据行数”为 4，“行高”为 1，如图 8-31 所示。然后单击“确定”按钮，指定插入点，则功能区显示出“文字编辑器”选项卡，可开始进行各单元内容输入，如图 8-32 所示。在标题行输入“门窗表”，在列标题行依次输入各标题名，然后再依次在各数据行输入数据内容，并向左右适度拉伸 B 列宽度，如图 8-33 所示。

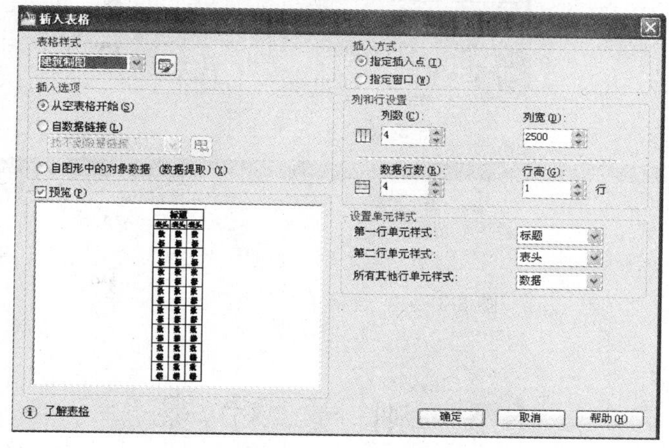

图 8-31　表格设置

	A	B	C	D
1				
2				
3				
4				
5				
6				

图 8-32　插入表格

门窗表			
代号	尺寸(宽×高)	材料	数量
C-1	1000×1500	塑钢	20
C-2	1500×1800	塑钢	16
M-1	900×2000	木	3
M-2	800×2000	木	6

图 8-33　输入表格内容

表格绘制完成后，还可以对其进行修改。

修改整体表格外观形状主要有以下两种方法。

◆ 通过“特性”选项板，选中表格后右击，在弹出的快捷菜单中选择“特性”命令，打开“特性”选项板，即可修改表格相应参数，如图 8-34 所示。
◆ 通过夹点编辑，选中表格后，显示表格夹点，选择某一夹点后移动鼠标就可以改变表格的位置、高度或宽度，如图 8-35 所示。

表格	
表格样式	Standard
行数	5
列数	4
方向	向下
表格宽度	100
表格高度	47

图 8-34　“特性”选项板

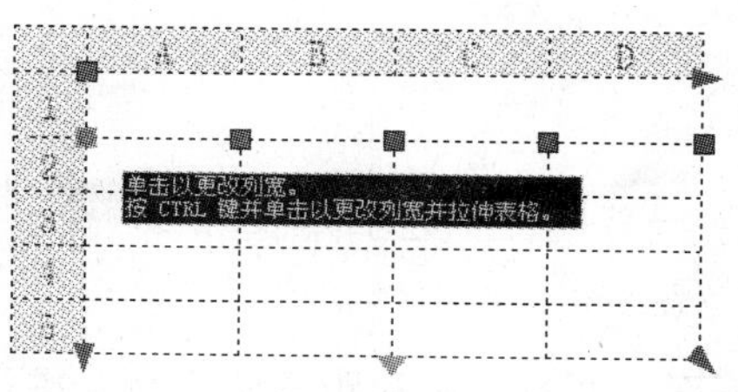

图 8-35　夹点编辑

如只修改表格内的某个单元，则可以只选中该单元，显示该单元夹点，如图 8-36 所示，同时功能区中将显示“表格单元”选项卡，如图 8-37 所示，利用其中提供的各种功能即可进行一般的表格单元操作，类似于 Excel 软件中的相应功能。

	A	B	C	D
1	门窗表			
2	代号	尺寸(宽×高)	材料	数量
3	C-1	1000×1500	塑钢	20
4	C-2	1500×1800	塑钢	16
5	M-1	900×2000	木	3
6	M-2	800×2000	木	6

图 8-36　单元夹点

图 8-37　“表格单元”选项卡

8.5　测量对象

在建筑制图过程中，有时需要对建筑的相关测量数据进行标注，如面积、体积、周长等。这时可以使用相应的测量命令，根据图形方便地测量出所需的相关数据。

常用的测量命令有距离、半径、角度、面积和体积等。启用这些命令的一般方式有两种：一种是单击“实用工具”面板中的“测量”按钮，在弹出的下拉菜单中选择所需的命令，如图 8-38 所示；一种是选择“工具”→“查询”命令，在弹出的子菜单中选择所需的命令，如图 8-39 所示。

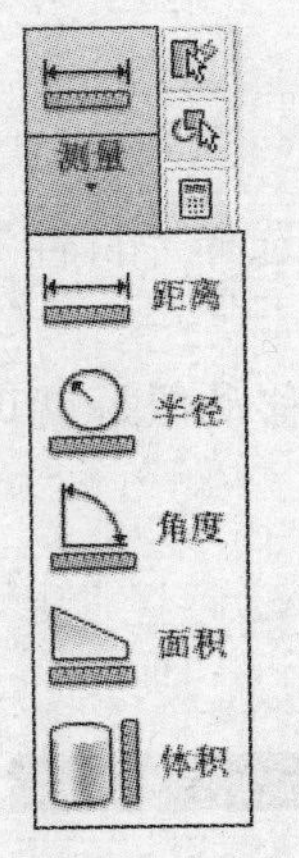

图 8-38　“测量”命令

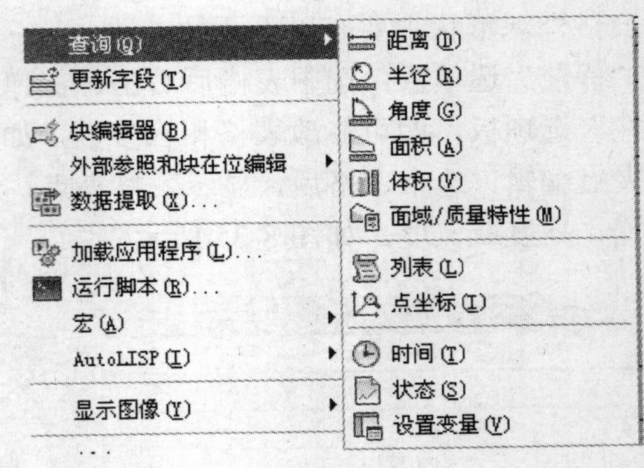

图 8-39　“查询”命令

下面主要对面积和距离两个命令进行讲解。

1. 测量面积

启用测量面积的命令还可通过命令行方式来实现，即在命令行中输入 AREA，按 Enter 键或单击鼠标右键确认，执行测量面积命令。

执行测量面积命令后，系统将给出如下操作提示。

```
命令: _AREA
指定第一个角点或 [对象(O)/增加面积(A)/减少面积(S)] <对象(O)>:
指定下一个点或 [圆弧(A)/长度(L)/放弃(U)]:
指定下一个点或 [圆弧(A)/长度(L)/放弃(U)]:
指定下一个点或 [圆弧(A)/长度(L)/放弃(U)/总计(T)] <总计>:
```

在执行测量面积命令后，要依次指定所测面积周边的各特征点。在指定过程中，各点间只以直线相连接。因此，当测房间面积时，要依次选取房间角落的点，这样才能准确地测得面积。

如需测量客厅的面积，则要依次选取点，形成如图 8-40 所示的区域，再按 Enter 键确认，即可测出该客厅的面积。

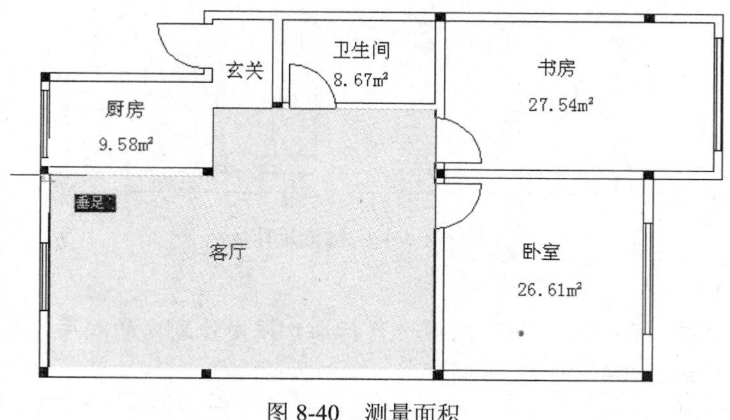

图 8-40　测量面积

2. 测量距离

测量距离的命令可以很方便地测量指定的两点之间的距离以及该直线与 X 轴、XY 轴平面间的夹角。

启用测量距离命令还可通过命令行方式来实现，即在命令行中输入 DIST（或 DI），按 Enter 键或单击鼠标右键确认，即可执行测量距离命令。

下面以测量平行四边形对角线的长度为例来说明该命令。

执行测量距离命令，指定平行四边形一侧角点为第一点，再指定另一侧角点为第二点，如图 8-41 所示，即可测得该平行四边形对角线的相关参数。

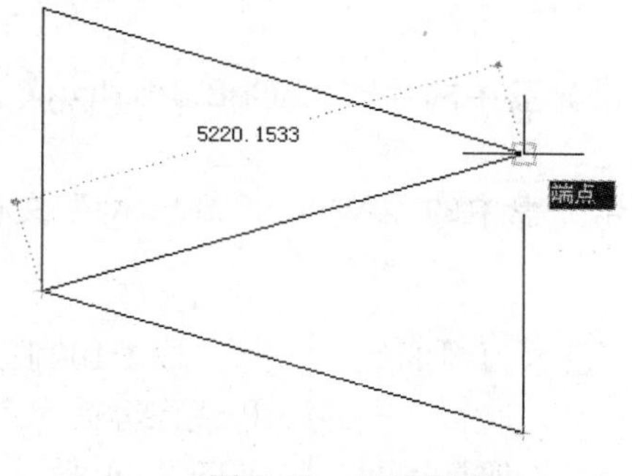

图 8-41　测量距离

8.6 实例·操作——绘制标准足球场

本例将绘制一个标准足球场，并进行相应标注，如图 8-42 所示。运动场地一般都会有相应的划线用以标注特定区域，因此需用文字标注。通过此例，希望读者能重温尺寸标注，并掌握文字标注和引线标注的一般方法。

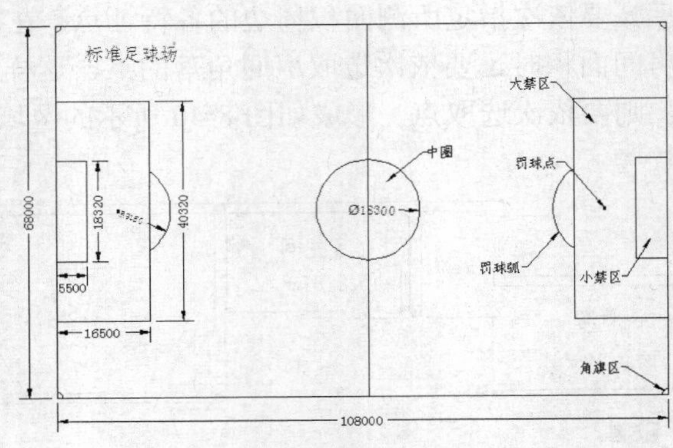

图 8-42　标准足球场

【思路分析】

首先根据要求绘制标准足球场，然后进行标注，按由外到内的顺序，先进行尺寸标注，再进行文字标注。流程如图 8-43 所示。

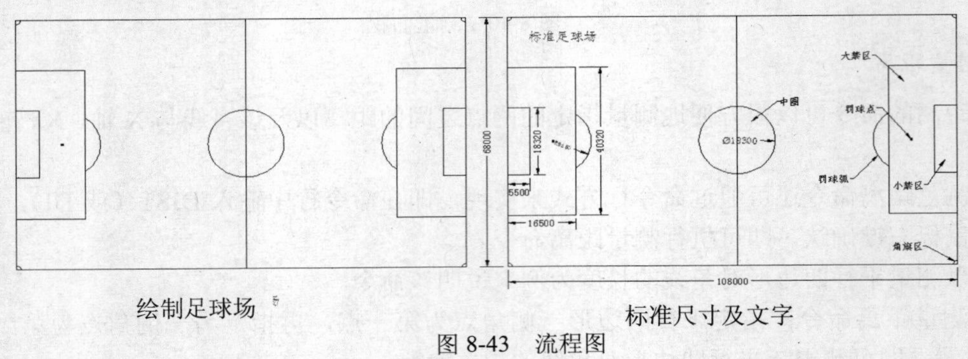

绘制足球场　　标准尺寸及文字

图 8-43　流程图

【光盘文件】

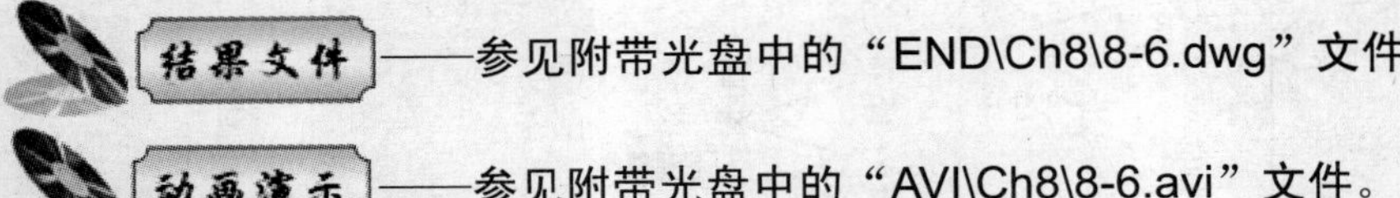

结果文件——参见附带光盘中的“END\Ch8\8-6.dwg”文件。

动画演示——参见附带光盘中的“AVI\Ch8\8-6.avi”文件。

【操作步骤】

（1）启动 AutoCAD 2012，设置习惯的绘图环境。

（2）首先进行足球场的绘制。按照标准尺寸，按 1:100 比例，使用矩形、直线、圆、修剪和镜像等命令可以快速、准确地绘制出足球场，如图 8-44 所示（详细步骤可以观看动画）。

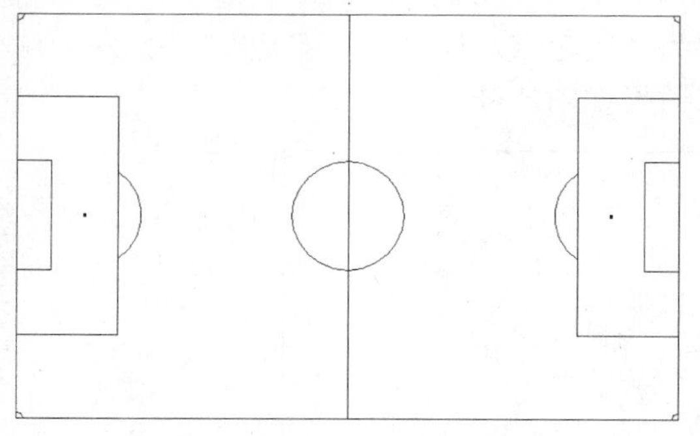

图 8-44　绘制足球场

（3）接下来进行尺寸标注。首先需要创建合适的标注样式，其中关键一点是设置测量单位比例为 100，这是因为原图绘制时的比例为 1:100，这样标注所显示的尺寸才能是实际的尺寸大小。至于其他参数，如文字高度、箭头类型、大小等可以自行设定。设定完毕后可以试着标注一下，不合适可以对样式进行修改。

（4）标注样式定义完成后，使用线性标注命令，依次选取需要标注的线条进行标注，调整合适的尺寸线和文字位置，再使用半径标注和直径标注命令，对弧线和圆进行标注，如图 8-45 所示。

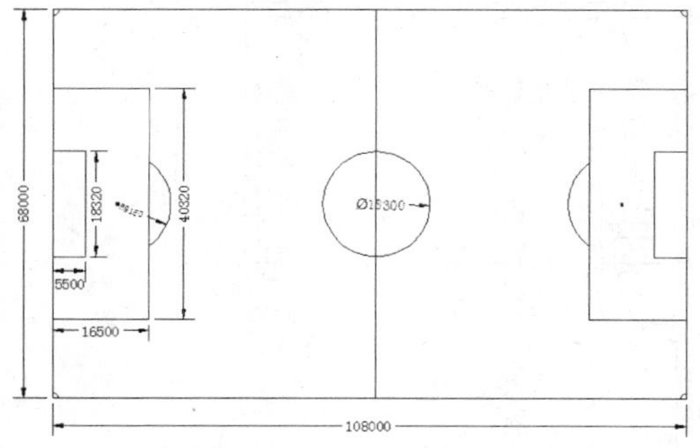

图 8-45　尺寸标注

（5）尺寸标注完成后，可以进行文字标注。为了明确标注对象，文字说明多采用引线标注。进行引线标注前，需要定义适合的引线样式。执行多重引线样式命令，打开“多重引线样式管理器”对话框，单击“新建”按钮；打开“创建新多重引线样式”对话框，在“新样式名”文本框中输入“建筑制图”，单击“继续”按钮；打开“修改多重引线样式：建筑制图”对话框，即可开始定义引线相关参数。

（6）在“引线格式”选项卡中，设定“箭头大小”为 18；在“内容”选项卡中，设定“文字样式”为“样式 1”（用仿宋字体创建），设定文字高度为 18，如图 8-46 所示。单击“确定”按钮，即可完成新样式的定义，再将其置为当前，就可以采用该样式进行引线标注了。

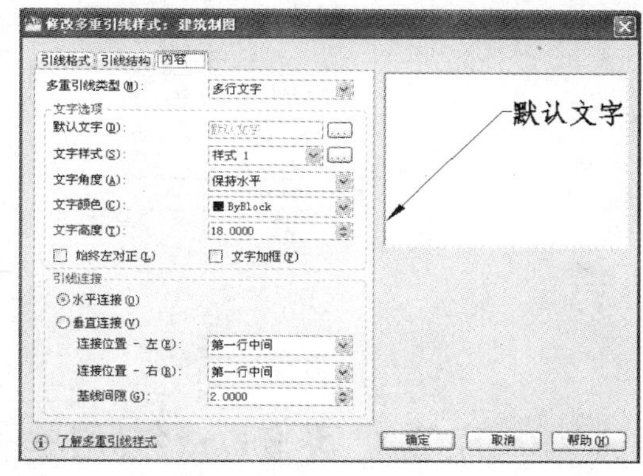

图 8-46　引线样式定义

（7）使用多重引线命令，依次选择适当位置作为引线箭头的位置，然后指定引线基线位置，再输入相应文字说明（要避免文字重叠，引线相交，尽量做到清晰可见），如图 8-47 所示。

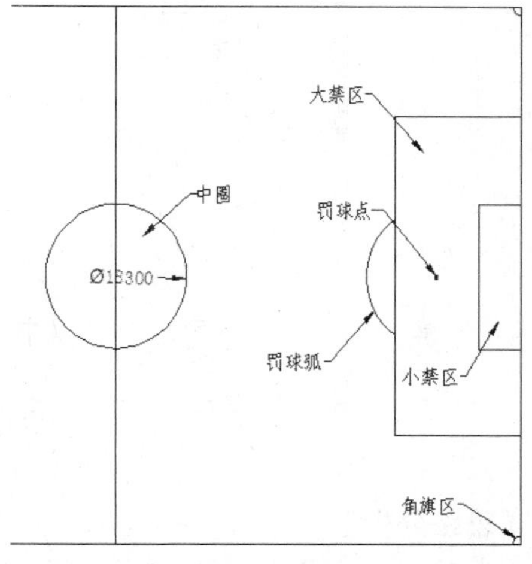

图 8-47　引线标注

（8）使用单行文字命令，选择左上角适当位置为文字起点，设定“文字高度”为 24，输入文字“标准足球场”，即可完成足球场的绘制，最终效果如图 8-48 所示。

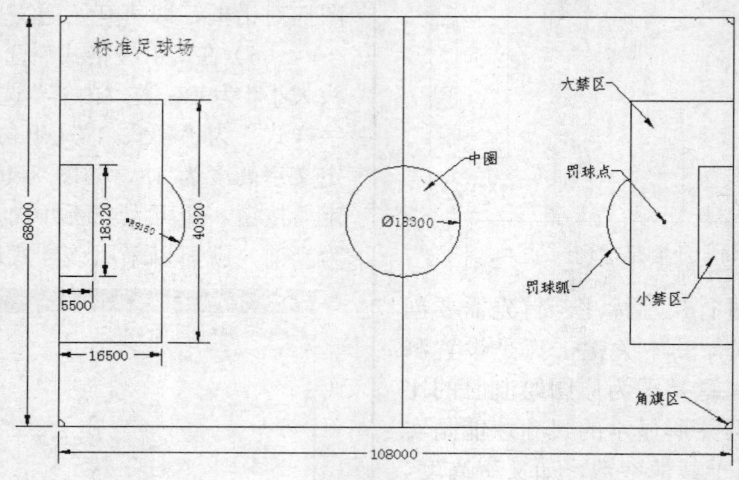

图 8-48　最终效果

8.7　实例·练习——房屋平面图文字标注

本例将对房屋平面图进行文字标注，如图 8-49 所示。房屋平面图需要文字标注的地方主要是房间名称、面积、门窗编号等。通过此例，希望读者对一般的文字标注进行练习。

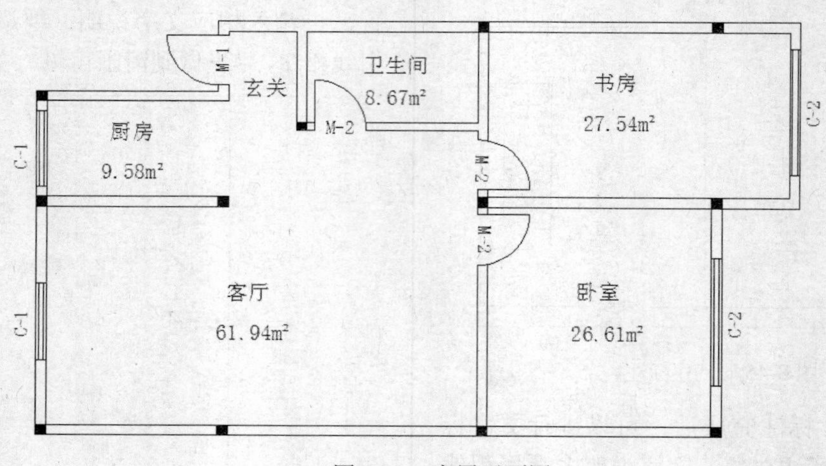

图 8-49　房屋平面图

【思路分析】

首先对一个房间的名称、面积进行标注，然后使用复制命令标注其余各个房间，当然同时要修改文字内容，门窗编号也可以采用同样方法。流程如图 8-50 所示。

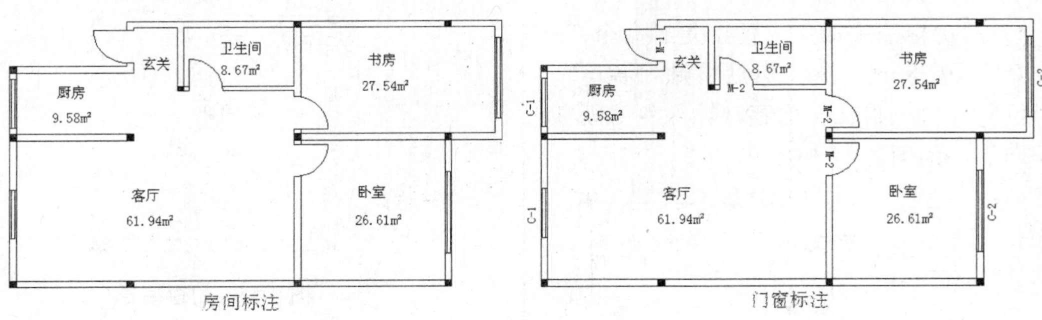

图 8-50　流程图

【光盘文件】

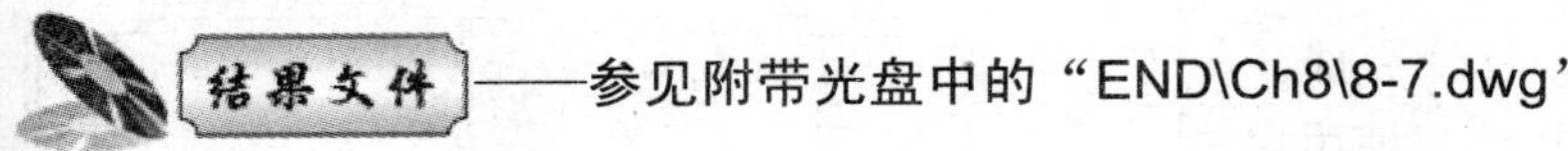

结果文件——参见附带光盘中的“END\Ch8\8-7.dwg”文件。

动画演示——参见附带光盘中的“AVI\Ch8\8-7.avi”文件。

【操作步骤】

（1）启动 AutoCAD 2012，设置习惯的绘图环境。

（2）首先选取厨房进行文字标注。执行单行文字命令，默认 Standrad 文字样式，选择房间内适当位置作为文字起点，设置“文字高度”为 360，指定旋转角度为 0°，输入文字“厨房”，如图 8-51 所示。

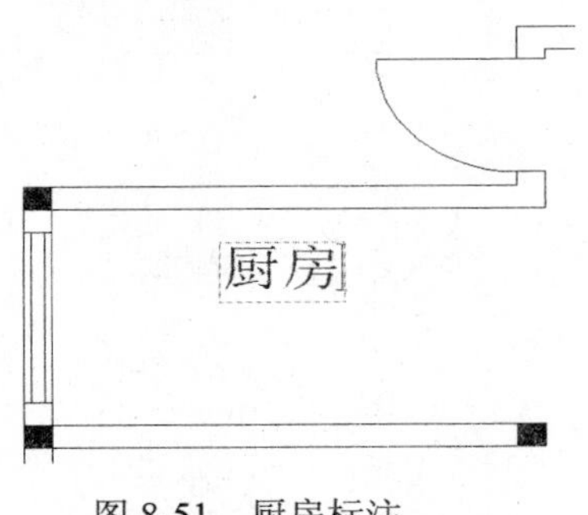

图 8-51　厨房标注

（3）完成房间名称标注后，开始标注房间面积。首先使用查询面积工具测出房间面积为 9.58m²；然后使用多行文字命令，选择“厨房”两字下面适当位置为文字框位置，设置“文字高度”为 360，输入 9.58m²。其中，在输入 m² 时，需要用到文字编辑器中的符号功能，如图 8-52 所示。选择“平方”，就可以输入上标“²”，如图 8-53 所示。

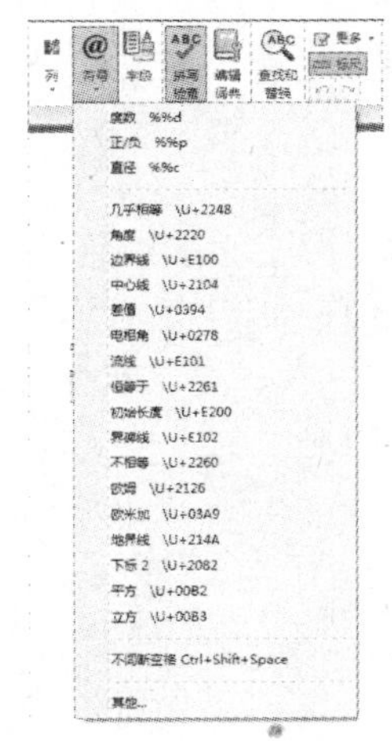

图 8-52　符号功能

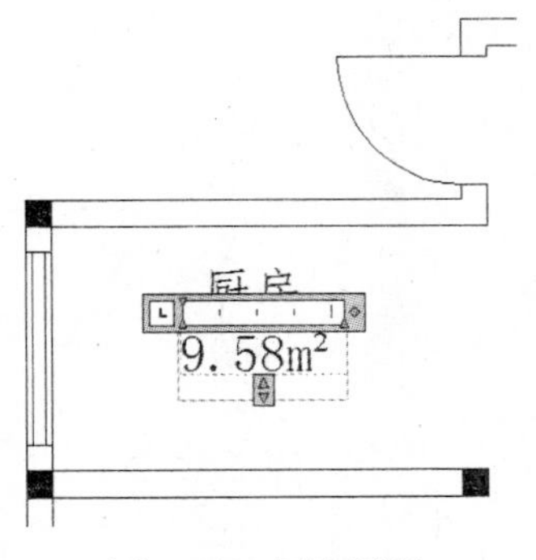

图 8-53　标注面积

（4）厨房标注完成后，使用复制命令，将“厨房”、9.58m² 复制，然后粘贴在各房间适当位置，再编辑文字内容，输入各房间名称和面积，如图 8-54 所示。

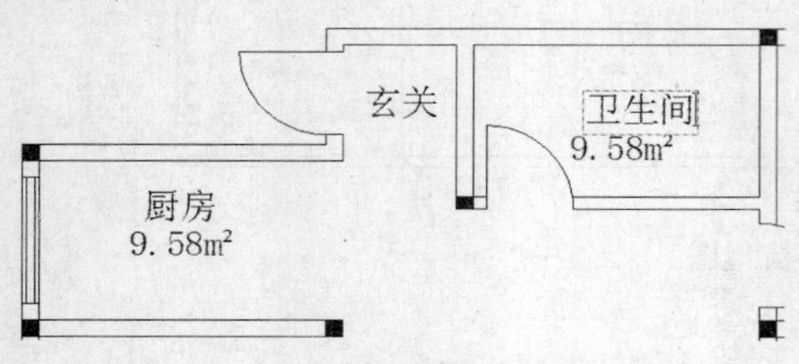

图 8-54　各房间标注

（5）如此房间名称和面积即标注完成。采用同样的步骤对门窗编号进行标注。使用单行文字命令，选择适当位置作为文字起点，设置“文字高度”为 300，同时根据门窗情况设置文字角度，对卧室门设置角度为-90°，输入 M-2，如图 8-55 所示。

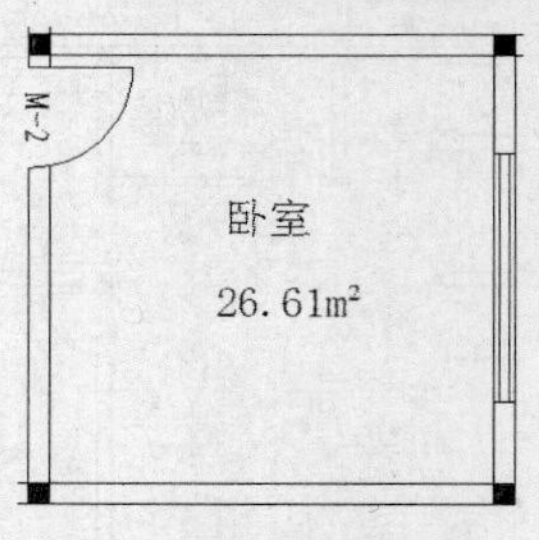

图 8-55　门窗编号

（6）同样地，使用复制命令，标注各扇门与窗（注意调整文字角度），最终完成标注，效果如图 8-56 所示。

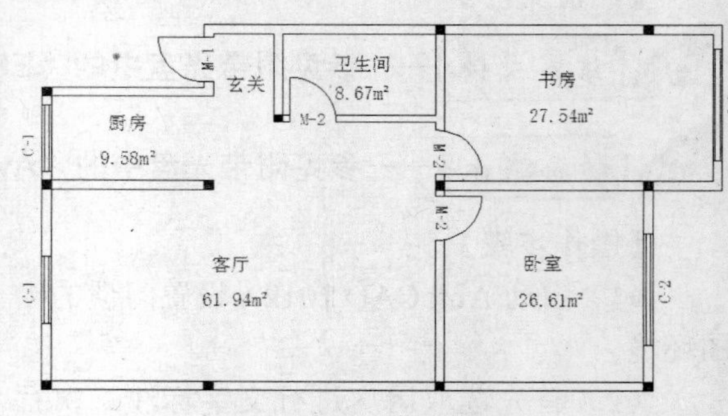

图 8-56　最终效果

第 9 讲　绘制建筑施工图（一）

在前 8 讲的基础上，本讲将开始绘制整幅施工图。施工图不仅是设计者设计思想的体现，更是施工时的主要依据，因此要求表达准确、清晰。通过本讲的学习，读者可以融合、巩固前文所学习的诸多命令，初步掌握建筑总平面图和建筑平面图的绘制。

本讲内容

- 实例·模仿——绘制某小区总平面图
- 施工图概述
- 建筑总平面图的绘制
- 建筑平面图的绘制
- 实例·操作——绘制别墅平面图
- 实例·练习——绘制某厂房标准平面图

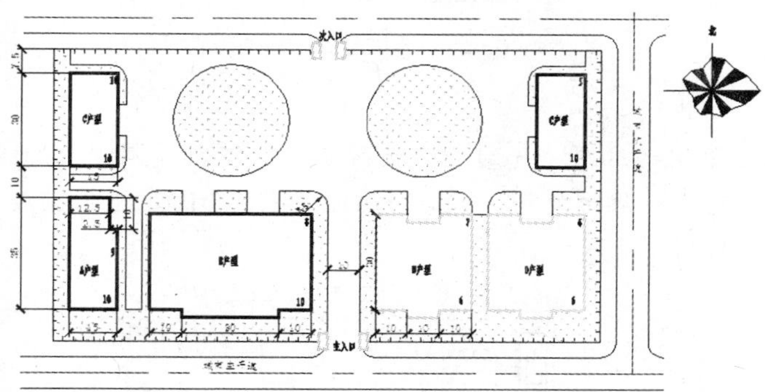

某小区总平面图 1:10000

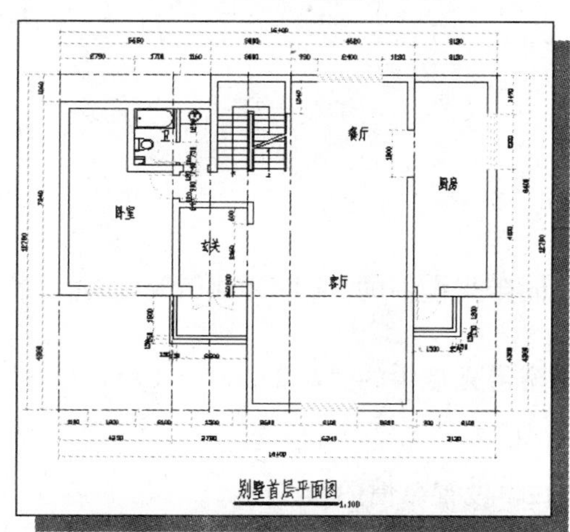

别墅首层平面图 1:100

9.1 实例·模仿——绘制某小区总平面图

本例将绘制某小区总平面图，如图 9-1 所示。建筑总平面图是用于表示整个建筑工程总体布局情况的图纸，图示内容较多，绘制过程要循序有条理，才能做到准确、清晰。通过此例的学习，读者可以熟悉建筑总平面图的一般绘制过程。

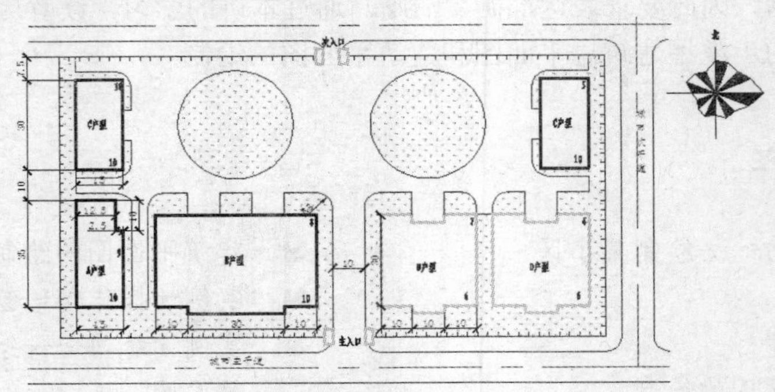

图 9-1　某小区总平面图

【思路分析】

按由外到里、由主到次的顺序，先进行四周环境（如道路、围墙）的绘制，以便定位，然后绘制主要的建筑物，最后进行细部处理，如绘制绿化效果等，同时进行相应尺寸标注和文字说明。流程如图 9-2 所示。

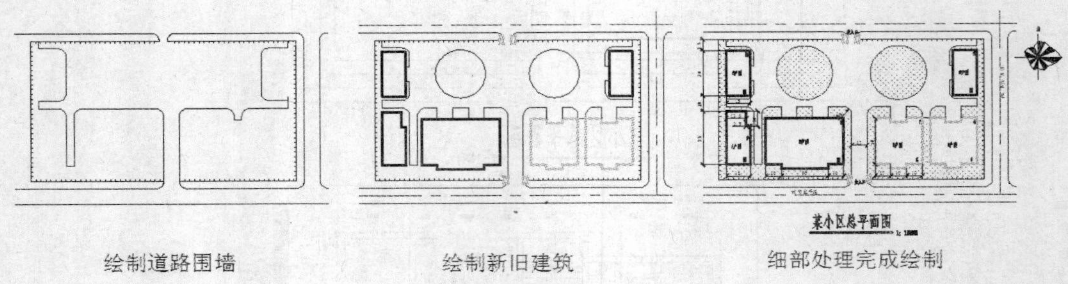

图 9-2　流程图

【光盘文件】

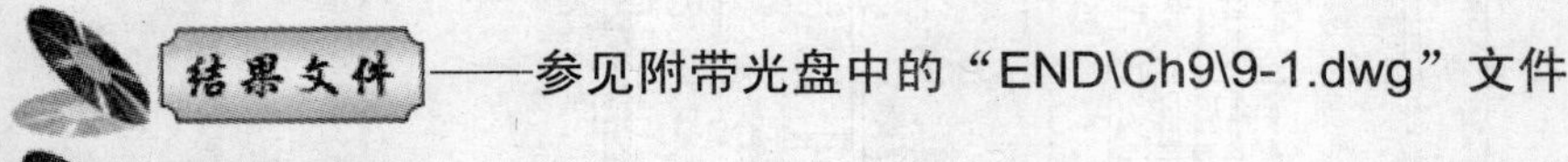

结果文件——参见附带光盘中的“END\Ch9\9-1.dwg”文件。

动画演示——参见附带光盘中的“AVI\Ch9\9-1.avi”文件。

【操作步骤】

（1）启动 AutoCAD 2012，设置习惯的绘图环境。

（2）新建一个默认样板为 acadiso.dwt 的图形文件，指定保存位置，并将其命名为“某小区总平面图”。

（3）选择“格式”→“单位”命令，打开“图形单位”对话框，在“长度”栏中，设置“类型”为“小数”，设置“精度“为 0.00，然后单击“确定”按钮，完成绘图单位设置，如图 9-3 所示。

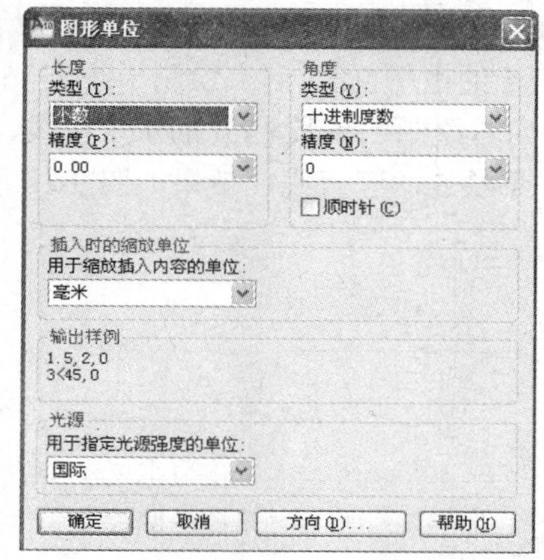

图 9-3 “图形单位”对话框

（4）选择“格式”→“图形界限”命令，输入图形界限的左下角位置为“0，0”，右上角位置为“420，297”，如此整个图形相当于 A3 图纸的大小，完成图形界限的设置。

（5）选择“格式”→“线型”命令，打开“线型管理器”对话框，如图 9-4 所示。单击“加载”按钮，打开“加载或重载线型”对话框，从中选择配图需要用到的线型，如中心线（Center）等，如图 9-5 所示。

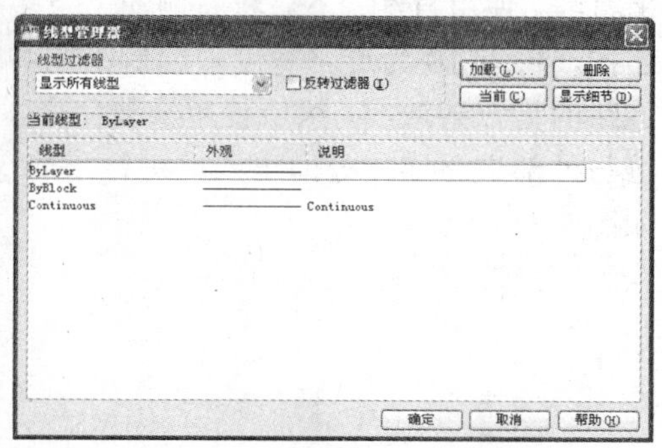

图 9-4 “线型管理器”对话框

（6）执行图层命令，打开“图层特性管理器”窗口，创建编辑所需的图层。如图 9-6 所示，除了 0 和 Defpoints（该图层为尺寸标注时自动生成的图层）图层外，其余均为自己设定的图层，包括道路、旧建筑物、新建筑物、绿化等。假如起初时不是很清楚应该设置哪些图层的话，可以在绘制过程中再进行创建与设置。

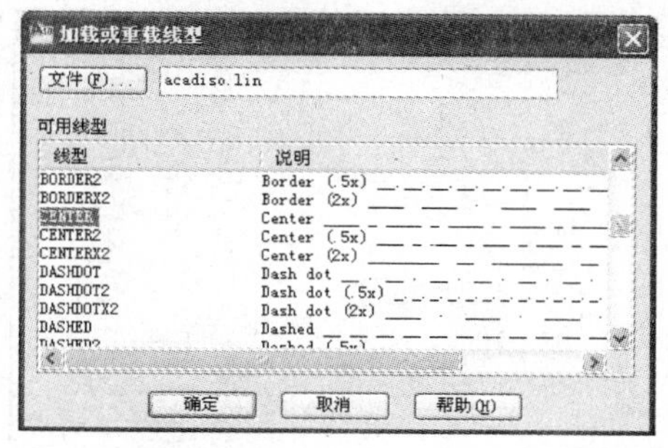

图 9-5 “加载或重载线型”对话框

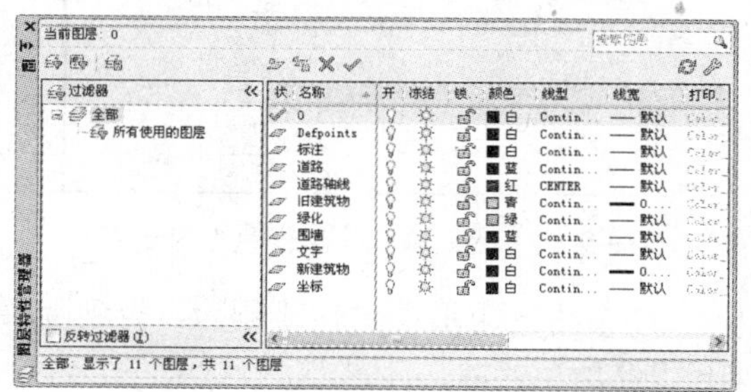

图 9-6 图层设置

提示：以上步骤是对整个绘图环境的设置，这些设置对于绘制一幅高质量的工程图纸来说是非常重要的，因此不可轻视。

（7）接下来开始总平面图的绘制。将“围墙”图层置为当前图层，使用矩形命令绘制一个尺寸为 170×92.5 的矩形，再使用偏移命令将矩形向内偏移 1.25，并使用直线命令绘制外矩形的两条对角线，如图 9-7 所示。

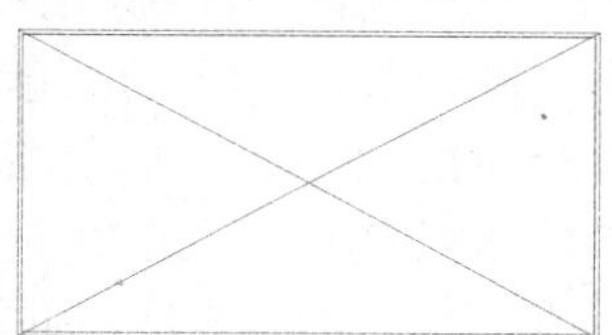

图 9-7 围墙轮廓

（8）执行图案填充命令，打开“图案填充和渐变色”对话框，如图 9-8 所示。设置“图案”为 LINE，拾取图形左、右两边围墙内部各一点，单击“确定”按钮，完成图案填充。重复上述操作，进行上、下两边围墙填充（设置“角度为”90°）。

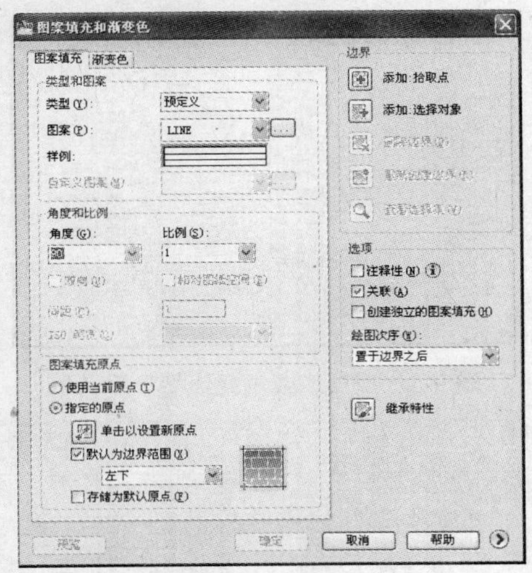

图 9-8 “图案填充和渐变色”对话框

（9）将内矩形和对角线删除，得到围墙，如图 9-9 所示。

图 9-9 围墙

（10）将“道路”图层设置为当前图层；使用多段线命令，以矩形下侧边中点为起点，向上绘制一条长 47.5 的竖直线，向左绘制一条长 57.5 的水平直线，向下绘制一条长 37.5 的竖直线；同理，继续向左绘制一条长 5 的水平直线，向上绘制一条长 37.5 的竖直线，向左绘制一条长 17.5 的水平直线，向上绘制一条长 5 的竖直线，向右绘制长一条 17.5 的水平直线，向上绘制一条长 35 的竖直线，向左绘制一条长 17.5 的水平直线，向上绘制一条长 5 的竖直线；再使用多段线命令，以矩形下侧边中点右侧水平距离 10 的点为起点，向上绘制一条长 47.5 的竖直线，向右绘制一条长 35 的水平直线；同理，继续向下绘制一条长 7.5 的竖直线，向右绘制一条长 5 的水平直线，向上绘制一条长 7.5 的竖直线，向右绘制一条长 30 的水平直线，向上绘制一条长 5 的竖直线，向左绘制一条长 17.5 的水平直线，向上绘制一条长 35 的竖直线，向右绘制一条长 17.5 的水平直线，向上绘制一条长 5 的竖直线，效果如图 9-10 所示。

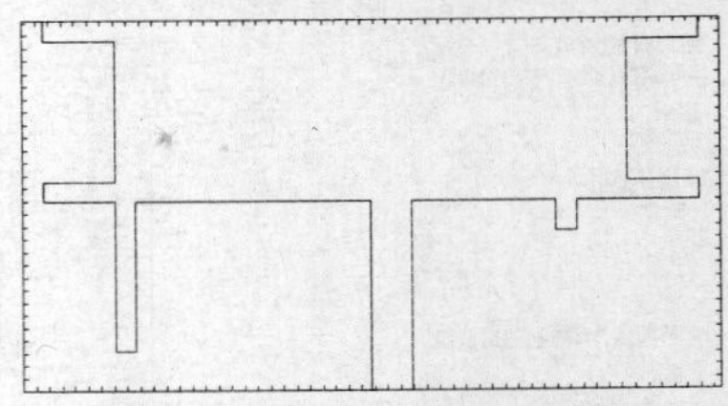

图 9-10 围墙内道路轮廓效果

（11）继续使用多段线命令，绘制围墙外道路。以下侧边中点为起点，向下绘制长 5 的竖直线，向左绘制一条长 95 的水平直线；以下侧边中点右侧水平距离 10 的点为起点，向下绘制一条长 5 的竖直线，向右绘制一条长 80 的水平直线；以上侧边中点左侧水平距离 2.5 的点为起点，向上绘制一条长 5 的竖直线，向左绘制一条长 92.5 的水平直线；以上侧边中点右侧水平距离 2.5 的点为起点，向上绘制一条长 5 的竖直线，向右绘制一条长 87.5 的水平直线。使用直线命令，将右侧的上下多段线连接，再以 10 为道路宽度，绘制下侧和右侧道路的另一条边线，然后使用修剪命令，对围墙与外部道路连接处即出入口进行修剪，效果如图 9-11 所示。

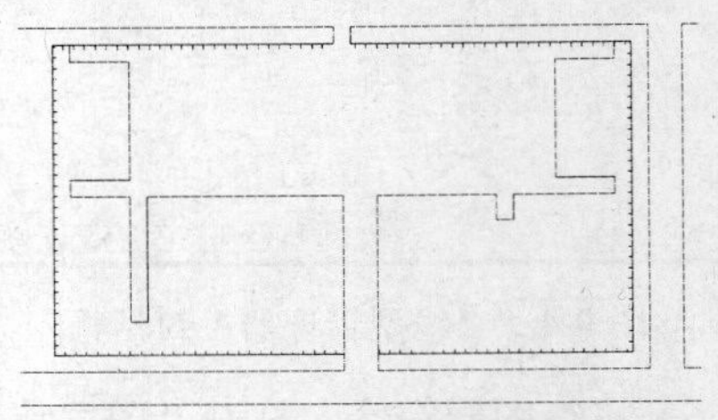

图 9-11 围墙外道路轮廓效果

（12）使用圆角命令，对相应的直角进行处理，均设置半径为 5，效果如图 9-12 所示。

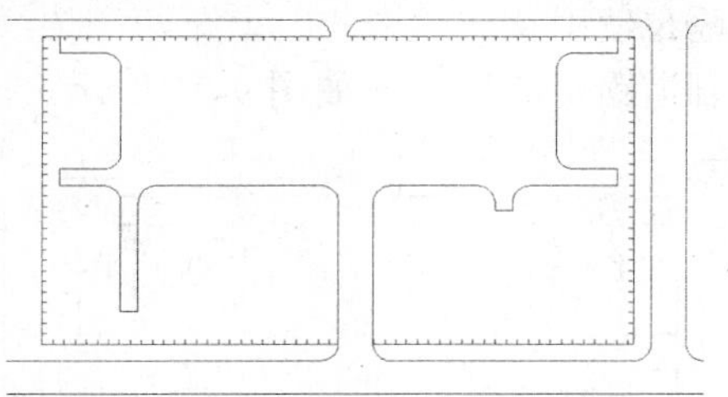

图 9-12　圆角效果

（13）接着进行新建筑物的绘制。将“新建筑物”图层设置为当前图层，该图层线宽为 0.30。使用多段线命令，以图 9-13 所示点 1 右侧水平距离 2.5 的点为起点，向上绘制一条长 30 的竖直线，向右绘制一条长 50 的水平直线，向下绘制一条长 30 的竖直线，向左绘制一条长 10 的水平直线，向下绘制一条长 2.5 的竖直线，向左绘制一条长 30 的水平直线，向上绘制一条长 2.5 的竖直线，向左绘制一条长 10 的水平直线；再以图 9-13 所示点 2 左侧水平距离 2.5 的点为起点，向上绘制一条长 25 的竖直线，向左绘制一条长 2.5 的水平直线，向上绘制一条长 10 的竖直线，向左绘制一条长 12.5 的水平直线，向下绘制一条长 30 的竖直线，向右绘制一条长 15 的竖直线。

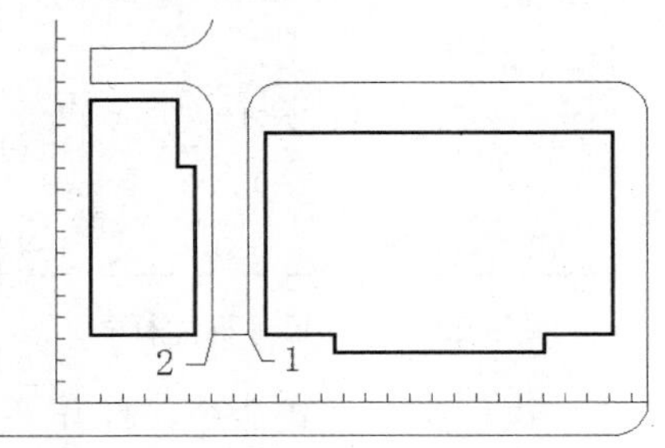

图 9-13　新建筑物

（14）使用矩形命令，以图 9-14 所示 3 点竖直向上距离 2.5 的点为基点，绘制一个尺寸为 15×30 的矩形。

（15）使用镜像命令，以原围墙矩形中心竖线为镜像线，复制刚得到的矩形至图形右侧，如图 9-15 所示。

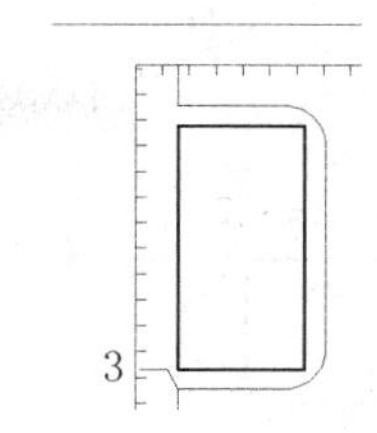

图 9-14　新建筑物

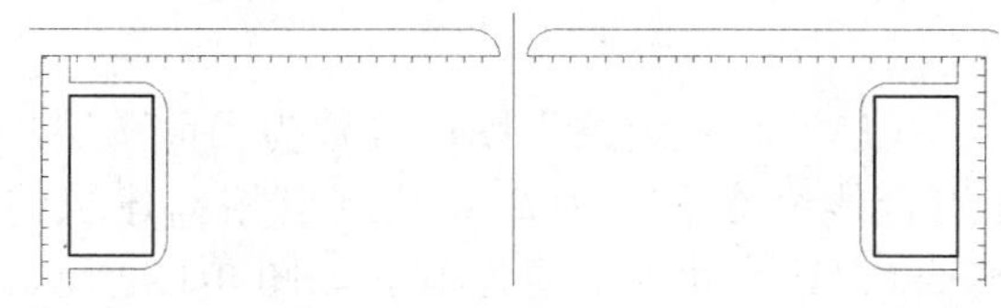

图 9-15　镜像

（16）将“旧建筑物”图层设置为当前图层，该图层线宽与“新建筑物”图层相同，颜色为蓝色。使用多段线命令，以图 9-16 所示 4 点为起点，向左绘制一条长 10 的水平直线，向下绘制一条长 2.5 的竖直线，向左绘制一条长 10 的水平直线，向上绘制一条长 2.5 的竖直线，向左绘制一条长 10 的水平直线，向下绘制一条长 30 的竖直线，向右绘制一条长 10 的水平直线，向下绘制一条长 2.5 的竖直线，向右绘制一条长 10 的水平直线，向上绘制一条长 2.5 的竖直线，向右绘制一条长 10 的水平直线，向上绘制一条长 30 的竖直线；再使用复制命令，得到另一个旧建筑物，以左上角为基点，放置在图 9-16 所示 2 点上。

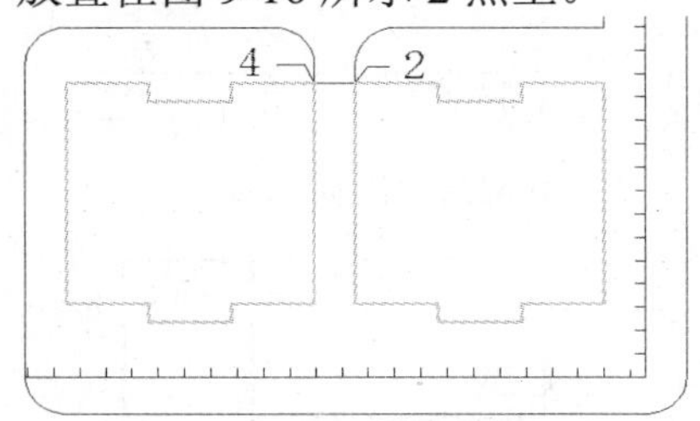

图 9-16　旧建筑物

（17）使用矩形命令，绘制一个尺寸为 2.5×5 的矩形，复制出 4 个，以一侧边中点为基点，分别放置在下侧和上侧的主次出入口，并将内部所含图形元素使用修剪命令删除，如

图 9-17 所示。

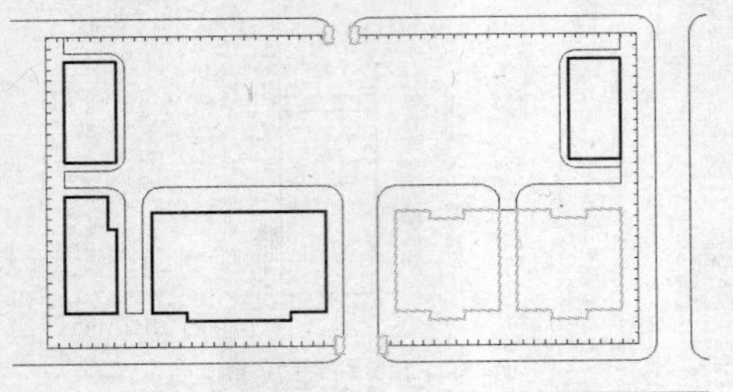

图 9-17　出入口

（18）将“道路”图层设置为当前图层，使用直线命令和修剪命令绘制出相应建筑的出入口，其尺寸大小均为 10，如图 9-18 所示。

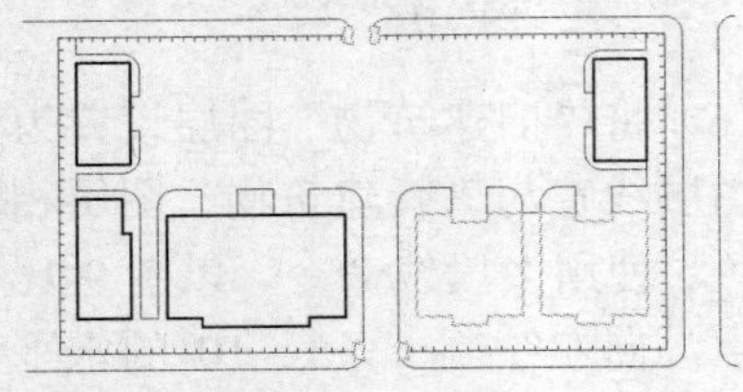

图 9-18　建筑出入口

（19）执行圆命令，使用对象捕捉追踪，按图 9-19 与图 9-20 所示的方法获取圆心，绘制两个半径为 16 的圆作为花坛。

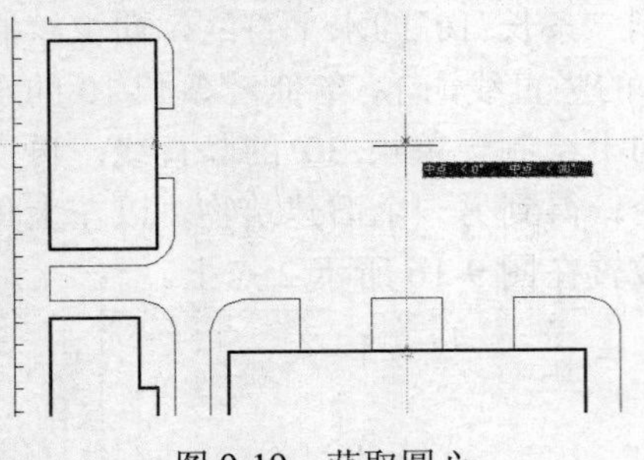

图 9-19　获取圆心

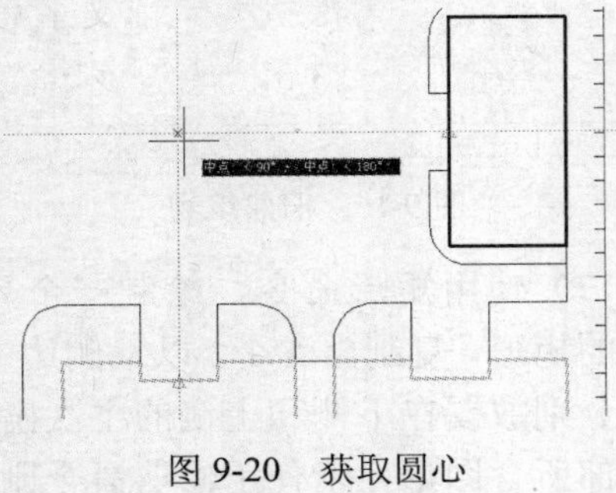

图 9-20　获取圆心

（20）将“道路轴线”图层设置为当前图层，该图层线型为中心线（即点划线），颜色为红色。使用直线命令，沿道路两侧边线的中间绘制道路中心轴线，如图 9-21 所示。

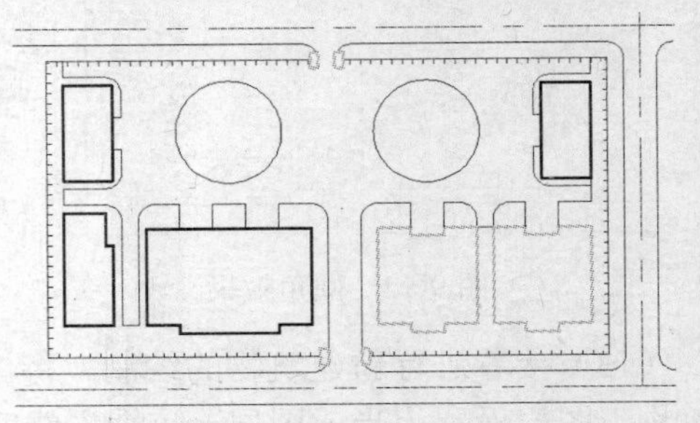

图 9-21　道路中心线

（21）至此，基本的图形已绘制完毕，可以开始进行尺寸和文字的标注。设置尺寸样式和文字样式，以合适为准。

（22）执行标注样式命令，新建一个名为“建筑”的标注样式，设置其“主单位”选项卡中的“单位格式”为“小数”，如图 9-22 所示。

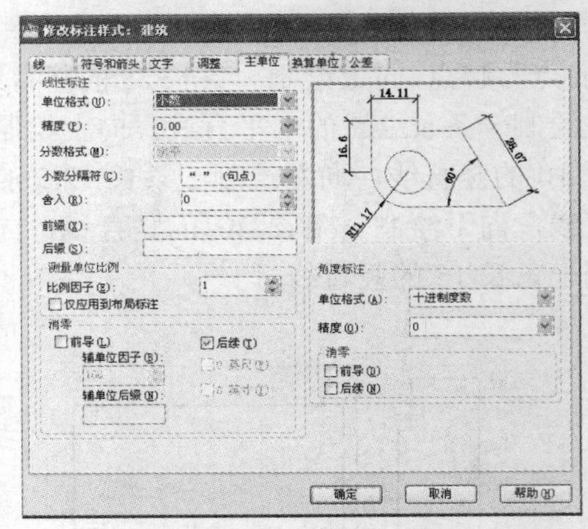

图 9-22　设置尺寸标注样式

（23）执行文字样式命令，打开“文字样式”对话框，选择“仿宋”字体，将“高度设置”为 2.50，并将“宽度因子”设置为 0.70，如图 9-23 所示。

（24）尺寸标注样式和文字标注样式设置完成后，即可进行标注操作。主要对新旧建筑物的尺寸、层数、户型，周边道路，小区的入口等进行标注，具体过程不再赘述。注意，在进行尺寸标注与文字标注时，需将“标注”图层和“文字”图层分别设置为当前图层。标注效果如图 9-24 所示。

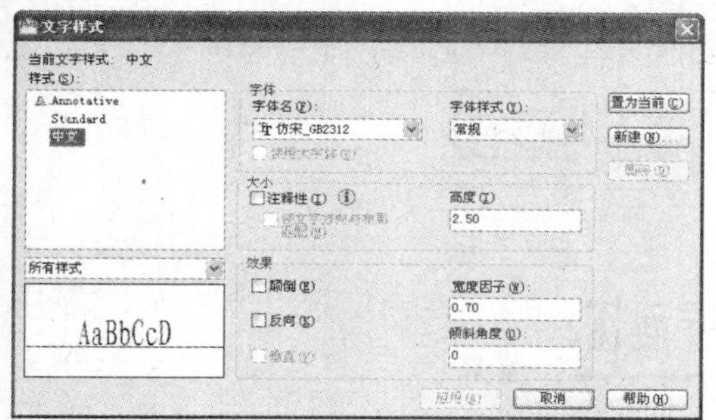

图 9-23　设置文字标注样式

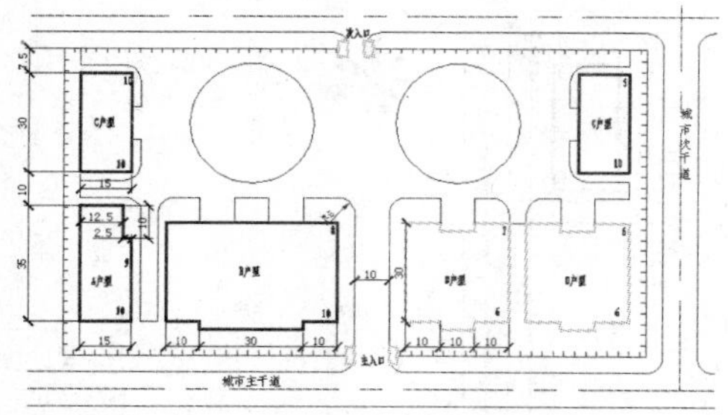

图 9-24　尺寸标注与文字标注效果

（25）标注完成后，进行相应填充操作。将“绿化”图层设置为当前图层，将该图层的颜色设置为绿色。执行图案填充命令，打开“图案填充和渐变色”对话框，设置“图案”为 GRASS，“比例”为 0.1，如图 9-25 所示。

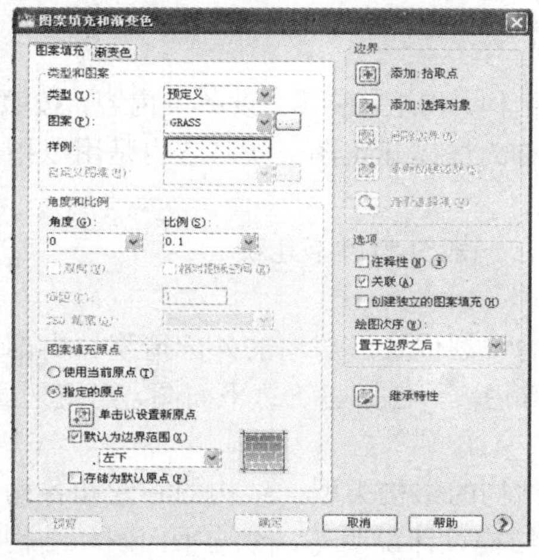

图 9-25　填充设置

（26）拾取图形中两个花坛内部点，以及新旧建筑物与道路、围墙间的点，按 Enter 键完成拾取，再单击“确定”按钮，完成图案填充，如图 9-26 所示。

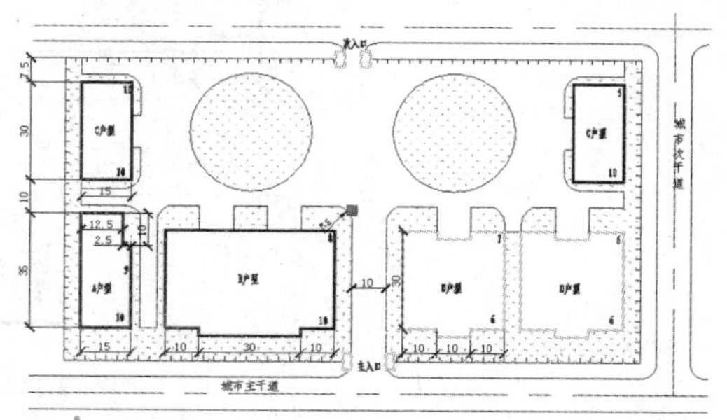

图 9-26　图案填充

（27）绘制风玫瑰，用以表示新建筑的朝向及该地区常年风向频率。其绘制过程将在 9.3 节中讲述（注意，此时要将“坐标”图层设置为当前图层），在此不再赘述。绘制效果如图 9-27 所示。

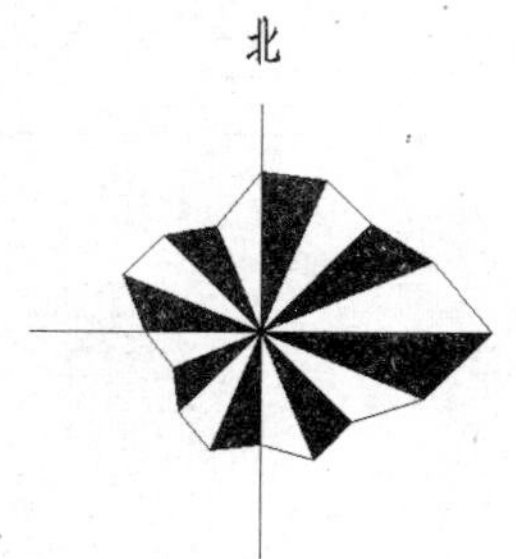

图 9-27　风玫瑰

（28）最后，加注图名与比例。将“文字”图层设置为当前图层，执行单行文字命令，设置“文字高度”为 7.5，输入该图的图名“某小区总平面图”；再次执行单行文字命令，设置“文字高度”为 3.5，输入该图的比例为 1:10000，合理设置两者的位置，并在图名下加粗横线，如图 9-28 所示。

（29）完成绘制后的最终效果如图 9-29 所示。详细操作步骤请参考操作视频。

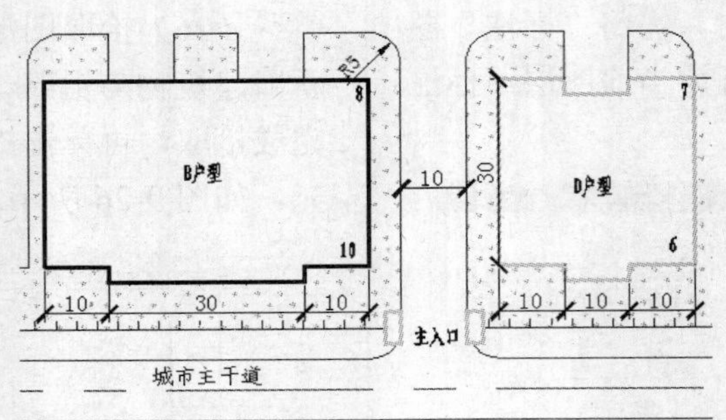

某小区总平面图

1: 10000

图 9-28　图名比例

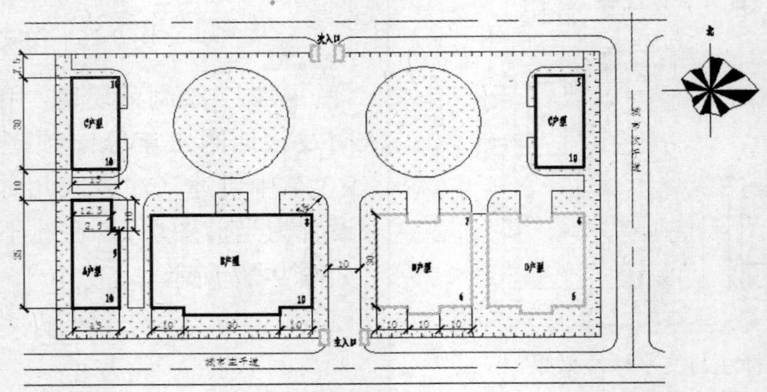

某小区总平面图

1: 10000

图 9-29　最终效果

9.2　施工图概述

将一幢拟建房屋的内外形状和大小，以及各部分的结构、构造、装修、设备等内容，按照“国标”的规定，用正投影方法详细、准确地画出的图样，称为房屋建筑图。同时它也是用以指导施工的一套图纸，所以又被称为施工图。

一套完整的施工图，按照其专业内容或作用的不同，一般分为以下几种。

◆ 首页图：包括图纸目录和设计说明。

◆ 建筑施工图（简称建施）：主要表达新建房屋的规划位置、房屋的外部造型、内部各房间的布置、室内外装修、细部构造及施工要求等内容，包括建筑总平面图、建筑平面图、建筑立面图、建筑剖面图和建筑详图。

◆ 结构施工图（简称结施）：主要表达房屋承重结构的结构类型、结构的布置和各构件的外形、大小、材料、数量及做法等内容，包括结构设计说明书、结构平面图和结构构件详图。

◆ 设备施工图（简称设施）：主要表达房屋的排水、采暖通风、供电照明、弱电等设备的布置和施工要求，包括各种设备的平面布置图、系统图和详图。

通过首页图中的图纸目录，我们可以了解整套建筑施工图的概貌，包含图纸的分类、各类的张数、每张图纸表达的内容等。各类施工图则是具体指导施工的依据。一般情况下，各类施工图中按平面图、立面图、剖面图、系统图、详图的顺序进行绘制和编排。

由于一套施工图数量众多、种类繁杂，因此在开始绘制之前进行策划编排将大大提高绘图效率。传统的编排方法是通过文件夹进行管理，绘图人员完成图形文件后，将其分别存放到指定的文件夹下，这种方法在查询和打印时会显得效率较低。通过 AutoCAD 软件的图纸集功能管理图纸，可以很方便地全程监视工程的设计进度，随时打开图形，减少图纸管理的工作量，从而大大提高效率。

启用新建图纸集命令的方式如下。

◆ GUI 方式，即选择菜单“文件”→“新建图纸集”命令，弹出“创建图纸集”对话框。
◆ 命令行方式，在命令行中输入 NEWSHEETSET，按 Enter 键或单击鼠标右键确认，弹出“创建图纸集”对话框。

下面以创建一套施工图的图纸集为例进行说明。

（1）执行“新建图纸集”命令，弹出“创建图纸集-开始”对话框，如图 9-30 所示。

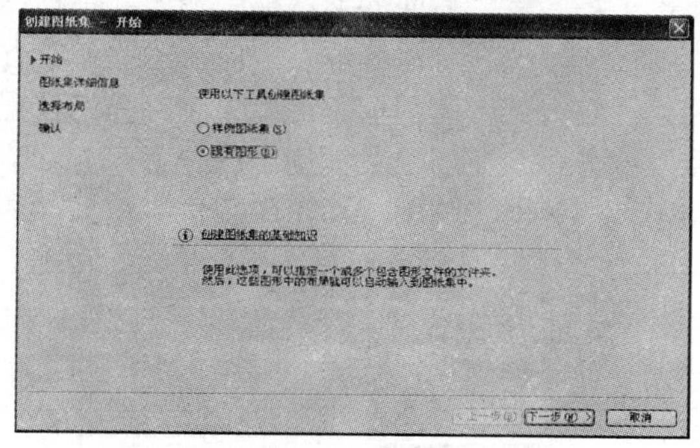

图 9-30 “创建图纸集-开始”对话框

（2）选中“现有图形”单选按钮，单击“下一步”按钮，在弹出的“创建图纸集-图纸集详细信息”对话框中的“新图纸集的名称”文本框中输入 “施工图”，设置图形文件保存路径为“C:\Documents and Settings\施工图”，如图 9-31 所示。

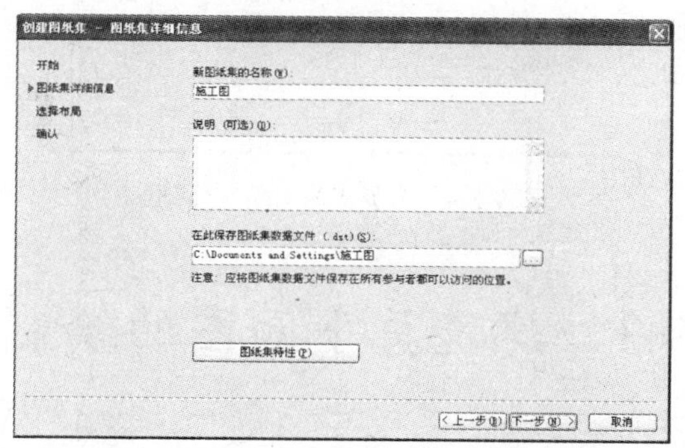

图 9-31 “创建图纸集-图纸集详细信息”对话框

（3）单击“下一步”按钮，弹出“文件夹不存在”提示对话框，单击“是”按钮；弹出“创建图纸集-选择布局”对话框，本例不进行布局设置，单击“下一步”按钮；弹出“创建图纸集-确定”对话框，单击“完成”按钮，退出向导；弹出“图纸集管理器”选项板，如图 9-32 所示。

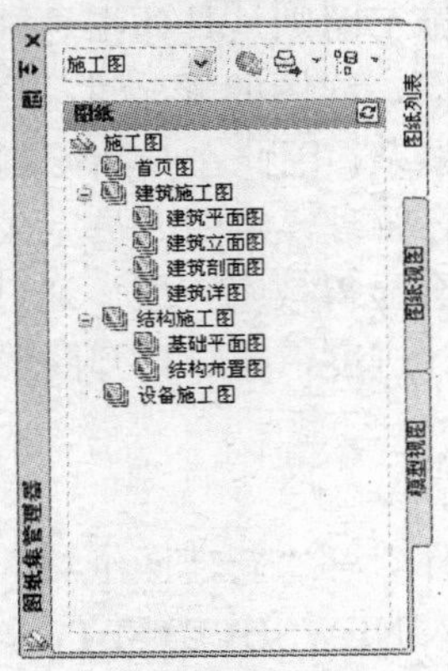

图 9-32　“图纸集管理器”选项板

选中图纸集名“施工图”，单击鼠标右键，在弹出的快捷菜单中选择“新建子集”命令，弹出“子集特性”对话框；在“子集名称”后面的文本框中输入“首页图”，单击“新图纸位置”栏后面的按钮；在弹出的“浏览文件夹”对话框中右击，新建一个名为“首页图”的文件夹，然后单击“打开”按钮；返回“子集特性”对话框，可以看到路径已设置完毕；最后单击“确定”按钮，新建的子集“首页图”就会显示在图纸集“施工图”下。

按同样的方法继续创建子集，并在子集下创建子集，最终得到如图 9-33 所示的图纸集，从而完成施工图的编排。

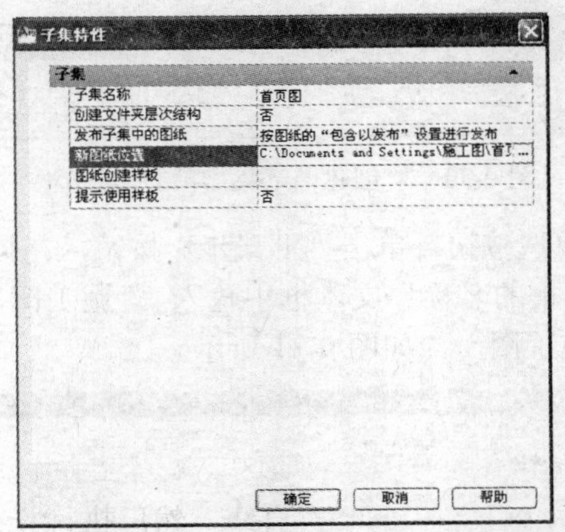

图 9-33　“子集特性”对话框

9.3　建筑总平面图的绘制

建筑总平面图是房屋建筑施工定位、土方施工和各种管线施工的总依据，它表明了新建的房屋与其所在地周围相关范围内的总体布置。

建筑总平面图中主要包含以下内容。

1. 地形和地貌

总平面图表示的范围较大时，应画出测量或施工的坐标网；简单工程的总平面图附在首页图时，可不画坐标方格网和等高线。

一律用细实线画出表示地形、地貌的图线，如河流、池塘、土坡等。在地形起伏较大的地区，还应画出地形等高线。

2. 建筑物及构筑物

新建筑物的可见轮廓用粗实线表示，计划修建的建筑物用中粗虚线表示，原有的建筑物用细实线表示，需拆除的建筑物在轮廓线处画叉。

3. 室外道路、场地、绿化等

新建的道路、桥梁、围墙等用中粗实线表示，原有的用细实线表示。如果需要，还可以绘制管网布置。

4. 指北针或风玫瑰

在总平面图上画出指北针或带有指北针的风玫瑰图（即风向频率图），以表明建筑物的朝向与该地区的常年风向频率。

5. 文字注释和尺寸标注

总平面图上应标注新建筑物的总长、总宽及与周围建筑、道路的间距尺寸，新建筑物室内地坪和室外整平地面的绝对标高尺寸，各建（构）筑物的名称。总平面图上标注的尺寸及标高，一律以米（m）为单位，标注到小数点后两位。

总平面图的一般绘制步骤如下。

（1）设置绘图环境。

（2）绘制道路。

（3）绘制各种建（构）筑物。

（4）绘制建筑物局部和绿化的细节。

（5）尺寸标注和文字注释。

（6）加图框和标题。

在此补充说明一下风玫瑰的绘制方法，以绘制本讲的第一个例子中的风玫瑰为例。风玫瑰是在16个方位线上，用端点与中心的距离表示当地这一风向在一年中发生次数的多少。

首先使用直线命令，绘制一条长30的竖直直线，然后执行阵列命令，采取环形阵列，选择该直线为阵列对象，选择该直线下端点为中心点，设置项目总数为16，填充角度为360°，得到如图9-34所示的环形射线。

使用多段线命令，根据测量数据，确定各射线上的极坐标，绘制周边直线，进行风向的设置，如图9-35所示，然后以该多段线为剪切边，对各射线进行修剪，如图9-36所示。使用图案填充命令，选择SOLID图案，间隔选取填充区域进行填充操作，再使用单行文字命令，在风玫瑰正上方输入“北”字。至此，完成风玫瑰的绘制，最终效果如图9-37所示。

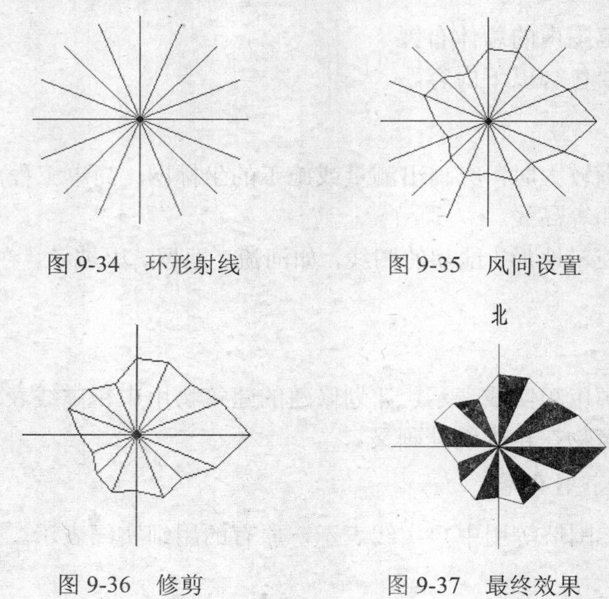

图 9-34　环形射线　　图 9-35　风向设置

图 9-36　修剪　　图 9-37　最终效果

9.4　建筑平面图的绘制

建筑平面图是用一个假想的水平切平面沿门窗洞的位置将房屋剖切后，其下半部的正投影图，简称平面图。

建筑平面图主要表明建筑物的平面形状，各种房间的布置及相互关系，门、窗、入口、走道、楼梯的位置，建筑物的尺寸、标高，房间的名称或编号。本图引用剖面图、详图的位置及其编号和文字说明等。

通常，房屋的每一层都应画出平面图，并在图的下方注明相应的图名，如首层平面图、二层平面图等。相同的楼层可用一个平面图表示，称为标准层平面图。对于局部的不同之处，可另绘局部平面图。

建筑平面图是施工过程中放线、砌墙、安装门窗、室内装修、编制预算及施工备料等的重要依据，其基本内容如下。

- 建筑物形状、内部的布置及朝向，包括建筑物的平面形状，各种房间的布置及相互关系，入口、走道、楼梯的位置等。一般平面图中均注明房间的名称或编号，首层平面图还应标注指北针表明建筑物的朝向。
- 建筑物的尺寸，通过轴线和尺寸线表示建筑物各部分的长、宽尺寸和准确位置。
- 建筑物的结构形式及主要建筑材料。
- 各层的地面标高。首层室内地面标高一般定为±0.00，并注明室外地坪标高，其余各层均注有地面标高。有坡度要求的房间或屋面还应注明地面坡度。
- 门窗编号、门的开启方向。
- 剖面图、详图和相应配件的位置及编号。

◆ 文字说明。平面图中不易表明的内容，如施工要求、砖及灰浆的标号等需要用文字说明。

建筑平面图的绘制应遵守先整体、后细部的原则，其一般步骤如下。

（1）设置绘图环境。

（2）绘制定位轴线及柱网。

（3）绘制各种建筑构配件（如墙体线、门窗洞等）的形状和大小。

（4）绘制各个建筑细部。

（5）绘制尺寸界线、标高数字、索引符号和相关说明文字。

（6）尺寸标注及文字标注。

（7）加图框和标题。

在此补充说明一下指北针的绘制方法。 指北针相应尺寸是有规范要求的。

使用圆命令，绘制一个直径为 24 的圆，然后使用多段线命令，采用半宽方式，以圆上一点为起点，起点宽为 0，输入端点宽为 3（因为指北针尾部规定宽度为 3），确定端点，绘制一条直径，得到如图 9-38 所示的指北针。

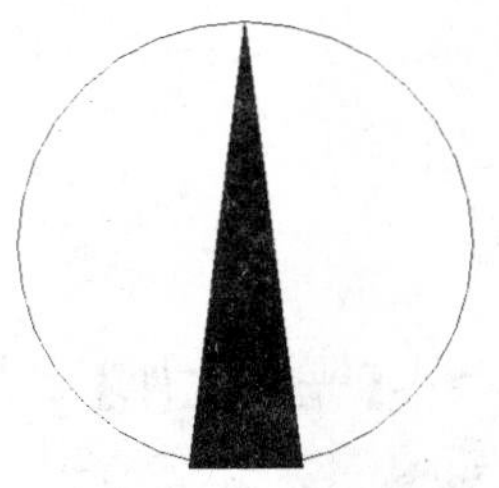

图 9-38 指北针

9.5 实例·操作——绘制别墅平面图

本例将绘制一间别墅的首层平面图，如图 9-39 所示。该别墅曾作为标注的例子在第 7 讲中出现过，在此从头开始绘制该别墅。通过此例，读者可以熟悉一般建筑平面图的绘制过程及相关方法。

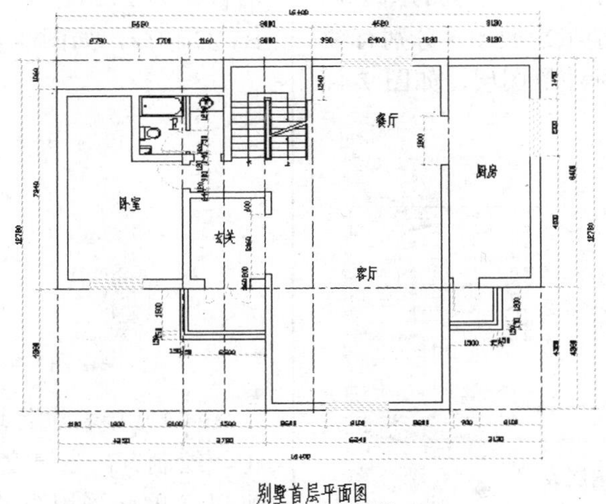

图 9-39 别墅平面图

【思路分析】

在进行绘图环境的设置后，首先应画出相应轴线，方便后期绘制墙线时定位，然后绘制别墅的外墙轮廓、内墙布置以及楼梯等，并绘制门窗、台阶等建筑物不可缺少的组成部分，最后再进行尺寸标注，同时加注图名、指北针等图形要素。流程如图 9-40 所示。

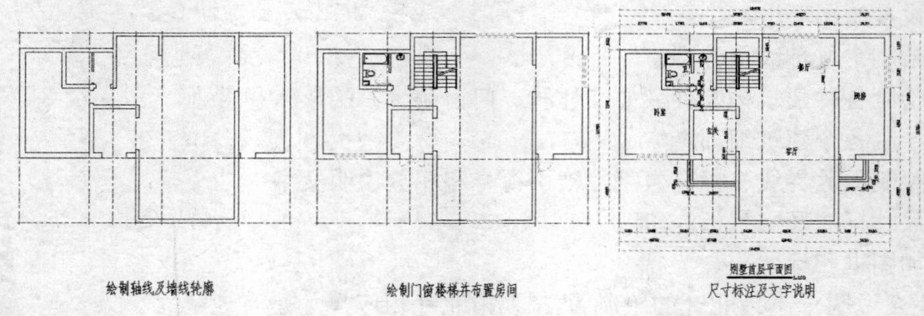

图 9-40　流程图

【光盘文件】

——参见附带光盘中的“END\Ch9\9-5.dwg”文件。

——参见附带光盘中的“AVI\Ch9\9-5.avi”文件。

【操作步骤】

（1）启动 AutoCAD 2012，设置习惯的绘图环境。

（2）绘图环境的设置可参考本章的模仿例子，其中对于“单位”、“图形界限”、“线型”等，可采用相同的设置；对于“图层”的设置，因绘制内容有所不同，则相应的图层有所变化。本例绘制一间别墅平面图，分别有轴线、墙、楼梯、门窗、标注等图层，如图 9-41 所示。

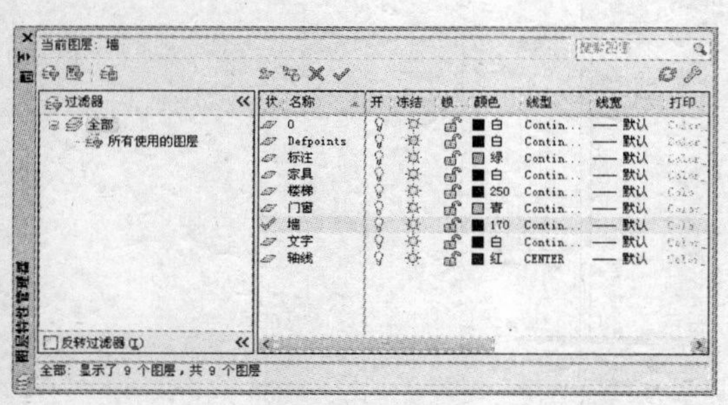

图 9-41　图层设置

（3）将“轴线”图层设置为当前图层，该图层使用线型为中心线（CENTER），颜色为红色。使用直线命令，绘制一条长 12980 的竖直直线，然后使用偏移命令将其向右依次偏移 4250、1400、1380、1620、4620、3130，再使用直线命令，以第一条轴线下端点为基点，捕捉(@-100,100)点为起点，绘制一条长 16600 的水平直线，然后使用偏移命令将其向上依次偏移 4380、8400。如此轴网绘制完毕，从左往右依次为 1、2、3…7 轴线，从下往上依次为 A、B、C 轴线，如图 9-42 所示。

图 9-42　轴网绘制

（4）接着进行墙体的绘制。在建筑制图中，绘制有一定厚度的墙体，其方法有多种，可以简单地采用直线命令结合相应修改命令进行，也可以采用多线命令结合多线编辑进行。在此采用后一种方法，便于读者进一步加深对多线命令的理解。

（5）将“墙体”图层设置为当前图层，该图层颜色为蓝色。首先绘制外墙，执行多线命令，选择默认 STANDARD 样式，设置“比例”为 240，设置对齐方式为“下”，以 7 轴线与 C 轴线交点为起点，向左水平绘制至 3 轴线与 C 轴线交点，然后竖直向下绘制一条长 1060 的多线，再向左水平绘制至 1 轴线为止，继续执行多线命令，改变对齐方式为“上”，比例、样式不变，以 6 轴线与 A 轴线交点为起点，向左水平绘制至 4 轴线与 A 轴线交点，再竖起向上绘制一条长 4700 的多线，继续执行多线命令，设置“比例”为 360，对齐方式为“上”，以 7 轴线与 C 轴线交点为起点，竖直向下绘制至 7 轴线与 B 轴线交点，然后向左绘制至 6 轴线与 B 轴线交点，重复执行多线命令，比例、对齐方式不变，以 4 轴线与 B 轴线交点为起点，向左水平绘制至 1 轴线与 B 轴线交点，然后向上绘制至已有的外墙处。如此外墙基本绘制完毕，如图 9-43 所示。

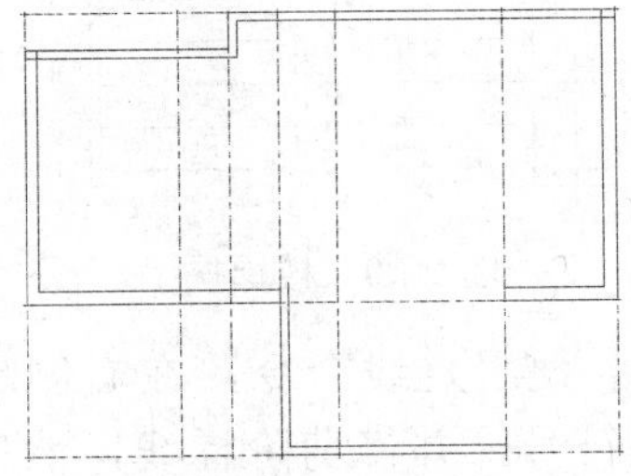

图 9-43　外墙墙线绘制

（6）接着绘制内墙。内墙墙厚基本为 240，因此多线比例多设定为 240。执行多线命令，样式同外墙，设定对齐方式为“上”，以 6 轴线与 C 轴线交点为起点，竖直向下绘制一条至 6 轴线与 A 轴线交点；以 5 轴线与 C 轴线交点为起点，竖直向下绘制一条长 1480 的多线；以 2 轴线与下侧外墙的上侧交点为起点，竖直向上绘制一条长 3200 的多线，然后水平向右绘制一条长 3020 的多线，再竖直向下绘制一条长 840 的多线。改变对齐方式为“下”，以 3 轴线与上侧外墙线的下侧交点为起点，竖直向下绘制一条长 2160 的多线，然后水平向左绘制一条长 2860 的多线，再竖直向上绘制至外墙。至此内墙基本绘制完毕，如图 9-44 所示。

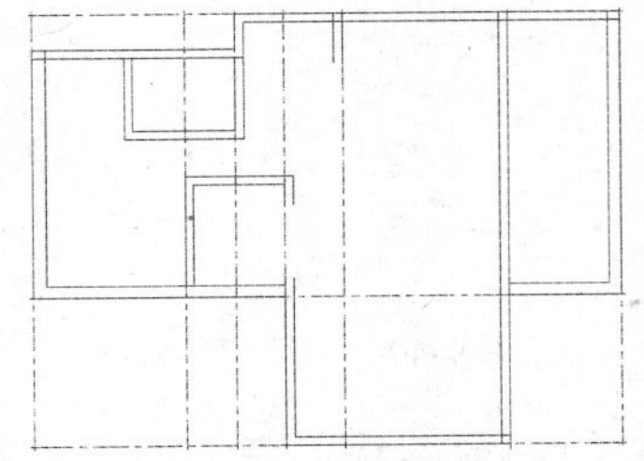

图 9-44　内墙墙线

（7）使用多线编辑工具，主要是“T 形合并”与“角点结合”两个命令，对内、外墙线进行修改，并使用多线和直线命令进行完善，最终如图 9-45 所示。

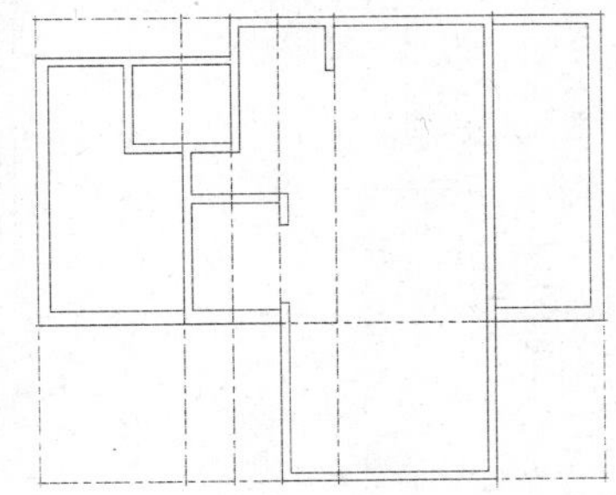

图 9-45　多线编辑

（8）墙体绘制完成后，可进一步绘制门窗。在此采用创建门、窗图块，然后在适当位置插入所绘制的门、窗。创建 4 种窗图块，置于 240 厚墙中的两种分别长 2400 和 2100，置于 360 厚墙中的两种分别长 2100 和 1800，如图 9-46 所示。创建 3 种门图块，宽分别为 1500、900、750，如图 9-47 所示。

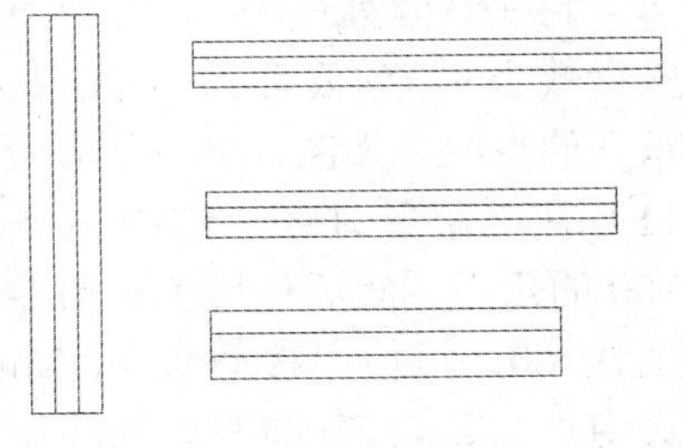

图 9-46　4 种窗图块

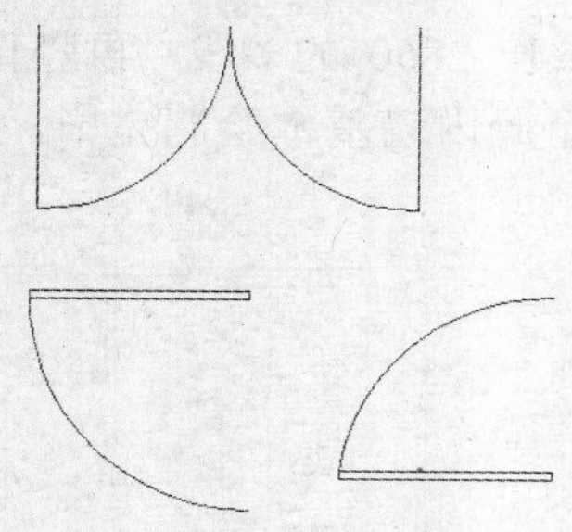

图 9-47　3 种门图块

（9）门、窗图块创建完成后，按原来设定的图块基点，选择合适位置进行插入。窗户一般设在所处墙段的中央位置；单扇门则一般设在距离一侧墙 100～150 的地方，留有墙垛；双扇门则设在墙段中央。门窗插入后，要注意对墙线进行修剪，效果如图 9-48 所示。

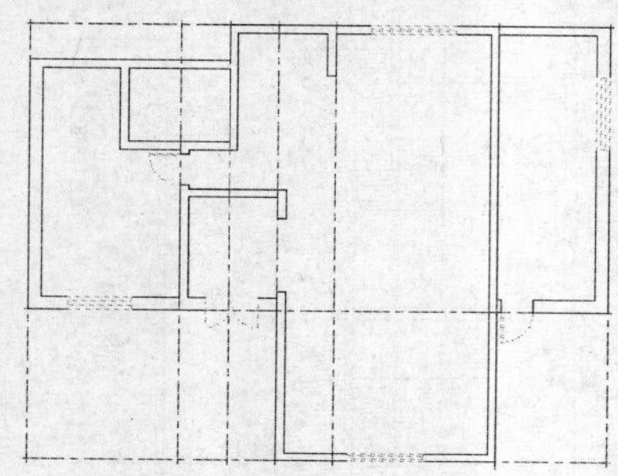

图 9-48　插入门窗

（10）门窗布置完成后，开始绘制楼梯。使用直线命令，以 5 轴线上内墙左侧角点为起点，竖直向下绘制一条长 2200 的直线，然后使用偏移命令将其向右偏移 60，并绘制直线连接两线的下侧端点，继续使用直线命令，以同样的起点，水平向左绘制一条直线，终点为另一侧墙线上的垂足，然后使用偏移命令将其向下偏移 20，再执行阵列命令，选择该直线为对象，输入行数为 9，列数为 1，行偏移为 260，得到一系列的直线，如图 9-49 所示。

（11）使用矩形命令，绘制一个尺寸为 120×2160 的矩形，然后使用偏移命令，将其向外侧偏移 60，再使用移动命令，以外侧矩形左侧边中点为基点，移动至 4 轴线与楼梯阶梯线的交点，对矩形内部的阶梯线进行修剪，如图 9-50 所示。

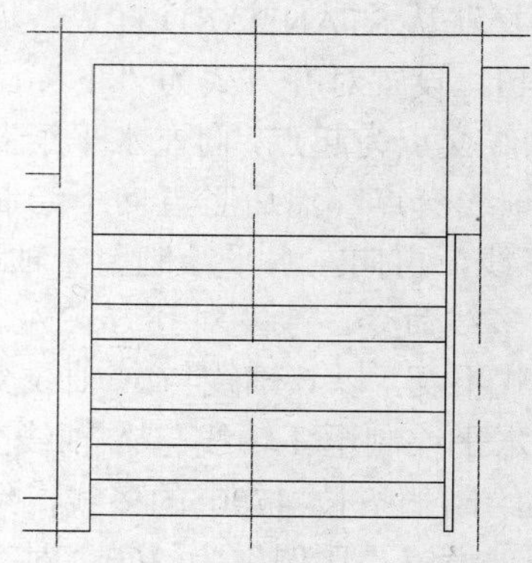

图 9-49　楼梯阶梯线

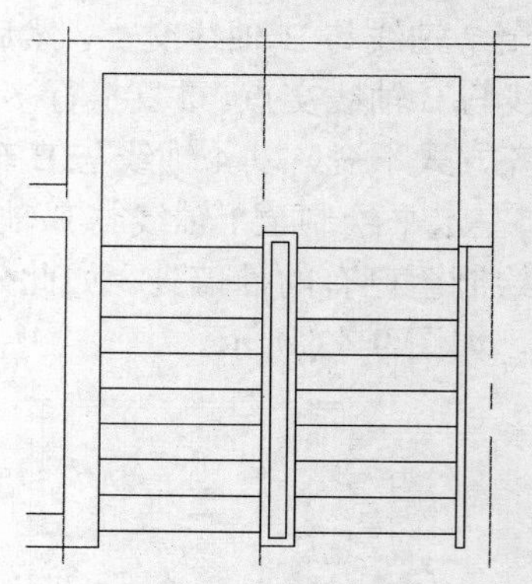

图 9-50　楼梯扶手

（12）使用直线命令，在右侧阶梯上作一个剖切符号，并修剪阶梯线，然后绘制箭头并标注文字，对楼梯上下方向进行说明，如图 9-51 所示。

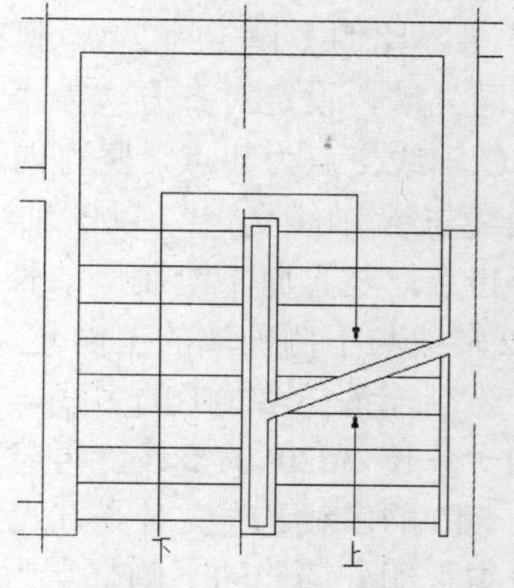

图 9-51　修剪并标注

（13）楼梯绘制完成后，可以进一步布置相应的房间，如布置楼梯左侧的卫生间。首先将“家具”图层设置为当前图层，然后创建相应的浴缸、抽水马桶、洗手盆图块，插入适当位置，在2轴线左侧120距离的地方绘制一段厚120的隔墙，并在该段墙适当位置插入宽750的门图块，最后对相应墙进行修剪。如此卫生间布置完毕，如图9-52所示。

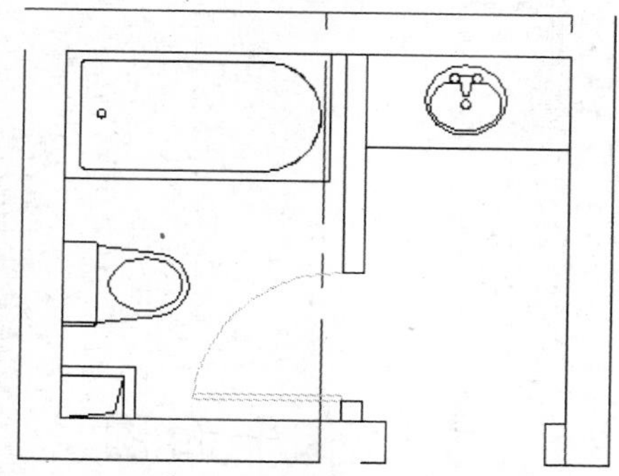

图9-52　卫生间布置

（14）房间布置完成后，将图层0设置为当前图层，绘制室外台阶，细节尺寸和结果如图9-53和图9-54所示。

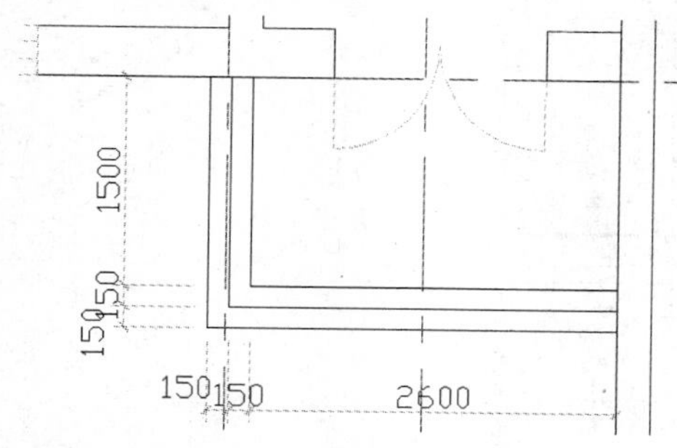

图9-53　台阶尺寸

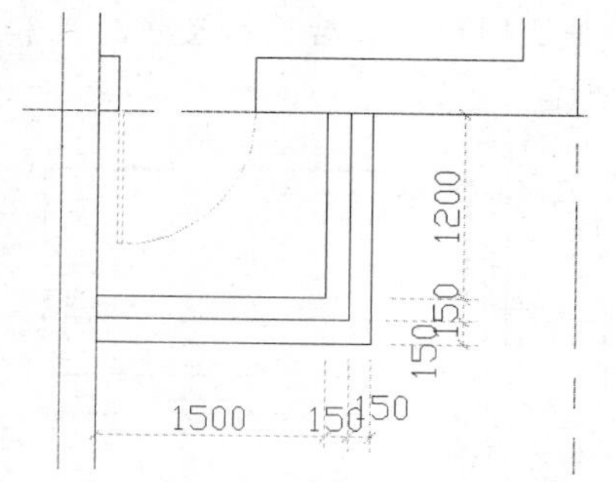

图9-54　台阶尺寸

（15）平面图基本绘制完成后，开始进行尺寸标注。尺寸标注的过程参见第7章，效果如图9-55所示。

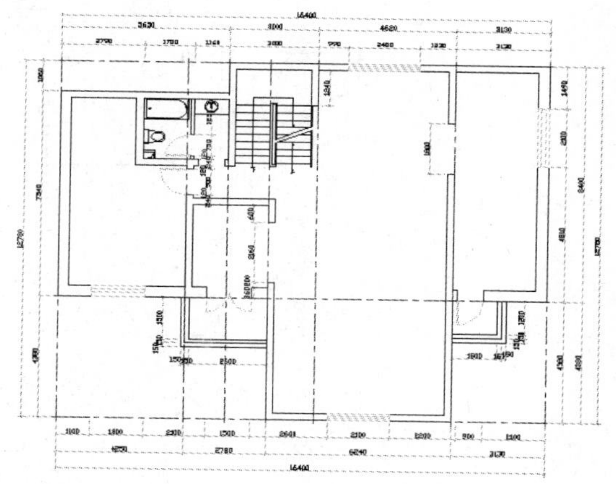

图9-55　尺寸标注的效果

（16）接着标注房间名称。将“文字”图层设置为当前图层，执行单行文字命令，使用默认文字样式，设置“文字高度”为500，输入各房间名，如图9-56所示。

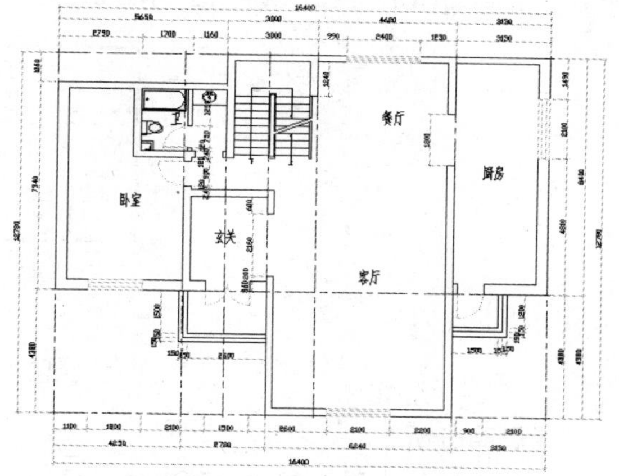

图9-56　房间标注

（17）最后加注图名和比例。设置“文字高度”为750，输入“别墅首层平面图”，并在文字下方加粗划线；设置文字高度为350，输入比例“1:100”，放置在合理位置，最终效果如图9-57所示。详细操作步骤请参考操作视频。

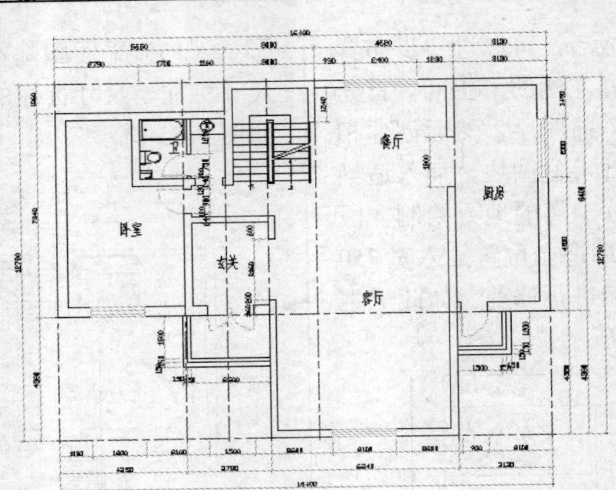

图 9-57　最终效果

9.6　实例·练习——绘制某厂房标准平面图

本例将绘制某厂房的标准平面图，如图 9-58 所示。该厂房平面图布局简单，但基本的平面图所需绘制的图形均已包括在内。通过此例，希望读者练习建筑平面图的绘制方法。

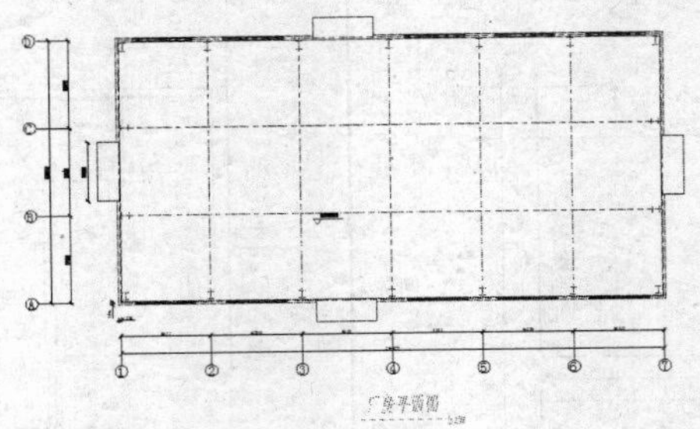

图 9-58　厂房平面图

【思路分析】

首先绘制轴线网，然后绘制墙体、门窗、柱、楼梯等平面图形，最后进行尺寸标注和文字说明，加注图名及比例，并插入图框。绘制流程如图 9-59 所示。

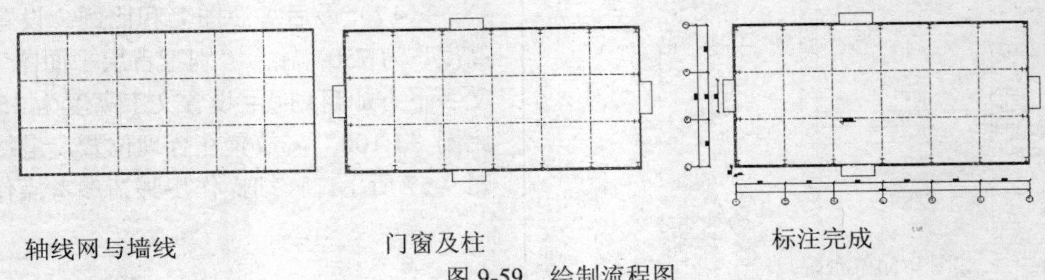

轴线网与墙线　　门窗及柱　　标注完成

图 9-59　绘制流程图

【光盘文件】

结果文件——参见附带光盘中的“END\Ch9\9-6.dwg”文件。

动画演示——参见附带光盘中的“AVI\Ch9\9-6.avi”文件。

【操作步骤】

（1）启动 AutoCAD 2012，设置习惯的绘图环境。

（2）绘图环境的设置可参考本章的模仿例子，其中对于“单位”、“图形界限”、“线型”等，可采用相同的设置；对于图层的设置，因绘制内容有所不同，则相应的图层有所变化。本例绘制厂房平面图，分别有轴线、柱、墙体、标注等图层，如图 9-60 所示。

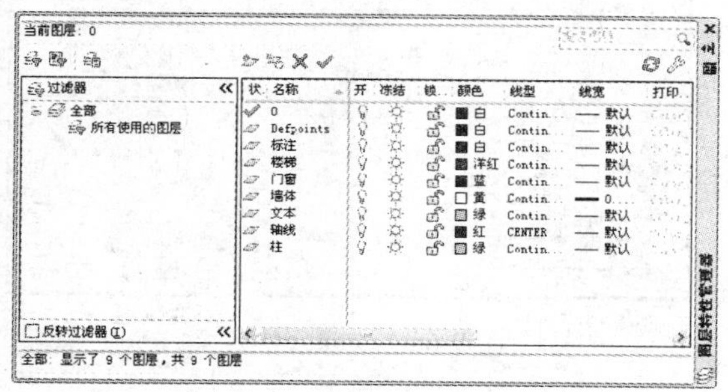

图 9-60　图层设置

（3）将“轴线”图层设置为当前图层，该图层使用线型为中心线（CENTER），颜色为红色。选择“格式”→“线型”命令，打开“线型管理器”对话框，如图 9-61 所示，选择 CENTER 线型，设置“全局比例因子”为 100，单击“确定”按钮，完成线型设置。

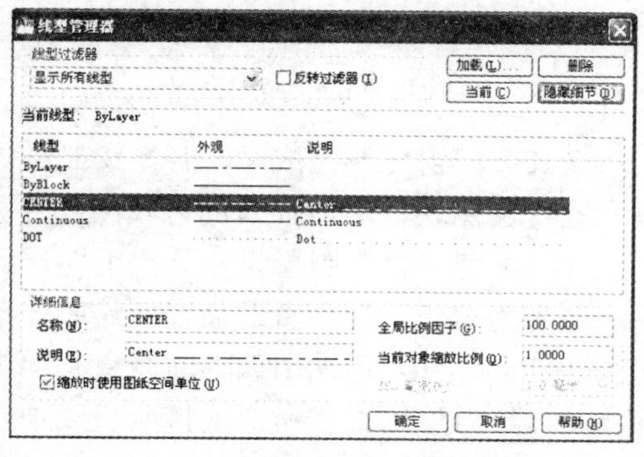

图 9-61　线型设置

（4）使用直线命令，绘制一条长 18000 的竖直直线，然后使用偏移命令，将其向右偏移 6000，连续偏移 6 次，再使用直线命令，连接左、右最外侧两根轴线下端点，最后使用偏移命令，将其向上偏移 6000，连续偏移 3 次，效果如图 9-62 所示。

图 9-62　轴网绘制效果

（5）将“墙体”图层设置为当前图层，该图层线宽设定为 0.25，颜色为黄色。执行多线命令，设置对正方式为无，比例为 240，样式选择默认样式，绘制厂房上、下两条厚 240 的水平墙体，再使用多线命令，改变比例为 180，绘制厂房左、右两侧厚 180 的垂直墙体，然后使用多线编辑工具中的角点结合命令修改墙角，完成墙体的绘制，如图 9-63 所示。

图 9-63　墙线绘制

（6）接下来绘制门、窗。在此按照先在墙体上挖好门洞与窗洞，然后再创建门、窗图块并插入的步骤来绘制。将“门窗”图层设置为当前图层，该图层颜色为蓝色。使用直线命令，以轴线网左下角点为起点，向下绘制一条长 1500 的竖直线，然后使用移动命令，以该竖直线左下角点为基点，输入（@1000,500），将其移动至与墙线相交位置，接着使用偏移命令，将其向右偏移 4000，从而得到该轴网网格内的窗洞位置。使用复制命令，将辅助线复制到有窗洞或门洞的各墙线上，位置可由以轴线网格左下角点为基点，向左 1000、向上 500 来确定，效果如图 9-64 所示。

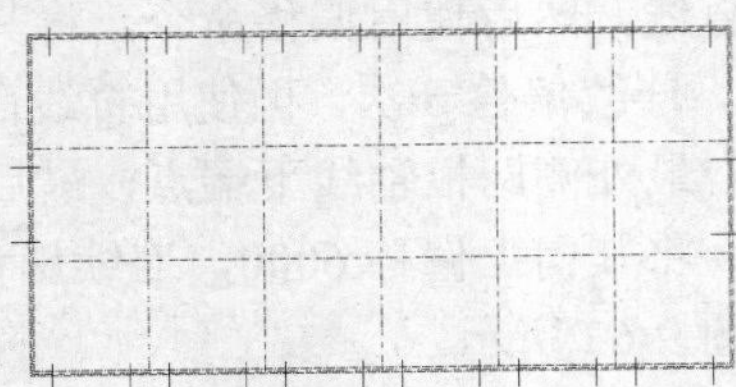

图 9-64　辅助线确定门、窗洞口

（7）使用修剪命令，以辅助线为剪切边，修剪线内墙线，然后删除辅助线，效果如图 9-65 所示。

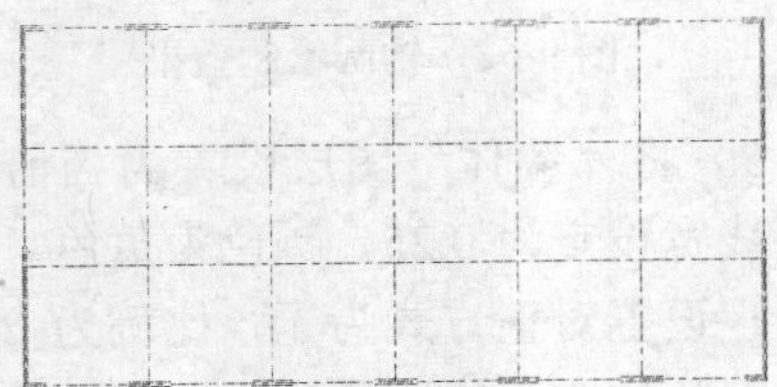

图 9-65　剪切得到洞口

（8）使用矩形命令，绘制一个尺寸为 4000×1500 的矩形；接着使用复制命令，以其一角点为基点，配合旋转命令，将其复制到上、下、左、右 4 个门洞上，然后删除源对象，如图 9-66 所示。

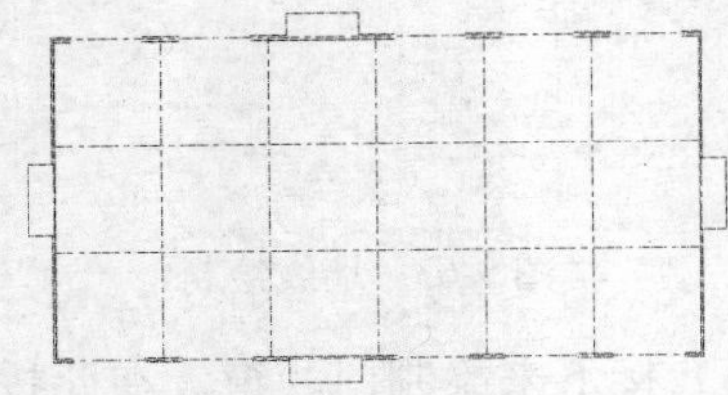

图 9-66　绘制门

（9）剩余的均为窗洞，使用矩形命令，以其中一个窗洞的左上角点和右下角点为先后的拾取点，绘制得到一个矩形，然后将其分解，再使用偏移命令，将上、下两横边分别向内侧偏移 80，如此得到一个窗户，如图 9-67 所示。

图 9-67　绘制窗

（10）执行图块创建命令，在弹出的“块定义”对话框中的“名称”文本框中输入“窗”，选择步骤（9）所绘的窗为对象，拾取左上角点为基点，如图 9-68 所示。

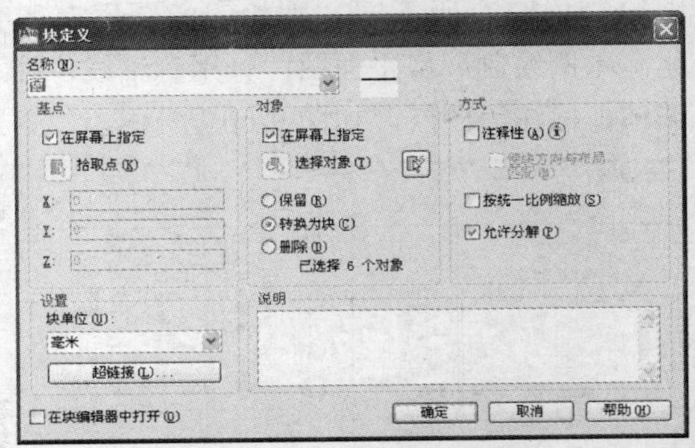

图 9-68　“窗”块定义

（11）使用插入图块命令，将窗图块插入各窗洞中，如图 9-69 所示。

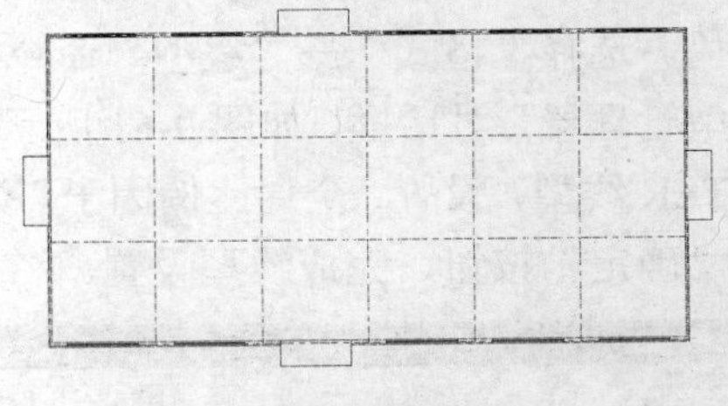

图 9-69　插入窗

（12）门窗绘制完成后，开始绘制柱。可以采取定义图块，然后插入的方式绘制柱。

（13）将“柱”图层设置为当前图层，该图层颜色为绿色。使用直线命令，绘制一条水平长 400 的直线，再使用偏移命令将其向上偏移 500，然后使用直线命令连接两直线中点，得到如图 9-70 所示的柱图形。

图 9-70　工字形柱

（14）使用图块创建命令，将所绘柱定义为 zhu 图块，指定插入点为柱下侧边中心点，如图 9-71 所示。

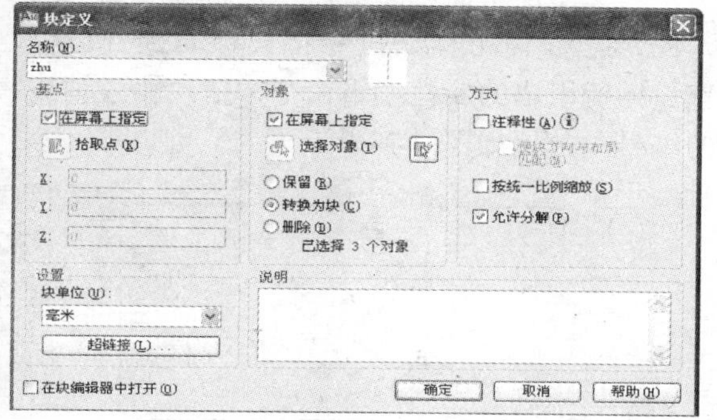

图 9-71　zhu 块定义

（15）使用插入图块命令，将 zhu 图块插入指定位置（沿轴线，距墙线距离均为 100），如图 9-72 所示。

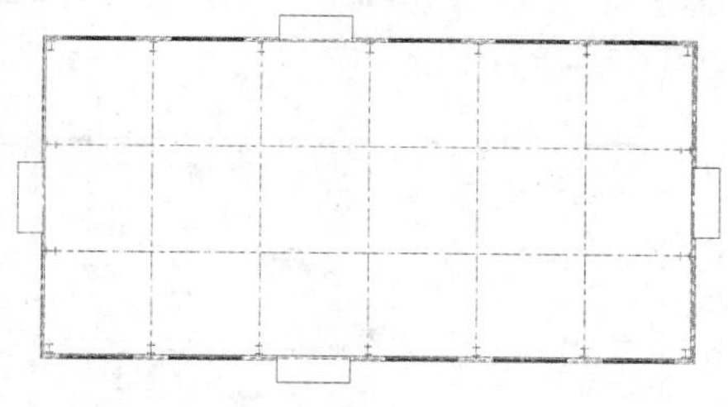

图 9-72　插入柱

（16）接下来进行尺寸标注。先对尺寸标注样式进行设置，打开“修改标注样式：建筑”对话框，在“线”选项卡中按照如图 9-73 所示的参数进行设置，在“调整”选项卡中设置比例因子为 100，其他采用默认值。

（17）选择“建筑”标注样式，运用相关标注命令，如线性标注、连续标注等，对厂房周边尺寸进行标注，效果如图 9-74 所示。

（18）尺寸标注完成后，还应添加标高和轴号标注。由于 AutoCAD 中没有自带的标高符号和轴号符号，因此需要自行绘制。按以下步骤绘制标高符号：使用直线命令，绘制一条长 2000 的水平直线，继续使用直线命令，捕捉距水平直线上距左侧端点 300 距离的点，绘制一条竖直向下长 300 的直线，然后将水平直线左端点与竖直直线下端点连接，再使用镜像命令，复制得到另一半三角形，最后删除竖直直线，如此标高符号绘制完成。接下来使用单行文字命令，在水平直线上方输入%%p0.000，即可完成±0.000 标高符号的绘制，如图 9-75 所示，再将它移动到厂房的合适位置即可。

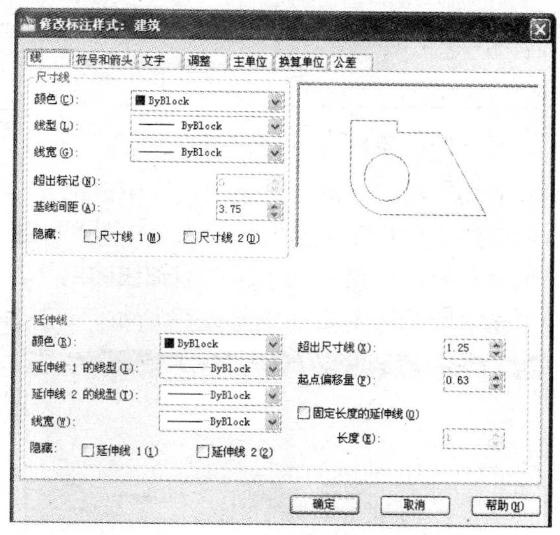

图 9-73　设置尺寸标注样式

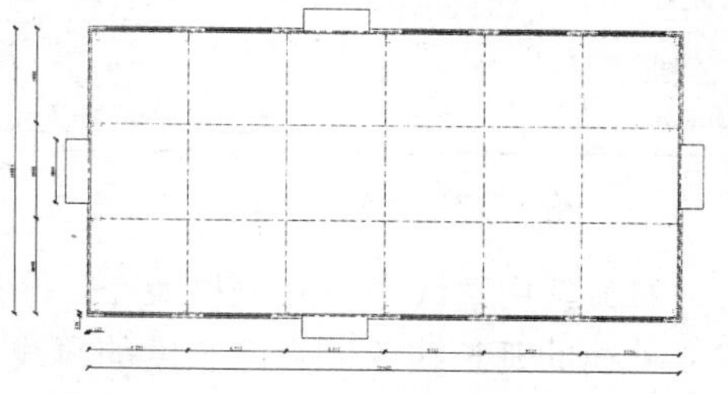

图 9-74　尺寸标注效果

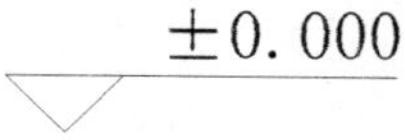

±0.000

图 9-75　标高符号的绘制

（19）接着绘制轴号。使用圆命令，绘制一个半径为 400 的圆，执行块的定义属性命令，打开“属性定义”对话框，对其属性进行设置，如图 9-76 所示。

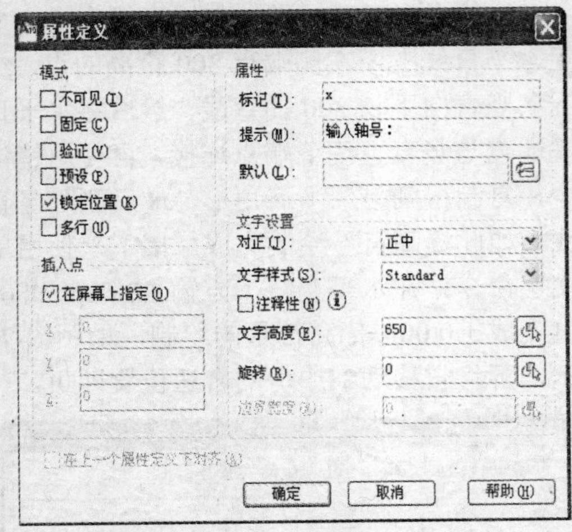

图 9-76　块属性定义

（20）执行块创建命令，在“块定义”对话框中的“名称”文本框中输入“轴号”，选择轴号对象，确定后输入属性即轴线的编号，即可完成图块的创建，如图 9-77 所示。

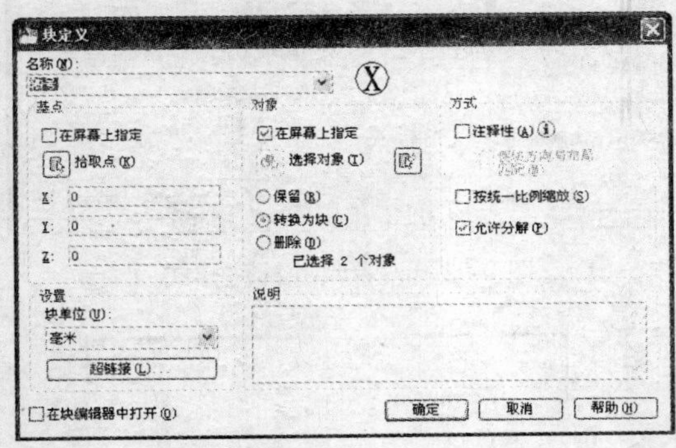

图 9-77　“轴号”块定义

（21）使用直线命令和偏移命令，沿尺寸界线或轴线的延长线绘制合适长度的直线，以确定轴号位置，如图 9-78 所示。

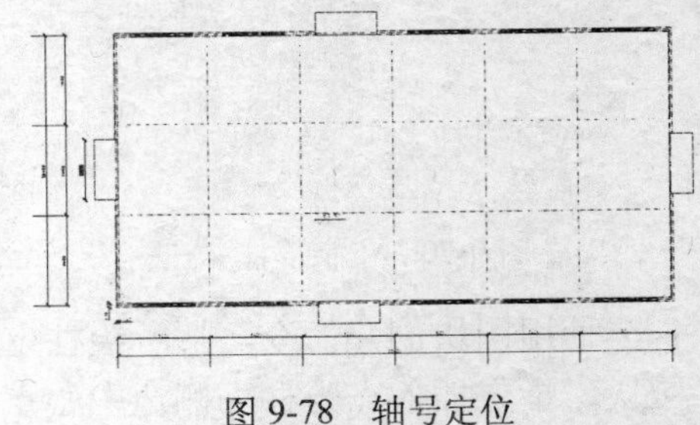

图 9-78　轴号定位

（22）使用插入图块命令，将轴号图块插入图形，并使用移动命令将其移动到合适位置，再使用块的属性编辑命令，依次输入轴线的编号，效果如图 9-79 所示。

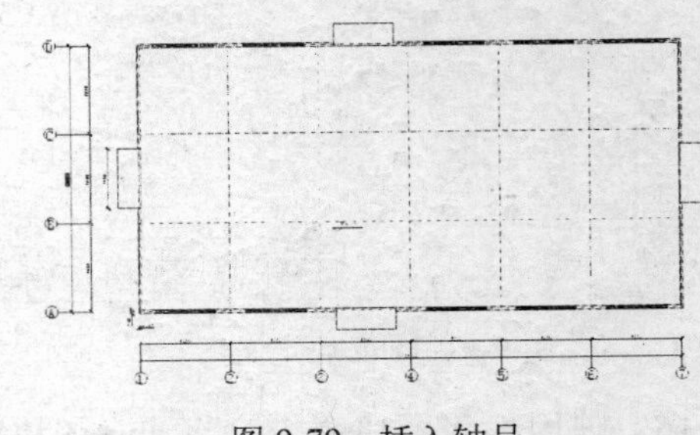

图 9-79　插入轴号

（23）最后加注图名与比例，即可完成该图的绘制，最终效果如图 9-80 所示。详细操作步骤请参考操作视频。

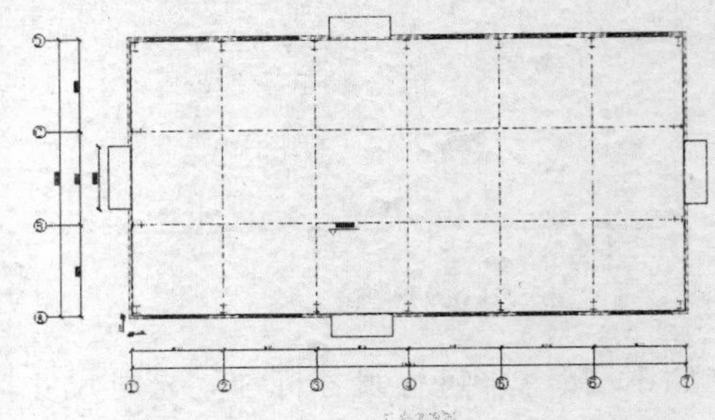

图 9-80　最终效果

第 10 讲　绘制建筑施工图（二）

建筑施工图除了第 9 讲所学习的建筑总平面图和建筑平面图外，还有建筑立面图、建筑剖面图及建筑详图。通过本讲，读者可以初步掌握这几类图的绘制。

本讲内容

- 实例·模仿——绘制某厂房建筑立面图
- 建筑立面图的绘制
- 建筑剖面图的绘制
- 建筑详图的绘制
- 实例·操作——绘制某住宅剖面图
- 实例·练习——绘制楼梯踏步详图

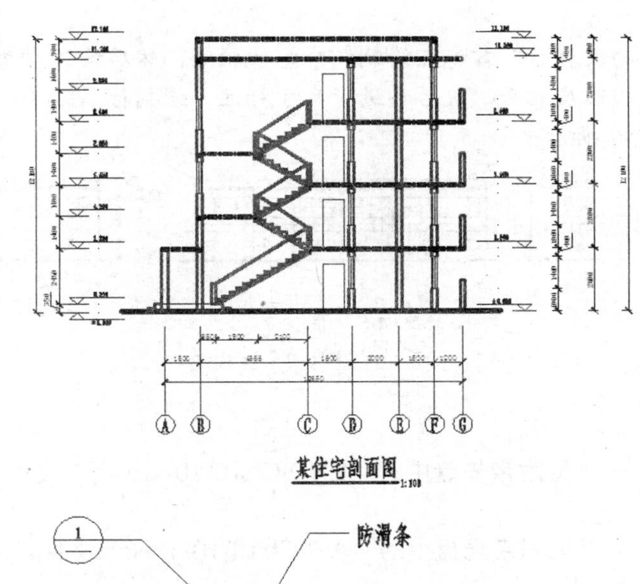

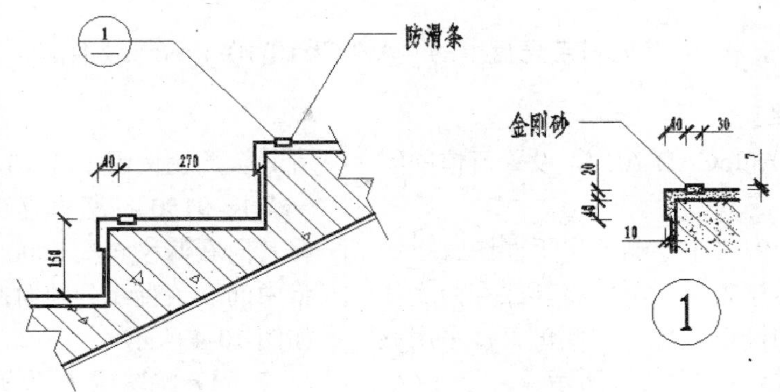

视频教学

10.1　实例·模仿——绘制某厂房建筑立面图

本例将绘制一幅两层厂房的正立面图，如图 10-1 所示。一个建筑的美观要求基本体现在立面图的设计上，一般追求重复有韵律同时能够有变化。该厂房没有特别的美观要求，立面设计主要考虑采光、出入口、屋顶等。通过此例，读者可以熟悉较简单建筑立面图的绘制过程。

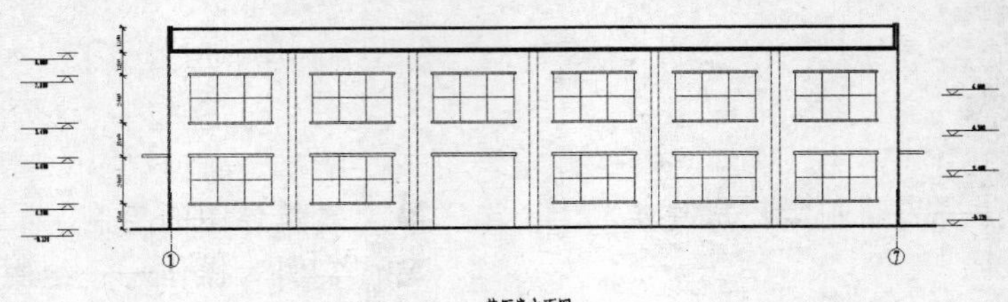

图 10-1　某厂房立面图

【思路分析】

在进行绘图环境的设置后，首先应绘制相应定位轴线，然后绘制厂房的立面墙体轮廓、外露的柱子、门窗布置以及顶层立面，最后再进行尺寸标注，绘制标高轴号，加注图名比例，即可完成绘制。流程如图 10-2 所示。

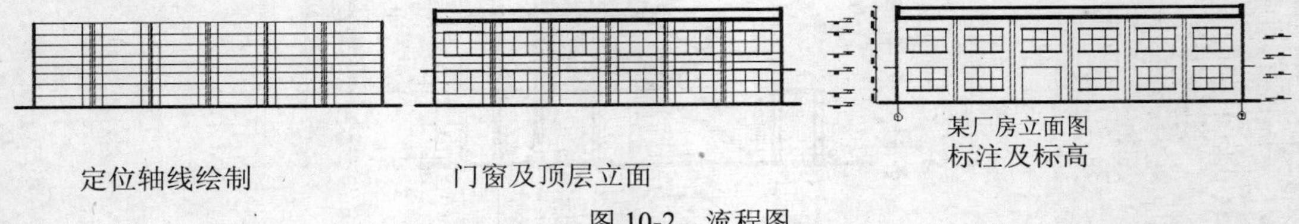

图 10-2　流程图

【光盘文件】

——参见附带光盘中的“END\Ch10\10-1.dwg”文件。

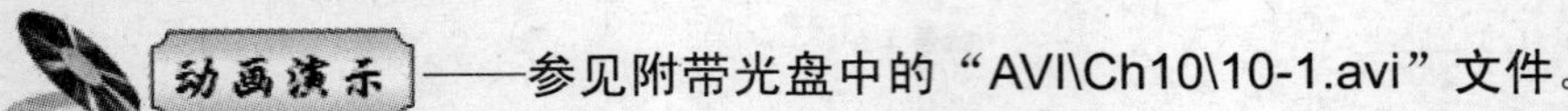

——参见附带光盘中的“AVI\Ch10\10-1.avi”文件。

【操作步骤】

（1）启动 AutoCAD 2012，设置习惯的绘图环境。

（2）在第 9 讲中绘制厂房平面图时已经对绘图环境进行了设置，可以将其保存为文件名为“建筑”的样板文件。在此可直接采用该样板来新建文件，如图 10-3 所示。

（3）将“轴线”图层设置为当前图层，该图层颜色为红，线型为 CENTER，加载时设置其全局比例因子为 10。使用直线命令，绘制一条长 9150 的竖直直线，再使用偏移命令，将其向右偏移 6 次 6000，继续使用偏移命令，将中间 5 条直线分别向左、右偏移 1000，效果如图 10-4 所示。

（4）将图层 0 设置为当前图层，使用直线命令，连接左右两边的轴线绘制地线，然后拾取地线，调整其长度，通过夹点编辑将地线向左、右分别拉伸 2000，调整其线宽，通过特性编辑将其线宽改为 0.3，效果如图 10-5 所示。

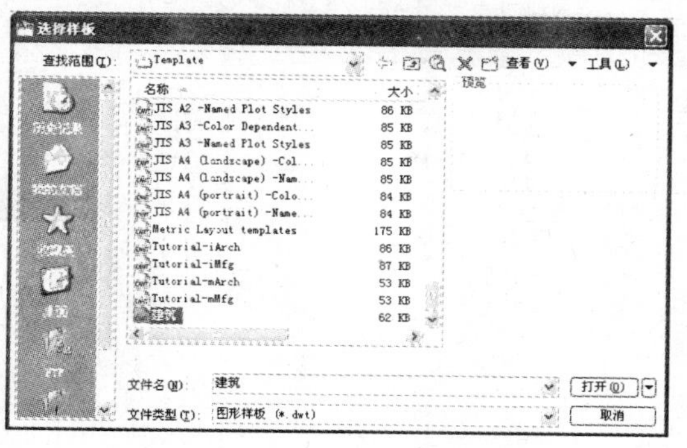

图 10-3　新建文件

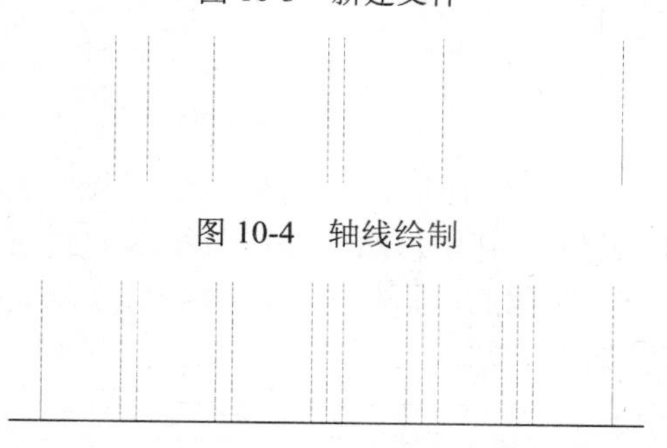

图 10-4　轴线绘制

图 10-5　地线绘制效果

（5）将“墙体”图层设置为当前图层，该图层颜色为黄，线宽为 0.3。使用直线命令，沿左边第一条轴线绘制一条相同长度的墙体，再使用偏移命令将墙线向左偏移 90，然后使用镜像命令，以左边墙线为对象，以中轴线为镜像线，镜像复制得到右边的墙体，如图 10-6 所示。

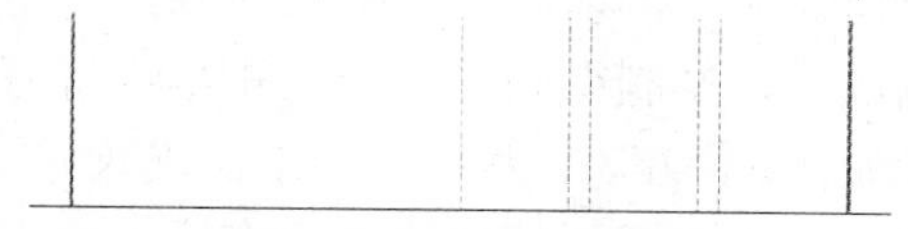

图 10-6　墙体绘制

（6）墙线绘制完成后，开始绘制外露的柱子。将“柱”图层设置为当前图层，该图层颜色为绿。使用直线命令，沿左边第二根轴线绘制一条长度相等的直线，再使用偏移命令，将新绘制的直线分别向左、右偏移 200，然后将原直线删除，再使用复制命令，拾取两条柱线，以柱线间轴线上端点为基点，将柱复制到中间的各条轴线上，如图 10-7 所示。

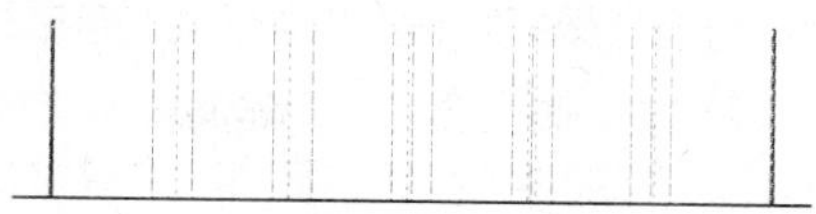

图 10-7　柱线绘制

（7）柱子绘制完成后，开始进行门窗的绘制。按定义门窗图块，然后插入到指定位置的顺序来绘制门窗。将图层 0 设置为当前图层，使用直线命令，连接两条墙线的上端点，得到一条水平线，再使用偏移命令，将该直线向下偏移 3 次 1200，继续使用偏移命令，将第 4 条水平线向下偏移 2 次 900，然后再向下偏移 2 次 1200，效果如图 10-8 所示。

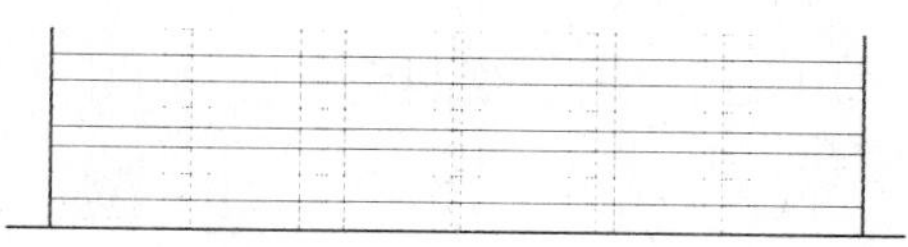

图 10-8　门窗定位

（8）定位结束后，开始创建门窗图块。使用矩形命令，绘制一个尺寸为 4000×2400 的矩形；使用分解命令将其分解；使用偏移命令，将矩形左侧边向右偏移 2 次 800，如此得到两条垂直窗格线；使用直线命令，连接左、右侧竖直边的中点，如此得到一条水平窗格线；再使用矩形命令，以左上角点为起点，绘制一个尺寸为 4200×100 的矩形；然后使用移动命令，将该矩形向左侧水平移动 100，如此得到窗户上侧窗台；最后使用镜像命令，以新绘制矩形为对象，以水平窗格线为镜像线，复制得到下面的矩形，即窗户下侧窗台，如图 10-9 所示。

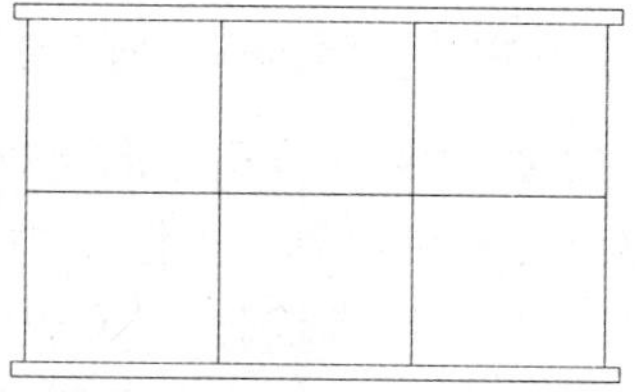

图 10-9　窗户绘制

（9）接着绘制门。使用矩形命令，绘制

一个尺寸为 4000×3750 的矩形；再使用复制命令，将窗台矩形复制到新绘制的矩形即门的正上方；然后使用分解命令将下边矩形分解，删除最下边的水平线，如此得到一扇正向的门；使用矩形命令，绘制一个尺寸为 1320×100 的矩形；再使用直线命令，以矩形右下角为起点，绘制一条长为 3750 的垂直线，如此得到一扇侧向的门，如图 10-10 所示。

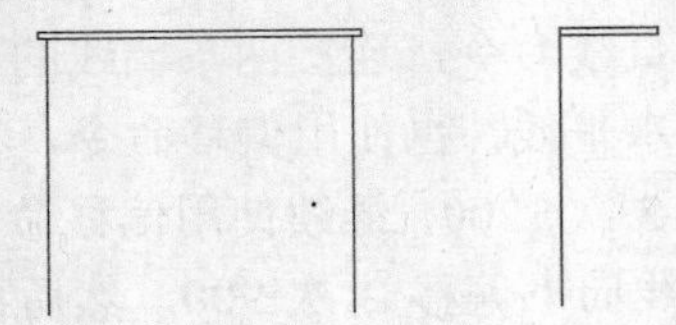

图 10-10　正门与侧门

（10）门窗图形绘制完成后，开始将其创建为图块。执行图块创建命令，打开如图 10-11 所示的“块定义”对话框，分别命名窗、正门、侧门为“窗”、“门”、“侧门”，然后选择对象，分别选择窗、正门、侧门图形，再确定基点，对窗拾取下侧窗台与右侧边的交点，对正门拾取上侧矩形与左侧边的交点，对侧门拾取矩形左下侧角点，如图 10-12 所示，最后单击“确定”按钮，即可完成图块定义。

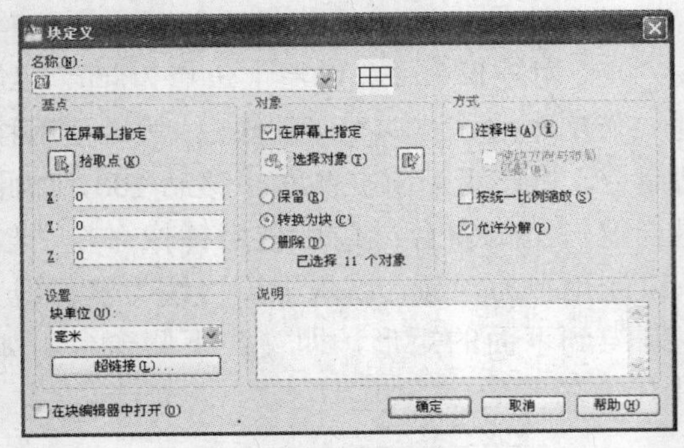

图 10-11　“块定义”对话框

（11）图块定义完成后，即可插入门窗图块，从而完成门窗的绘制。执行图块插入命令，打开“插入”对话框，选择“窗”图块，插入到立面图的指定位置，然后重复插入图块，或者使用复制、镜像等命令进行操作，完成窗的绘制，如图 10-13 所示。

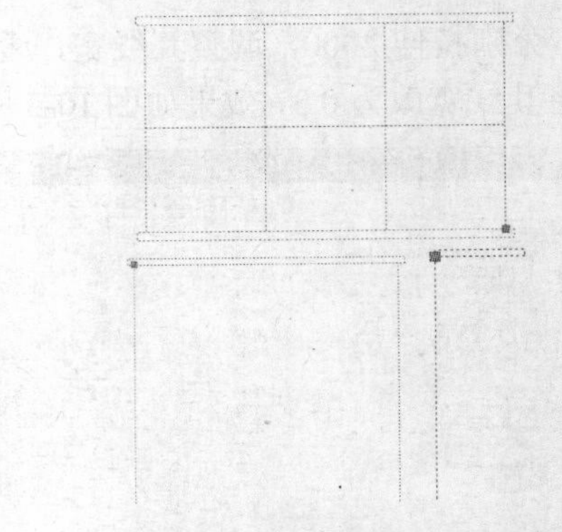

图 10-12　图块基点

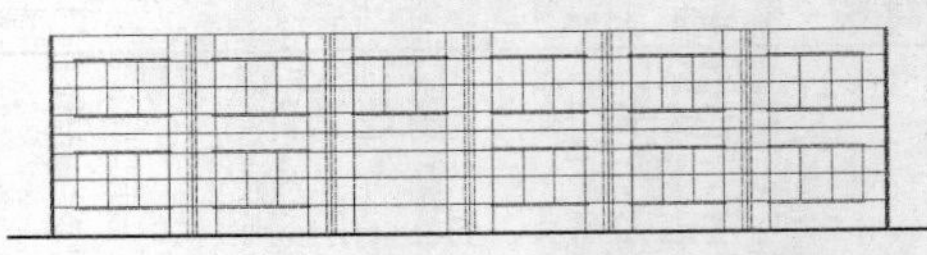

图 10-13　插入窗

（12）同样地，可以插入“门”图块与“侧门”图块，其中，对于侧门，插入的图块只绘制出了左侧的门，需再使用镜像命令复制得到右侧的门。插入门后的效果如图 10-14 所示。

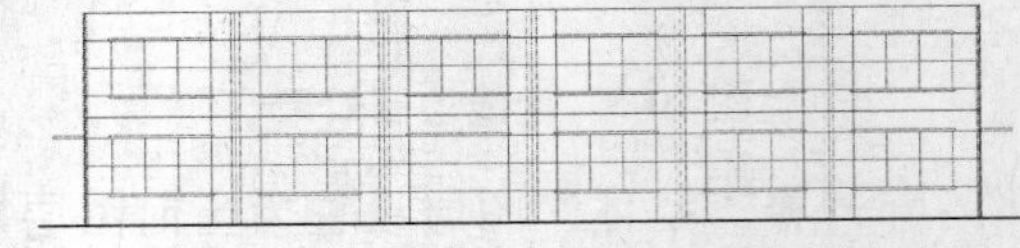

图 10-14　插入门

（13）门窗绘制完成后，接下来绘制顶层。将“顶层”图层设置为当前图层，该图层线宽为 0.3。使用矩形命令，以左侧墙线上端点为起点，绘制一个尺寸为 100×1300 的矩形；再使用镜像命令，以新绘矩形为对象，以中轴线为镜像线，复制得到另一边的矩形；接着使用直线命令，将左、右两侧的矩形上端连接起来，得到一条水平线；使用偏移命令，将该水平线依次向下偏移 100、1000、100；最后删除最上侧的水平线。效果如图 10-15 和图 10-16 所示。

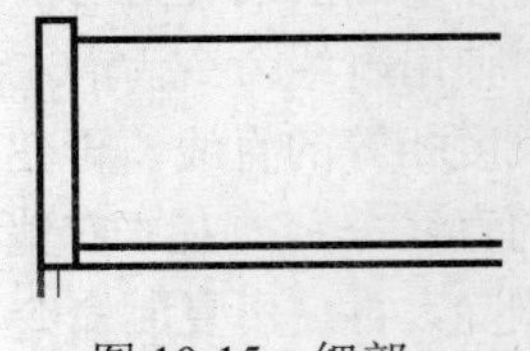

图 10-15　细部

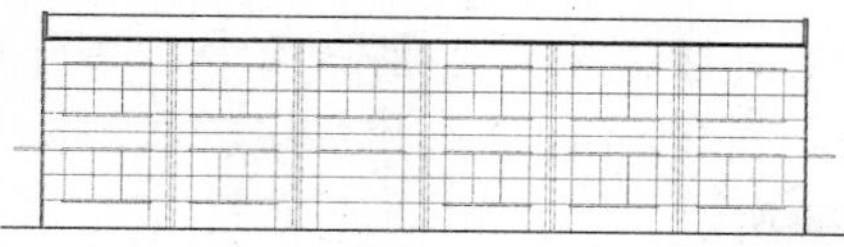

图 10-16　整体

（14）至此，基本图形绘制完毕，可以开始进行相应的尺寸标注和文字说明。因模板中已包含有相应的尺寸样式，故不需创建新的尺寸样式。立面的尺寸标注主要是对竖向的尺寸进行标注，横向的标注主要体现在平面图中。因此，使用线性标注命令配合连续标注命令，对该立面图左侧竖向尺寸进行标注，效果如图 10-17 所示。

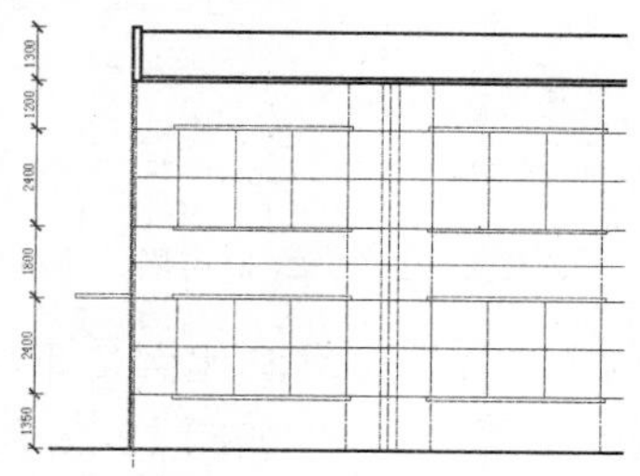

图 10-17　尺寸标注

（15）尺寸标注完毕后，还应绘制标高。在一定程度上，立面图中的标高较尺寸标注更重要一些。标高的符号绘制方法在第 9 讲中有所叙述，在此基础上，这里将标高符号定义为图块，以方便插入。首先绘制一个如图 10-18 所示的标高符号，具体过程参见第 9 讲的练习例子，不同之处只是多了一条引线，其长度为 1000，中点与三角形顶点重合，可使用直线命令配合移动命令绘制得到；再执行定义属性命令，打开“属性定义”对话框，按图 10-19 所示进行设置，单击“确定”按钮，拾取标高符号上长直线的中点，如图 10-20 所示。

（16）执行创建图块命令，打开如图 10-21 所示的“块定义”对话框，在“名称”文本框中输入“右侧标高”图块，并拾取引线最左侧的点作为基点，单击“确定”按钮，弹出“编辑属性”对话框，设置标高值为 0，单击“确定”按钮，效果如图 10-22 所示。

图 10-18　标高符号

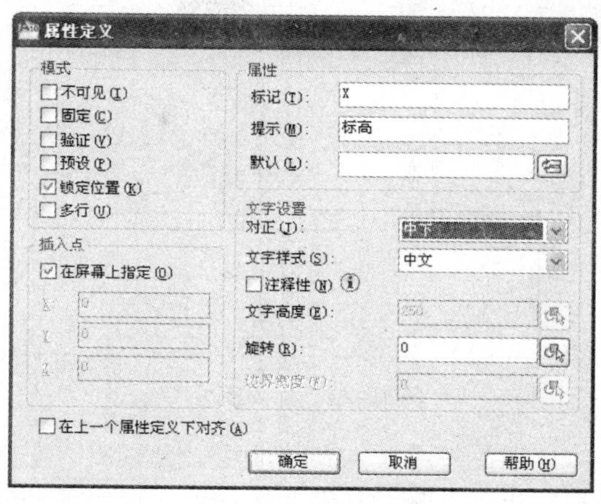

图 10-19　属性定义设置

图 10-20　属性定义

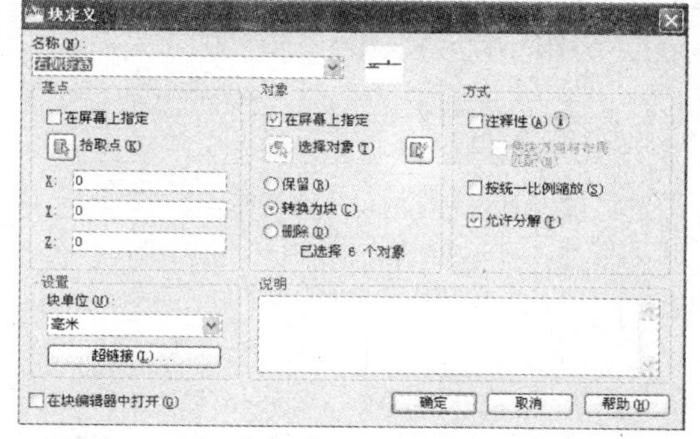

图 10-21　“块定义”对话框

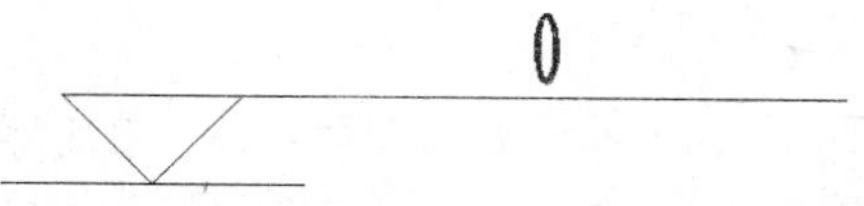

图 10-22　右侧标高图块

（17）重复以上步骤，仅在初始绘制标高符号时旋转 180°，定义属性时将文字对正设置为“中上”，如此即可得到一个左侧标高，如图 10-23 所示。

（18）接着要寻找到标高图块应插入的点位。使用夹点编辑命令，将 5 条水平轴线向左伸长 4500，将剩余 3 条水平轴线向右伸长 4500，并且使用复制命令将两种水平轴线均复制到地线上，如图 10-24 所示。

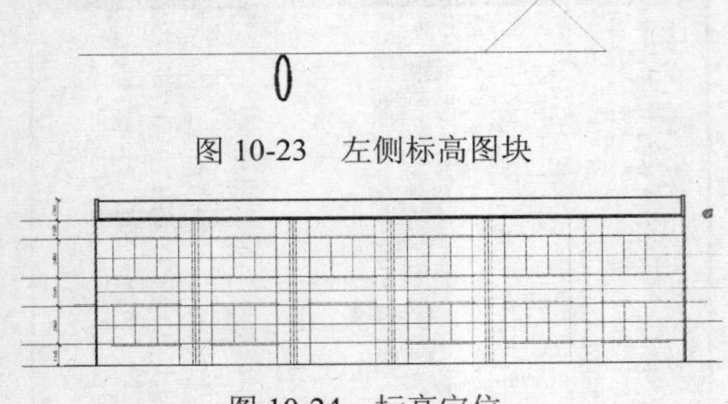
图 10-23　左侧标高图块

图 10-24　标高定位

（19）使用插入图块命令，分别将“左侧标高”和“右侧标高”图块插入。以水平轴线的端点为插入点，立面图左侧插入左侧标高，右侧插入右侧标高；然后编辑各标高的属性值，右侧标高属性由下至上修改为-0.150、1.200、4.500、6.600，左侧标高属性由下至上修改为-0.150、2.400、3.600、5.400、7.600、9.000，如图 10-25 所示。

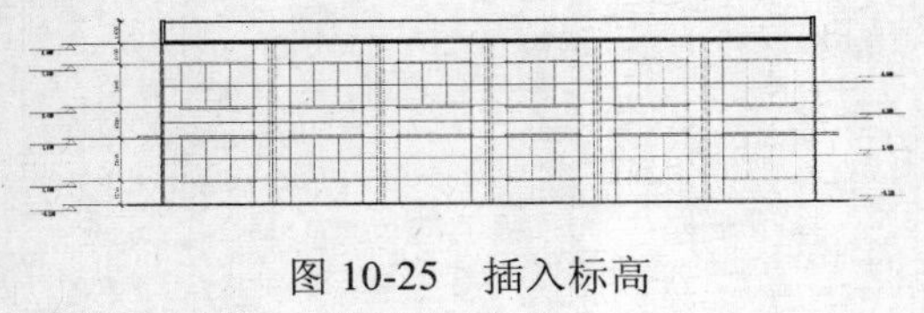
图 10-25　插入标高

（20）接下来使用删除命令，将除墙线所在轴线外的所有垂直和水平轴线删除，如图 10-26 所示。

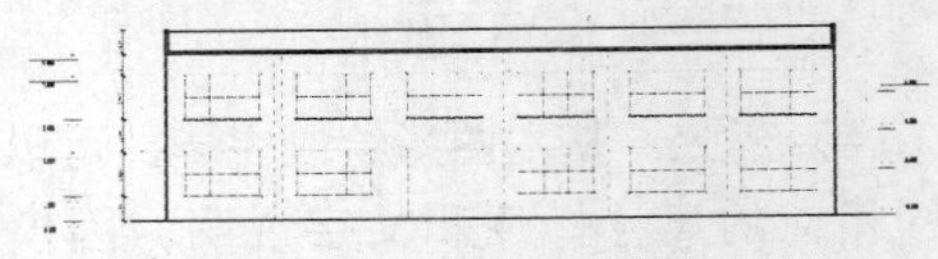
图 10-26　删除轴线

（21）调整左、右两条轴线，缩短其长度，并将其伸出地线；然后标注相应轴号，标注轴号的方法可参照第 9 讲，这里两条轴线编号分别为 1 和 7，如图 10-27 所示。

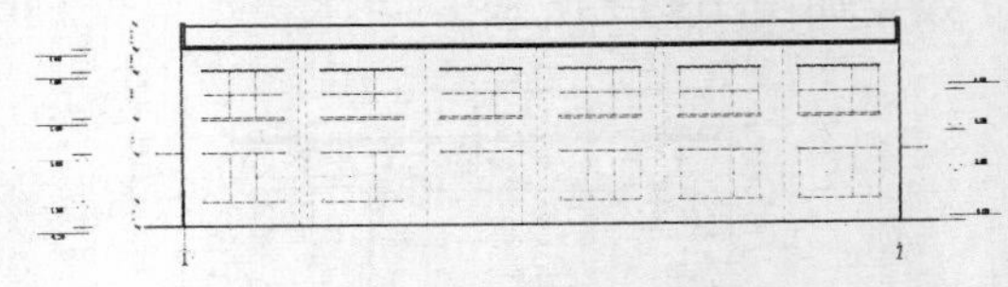
图 10-27　轴号标注

（22）最后加注图名和比例，即可完成该立面图的绘制。最终效果如图 10-28 所示。

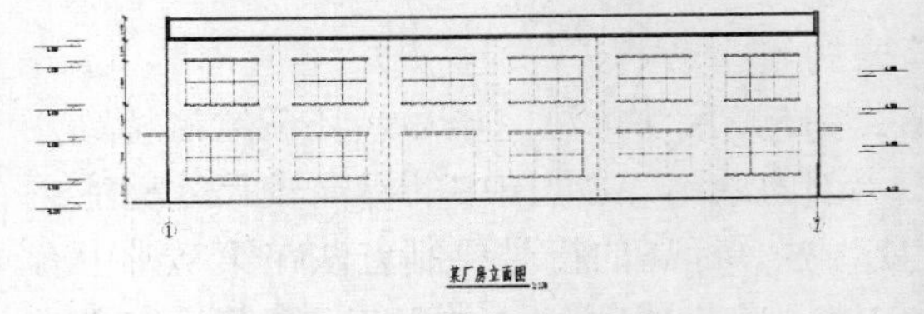
图 10-28　最终效果

10.2　建筑立面图的绘制

在与房屋立面平行的投影面上所作房屋的正面投影称为建筑立面图。

建筑立面图主要表现建筑物的体型和外貌，外墙面的面层材料、色彩，女儿墙的形式，线脚、腰线、勒脚等饰面做法，阳台形式，门窗布置以及雨水管位置等。

通常一个房屋有 4 个朝向，立面图可以根据房屋的朝向来命名，如南立面、北立面等；也可将表现主要出入口或房屋外貌主要特征的立面图作为正立面图，其余的立面图相应地称为背立面图和侧立面图；还可以根据立面图两端轴线的编号来命名，如①～⑧立面图。

建筑立面图是建筑施工图中的重要图样，也是指导施工的基本依据。其基本内容如下。

◆　室外地面线及建筑物可见的外轮廓线。

◆　门窗的形状、位置及其开启方向。

◆ 各种墙面、台阶、雨篷、阳台、雨水管、窗台等建筑构造的位置、形状、做法等。
◆ 立面图两端的定位轴线及其编号。
◆ 外墙各主要部位的标高及必要的局部尺寸。
◆ 详图索引及其他文字说明。
◆ 图名、比例。

以上所列内容，可根据具体建筑物的实际情况进行取舍。

建筑立面图绘制的一般步骤如下。

（1）绘制地平线、定位轴线、各层的楼面线、女儿墙的轮廓线、建筑物外墙轮廓线等。

（2）绘制立面门窗洞口、阳台、楼梯间、墙身及暴露在外墙外面的柱子等可见的轮廓线。

（3）绘制门窗、雨水管、外墙分割线等立面细部。

（4）标注尺寸及标高，添加索引符号及必要的文字说明等内容。

（5）加图框和标题。

10.3 建筑剖面图的绘制

用一个与外墙轴线垂直的假想平面将房屋剖开，并沿剖切方向进行平行投影得到的平面图形，称为建筑剖面图。

建筑剖面图用来表示房屋内部从地面到屋面垂直方向的高度、分层情况、垂直空间的利用、简要的结构形式和构造方式，如屋顶的形式、屋顶的坡度、檐口的形式、楼板搁置方式、楼梯的形式等。因此，剖面图是与平、立面图相互配合的不可缺少的重要图样之一。

剖面剖切位置一般选择在内部结构和构造比较复杂或者有变化、有代表性的部位，如出入口、门厅或者楼梯等部位的平面。将剖切位置选择在这种最能表达建筑空间结构关系的部位，就可以从一幅剖面图中获取更多的关于建筑物本身的属性信息。

剖面图的数量应根据建筑物实际的复杂程度和建筑物自身的特点来确定。对于结构简单的建筑物，有时一两幅剖面图就已经足够了，但是在某些建筑平面较为复杂、而且建筑物内部的功能分区又没有特别的规律性的情况下，要想完整地表达出整个建筑物的实际情况，所需要的剖面图的数量是相当大的。

建筑剖面图的基本内容如下。

◆ 各处墙体剖面的轮廓。
◆ 各个楼层的楼板、屋面板、屋顶构造的轮廓图形。
◆ 被剖切到的梁、板、平台、阳台、地面以及地下室图形。
◆ 被剖切到的门窗图形。
◆ 剖切处各种构配件的材质符号。
◆ 一些没有被剖切到但是可见的部分构配件，如室内的装饰、和剖切平面平行的门窗图形、楼梯段、栏杆的扶手等。
◆ 室外没有被剖切到的但是可见的雨水管和水斗等。
◆ 可见部分的底层勒脚和各个楼层的踢脚。

◆ 标高以及必需的局部尺寸的标注。

◆ 详图索引符号及其他文字说明等。

◆ 图名、比例。

以上所列内容，可根据具体建筑物的实际情况进行取舍。

建筑剖面图绘制的一般步骤如下。

（1）绘制建筑物的室内地平线和室外地平线、各个定位轴线以及各层的楼面、屋面，并根据轴线绘制出所有的墙体断面轮廓以及尚未被剖切到的可见墙体轮廓。

（2）绘制剖面门窗的洞口位置、楼梯平台、女儿墙、檐口以及其他所有的可见轮廓线。

（3）绘制各种梁（如门窗过梁、被剖切到的承重梁、未剖切到但可见的主次梁）的轮廓和具体的断面图形。

（4）绘制楼梯、室内的固定设备、室外的台阶、阳台以及其他可以看到的一切细节。

（5）标注必要的尺寸及建筑物各个楼层地面、屋面、平台面的标高。

（6）添加详细的索引符号及必要的文字说明。

（7）加图框和标题。

这里补充说明一下折断线的绘制方法。折断线在建筑制图中应用广泛，因为可以省略许多重复的东西，可大大减少绘图的工作量，图形也变得更加简洁。由于 AutoCAD 中没有专门的折断线符号可供插入，这里介绍一般的绘制方法。

使用直线命令画一条足够长的水平直线，再以其上较靠中间的点为起点，绘制一条长 100 的竖直直线；然后使用偏移命令，将水平直线向上偏移 2 次 30，将竖直直线向左偏移 3 次 30，如此得到 6 个小正方形，如图 10-29 所示；再使用多段线命令，沿中间的水平线，按图 10-30 所示依次拾取小正方形的角点，再删除原来的水平线和竖直线，即可得到一条折断线，如图 10-31 所示。

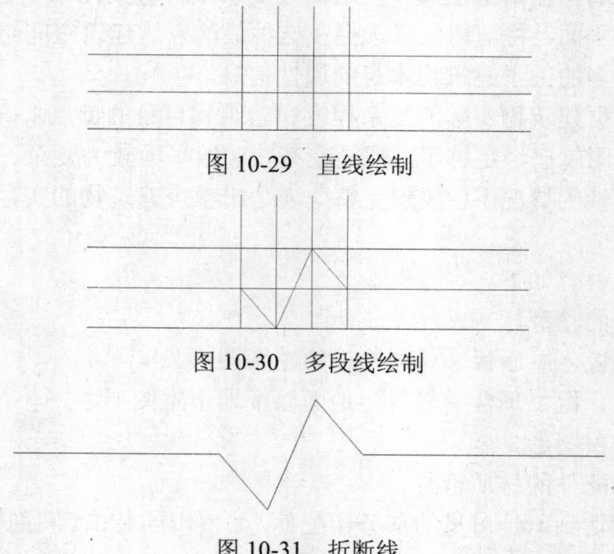

图 10-29　直线绘制

图 10-30　多段线绘制

图 10-31　折断线

当然，该折断线的尺寸维度较小，当较大尺寸的建筑图形需要更大的折断线时，只需加长直线、加大直线偏移的量即可，绘制的方式是相同的。

10.4 建筑详图的绘制

对房屋细部或构配件用较大的比例（1:20、1:10、1:5、1:2 等），将其形状、大小、材料和做法按正投影图的画法详细地表示出来的图样，称为建筑详图。

在建筑平面图、立面图和剖面图中无法表达一些细部（如楼梯间、卫生间、门窗等）的内容时，建筑详图作为补充可弥补其不足，以便充分表达设计者的意图。

建筑详图的基本内容如下。

- 建筑构配件的形状以及其他构配件的详细构造、层次、有关的详细尺寸和材料、图例等。
- 各部位、各个层次的用料、做法、颜色以及施工要求等。
- 标高的表示。
- 定位轴线及其编号。
- 详图符号及其编号以及需另画详图时的索引符号。
- 详图的名称、比例。

这里补充讲解一下索引符号的绘制方法。索引符号主要用于表示此处绘有详图，并标注出详图图名。

使用圆命令，绘制一个直径为 100 的圆；接着使用直线命令，绘制出该圆的水平直径；在使用单行文字命令，在上半圆和下半圆标注图纸编号。当详图与索引图在同一张图纸上时，下半圆只需绘制一条短线；当不在同一张图纸上时，则需标示图纸编号，如图 10-32 所示。

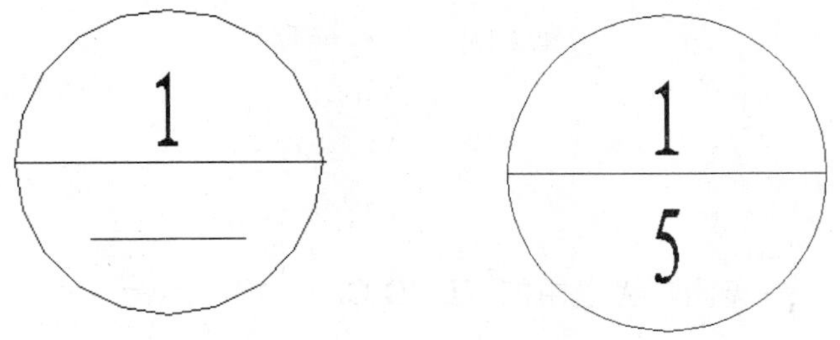

图 10-32 索引符号

同折断线一样，索引符号的尺寸大小也应随图形比例的变化而变化。

10.5 实例·操作——绘制某住宅剖面图

本例将绘制住宅的剖面图，如图 10-33 所示。建筑剖面图主要表示建筑部分的高度、层数、建筑空间的组合利用，以及建筑剖面中的结构、构造形式、层次、材料、做法等。通过此例，读者可以初步熟悉建筑剖面图的一般绘制方法。

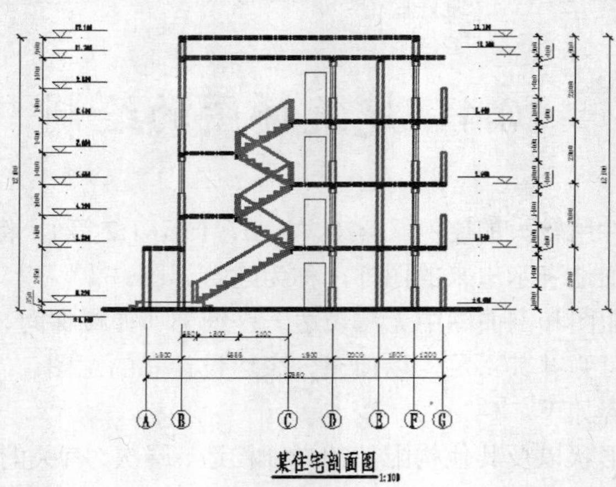

图 10-33　某住宅剖面图

【思路分析】

首先设置绘图环境，创建所需图层，然后绘制整体框架、相应墙线、梁线、楼梯和建筑细部，最后进行完善，标注尺寸，加注图名、比例。流程如图 10-34 所示。

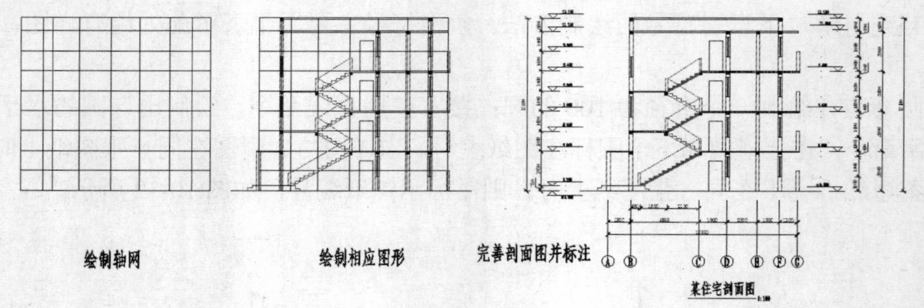

图 10-34　流程图

【光盘文件】

结果文件——参见附带光盘中的“END\Ch10\10-5.dwg”文件。

动画演示——参见附带光盘中的“AVI\Ch10\10-5.avi”文件。

【操作步骤】

（1）启动 AutoCAD 2012，设置习惯的绘图环境。

（2）创建新的图形文件，命名为“住宅剖面图”，设置绘图单位，调整长度精度为 0.0；设置绘图界限，调整绘图面积相当于国标 A3 图幅。

（3）设置图层，新建相关图层，如轴线、楼板、墙体、标注等，如图 10-35 所示。

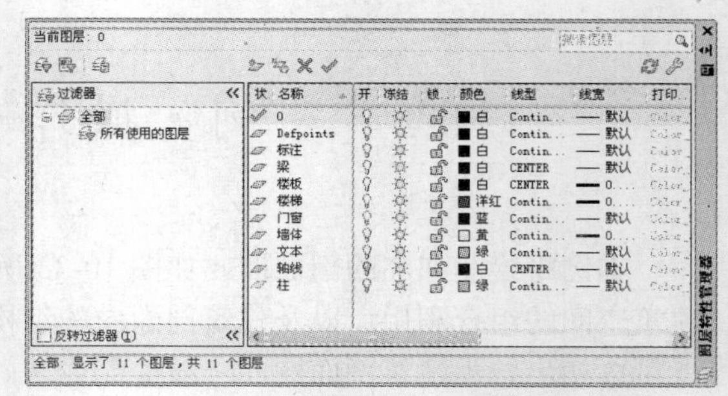

图 10-35　图层设置

（4）首先绘制框架。将“轴线”图层设置为当前图层，使用直线命令，拾取同一个起点，绘制一条长 12650 的水平直线和一条长 12100 的竖直直线，接着使用偏移命令，将水平直线向上偏移 8 次 1400 和 1 次 900，将竖直直线向左依次偏移 1500、650、1800、2100、1900、2000，1500、1200。所得轴网如图 10-36 所示。

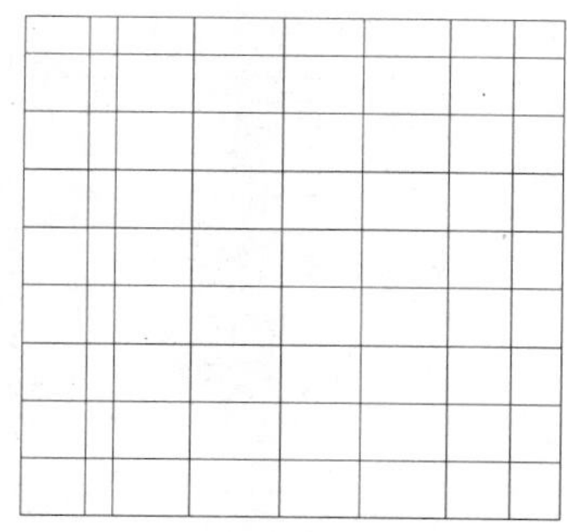

图 10-36　绘制轴网

（5）接下来绘制墙线。将“墙体”图层设置为当前图层，该图层颜色为黄，线宽为 0.3。执行多线命令，设置对正方式为无，输入比例为 240，样式采用默认的 STANDARD 样式，拾取轴网左下角点为起点，以下边第 3 条水平轴线和最左边垂直轴线的交点为端点，绘制一条多线；继续使用多线命令，根据轴网绘制其他垂直墙线，其中绘制最右边一条墙线时，将多线比例改为 180，效果如图 10-37 所示。

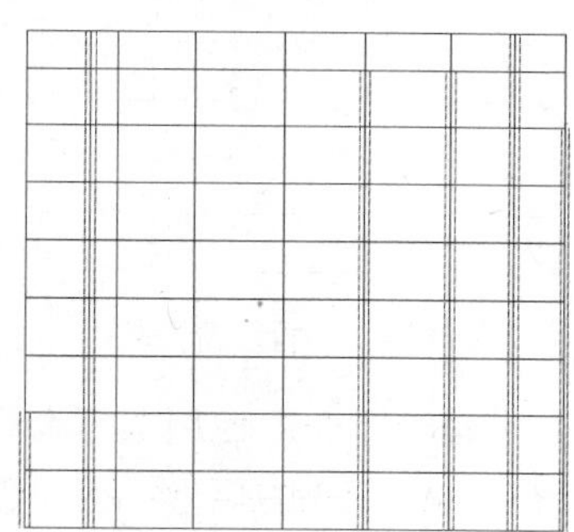

图 10-37　绘制墙线的效果

（6）接着绘制楼板。将“楼板”图层设置为当前图层，该图层线宽为 0.3。执行多线命令，设置对正方式为上，输入比例为 180，选择默认样式 STANDARD，根据轴网绘制各层的楼板，效果如图 10-38 所示。

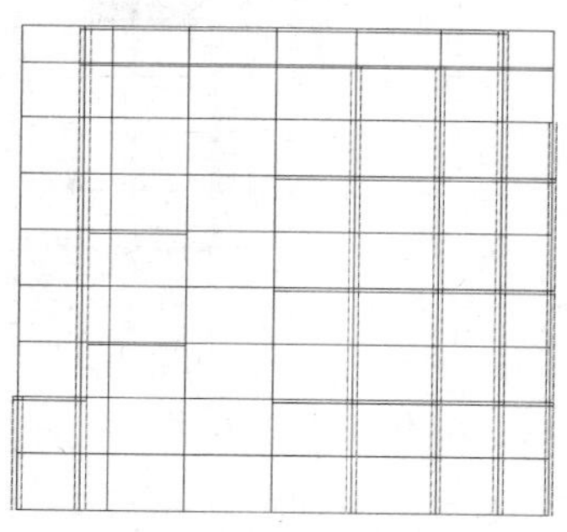

图 10-38　绘制楼板的效果

（7）再绘制梁截面。将“梁”图层设置为当前图层，使用矩形命令，绘制两个尺寸分别为 240×200 和 200×180 的矩形，再执行图案填充命令，选择 SOLID 图案，对这两个矩形进行填充，如图 10-39 所示。

图 10-39　两种梁截面

（8）执行创建图块命令，在弹出的如图 10-40 所示对话框中将较大矩形定义为“梁 1”图块，指定其右上角点为基点；将另一个矩形定义为“梁 2”图块，同样指定其右上角点为基点。至此，两类梁的图块定义完成。

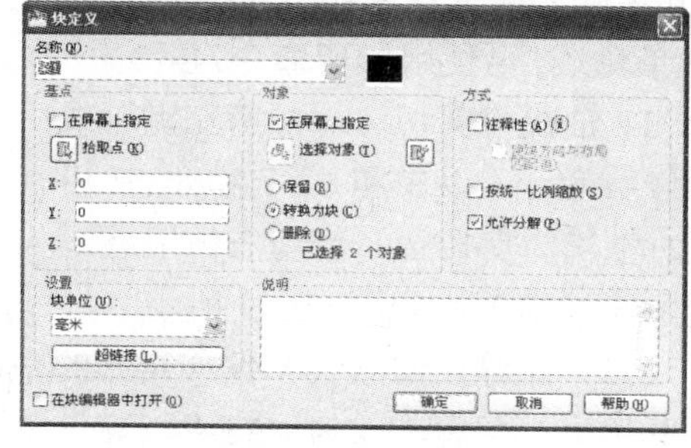

图 10-40　块定义

（9）使用插入图块命令，将“梁 1”和“梁 2”图块分别插入指定位置，如图 10-41 所示。

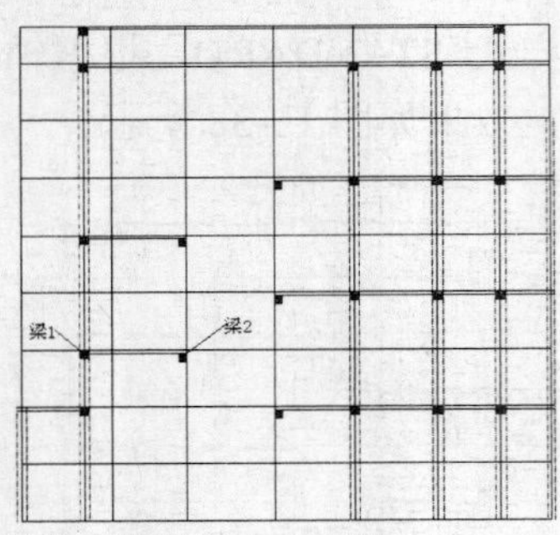

图 10-41　插入梁图块

（10）接下来绘制阳台和窗户。在此之前，应先对墙线进行修剪，然后创建窗图块，再插入到指定位置。将“楼板”图层设置为当前图层，使用修剪命令，以楼板和水平轴线为修剪边，对最右侧墙线进行修剪，修剪出阳台，并修复墙线，封闭其开口，如图 10-42 所示。

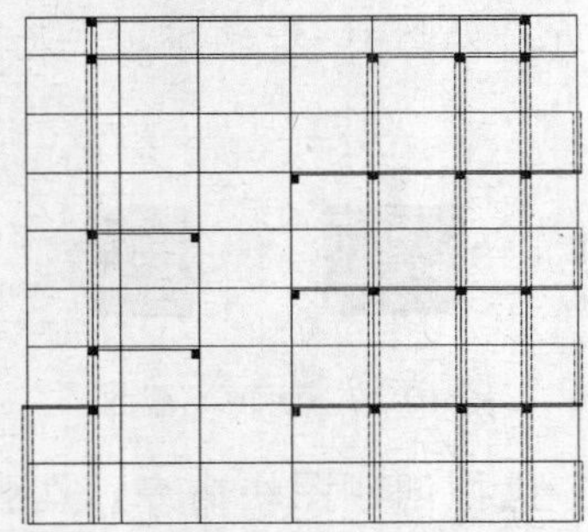
图 10-42　修剪最右侧墙线

（11）阳台修剪出来后，再修剪窗洞。使用偏移命令，将图 10-43 所示的水平轴线 1、2、3、4 分别向上向下各偏移 1000 和 400，得到 5～12 八条轴线，再使用修剪命令，以 8 和 9 轴线、10 和 11 轴线为剪切边，修剪左侧墙线；继续使用修剪命令，以 5 和 6、7 和 8、9 和 10、11 和 12 轴线为剪切边，修剪右侧墙线。如此可得到所需的窗洞，如图 10-43 所示。

（12）删除步骤（11）偏移得到的轴线，即可开始进行门窗的绘制。将“门窗”图层设置为当前图层，该图层颜色为蓝。使用矩形命令，绘制一个尺寸为 240×1400 的矩形；接着使用分解命令将其分解；再使用偏移命令，将矩形左、右两竖直边分别向内侧偏移 80；最后使用创建图块命令，将所绘制图形定义成名为“窗”的图块，指定矩形右上角点为基点，如图 10-44 所示。

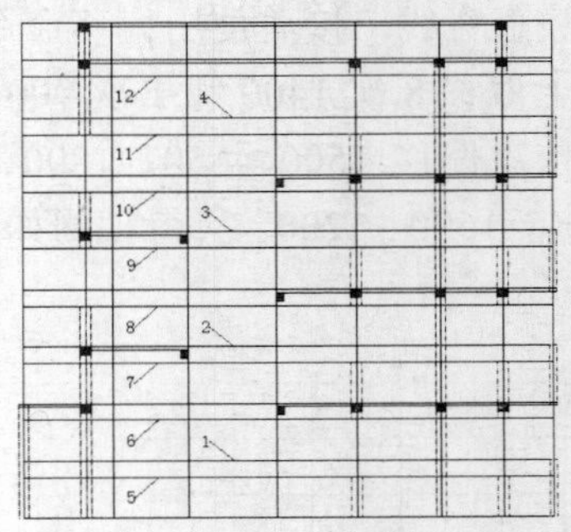

图 10-43　定位修剪轴线

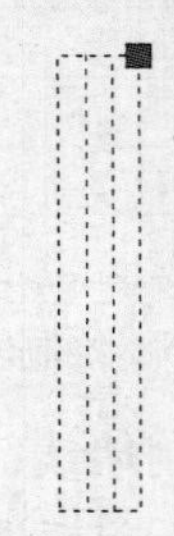
图 10-44　“窗”图块

（13）使用插入图块命令，将“窗”图块插入到指定的窗洞位置，如图 10-45 所示。

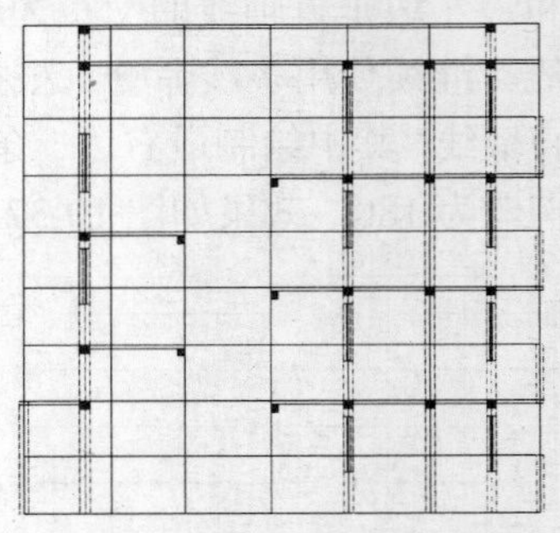
图 10-45　插入窗图块

（14）接着绘制门。使用矩形命令，绘制一个尺寸为 900×2110 的矩形；接着使用复制命令，将矩形分别复制到各层沿 5 轴线的墙线左侧墙角；再使用移动命令，将各层矩形向左水平移动 200。至此，门绘制完毕，如图 10-46 所示。

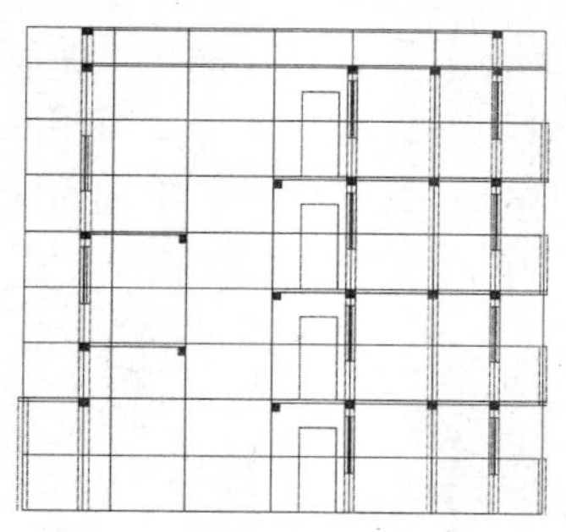

图 10-46　绘制门

（15）接下来绘制楼梯。将“楼梯”图层设置为当前图层，该图层颜色为粉色，线宽为 0.3。打开栅格显示，栅格的具体设置如图 10-47 所示；使用多段线命令，根据设置的栅格和捕捉间距绘制楼梯踏步，配合移动和复制命令，将楼梯踏步移动到指定位置，完成整个梯段的绘制，效果如图 10-48 所示。

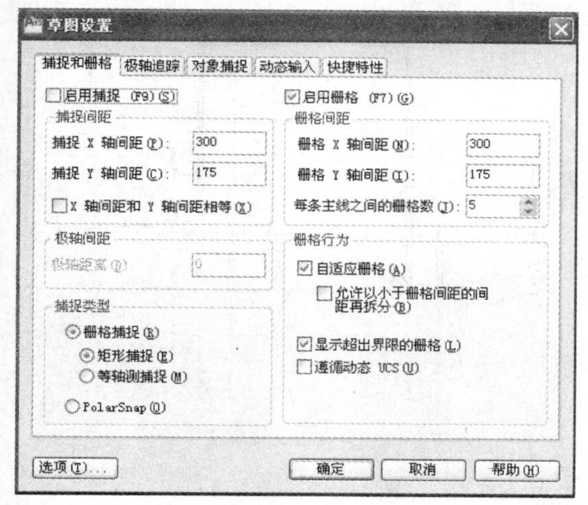

图 10-47　捕捉和栅格设置

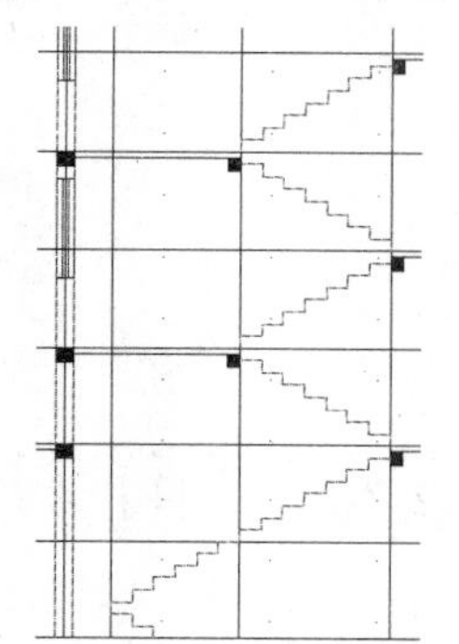

图 10-48　梯段绘制效果

（16）使用直线命令，连接直线 1 和直线 2，如图 10-49 所示。

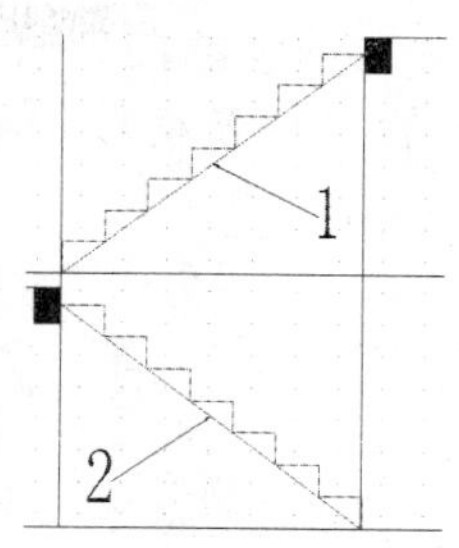

图 10-49　连接直线

（17）使用移动命令将直线 1、2 向下移动楼梯踏步高的一半，再配合复制、直线、修剪等命令，完成其他梯段下直线的绘制，效果如图 10-50 所示。

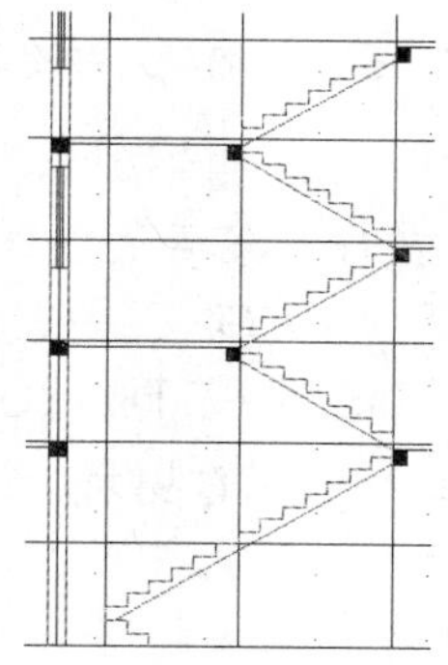

图 10-50　梯段下直线的绘制效果

（18）接着进一步完善楼梯。使用矩形命令，绘制一个尺寸为 150×900 的矩形，再使用复制命令，将矩形复制到各梯段的指定位置，最后使用多段线命令，绘制楼梯扶手，效果如图 10-51 所示。

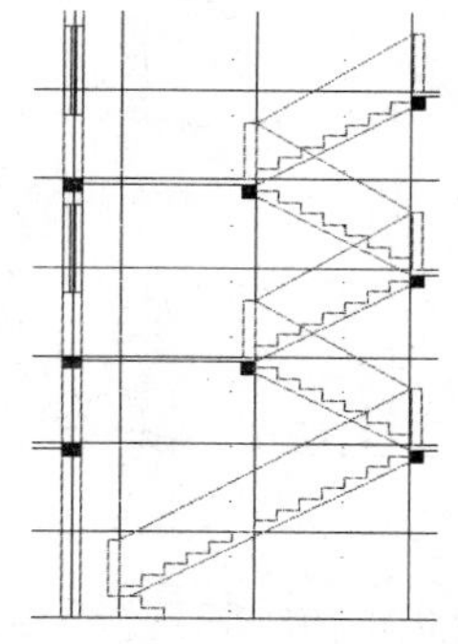

图 10-51　扶手绘制效果

（19）至此，大体上的建筑图形已基本绘制完毕，只需进行细部的完善。使用直线命令，绘制出高 175、宽 300 的门口阶梯、地线和连接门内外阶梯的直线及楼板边缘线，效果如图 10-52 所示。

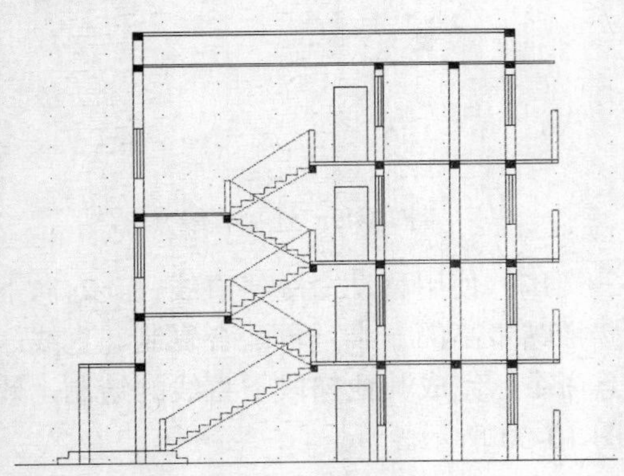

图 10-52　细部完善效果

（20）对于剖切到的楼梯、楼板，还应进行图案填充。执行图案填充命令，对于剖切到的楼梯，选择 AR-CONC 图案，设置比例为 0.4，进行填充；对于楼板，同样选择 AR-CONC，不过设置比例为 1，进行填充，效果如图 10-53 所示。

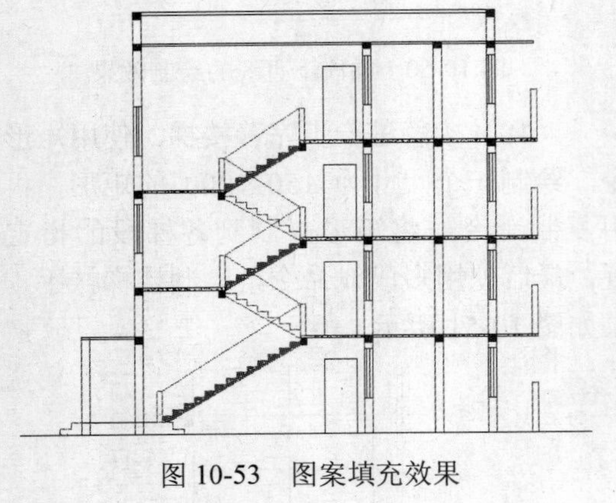

图 10-53　图案填充效果

（21）然后进行尺寸标注，绘制标高、轴号。创建合适的标注样式，使用相应标注命令进行尺寸标注；创建标高、轴号图块，绘制标高、轴号，效果如图 10-54 所示。

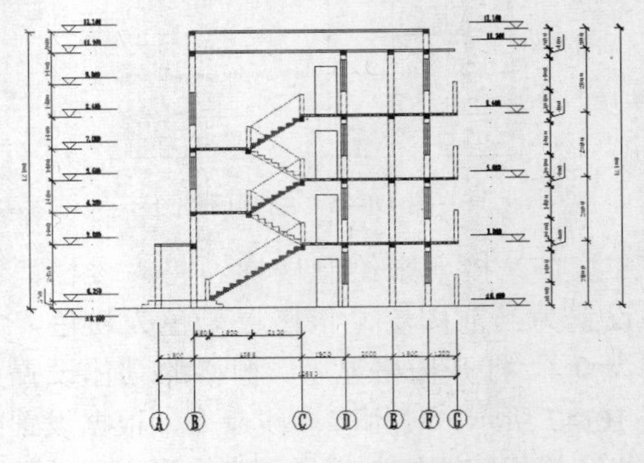

图 10-54　标注效果

（22）最后加注图名和比例，显示线宽后的最终效果如图 10-55 所示。

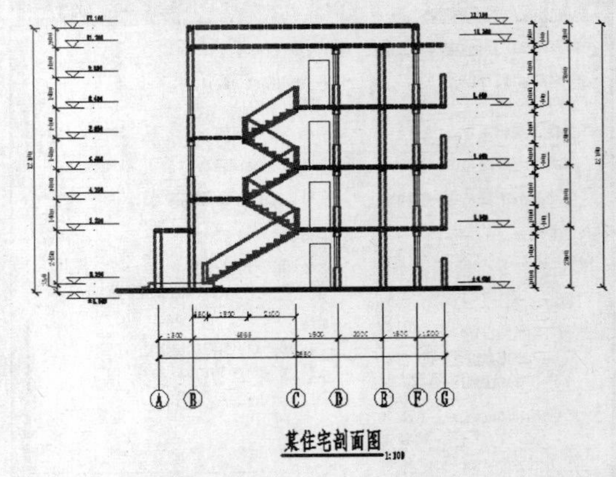

图 10-55　最终效果

10.6　实例·练习——绘制楼梯踏步详图

本例将绘制一幅楼梯的踏步详图，如图 10-56 所示。楼梯踏步的剖面详图主要反映了踏步高、踏步宽、踏步数、材料、尺寸等内容，是楼梯施工过程中的重要依据。通过此例，希望读者练习建筑详图的一般绘制方法。

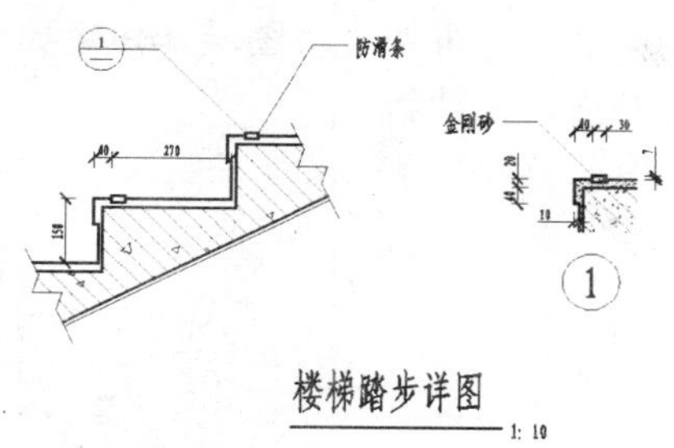

图 10-56　楼梯踏步详图

【思路分析】

首先绘制相应的辅助线，确定出踏步轮廓的关键点；然后绘制踏步轮廓，填充剖面，绘制索引符号，进行尺寸标注和文字说明；最后绘制索引详图，加注图名和比例。流程如图 10-57 所示。

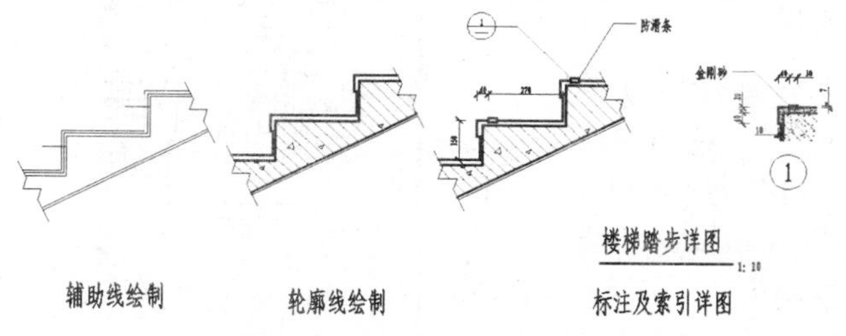

图 10-57　流程图

【光盘文件】

——参见附带光盘中的“END\Ch10\10-6.dwg”文件。

——参见附带光盘中的“AVI\Ch10\10-6.avi”文件。

【操作步骤】

（1）启动 AutoCAD 2012，设置习惯的绘图环境。

（2）新建图形文件，命名为“楼梯踏步详图”；设置绘图单位，调整长度精度为 0.0；再设置绘图界限，调整绘图面积相当于国标 A4 图幅；然后设置图层，新建相关图层，如辅助线、踏步轮廓线、标注等。

（3）首先绘制辅助线。将“辅助线”图层设置为当前图层；使用多段线命令，在绘图区内拾取一点作为起点，水平向右绘制一条长 300 的直线，然后继续竖直向上绘制一条长 150 的直线，再向右绘制一条长 300 的水平直线，向上绘制一条长 150 的竖直直线，向右绘制一条长 300 的水平直线；接着使用偏移命令，将该多段线向上偏移 2 次 10；最后使用直线命令，将指定的两点连接起来，得到一条直线，效果如图 10-58 所示。

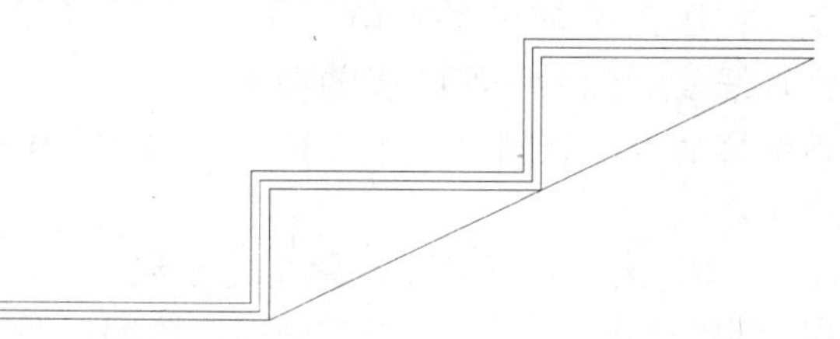

图 10-58　辅助线绘制效果

（4）使用移动命令，将所得的直线向下移动 75；使用直线命令，以最上面一级踏步宽中点为起点，向下绘制斜线的一条垂线；再使用移动命令，以斜线右侧端点为基点，移动斜线到垂点位置；然后使用直线命令，再以最下面一级踏步宽中点为起点，向下绘制斜线的另一条垂线，如图 10-59 所示。

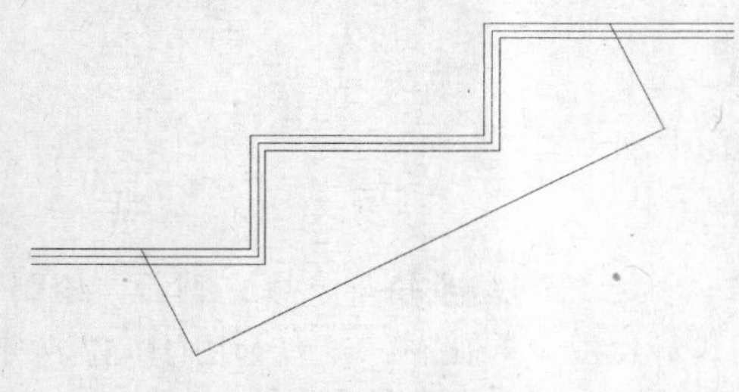

图 10-59　梯段下线条

（5）使用直线和多段线命令，绘制一条合适的折断线，具体过程可参见 10.3 节；然后使用移动、旋转命令，将折断线复制到指定位置；最后使用修剪命令，将折断线外侧的踏步删除，如图 10-60 所示。

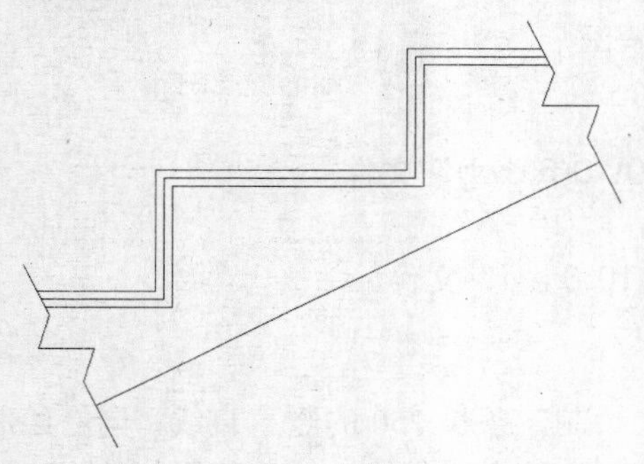

图 10-60　折断线

（6）使用直线命令，以指定的 A 点为起点，绘制一条适合长度的水平线；使用移动命令，将该直线向下移动 40；再使用复制命令，将直线复制到另一级踏步的相同位置；最后使用偏移命令，将斜线向下偏移 10，如图 10-61 所示。

（7）接下来开始绘制踏步轮廓线。将“踏步轮廓线”图层设置为当前图层，该图层线宽为 0.3。使用多段线命令，按照辅助线所标示出来的定位点绘制踏步面的线条，删除相关辅助线，并将相应辅助线定义为“踏步轮廓线”图层，效果如图 10-62 所示。

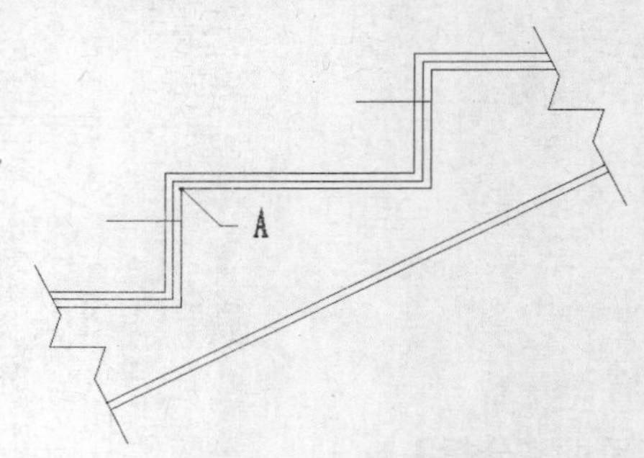

图 10-61　辅助线

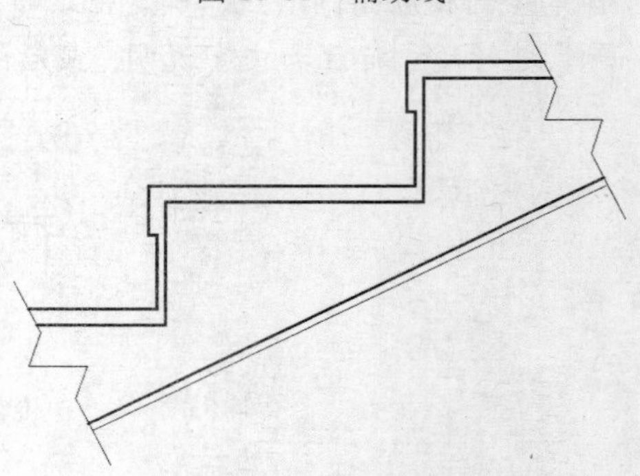

图 10-62　踏步轮廓线

（8）使用矩形命令，以指定的 B 点为起点，绘制一个尺寸为 30×14 的矩形；然后使用移动命令，以矩形左下角点为基点，输入（@40,-7），从而移动到相应位置；再使用复制命令，将矩形复制到另一踏步的相应位置；最后将矩形内的直线修剪掉。至此踏步上的防滑条绘制完毕，效果如图 10-63 所示。

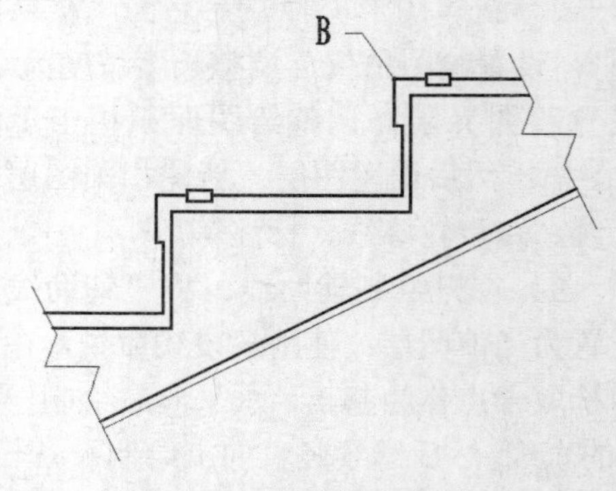

图 10-63　防滑条绘制

（9）执行图案填充命令，选择 AR-CONC 图案，对踏步剖面进行填充，重复执行图案填充命令，选择 LINE 图案，设置角度为 135°，比例为 10，对相同区域再次填充。如此可得到混凝土的截面表现形式，如图 10-64 所示。

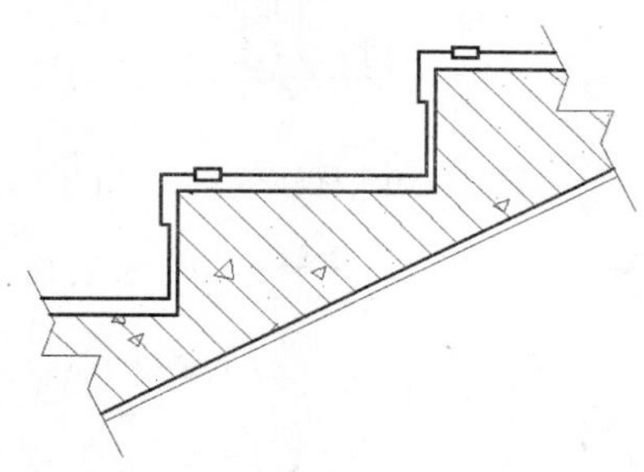

图 10-64　填充

（10）接下来进行尺寸标注和文字说明，创建合适的建筑标注样式，再使用线性标注命令对相应尺寸进行标注，效果如图 10-65 所示。

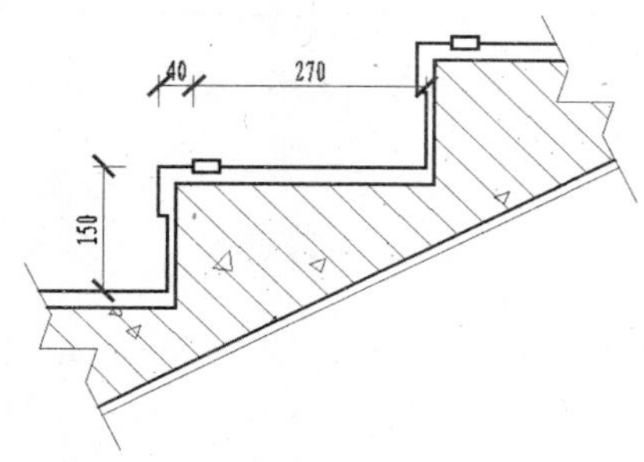

图 10-65　标注尺寸效果

（11）使用多重引线命令，在防滑条矩形上边的左、右角点各绘制一条引线，右边引线输入“防滑条”，左侧不输入文字；接着绘制一个详图索引符号，具体过程参照 10.4 节，将其移动到左侧引线端点处，如图 10-66 所示。

（12）接下来进一步绘制能清晰表达细部的索引详图。参照前面步骤，可绘制出该细部的踏步轮廓线和防滑条，尺寸相同，就像截取了一部分一样，如图 10-67 所示。

（13）将“辅助线”图层设置为当前图层；使用矩形命令，绘制一个适当尺寸的矩形；再使用直线命令，将踏步面层封闭起来，效果如图 10-68 所示。

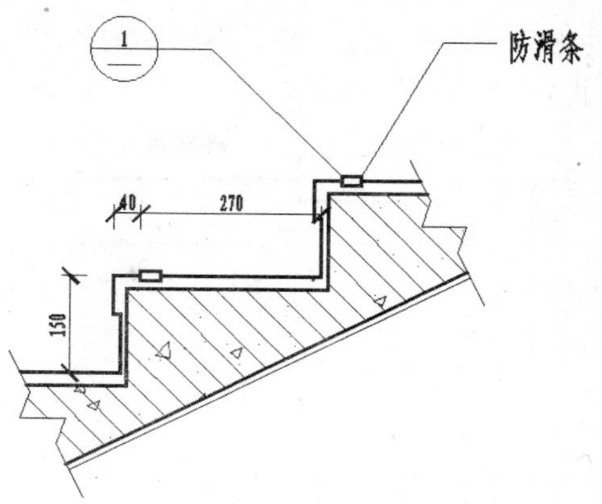

图 10-66　引线标注

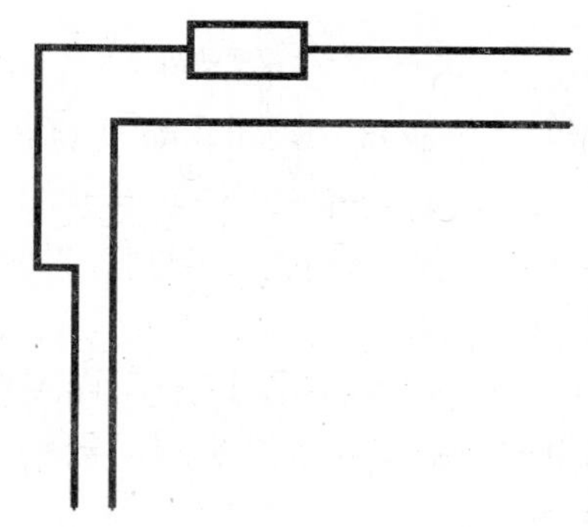

图 10-67　细部的绘制

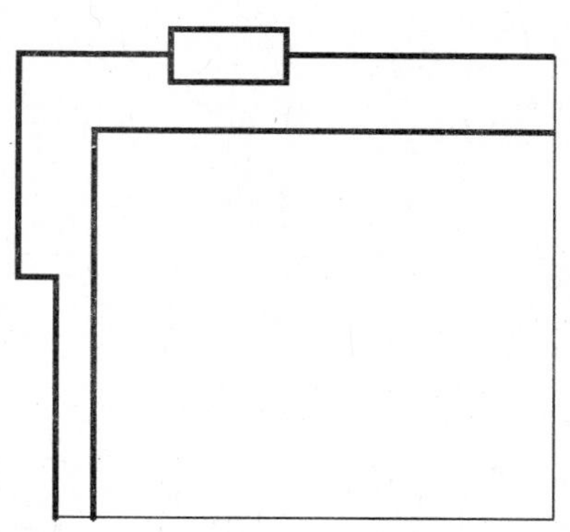

图 10-68　封闭空间

（14）使用图案填充命令，对图形进行填充。对矩形区域，选择 LINE 图案填充，角度、比例设置与前文相同，另外还要选择 AR-CONC 图案填充，比例需改为 0.2；对面层区域，选择 AR-CONC 图案填充，比例也设置为 0.2；对防滑条区域，同样选择 AR-CONC 图案填充，不过比例应改为 0.1。最后将辅助的矩形和直线删除，效果如图 10-69 所示。

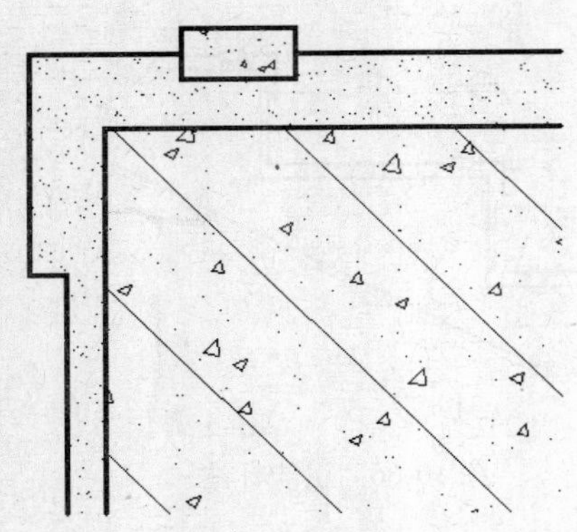

图 10-69　填充效果

（15）接下来进行标注和文字说明。使用线性标注命令，标注细部尺寸；使用多重引线命令，引注防滑条材料为“金刚砂”，效果如图 10-70 所示。

（16）最后加注详图符号、详图图名和比例，即可完成该详图的绘制，最终效果如图 10-71 所示。

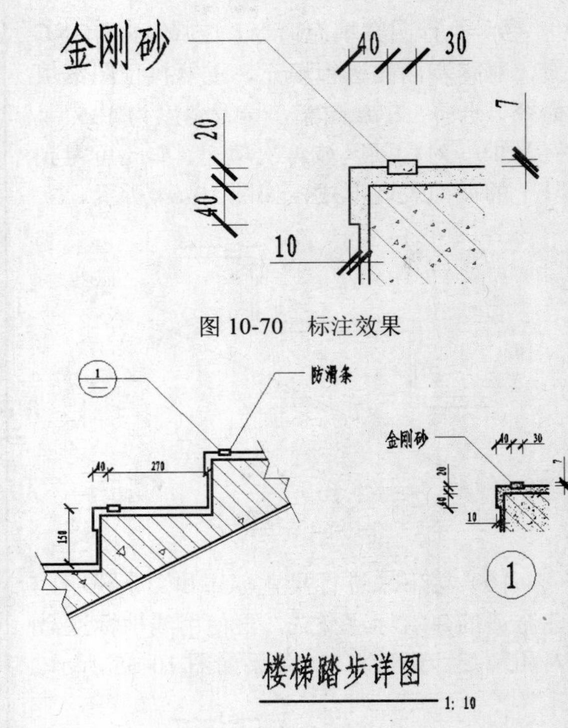

图 10-70　标注效果

图 10-71　最终效果

第 11 讲　绘制结构施工图

房屋的外形、房间布局、建筑构造以及内部装修是通过房屋的建筑施工图来表达的，而房屋的各种受力构件（梁、板、柱、墙等）的数量、尺寸、位置、材料以及连接构造等，是通过结构设计，包括力学分析计算和结构布置调整，最终在结构施工图中反映出来，作为施工的依据。通过本讲，读者可以初步掌握相关结构施工图的绘制方法。

本讲内容

- 实例・模仿——绘制梁结构详图
- 结构平面布置图的绘制
- 构件详图的绘制
- 实例・操作——绘制结构平面布置图
- 实例・练习——绘制基础详图

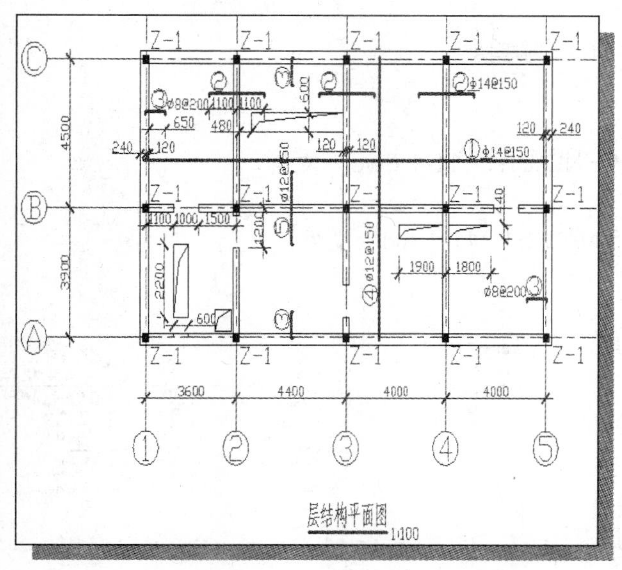

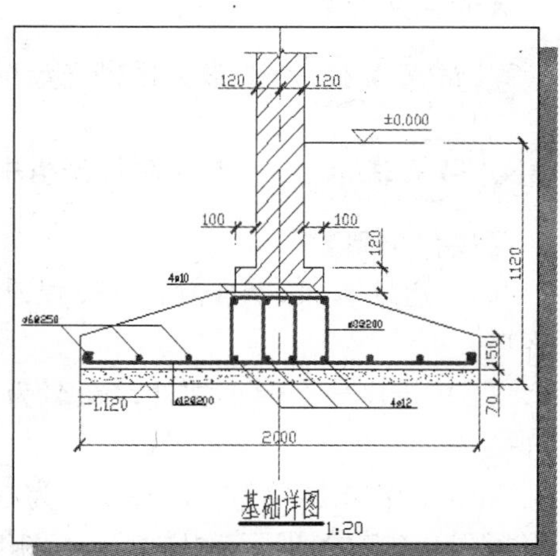

11.1　实例・模仿——绘制梁结构详图

本例将绘制一幅梁的结构详图，如图 11-1 所示。梁是房屋承重构件的一种，一般搭在柱或墙上，用以承受板的重量。梁的结构详图主要表达其尺寸设计和钢筋布置，以作为施工时的主要参照。通过此例，读者可以熟悉一般结构详图的绘制过程。

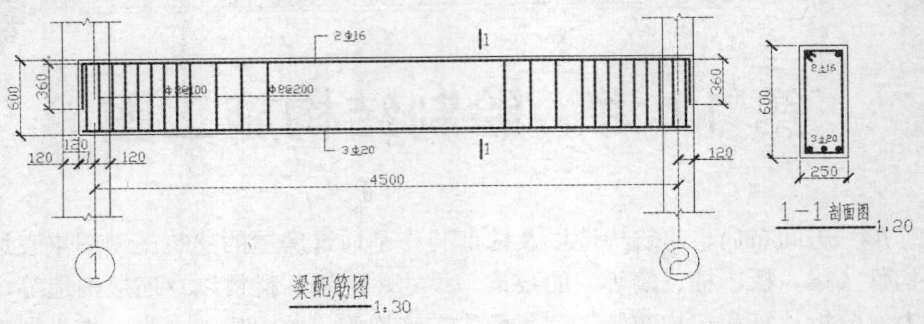

图 11-1　梁配筋图

【思路分析】

首先设置绘图环境，通过定位辅助线绘制梁轮廓，然后绘制钢筋，并进行标注，最后绘制剖面图，完善详图内容。流程如图 11-2 所示。

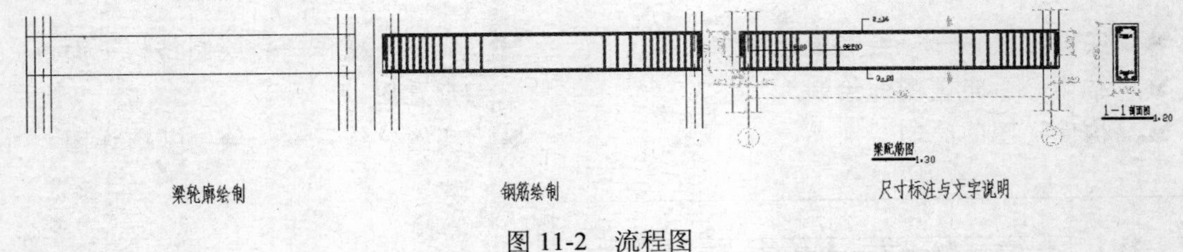

图 11-2　流程图

【光盘文件】

——参见附带光盘中的“END\Ch11\11-1.dwg”文件。

——参见附带光盘中的“AVI\Ch11\11-1.avi”文件。

【操作步骤】

（1）启动 AutoCAD 2012，设置习惯的绘图环境。

（2）新建一个图形文件，命名为“梁结构详图”。

（3）设置绘图单位，调整精度为 0；设置图形界限，调整绘图面积相当于 A4 图纸大小；设置线型，加载虚线、中心线等线型。

（4）设置图层，创建所需的图层，如轴线、轮廓线、钢筋、标注等，如图 11-3 所示。

（5）将“轴线”图层设置为当前图层，该图层线型为中心线，颜色为红色。使用直线命令，绘制一条长 60 的竖直线，然后使用偏移命令，将其向右偏移 150。左侧轴线为 1 轴，右侧为 2 轴。

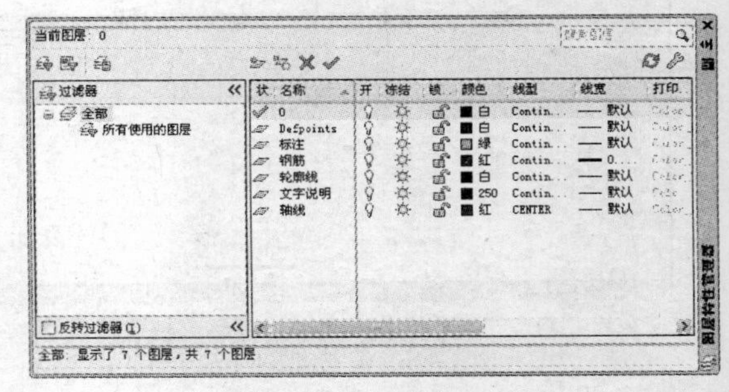

图 11-3　图层设置

（6）将“轮廓线”图层设置为当前图层，该图层颜色为黑色。使用直线命令，通过对象捕捉追踪，在 1 轴线左侧 60 处绘制一条与 1 轴线平行的直线，然后使用偏移命令，将其向右依次偏移 4、8、142、8；继续使用直线命令，连接左、右最外侧两直线中点，再使用偏移命令，将其向上偏移 20，效果如图 11-4 所示。

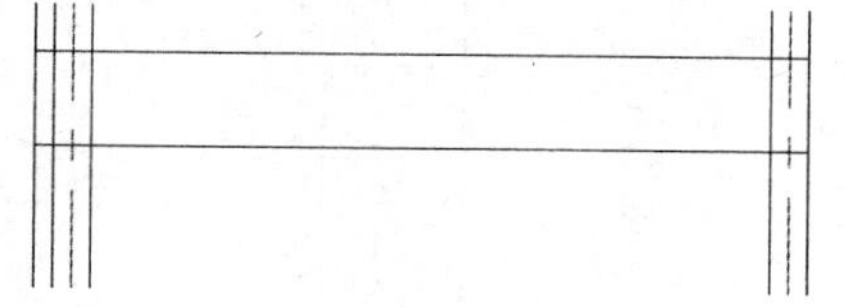

图 11-4　定位线

（7）使用修剪命令，按照图 11-5 所示进行修剪，得到梁的最后轮廓图。

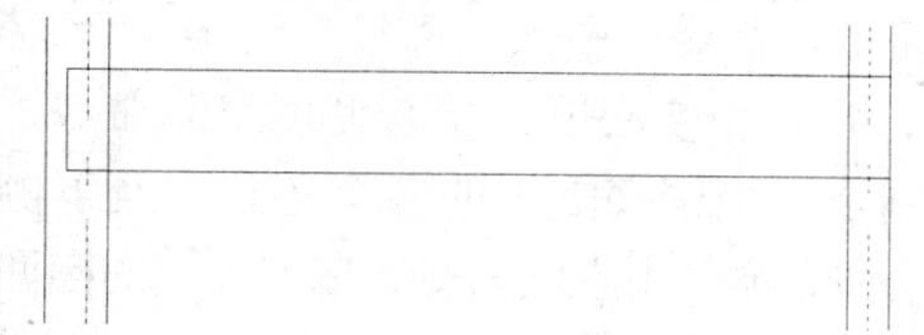

图 11-5　梁轮廓

（8）接着进行钢筋的绘制。将“钢筋”图层设置为当前图层，该图层线宽为 0.3，颜色为红色。使用直线命令，以 1 轴线与梁下侧线交点为基点，捕捉（@-3,1）为起点，向右绘制一条长 156 的直线；然后使用偏移命令，将其向上偏移 18；再使用直线命令，分别以偏移所得直线左、右端点为起点，向下绘制一条长 12 的竖直线。至此梁内主筋绘制完毕，如图 11-6 所示。

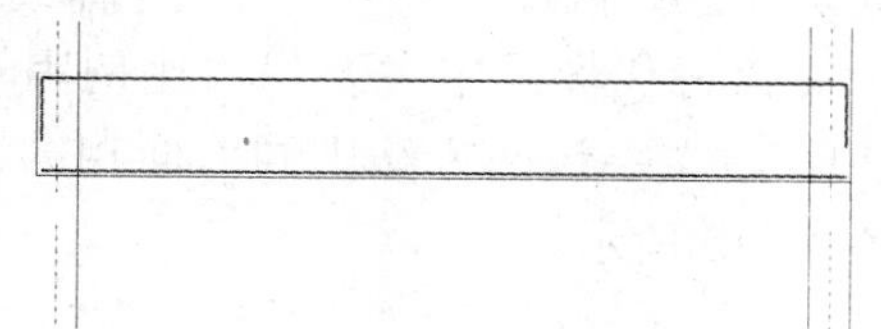

图 11-6　梁内主筋

（9）接着绘制箍筋。使用直线命令，同样以 1 轴线与梁下侧线交点为基点，捕捉（@-2,1）为起点，向上绘制一条竖直线，终点为与上侧主筋的交点；然后使用矩形阵列命令，选择该直线为对象，设置“行数”为 1，“列数”为 9，“列偏移”间距为 3.33（这里的矩形阵列操作，也可以采用偏移功能完成）。再使用偏移命令，将阵列获得的直线中最右侧那条向右连续偏移 3 次 6.66，效果如图 11-7 所示。

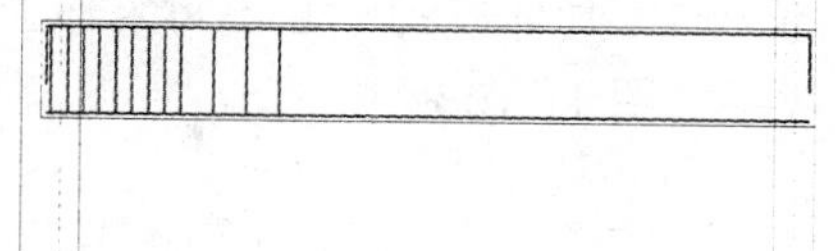

图 11-7　箍筋的绘制效果

（10）使用镜像命令，先选择所绘制的箍筋为镜像对象，然后依次选择梁的上、下侧中点为镜像线，确定并不删除源对象，效果如图 11-8 所示。

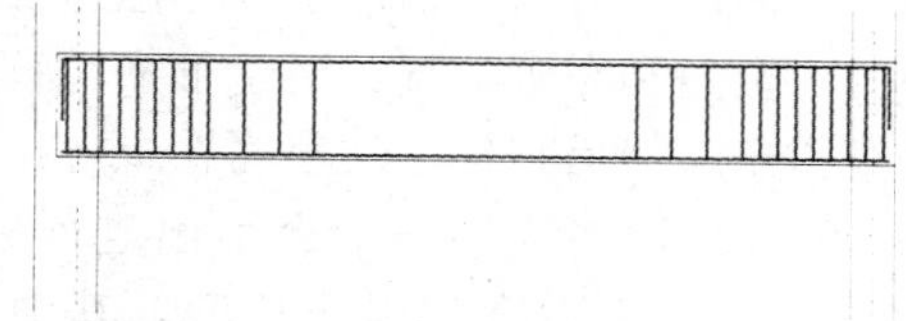

图 11-8　镜像

提示：至此，梁的轮廓和钢筋布置均已绘制完毕，接下来主要进行尺寸标注和钢筋的文字说明。

（11）执行“标注样式”命令，打开“修改标注样式:ISO-25”对话框，对默认的 ISO-25 样式进行修改，主要是将“主单位”选项卡中的“比例因子”改为 30（如图 11-9 所示），将“符号和箭头”选项卡中的“箭头“改为”建筑标记”。

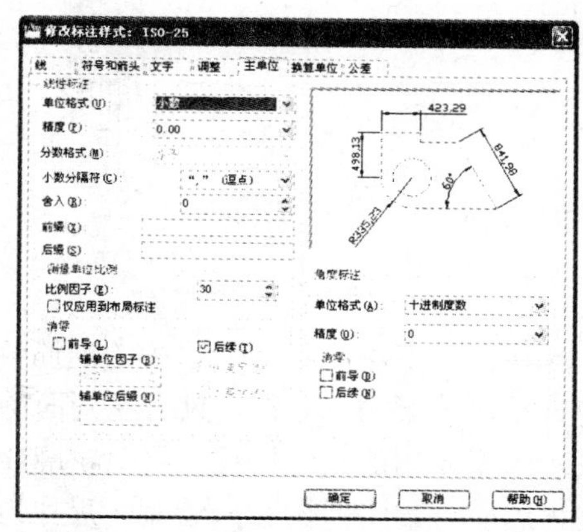

图 11-9　修改标注样式

（12）尺寸标注样式确定后，将“标注”图层设置为当前图层，该图层颜色为绿色。执行“线性”、“连续”等标注命令，即可完成对梁尺寸的标注。具体过程在此不再赘述，最终的标注效果如图 11-10 所示。

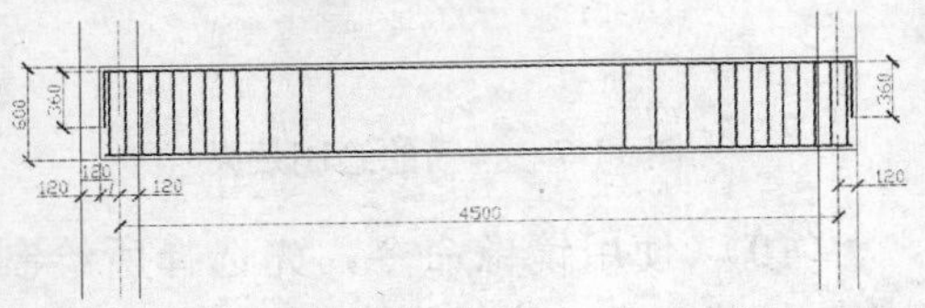

图 11-10　尺寸标注效果

（13）接下来对钢筋进行文字说明。将“文字说明”图层设置为当前图层，标注每种钢筋的种类、数量和布置情况。对于箍筋，直接用短直线引出，然后将标注文字写在上方；对于纵筋，可以使用多重引线命令引出进行标注，并适当调整文字高度和引线长度。其中，标注文字中的钢筋符号需要通过文字编辑器中的插入符号功能获得。最终的钢筋标注效果如图 11-11 所示。

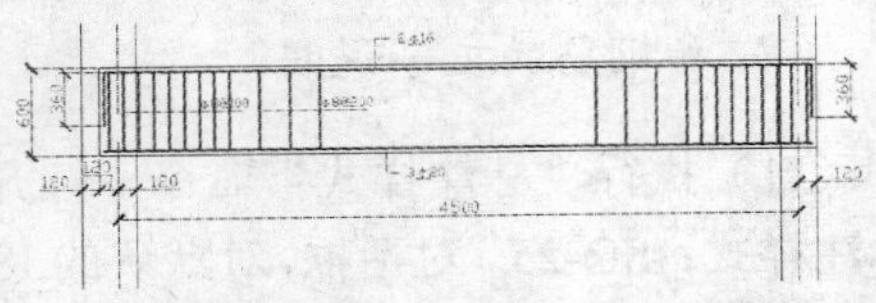

图 11-11　钢筋标注效果

（14）再对两边墙的上、下均加注折断符号，并创建轴号图块对轴线进行标注，如图 11-12 所示。

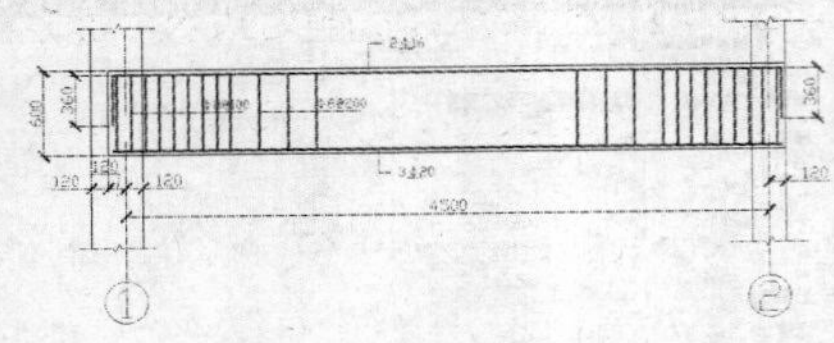

图 11-12　轴号标注

（15）为了更清晰地表达梁的配筋情况，还应该绘制该梁的剖面图，只有在剖面图中才能表示出梁横向的布置情况。将“轮廓线”图层置为当前；使用矩形命令，绘制一尺寸为 12.5×30 的矩形；再使用偏移命令，将该矩形向内侧偏移 1.5，并将该内侧矩形定义为处于“钢筋”图层，如图 11-13 所示。

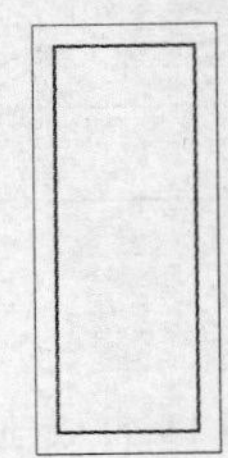

图 11-13　梁矩形截面

（16）将“钢筋”图层设置为当前图层；使用圆环命令，输入“内径”为 0、“外径”为 1.5，得一个实心圆；接着使用复制命令，将其复制至内侧钢筋矩形的各个角点以及下侧边中点上方；再使用直线命令，在左上角的圆两侧绘制两条平行的长 2.25 的直线，如图 11-14 所示。

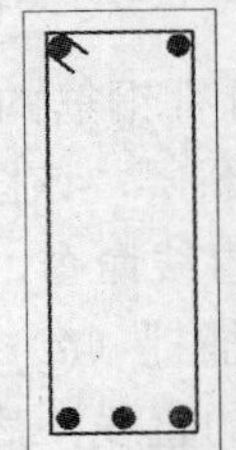

图 11-14　钢筋绘制

（17）同样地，图形基本绘制完毕后，进行尺寸标注与文字说明。由于该剖面图的绘图比例为 1:20，因此宜采用替代尺寸样式进行标注，在该替代样式中主要将“比例因子”改为 20；而文字说明方法则同前面相同，效果如图 11-15 所示。

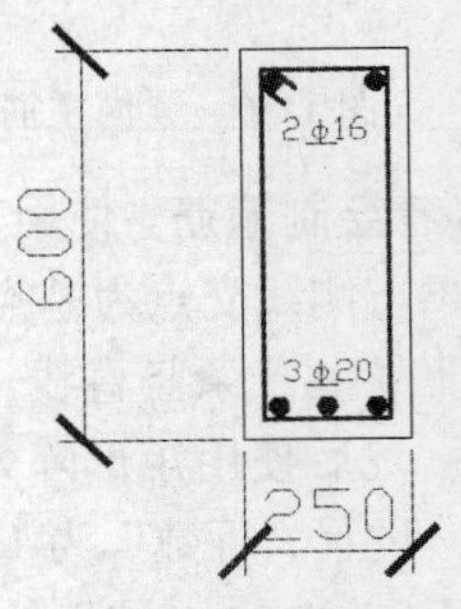

图 11-15　标注效果

（18）最后绘制剖切符号，并加注图名与比例，即可完成梁结构图的绘制，最终效果如图 11-16 所示。

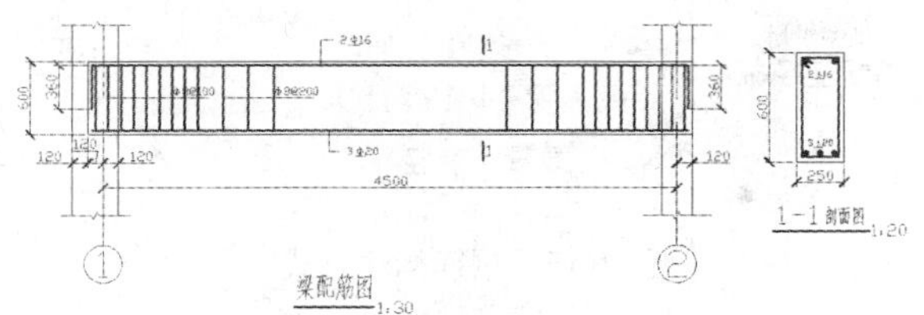

图 11-16　最终效果

11.2　结构平面布置图的绘制

结构平面布置图类别繁多，主要包括如下 3 类。

（1）基础平面图：用以表示建筑物室内地坪以下基础部分的平面布置。

（2）楼层结构平面图：用以表示房屋室外地坪以上各层平面承重构件平面关系。

（3）屋面结构平面图：用以表示屋面结构平面布置的图形。

其中，楼层结构平面图是楼层结构布置图中使用最多，也是最重要的图纸，其基本内容如下。

- ◆ 绘制与建筑图一致的轴线网及墙、柱、梁等构件的位置并标注其编号。
- ◆ 注明预制板的跨度方向、代号、型号、数量和预留洞的大小及位置。
- ◆ 在现浇板的平面图上，画出其钢筋配置，并标注预留孔洞的大小以及位置。
- ◆ 注明圈梁或门窗洞过梁的编号。
- ◆ 注明各种梁、板的底面结构标高和轴线间尺寸。
- ◆ 注明有关剖切符号或详图索引符号。
- ◆ 附注说明选用预制构件的图集编号、各种材料标号，以及板内分布筋的级别、直径和间距等。

以上所列内容，可根据具体建筑物承重结构的实际情况进行取舍。

在绘制结构施工图的过程中，不可避免地要面对绘制钢筋的问题。在钢筋混凝土结构设计规范中，对国产的建筑用钢，按其产品类别等级，分别给予不同的代号，以便于标注及识别，如表 11-1 所示。

表 11-1　建筑用钢代号

钢 筋 种 类	代　　号	钢 筋 种 类	代　　号
I 级钢筋（即 3 号光圆钢筋）	ϕ	冷拉 I 级钢筋	ϕI
II 级钢筋（即 16 锰人字纹筋）	Φ	冷拉 II 级钢筋	ΦI
III 级钢筋（即 25 锰硅人字纹筋）	Φ	冷拉 III 级钢筋	ΦI
IV 级钢筋（圆或螺纹筋）	Φ	冷拉 IV 级钢筋	ΦI

在结构施工图中，钢筋的标注应包括钢筋的编号、数量（或间距）、代号、直径及所在位置，

通常是沿钢筋的长度标注或标注在钢筋的引出线上。简单的构件，钢筋可不编号。板的配筋和梁、柱的箍筋一般是标注其间距，不注数量。具体标注方式如图 11-17 所示。

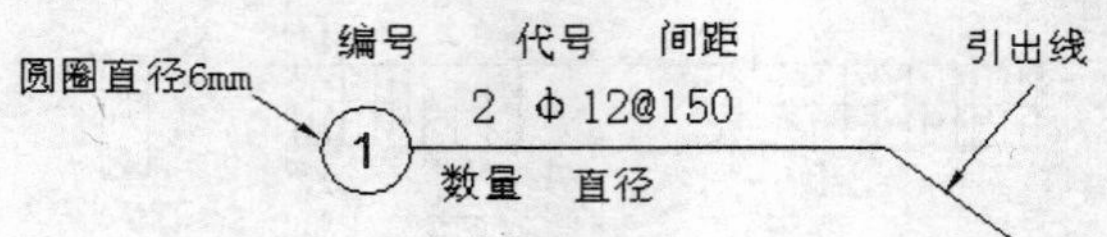

图 11-17 钢筋标注方式

在结构施工图中，通常用单根的粗实线表示钢筋的立面，用黑圆点表示钢筋的横断面。常见的具体表示方法如表 11-2 所示。

表 11-2 常用钢筋表示方法

名 称	图 例
钢筋横断面	●
无弯钩的钢筋端部	
预应力钢筋横断面	+
预应力钢筋或钢铰线	
无弯钩的钢筋搭接	
带半圆形弯钩的钢筋端部	
带半圆形弯钩的钢筋搭接	
带直弯钩的钢筋端部	
带直弯钩的钢筋搭接	
带丝扣的钢筋端部	

房屋结构的基本构件种类繁多，布置复杂。为了图示简明扼要，并把构件区分清楚，便于制表、查阅、施工，有必要为每类构件赋予代号。常用的构件代号一般采用该构件名称的汉语拼音的第一个字母表示，如表 11-3 所示。

表 11-3 常用构件代号

序 号	名 称	代 号	序 号	名 称	代 号	序 号	名 称	代 号
1	板	B	19	圈梁	QL	37	承台	CT
2	屋面板	WB	20	过梁	GL	38	设备基础	SJ
3	空心板	KB	21	连系梁	LL	39	桩	ZH
4	槽行板	CB	22	基础梁	JL	40	挡土墙	DQ
5	折板	ZB	23	楼梯梁	TL	41	地沟	DG
6	密肋板	MB	24	框架梁	KL	42	柱间支撑	DC
7	楼梯板	TB	25	框支梁	KZL	43	垂直支撑	ZC
8	盖板或沟盖板	GB	26	屋面框架梁	WKL	44	水平支撑	SC
9	挡雨板	YB	27	檩条	LT	45	梯	T
10	吊车安全走道板	DB	28	屋架	WJ	46	雨篷	YP
11	墙板	QB	29	托架	TJ	47	阳台	YT
12	天沟板	TGB	30	天窗架	CJ	48	梁垫	LD

续表

序　号	名　称	代　号	序　号	名　称	代　号	序　号	名　称	代　号
13	梁	L	31	框架	KJ	49	预埋件	M
14	屋面梁	WL	32	钢架	GJ	50	天窗端壁	TD
15	吊车梁	DL	33	支架	ZJ	51	钢筋网	W
16	单轨吊	DDL	34	柱	Z	52	钢筋骨架	G
17	轨道连接	DGL	35	框架柱	KZ	53	基础	J
18	车挡	CD	36	构造柱	GZ	54	暗柱	AZ

楼层结构平面图的绘制过程如下。

（1）设置绘图环境。

（2）按轴线、墙体、门窗洞、钢筋等的顺序绘制结构施工平面布置图。

（3）尺寸、文字等的标注。

（4）进行细部处理，附注说明，加图框和标题。

11.3　构件详图的绘制

构件详图包括梁、板、柱、基础结构详图、楼梯结构详图、屋面结构详图等。这里只讨论钢筋混凝土构件的详图绘制方法。

详图主要表明构件的长度、断面形状与尺寸以及钢筋的型式与配置情况，还可表示出模板尺寸、预留孔洞与预埋件的大小和位置，以及轴线和标高。其功能是在制作构件时为安装模板、钢筋加工、钢筋绑扎等工序提供依据。

构件详图的一般绘制过程如下。

（1）设置绘图环境。

（2）绘制定位辅助线。

（3）绘制构件轮廓。

（4）绘制钢筋布置。

（5）尺寸、文字等的标注。

（6）进行细部处理，完善结构详图。

（7）加注图名和比例。

11.4　实例·操作——绘制结构平面布置图

本例将绘制一幅楼层结构平面布置图，如图 11-18 所示。该建筑为某小区内的供电配套项目，结构为砖混结构，因此主要承重构件为墙体、构造柱，没有梁，这一点需要注意。另外所绘层为其夹层，一般情况下不上人，故没有楼梯，只留了一些孔洞。通过此例，希望读者可以初步了解结构施工平面图的绘制过程。

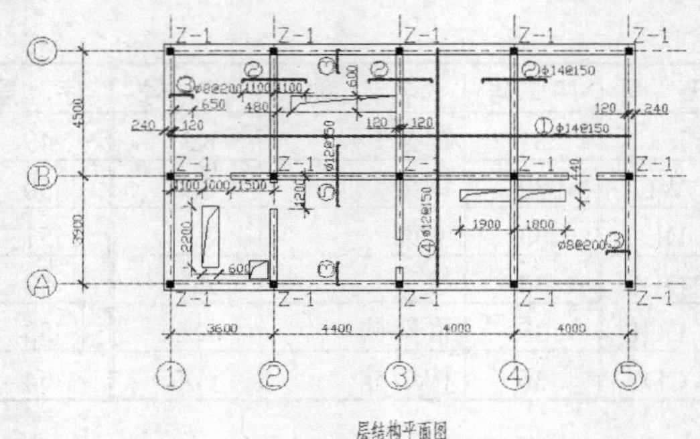

图 11-18　楼层结构平面图

【思路分析】

首先设置绘图环境，绘制定位轴线，然后绘制墙体、构造柱、钢筋布置，最后进行尺寸标注和文字说明，加注图名、比例。流程如图 11-19 所示。

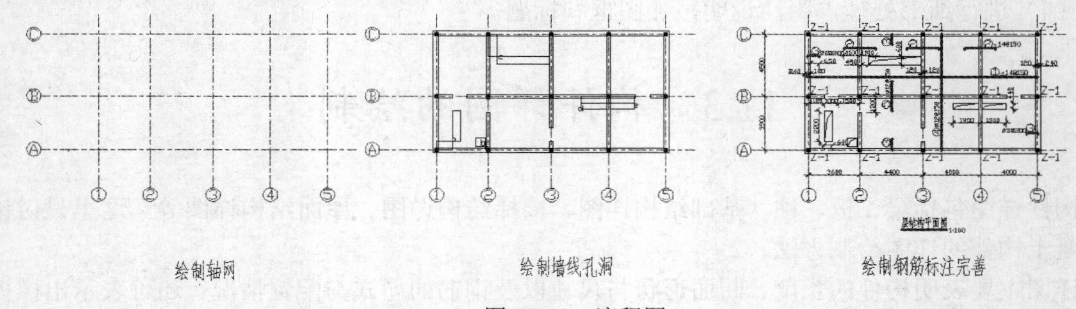

图 11-19　流程图

【光盘文件】

结果文件——参见附带光盘中的“END\Ch11\11-4.dwg”文件。

——参见附带光盘中的“AVI\Ch11\11-4.avi”文件。

【操作步骤】

（1）启动 AutoCAD 2012，设置习惯的绘图环境。

（2）新建一个绘图文件，命名为“结构平面布置图”。

（3）设置绘图单位。选择毫米为绘图单位，调整长度精度为 0.00。

（4）设置图形界限。因该例图形较小，调整绘图面积相当于 A4 图纸大小。

（5）设置线型。通过线型命令打开线型管理器，加载所需要的线型。

（6）设置图层。打开图层管理器，创建所需的新图层，如墙体、柱子、钢筋等。

提示：以上步骤可基本完成绘图环境的设置，对于绘制一幅高质量的施工图来说非常重要。接下来绘制定位轴线。

（7）将“轴线”图层设置为当前图层，该图层颜色为红色。使用直线命令，绘制一条长 12000 的竖直直线；使用偏移命令，将该直线向右依次偏移 3600、4400、4000、4000；再使用直线命令，连接竖直直线下部端点，并使用夹点编辑将其向左延伸 4000，向右延伸

2000；然后使用偏移命令，将水平直线向上依次偏移 2800、4500、3900；最后删除最下侧的水平线，轴网效果如图 11-20 所示。

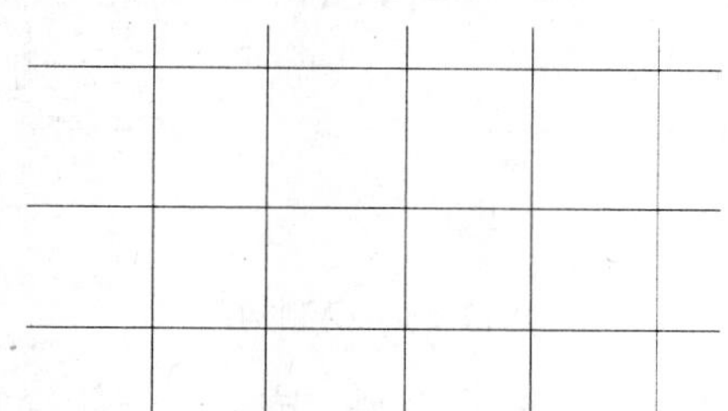

图 11-20 绘制轴网效果

（8）为了方便后续绘制，这里先对轴线进行编号。创建轴号图块，再插入合适位置，完成轴线的编号，如图 11-21 所示。

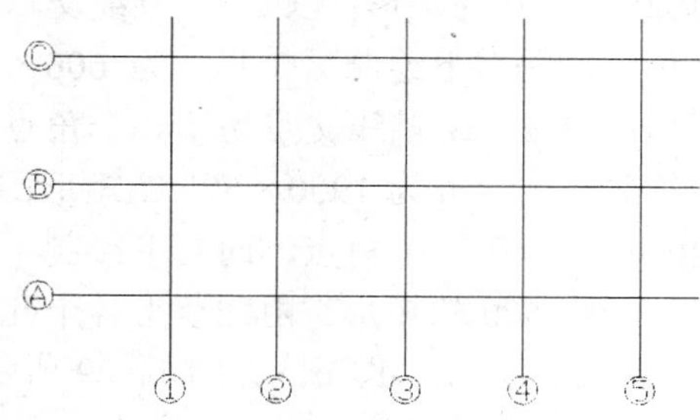

图 11-21 加注轴号

（9）接下来绘制墙体。将“墙体”图层设置为当前图层，该图层线宽为 0.3。先绘制内墙，墙厚为 240。执行多线命令，选择默认样式 STANDARD，输入比例为 240，设置对正方式为无，沿着内部轴线绘制墙线，得到一堵水平方向和 3 堵竖直方向的内墙，如图 11-22 所示。

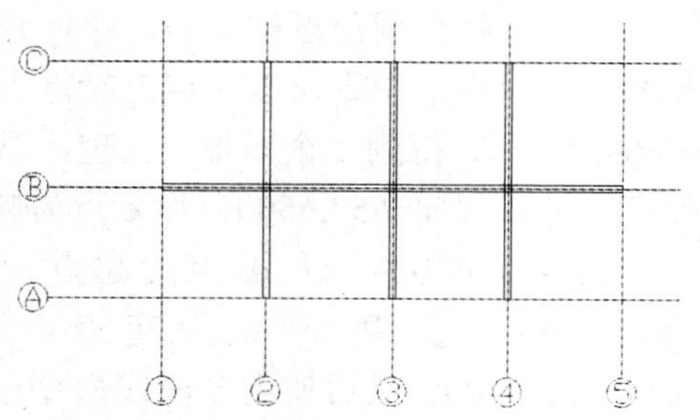

图 11-22 绘制内墙墙线

（10）绘制外墙。由于外墙线并没有沿轴线平分布置，故需新建一种多线样式。选择“格式”→“多线样式”命令，打开“多线样式”对话框，单击“新建”按钮；在弹出的“创建新的多线样式”对话框中输入新样式名“外墙线”，单击“继续”按钮；打开“新建多线样式：外墙线”对话框，将偏移设置为(240,-120)，如图 11-23 所示，单击“确定”按钮，即可完成该多线样式的定义。

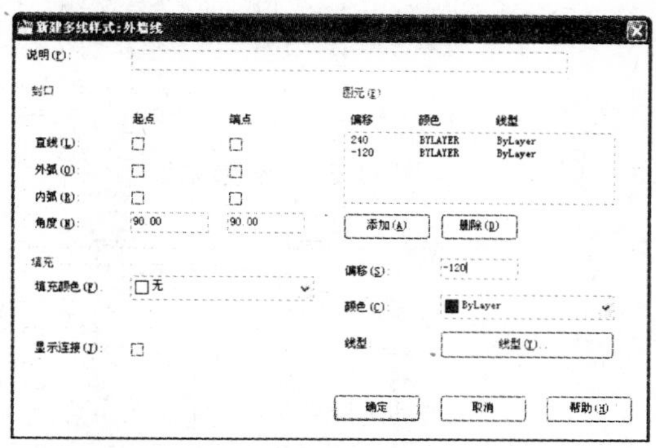

图 11-23 定义多线样式

（11）执行多线命令，选择多线样式为外墙线，输入比例为 1，设置对正方式为无，沿外面一圈轴线绘制外墙线，如图 11-24 所示。

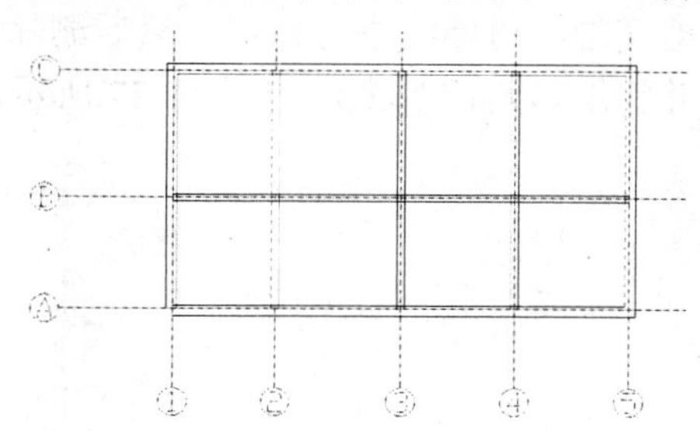

图 11-24 绘制外墙墙线

（12）打开多线编辑工具，使用其中的相应功能（主要是十字合并、T 形合并、角点结合这 3 项功能）对墙线进行修改，效果如图 11-25 所示。

（13）接下来对内墙进行修剪，需要定位“门窗”洞口。使用偏移命令，将 1 轴线向右依次偏移 1100、1000，并使用夹点编辑缩短其长度，只与 B 轴线相交；接着将 5 轴线向左依次偏移 1100、1000，同样要缩短其长度，只与

B 轴线相交；再将 A 轴线向上依次偏移 600、1000，缩短其长度，只与 3 轴线相交；将 B 轴线向下依次偏移 240、960，然后缩短长度，只与 2 轴线相交，洞口定位效果如图 11-26 所示。

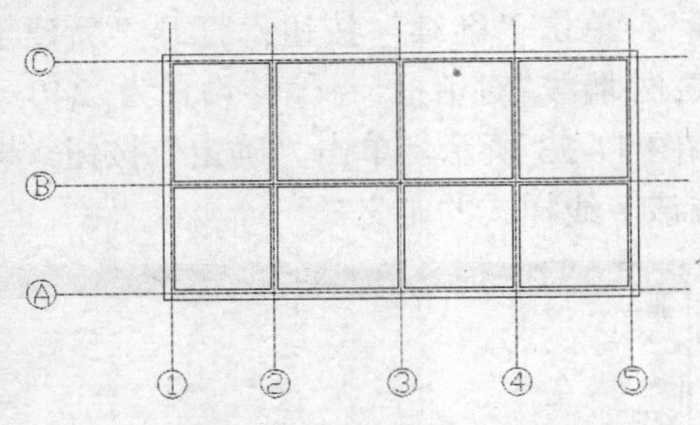

图 11-25　修改墙线

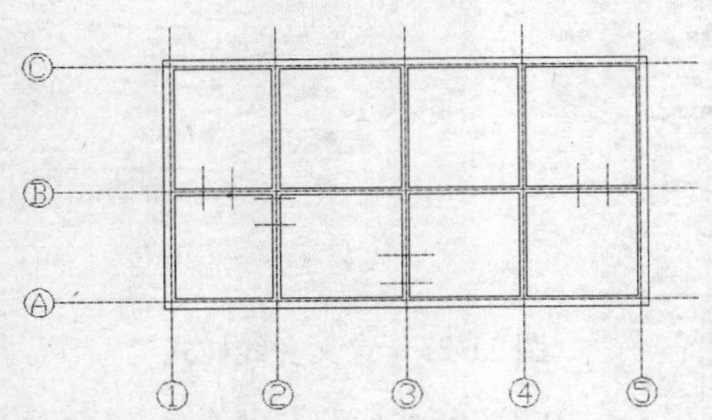

图 11-26　定位洞口

（14）使用修剪命令，以所绘的洞口定位线为剪切边，对墙线进行修剪，然后删除定位线，并将墙口封闭起来，如图 11-27 所示。

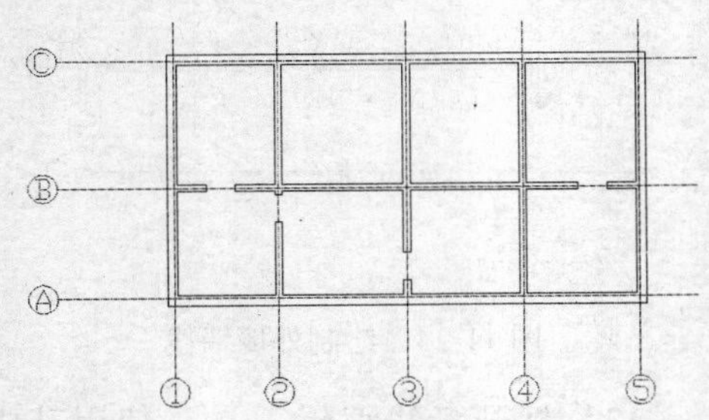

图 11-27　修剪墙线

（15）接着绘制构造柱。将“柱子”图层置为当前；使用矩形命令，绘制一个尺寸为 240×240 的矩形；执行图案填充命令，选择 SOLID 图案对矩形进行填充，即可完成一个构造柱的绘制；然后使用复制命令，选择矩形对角线交点为基点，将构造柱复制到轴网各交点处，如图 11-28 所示。

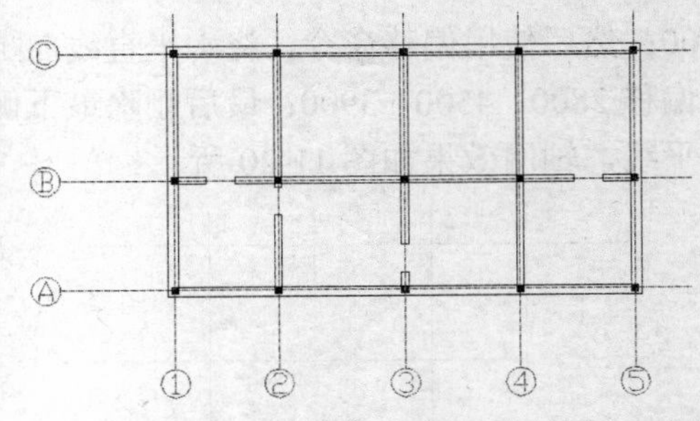

图 11-28　绘制构造柱

（16）构造柱绘制完成后，开始绘制预留孔洞。首先需得到孔洞的角点位置。使用矩形命令，以 1、A 轴线交点为第一个角点，向右上绘制一个尺寸为 1100×600 的矩形；以 2、A 轴线交点为第一个角点，向左上绘制一个尺寸为 200×200 的矩形；以 2、C 轴线交点为第一个角点，向右下绘制一个尺寸为 600×1600 的矩形；以 4、B 轴线交点为第一个角点，向左下绘制一个尺寸为 1900×500 的矩形；以 4、B 轴线交点为第一个角点，向右下绘制一个尺寸为 1800×500 的矩形。由此获得各个孔洞的角点位置 a、b、c、d、e，如图 11-29 所示。

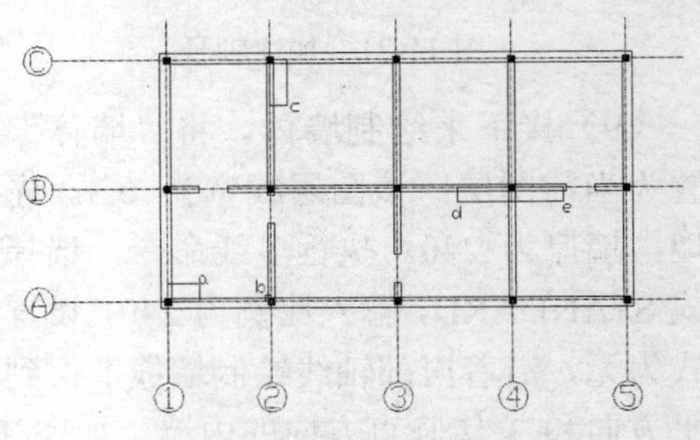

图 11-29　定位孔洞

（17）得到孔洞角点位置后，即可开始绘制孔洞。使用矩形命令，以 a 点为起点，输入（@600,2200），得到一个矩形；同理，以 b 点为起点，输入（@-650,650）；以 c 点为起点，输入（@3680,600）；以 d 点为起点，输入（@1780,440）；以 e 点为起点，输入（@-1680,-440），然后使用多段线命令，在各矩形内绘制折线，表示为孔洞，最后删除原来绘制的定位矩形，效果如图 11-30 所示。

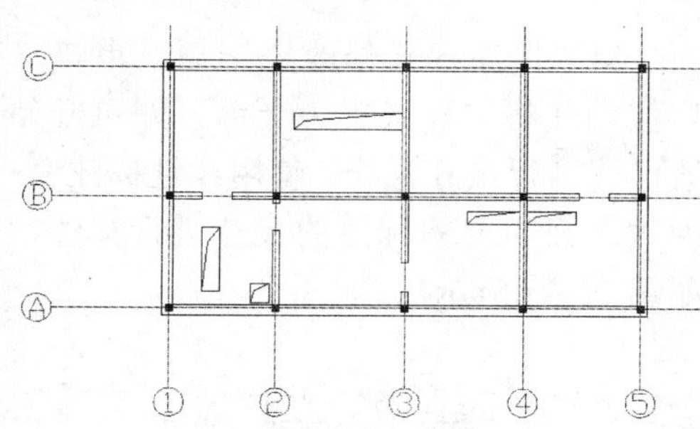

图 11-30　绘制孔洞

（18）接下来绘制钢筋，并对钢筋进行标注。本例为砖混结构，应主要反映楼面配筋的具体情况。将“钢筋”图层设置为当前图层，该图层颜色为红色，线宽为 0.3。使用直线命令，按由结构计算得出的钢筋布置来进行钢筋绘制。因钢筋布置是按间距布置的，无须定位，至于钢筋的尺寸则可参照有标注的完成图，这里具体的绘制过程不再赘述，效果如图 11-31 所示。

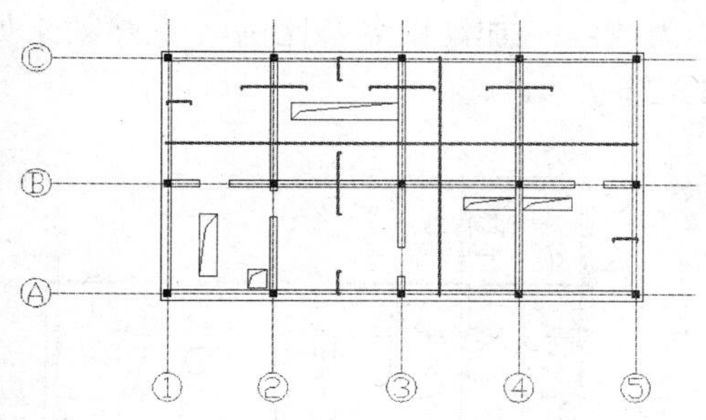

图 11-31　绘制钢筋

（19）接着对钢筋进行标注，标注方法可参照 11.2 节中的讲述，效果如图 11-32 所示。

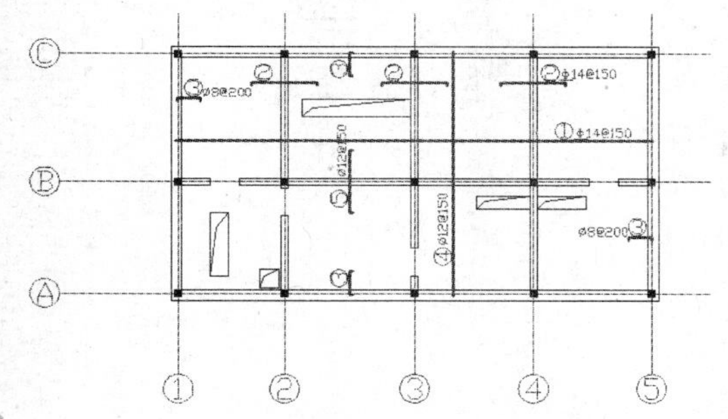

图 11-32　钢筋标注效果

（20）接下来进行尺寸标注。首先创建合适的尺寸样式。执行标注样式命令，对默认的 ISO-25 标注样式进行修改，打开“修改标注样式：ISO-25”对话框，在“线”选项卡中设置“超出标记”为 300，“基线间距”为 100，“超出尺寸线”为 300，“起点偏移量”为 500，如图 11-33 所示。

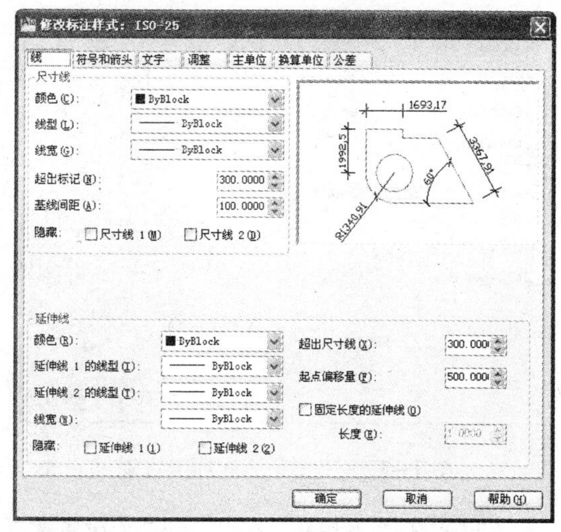

图 11-33　“线”选项卡设置

（21）在“符号和箭头”选项卡中，设置“第一个”和“第二个”均为“建筑标记”，“箭头大小”为 300，如图 11-34 所示。

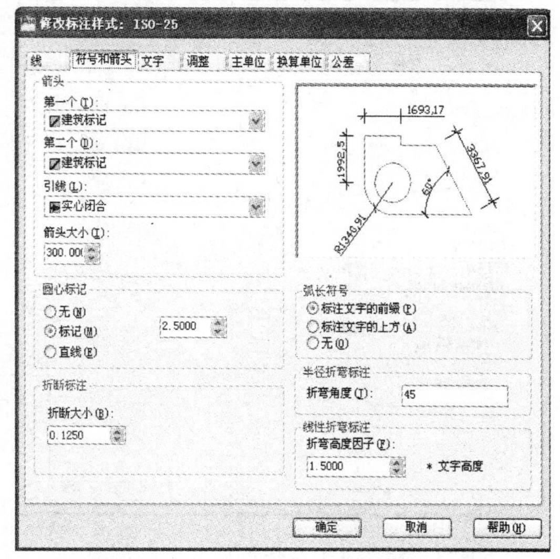

图 11-34　“符号和箭头”选项卡的设置

（22）在“文字”选项卡中，设置“文字高度”为 300，“文字位置”栏的“垂直”为“上”，“水平”为“居中”，如图 11-35 所示。

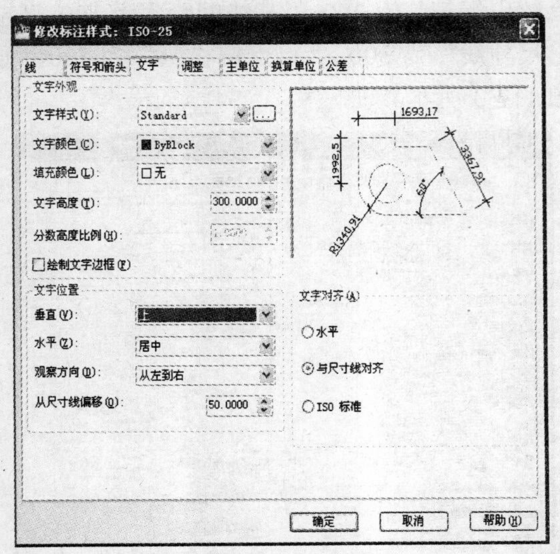

图 11-35　“文字”选项卡设置

（23）在“主单位”选项卡中，设置“单位格式”为“小数”，“精度”为 0，“小数分隔符”为“句点”，“比例因子”为 1，如图 11-36 所示。

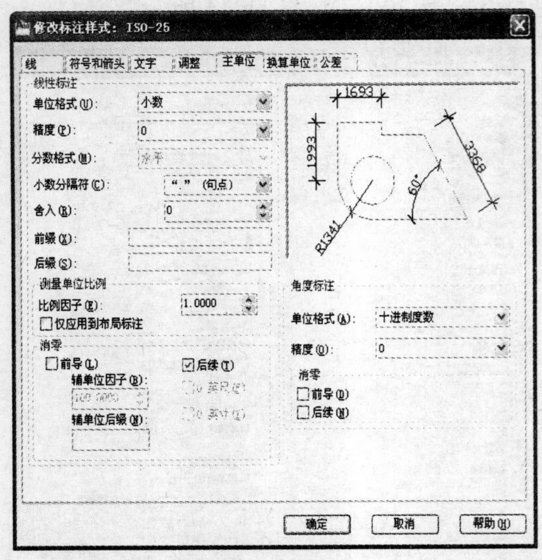

图 11-36　“主单位”选项卡的设置

（24）标注样式修改完毕后，单击“确定”按钮并将该样式置为当前，即可开始使用该样式进行尺寸标注。使用线性标注命令，依次对平面图上需标注的尺寸进行标注，效果如图 11-37 所示。

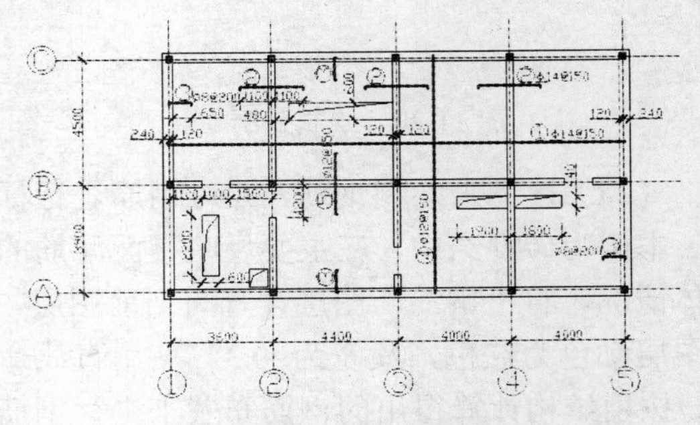

图 11-37　尺寸标注

（25）标注完成后，还需再对整个平面图进行相应完善。修改“轴线”图层线型为 CENTER（即点划线）；标注各个柱的型号，统一为 Z-1；加注图名及比例，最终效果如图 11-38 所示。

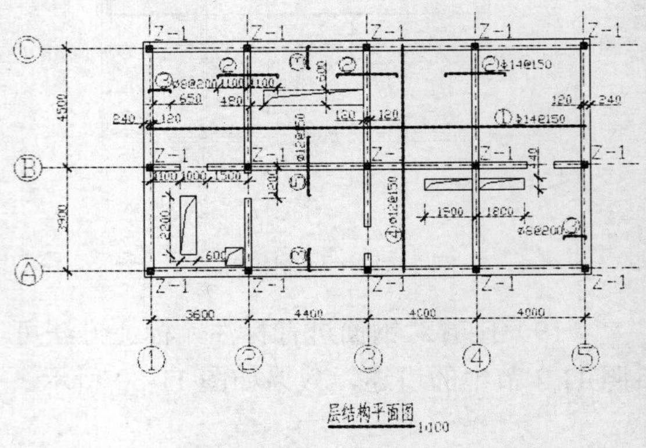

图 11-38　最终效果

11.5 实例·练习——绘制基础详图

本例将绘制一幅基础的结构详图，如图 11-39 所示。基础也是房屋承重构件的一种，一般上部分连接柱子，下部分埋入土中，用以承受上部荷载。基础的结构详图主要表达其尺寸设计和钢筋布置，以作为施工时的主要参照。通过此例，读者可以进一步掌握一般结构详图的绘制过程。

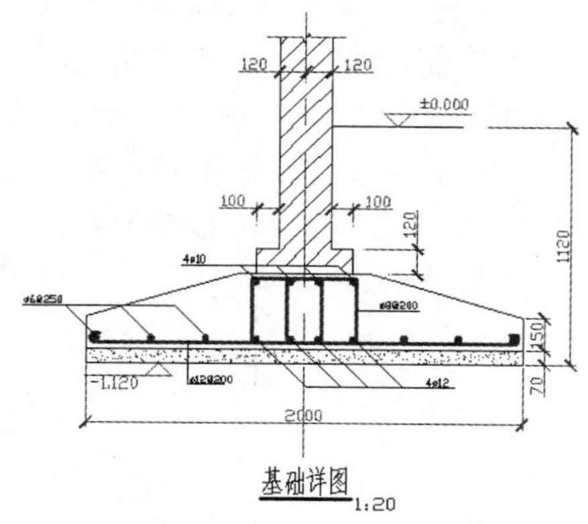

图 11-39 基础详图

【思路分析】

首先设置绘图环境，通过定位辅助线绘制基础轮廓，然后进行钢筋布置，最后进行尺寸标注和文字说明，并完善详图内容。流程如图 11-40 所示。

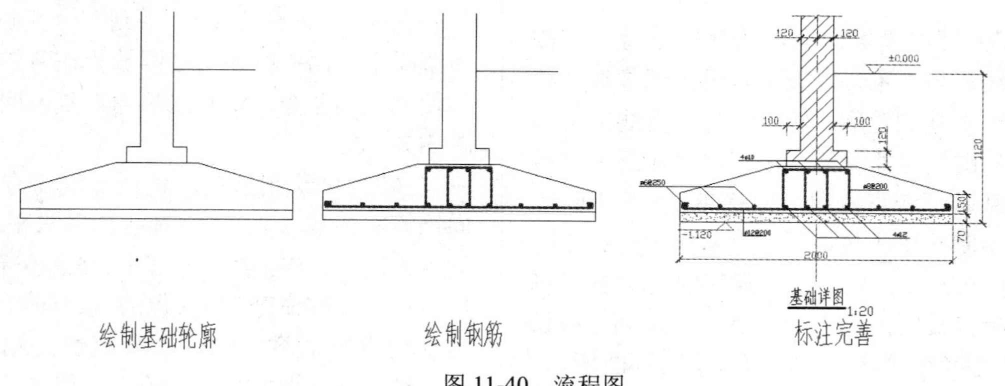

图 11-40 流程图

【光盘文件】

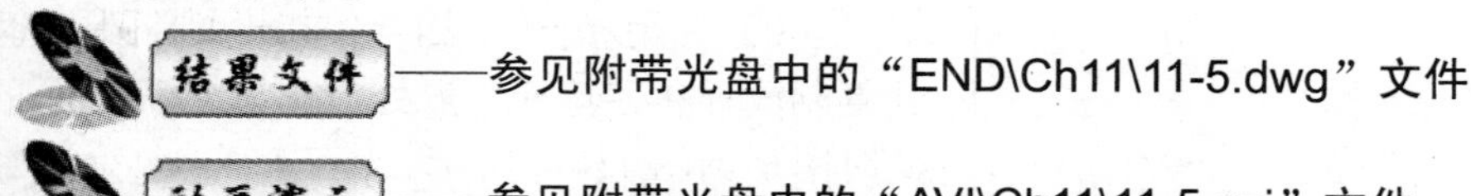

结果文件——参见附带光盘中的“END\Ch11\11-5.dwg”文件。

动画演示——参见附带光盘中的“AVI\Ch11\11-5.avi”文件。

【操作步骤】

（1）启动 AutoCAD 2012，设置习惯的绘图环境。

（2）参照绘制梁结构详图，对绘图单位、图形界限、线型进行相同的设置。

（3）接下来设置图层。创建所需的图层，如轴线、基础轮廓、钢筋、标注等。

（4）一般的设置完毕后，开始绘制基础轮廓。将"基础轮廓"图层设置为当前图层；使用直线命令，绘制一条长 80 的竖直直线，以其下端点为起点，向左绘制一条长 50 的水平直线，继续指定下一点，向上绘制一条长 11 的竖直直线，再输入（@35,10），指定下一点，向右绘制一条长 4 的水平直线，再向上绘制一条长 6 的竖直直线，向右绘制长 5 的水平直线，最后向上绘制一条长 50 的竖直直线，如图 11-41 所示。

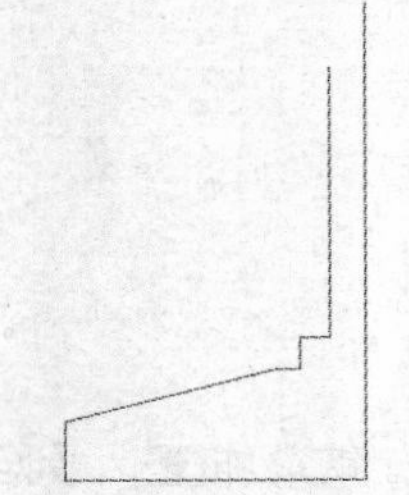

图 11-41　基础左侧轮廓

（5）使用镜像命令，选择竖直直线左侧的所有线条为对象，以竖直直线为镜像线，绘制出另一半基础轮廓；然后将竖直直线定义为"轴线"图层，并关闭该图层；再使用偏移命令，将基础下侧直线向上偏移 3.5；使用直线命令，绘制基座线与地平线，基座线通过连接两边点即可获得，地平线距离基础底部 56，可通过对象捕捉得到起点，然后向右绘制一条长 30 的直线即可。最终基础轮廓如图 11-42 所示。

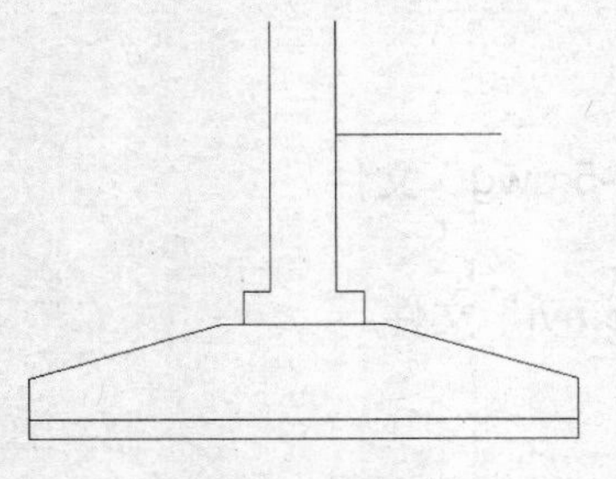

图 11-42　基础轮廓

（6）轮廓绘制完毕后，即可开始绘制钢筋。同样可以只绘制一半，再使用镜像命令复制得到另一半。将"钢筋"图层设置为当前图层，该图层颜色为红色，线宽为 0.3。使用直线命令，以基础左下侧角点为基点，输入（@2,5），捕捉该点为起点，绘制一条向右长 48 的水平直线；使用偏移命令，将该直线向上偏移 2，连接两直线左端点，然后使用圆弧命令，以连接线中点为圆心，上下直线左端点为起始点，绘制一个圆弧，作为钢筋的弯钩；再调整上方直线长度，向左缩短为 1，并将原连接线删除，即完成横向钢筋的绘制，如图 11-43 所示。

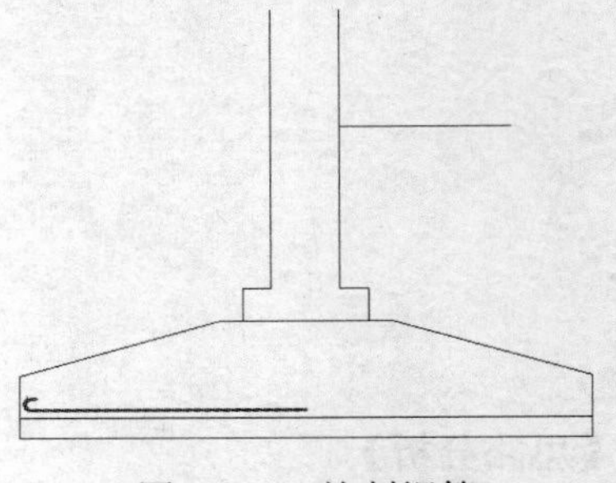

图 11-43　绘制钢筋

（7）绘制纵向钢筋。使用圆环命令，输入内径为 0、外径为 1.5，得到一个实心圆，作为截断钢筋面；将该实心圆放置在弯钩处，然后使用复制命令，将其水平向右复制两个，相距均为 12.5。

（8）再绘制箍筋。使用直线命令，以横向钢筋右侧端点为基点，捕捉距其水平左侧 12 的点为起点，向上绘制一条长 15 的竖直直线；接着使用偏移命令，将新得的直线向右偏移 8；再使用直线命令，以前一条直线上端点为起点，绘制一条向右长 12 的水平直线。这样基础左侧箍筋绘制完毕。

（9）使用相同方法，绘制出实心圆，将其复制放置在各箍筋角点处，作为纵筋断面。此时图形如图 11-44 所示。

（10）使用镜像命令，选择所有绘制的钢筋为对象，以唯一一条轴线为镜像线，复制得到基础右侧的钢筋布置，如图 11-45 所示。

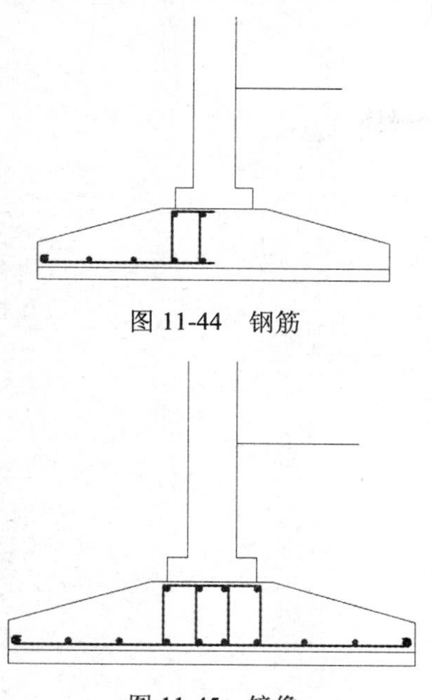

图 11-44　钢筋

图 11-45　镜像

（11）此处因钢筋种类较多，且布置复杂，为避免被尺寸标注所影响，故先对钢筋进行文字说明，再进行尺寸标注。

（12）将“文字说明”图层设置为当前图层；使用直线命令，绘制各条引线；再使用多行文字命令输入钢筋种类、名称和布置情况，如图 11-46 所示。

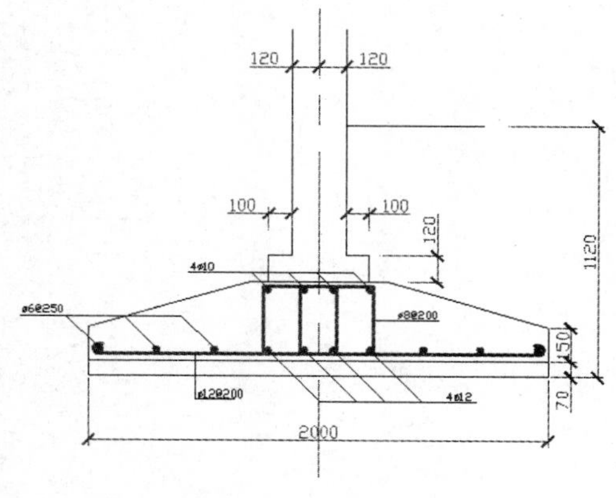

图 11-46　钢筋标注

（13）接着进行尺寸标注，定义适当的尺寸样式，主要调整箭头为建筑标记，设置比例因子为 20。

（14）然后将“标注”图层设置为当前图层，该图层颜色为绿色。主要使用标注线性尺寸命令对基础相关尺寸进行标注，效果如图 11-47 所示。

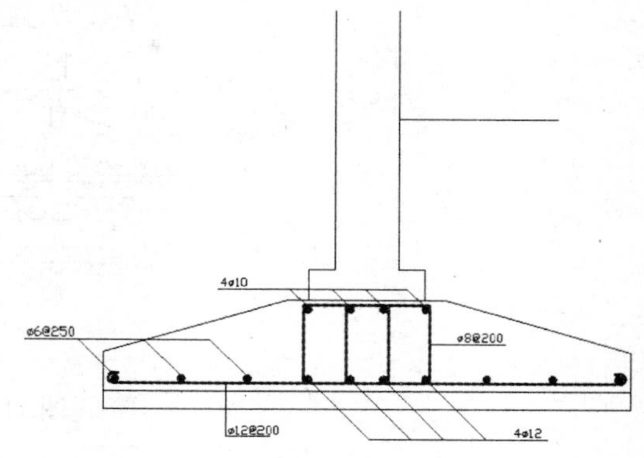

图 11-47　尺寸标注

（15）接着对基础详图进行完善，主要对剖到的垫层和墙体截面进行图案填充。首先在墙体上方绘制一个剖切符号，然后使用图案填充命令，选择 LINE 图案，设置角度为 45°，比例为 1，选取上部墙体为填充对象，确认后即可完成填充。同样地，对垫层选择 AR-SAND 图案，设置比例为 0.05，选取对象完成填充，另外，还需标示标高，绘制标高符号并输入标高值，效果如图 11-48 所示。

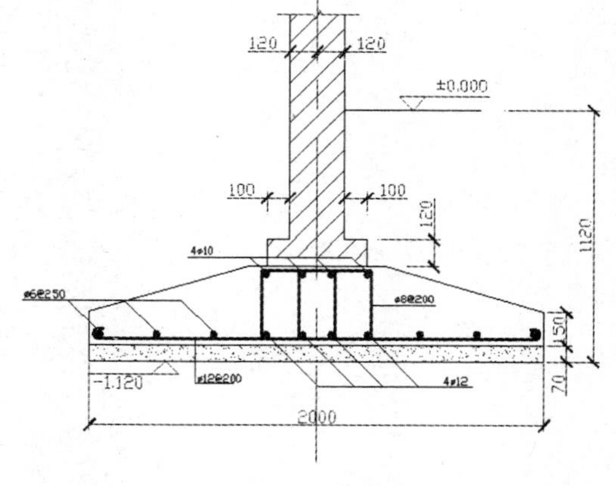

图 11-48　完善图形

（16）最后加注图名与比例，即可完成基础详图的绘制，最终效果如图 11-49 所示。

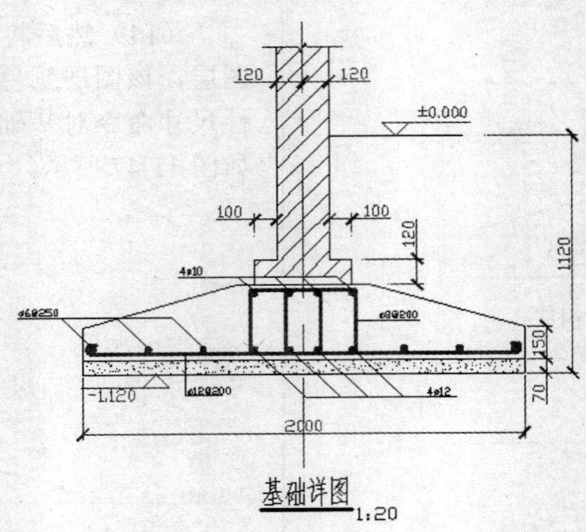
120
120
±0.000
100
100
120
1120
4φ10
φ6@250
φ8@200
150
-1.120
φ12@200
4φ12
70
2000
基础详图
1:20

图 11-49　最终效果

第 12 讲　三维绘图基础

AutoCAD 2012 具有强大的三维图形绘制功能，不仅可以绘制一般面网格模型、简单实体模型，还可以创建复杂的实体并对其进行加工、渲染。掌握三维绘图方法是绘制建筑效果图的基础。本讲将对三维绘图的基本概念、基本方法、基本命令进行讲解。

本讲内容

- 实例·模仿——绘制床头柜
- 三维绘图概述
- 三维坐标系
- 三维视图
- 绘制基本三维表面
- 绘制特殊三维曲面
- 绘制基本实体
- 实例·操作——绘制台灯
- 实例·练习——绘制台阶

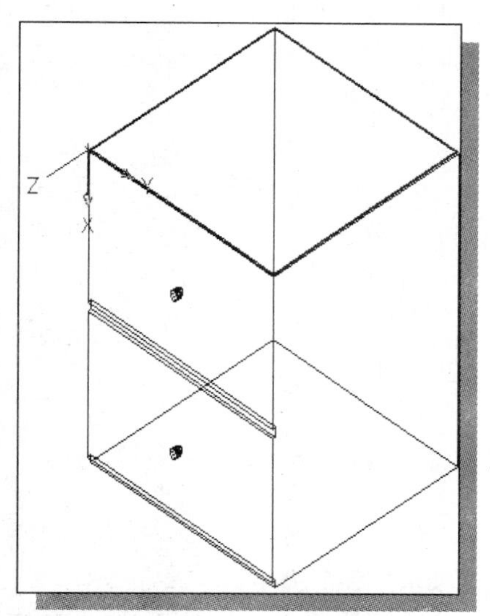

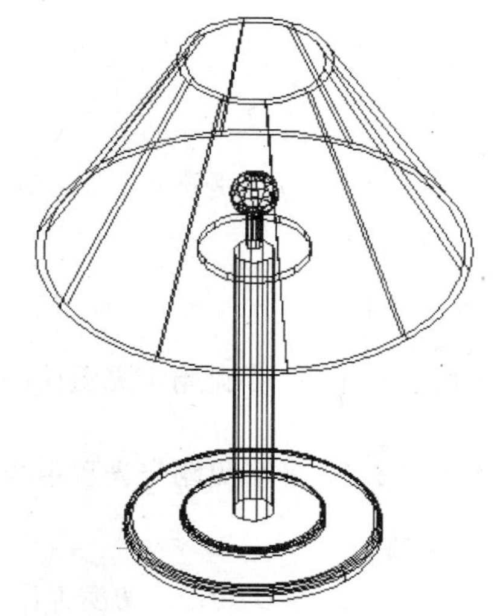

12.1　实例·模仿——绘制床头柜

本例将绘制一个三维实体——床头柜，如图 12-1 所示。床头柜是建筑室内设计中必不可少的物件，造型一般是长方体，至少包含两个抽屉。通过此例，读者可以初步了解绘制三维图形的一般过程。

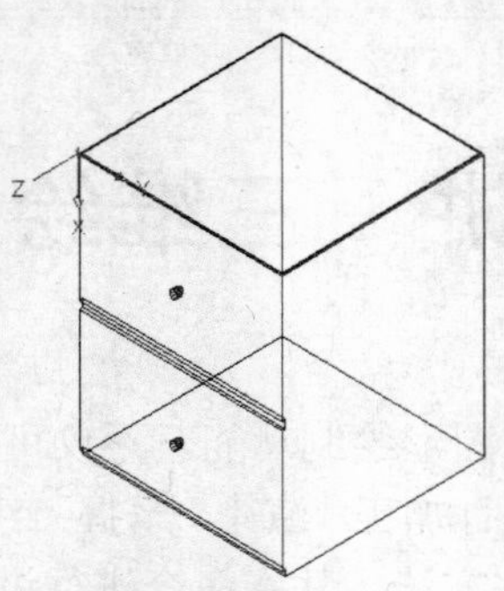

图 12-1　床头柜

【思路分析】

该例造型简单，首先绘制一个长方体，同时以该长方体为基础，定义新的用户坐标系，然后在相应位置绘制长方体和圆柱体，最后通过实体编辑绘制出抽屉形状，处理细部即可。整个流程如图 12-2 所示。

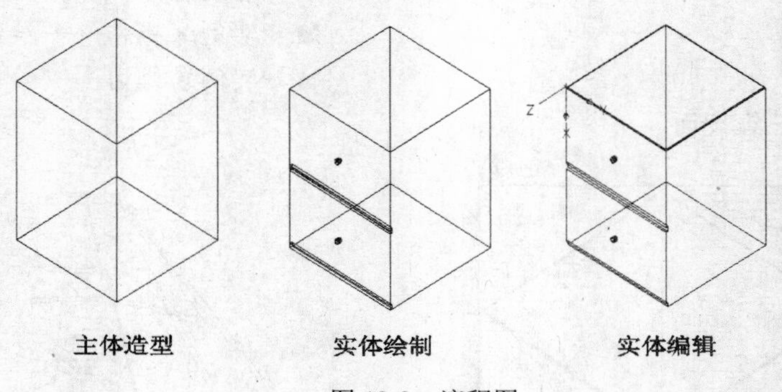

图 12-2　流程图

【光盘文件】

结果文件——参见附带光盘中的“END\Ch12\12-1.dwg”文件。

动画演示——参见附带光盘中的“AVI\Ch12\12-1.avi”文件。

【操作步骤】

（1）启动 AutoCAD 2012，切换工作空间为三维建模，设置习惯的绘图环境。

（2）设置视图。选择“视图”→“东南等轴测”命令，如图 12-3 所示，将视图调整为东南等轴测视图。

（3）使用长方体命令，在绘图区绘制一个尺寸为 800×800×1000 的长方体，如图 12-4 所示。

（4）使用定义用户坐标系命令，定义新的用户坐标系，将长方体的正面设置为 XY 平面，如图 12-5 所示。

（5）使用直线绘制命令，连接长方体正面两侧边的中点，作为一条辅助直线。

（6）使用圆柱体命令，配合对象追踪功能，沿步骤（5）所绘的辅助线中点垂直向上追踪虚线引导光标，在命令行中输入 250，确定该圆柱体的底面中心点，如图 12-6 所示。

（7）再依次输入 10 作为底面半径，输入 10 作为高度，绘制到一个圆柱体，作为抽屉的把手，如图 12-7 所示。

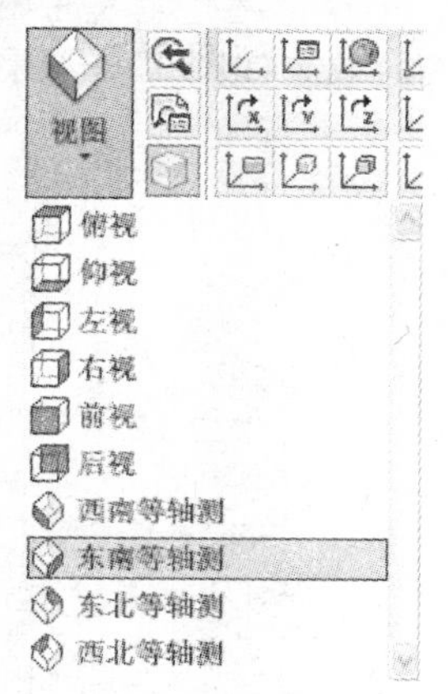

图 12-3　视图调整

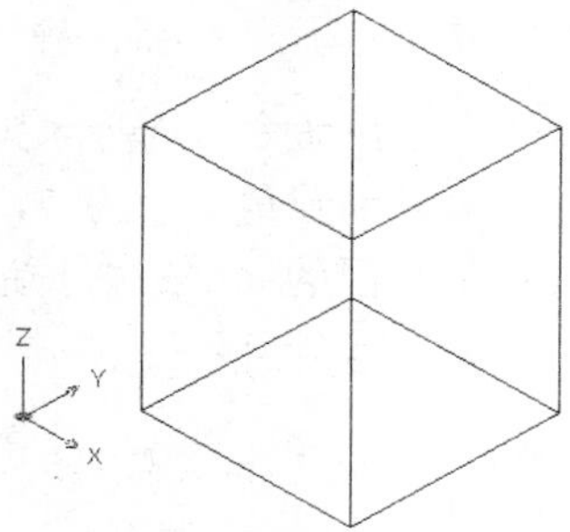

图 12-4　绘制长方体

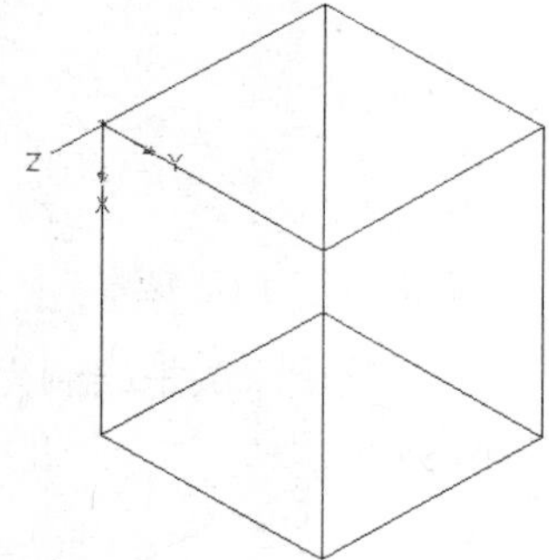

图 12-5　定义用户坐标系

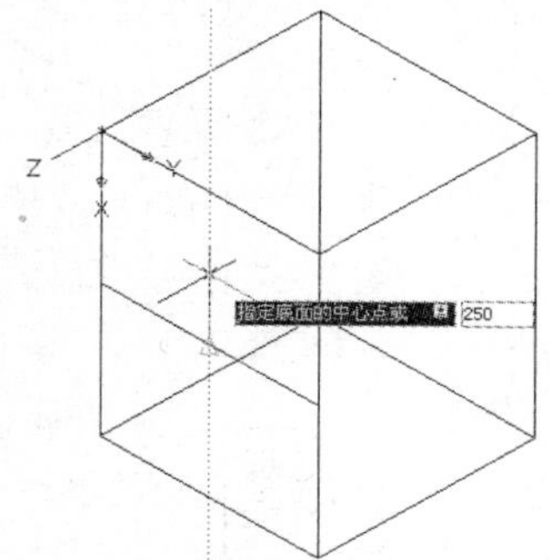

图 12-6　定位

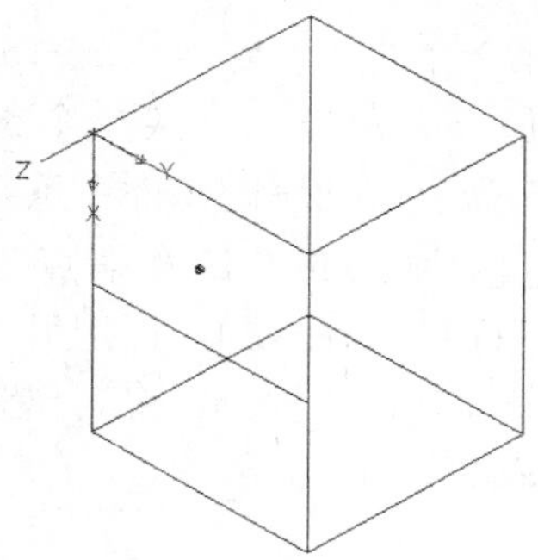

图 12-7　绘制圆柱体

（8）重复圆柱体命令，以步骤（7）所绘的圆柱体外侧面上圆心为新绘圆柱体的底面中心点，输入半径为 15、高度为 25，绘制得到另一个圆柱体。至此一个抽屉上的把手绘制完毕，如图 12-8 所示。

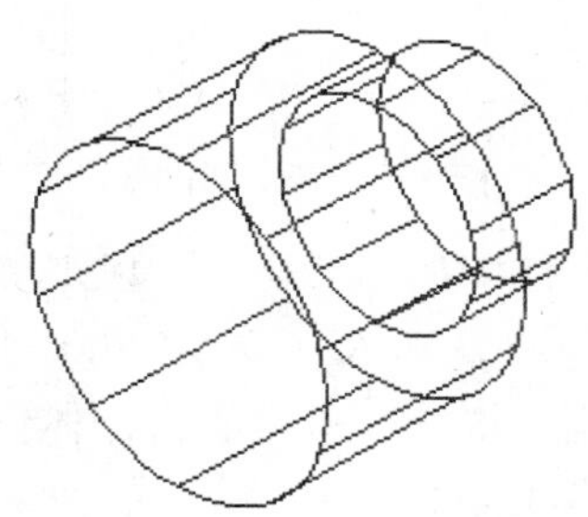

图 12-8　把手

（9）使用复制命令，选择两个圆柱体为对象，以所绘第一个圆柱体内侧面的圆心为基点，复制到下侧矩形的中心位置，作为下侧抽屉的把手，如图 12-9 所示。

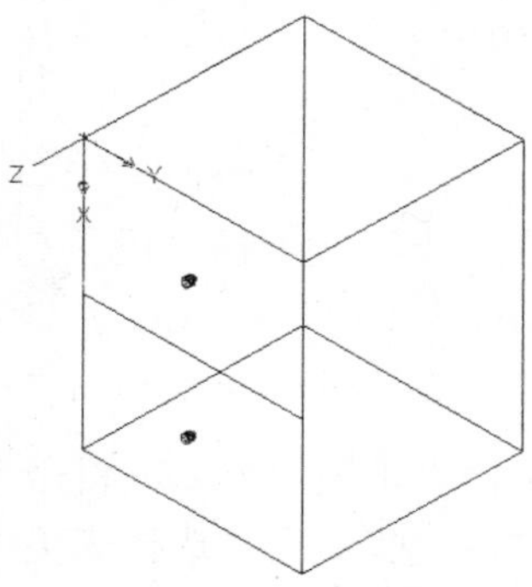

图 12-9　复制把手

（10）使用长方体命令，指定辅助直线的

左端点为第一个角点，输入（@-15,800,-15），即可指定另一个角点，完成一个长方体的绘制，将其作为上部抽屉的凹面；重复长方体命令，同样指定辅助直线的左端点为第一个角点，输入（@15,800,-15），指定另一个角点，完成另一个长方体的绘制，将其作为下部抽屉的凹面，如图 12-10 所示。

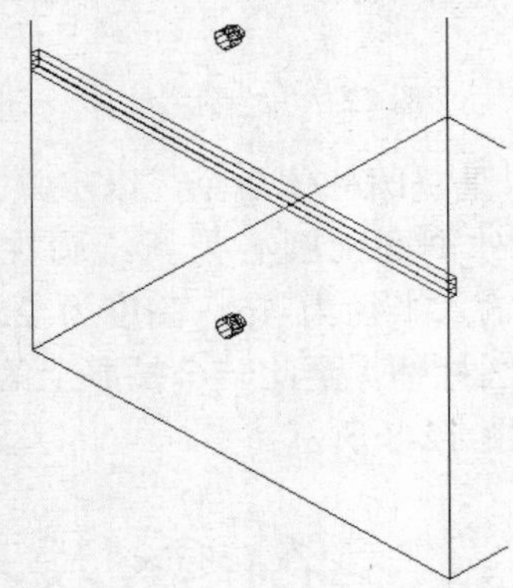

图 12-10　中间凹面

（11）使用长方体命令，以主体长方体左下角点为起点，输入（@-25,800,-15），指定另一个角点，将绘制所得的长方体作为底部的凹槽，如图 12-11 所示。

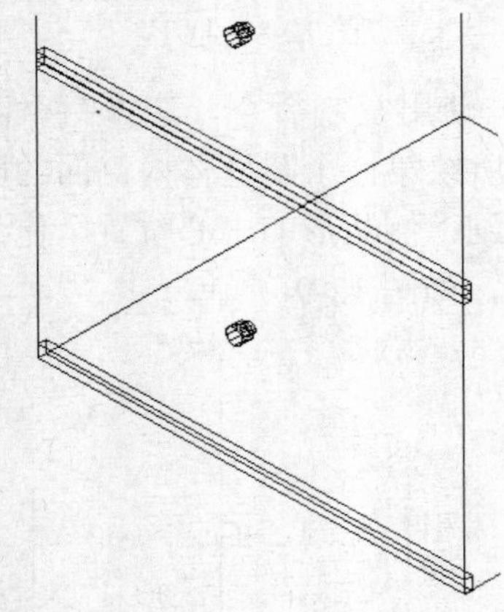

图 12-11　下侧凹面

（12）接下来使用实体编辑命令对图形进行修改。使用差集命令，选择床头柜长方体主体为要进行裁剪的实体，然后依次选择上两步中所绘的 3 个长方体，确认后完成裁剪，最后删除辅助直线，效果如图 12-12 所示。

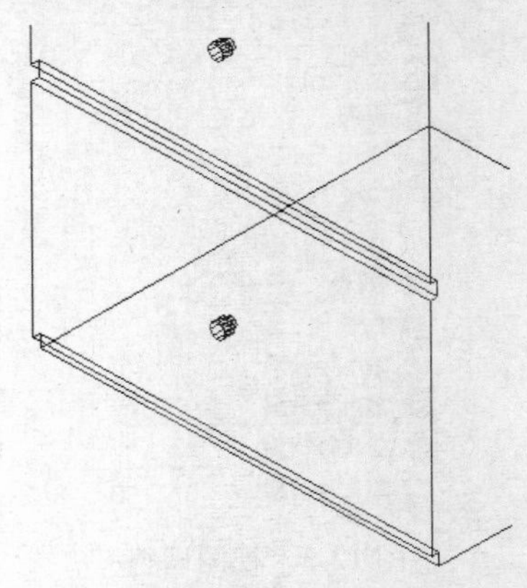

图 12-12　差集运算

（13）使用圆角命令，选择床头柜长方体为第一个对象，设置圆角半径为 7，确认后依次选择长方体上侧面的 4 条边，完成圆角编辑，如图 12-13 所示。

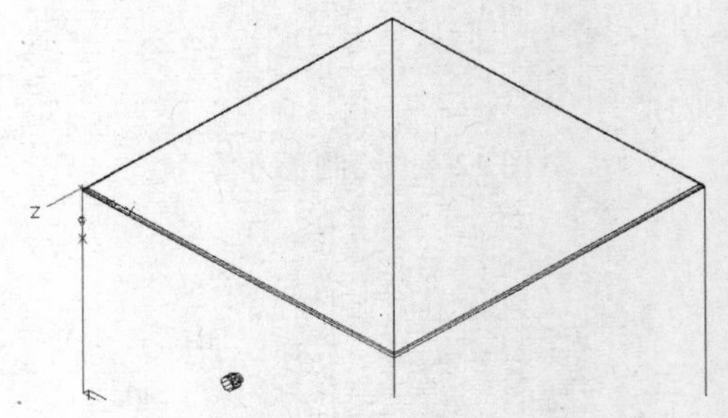

图 12-13　圆角编辑

（14）至此，整个床头柜绘制完毕，最终效果如图 12-14 所示。

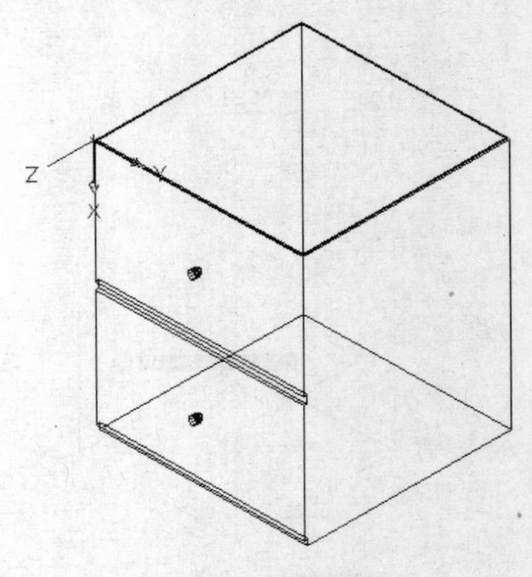

图 12-14　最终效果

12.2　三维绘图概述

与二维绘图功能一样，AutoCAD 2012 的三维绘图功能相当强大。它提供了一个专门的三维建模工作空间，当用户要创建三维模型时，可以选择在“工具”→“工作空间”→“三维建模”命令。切换至三维建模工作空间的方法如图 12-15 所示。

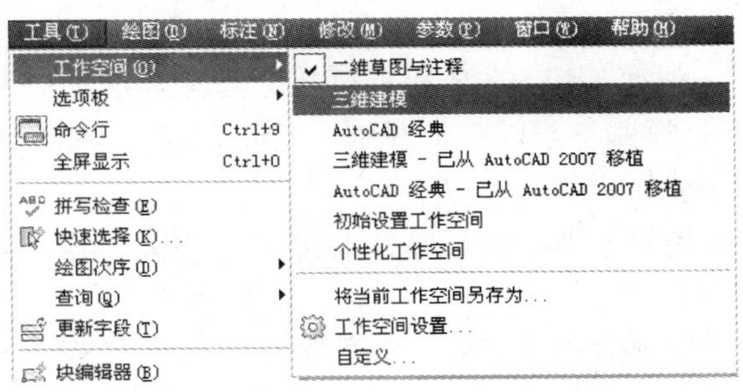

图 12-15　切换工作空间

三维建模工作空间与原来的二维绘图工作空间的不同之处主要在于功能区不同。在三维建模工作空间的功能区，以三维建模所需的命令为主，包括“常用”选项卡下的各种建模命令、“网格建模”选项卡、“渲染”选项卡、“视图”选项卡下的三维视图命令等，如图 12-16 所示。

图 12-16　三维功能区

在切换到三维建模工作空间后，就可以方便、快捷地进行三维图形的绘制了。相对于绘制二维图形，用户在进行三维绘图时应注意以下两点。

1. 合理定义用户坐标系，掌握三维视图方法

在三维绘图过程中，相应立体模型之间、模型上相关线面点之间总是存在着一定的距离关系。因此，在绘制出一个模型的基础上，定义新的用户坐标系，关键点的位置可以很容易地找到关系输入进来，从而大大简化后续相关图形的绘制。

三维绘图到一定程度后，面与面之间、体与体之间可能相互重叠，因此判断绘制是否正确，应该换一个角度来观察。这就需要掌握三维视图方法，才可以轻松地找到绘制有误的地方。

2. 理清线、面、实体之间的关系

三维绘图的基本图形单元包括线、面和实体，这三者之间的关系在绘制过程中一定不能混淆。面是没有体积概念的，而实体是有体积概念的，因此有时相同的两个图形，可能一个是面的组合，一个是实体，一定要分辨清楚，否则会导致使用实体编辑工具来对面进行编辑这种错误操作的产生，影响绘图效率。

同时，AutoCAD 2012 提供了很多三维绘图命令，可以由线生成面，由面生成体，理清线、面、实体之间的关系，对于熟练掌握这些命令至关重要。

在学习三维绘图的过程中，读者一定要与二维绘图的相关命令结合起来，三维绘图的许多命令是以二维绘图为基础的，通过回忆二维绘图命令，可以更快、更好地掌握三维绘图的相关命令。

12.3 三维坐标系

在绘制三维图形时，不但要使用 WCX 坐标系，而且还需要大量使用用户坐标系（UCS），即三维坐标系。UCS 坐标系是绘制三维图形的基础，想要方便、快捷地使用 AutoCAD 绘制三维图形，必需熟练使用 UCS 坐标系。

关于 AutoCAD 中坐标系的分类介绍可参见 1.10 节的相关内容，本节将着重介绍用户坐标系（UCS）的显示、定义和使用方法。

在三维空间中定义用户坐标系（UCS），对于输入坐标、定义绘图平面和设置视图是非常有用的。定义用户坐标系即改变坐标原点（0,0,0）的位置，以及改变 XY 平面和 Z 轴的方向。用户可以在三维空间中的任意位置定位和定向，随时定义、保存和恢复多个用户坐标系。

12.3.1 控制用户坐标系图标的显示

在 AutoCAD 中，用户可以对 UCS 图标的显示样式、尺寸大小、颜色和显示位置等进行设置，有专门控制 UCS 图标显示的命令。

启用 UCS 图标显示控制命令的方式如下。

- ◆ GUI 方式，即选择“视图”→“显示”→“UCS 图标”命令，在弹出的子菜单中即可执行相应的 UCS 图标显示控制命令，如图 12-17 所示。
- ◆ 命令行方式，在命令行中输入 UCSICON，按 Enter 键或单击鼠标右键确认，执行 UCS 图标显示控制命令。

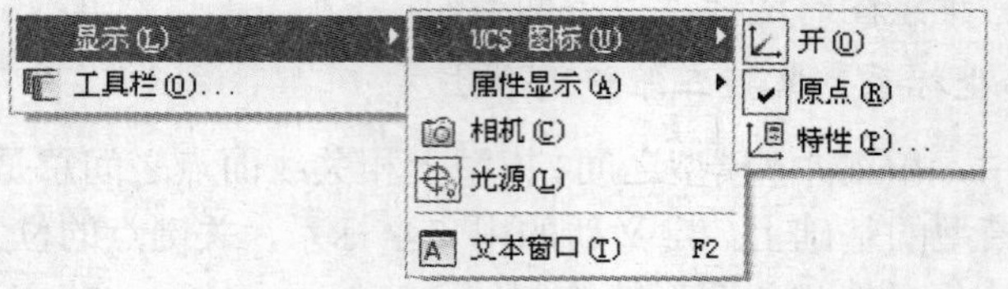

图 12-17 UCS 图标显示控制命令

当使用命令行方式执行 UCS 图标显示控制命令后，系统将给出如下操作提示。

```
命令: UCSICON
输入选项 [开(ON)/关(OFF)/全部(A)/非原点(N)/原点(OR)/特性(P)] <开>:
```

其中各选项的功能介绍如下。

- ◆ 输入 ON，在视口中显示 UCS 图标。
- ◆ 输入 OFF，在视口中关闭 UCS 图标。

◆ 输入 A，系统将会把对图标的修改应用到所有活动视口；否则，命令改变当前视口的 UCS 图标。

◆ 输入 N，则不管用户坐标系的原点在何处，都在视口的左下角显示图标。

◆ 输入 OR，则在当前坐标系的原点（0,0,0）处显示 UCS 图标。如果原点不在屏幕上或者图标超出视口边界，图标将显示在视口的左下角。

◆ 输入 P，将弹出“UCS 图标”对话框，如图 12-18 所示。通过该对话框可控制 UCS 图标的样式、大小和颜色。

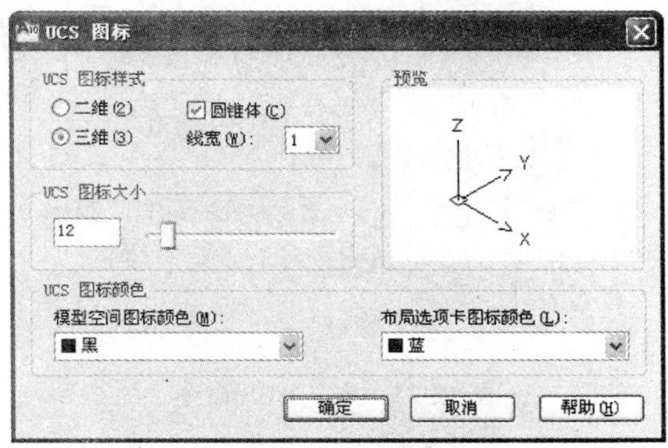

图 12-18 “UCS 图标”对话框

在“UCS 图标”对话框中，可设置如下几种 UCS 图标样式。

◆ 选中“二维”单选按钮，将显示二维图标而不显示 Z 轴，如图 12-19 所示。

◆ 选中“三维”单选按钮，将显示三维图标，且默认选中“圆锥体”复选框，此时 X 轴和 Y 轴的箭头为三维圆锥形，如图 12-20 所示。如果取消选中“圆锥体”复选框，则 X 轴和 Y 轴显示为二维箭头，如图 12-21 所示。

◆ 在“线宽”下拉列表框中可调节 UCS 图标的线宽，包括 1、2、3 三种选项。当显示圆锥箭头且线宽为 2 时，UCS 图标如图 12-22 所示。

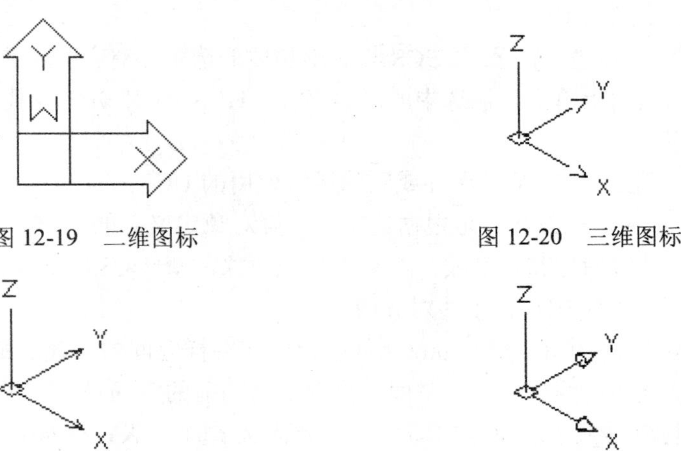

图 12-19 二维图标

图 12-20 三维图标

图 12-21 不显示圆锥体

图 12-22 显示圆锥箭头且线宽为 2 时的效果

12.3.2 定义用户坐标系

通过定义新的用户坐标系，可以更方便地在三维坐标系中进行点坐标的输入和相应几何图形的绘制，加快三维绘图的速度。

启用定义 UCS 命令的方式如下。

- ◆ GUI 方式，即在“坐标”面板中单击左侧的命令按钮，执行相应的 UCS 定义命令，如图 12-23 所示。
- ◆ 命令行方式，在命令行中输入 UCS，按 Enter 键或单击鼠标右键确认，执行 UCS 定义命令。

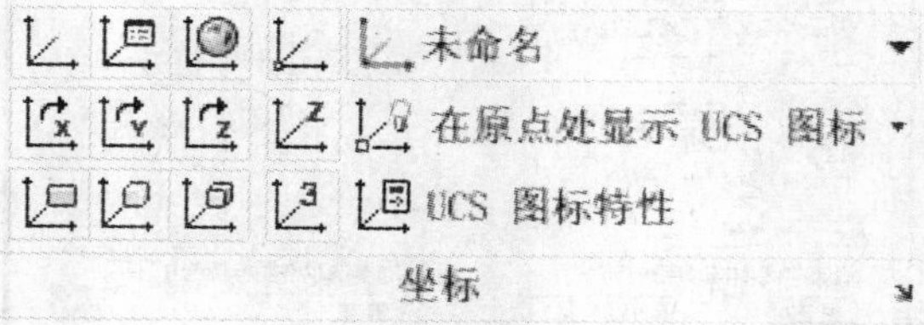

图 12-23　定义 UCS 命令

通过命令行方式执行 UCS 定义命令后，系统将给出如下操作提示。

```
命令: UCS
当前 UCS 名称: *
指定 UCS 的原点或 [面(F)/命名(NA)/对象(OB)/上一个(P)/视图(V)/世界(W)/X/Y/Z/Z 轴(ZA)] <世界>:
```

命令提示行中显示了多个选项可供选择，分别对应着“坐标”面板中的命令按钮，其功能分别介绍如下。

- ◆ 不输入选项，默认“指定 UCS 的原点”，对应于按钮，则可按步骤使用一点、两点或三点定义一个新的 UCS。
- ◆ 输入 F，对应于按钮，可将 UCS 与三维实体的选定面对齐。要选择一个面，在此面的边界内或面的边上单击，被选中的面将亮显，UCS 的 X 轴将与找到的第一个面上的最近的边对齐。
- ◆ 输入 NA，可按名称恢复、保存或删除通常使用的 UCS。
- ◆ 输入 OB，对应于按钮，可根据选定的三维对象定义新的 UCS。选定的对象不能是三维多段线、三维网格和构造线。对于大多数对象，新 UCS 的原点位于离选定对象最近的顶点处，并且 X 轴与一条边对齐或相切。
- ◆ 输入 P，恢复上一个 UCS。AutoCAD 会保留在图样空间中创建的最后 10 个坐标系，重复该选项将逐步返回到上一个空间，这取决于当前的空间是哪一个空间。
- ◆ 输入 V，将以垂直于观察方向即平行于屏幕的平面为 XY 平面，建立新坐标系，同时 UCS 原点保持不变。
- ◆ 输入 X、Y 或 Z，分别对应于、和按钮，可绕指定轴旋转当前 UCS，需要输入正角度或负角度。

- 输入 ZA，对应于按钮，可通过新建 Z 轴正半轴上的点定义新坐标系的 Z 轴正方向，从而确定新的 UCS。

下面以长方体定义用户坐标系为例进行说明。

在命令行中输入 USC，执行定义 UCS 命令，系统显示“当前 UCS 名称:*世界*”，按默认“指定 UCS 的原点”来进行新 UCS 的定义，单击鼠标拾取 A 点作为新原点，再根据命令行提示拾取 B 点，作为指定 X 轴上的点，然后拾取 C 点，作为指定 XY 平面上的点。前后的坐标如图 12-24 所示。

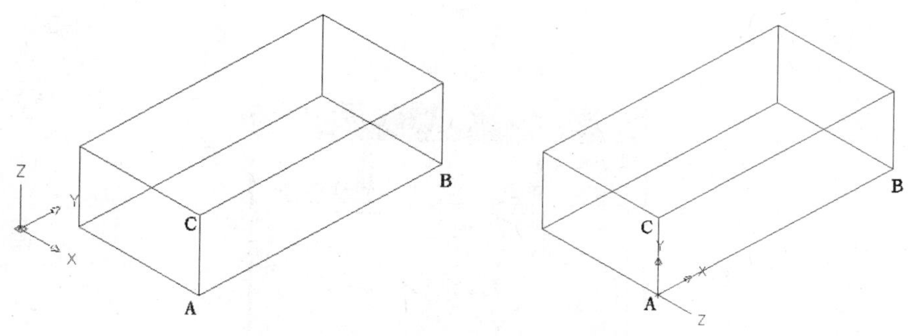

图 12-24　定义新 UCS

12.4　三维视图

视图表示从空间中的特定位置观察对象所得到的图形。三维图形的观察工具是观察三维模型必不可少的，采用不同的观察方式，所观察到的效果是不同的。

12.4.1　视点设置

视点是指用户在三维空间中，从空间某点向原点（0,0,0）观察三维模型的位置调整视点位置，可以从不同方向观察三维模型，这样就可以更直观地掌握整个模型的形状，方便进一步的绘制和修改。

启用视点设置命令的方式如下。

- GUI 方式，即选择“视图”→“三维视图”→“视点”命令，执行视点设置命令。
- 命令行方式，在命令行中输入 VPOINT，按 Enter 键或单击鼠标右键确认，执行视点设置命令。

执行视点设置命令后，绘图区中将显示出罗盘和三轴架，移动罗盘上的十字光标，即可指定视点位置，如图 12-25 所示。

除了直接的视点设置命令，还可以通过“视点预设”对话框（如图 12-26 所示）来指定视点。

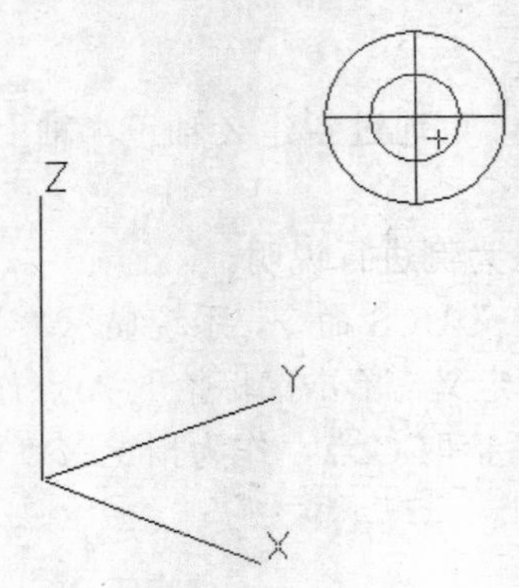

图 12-25　指定视点

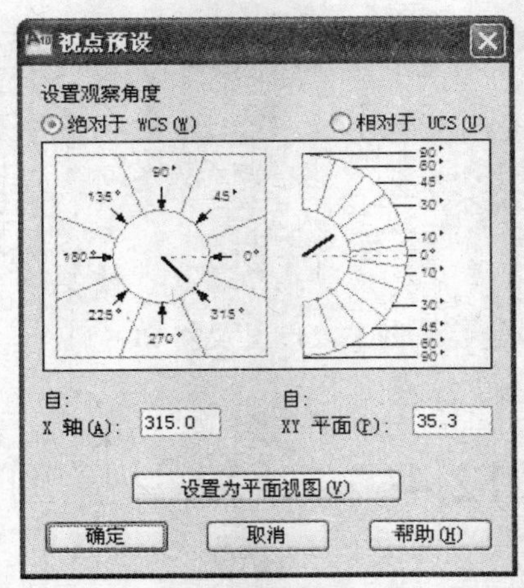

图 12-26　“视点预设”对话框

打开“视点预设”对话框的方式如下。

- GUI 方式，即选择“视图”→“三维视图”→“视点预设”命令，打开“视点预设”对话框。
- 命令行方式，在命令行中输入 DDVPOINT，按 Enter 键或单击鼠标右键确认，打开“视点预设”对话框。

其中各选项含义介绍如下。

- 选中“绝对于 WCS”单选按钮，则所设置的观测方向基于世界坐标系。
- 选中“相对于 UCS”单选按钮，则所设置的观测方向相对于当前用户坐标系。
- 左半部方形分度盘，用于设置视点在 XY 平面投影和 X 轴的夹角，该夹角角度也可以在下方的“X 轴”文本框中输入。
- 右半部半圆形分度盘，用于设置视点与原点连线和 XY 平面的夹角，该夹角角度也可以在下方的“XY 平面”文本框中输入。
- 单击“设置为平面视图”按钮，则调整查看角度与 X 轴夹角为 270°、与 XY 平面夹角为 90°。

12.4.2 动态观察

如在绘图过程中需要实时地进行观察，用户可以使用动态观察命令。AutoCAD 提供了 3 种动态观察的方法，分别是受约束的动态观察、自由动态观察和连续动态观察，可以在“导航”面板的动态观察下拉菜单中选择，如图 12-27 所示。

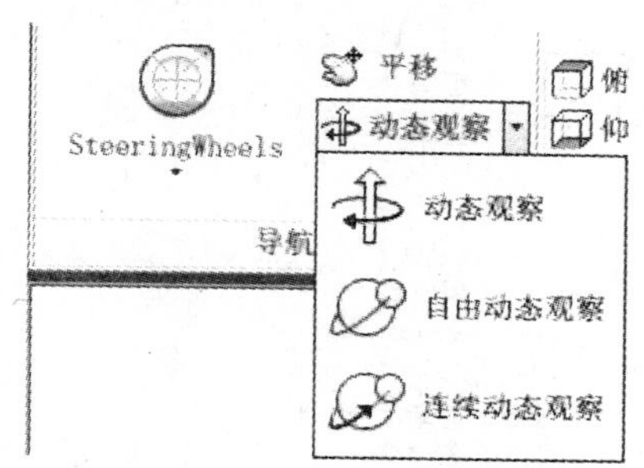

图 12-27 动态观察

执行受约束的动态观察命令后，绘图区如图 12-28 所示，在当前视口中会出现一个彩色的坐标轴图标。此时按住鼠标左键并向不同方向拖动就可以对视图进行动态观察，当左右拖动鼠标时，图形沿 XY 平面旋转；当上下拖动鼠标时，图形沿 Z 轴旋转。

执行自由动态观察命令后，绘图区如图 12-29 所示，当前视口中会出现一个绿色的大圆，在大圆上有 4 个绿色的小导航球。此时按住鼠标左键并向不同方向拖动就可以对视图进行动态观察。

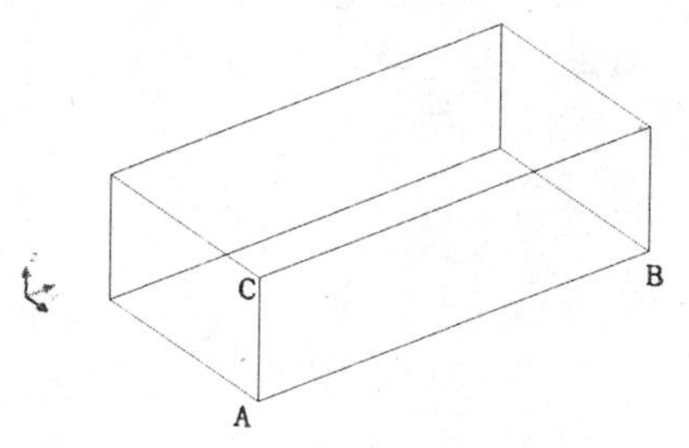

图 12-28 受约束的动态观察

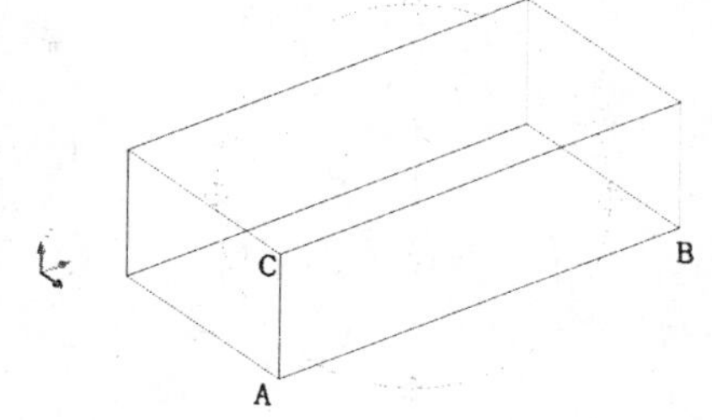

图 12-29 自由动态观察

执行连续动态观察命令后，绘图区如图 12-28 所示，当前视口状态与受约束的动态观察基本一样，只是光标形状有所不同。此时按住鼠标左键向某一个方向拖动，再放开鼠标左键，视图即可沿着所指示的方向连续转动，而且拖动的速度影响着视图转动的速度。在转动的过程中，单击绘图区任意一点即可停止转动。

观察完毕后，按 Esc 键即可退出动态观察。

12.4.3 预定义三维视图

快速设置视图的方法就是选择预定义的三维视图，包括预定义的标准正交视图和等轴测视图。在三维图形的绘制与编辑中，这些视图是最常用的观察方式。标准正交视图包括俯视、仰视、主视、左视、右视、前视和后视，等轴测视图包括东南等轴测、西南等轴测、东北等轴测和西北等轴测等。

启用预定义三维视图的方式如下。

◆ GUI 方式，即单击“视图”面板中的“视图”按钮，在弹出的如图 12-30 所示的下拉菜单中选择相应的视图方式，执行视图命令。

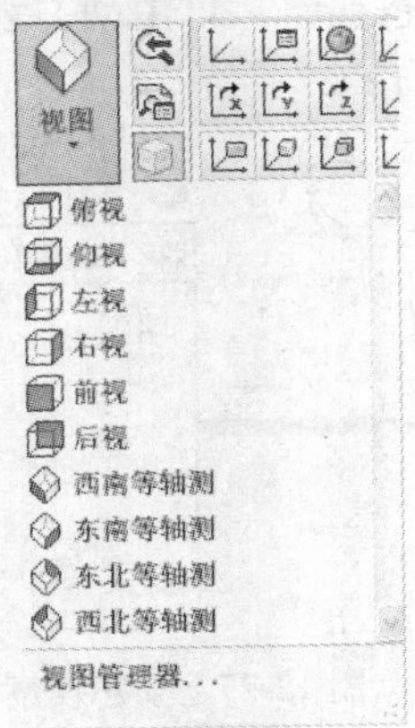

图 12-30　预定义视图

◆ 命令行方式，在命令行中输入 VIEW，打开“视图管理器”对话框，从中选择一个预置视图，如图 12-31 所示。

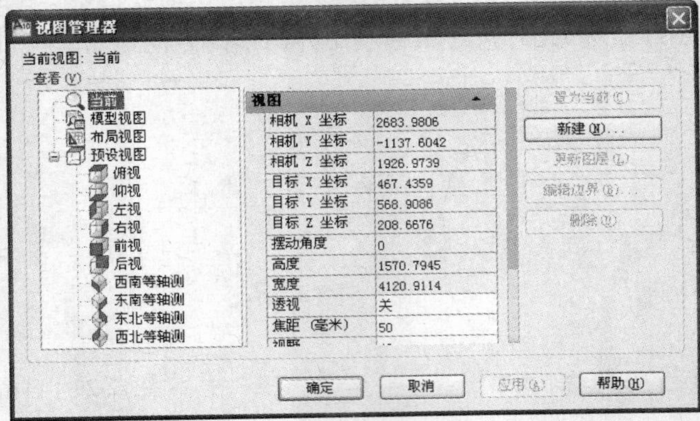

图 12-31　“视图管理器”对话框

12.5　绘制基本三维表面

表面模型是由空间的各种平面和曲面所组成的三维对象，它不仅定义了三维对象的边界，还定义了表面，使物体具有面的特征。

利用 AutoCAD 2012 提供的三维表面造型功能，可以绘制各种各样的三维表面，满足创建各类表面模型的需求。本节将对一些基本几何体表面的绘制进行介绍，其中包括长方体表面、圆锥面、球面、圆环面、棱锥面、楔体表面等。

视频教学

这几种表面除了各自所独有的绘制命令外，还有一个总的命令，即 3D 命令。在命令行中输入 3D，再根据提示输入相应选项，即可绘制所需的表面，如图 12-32 所示。

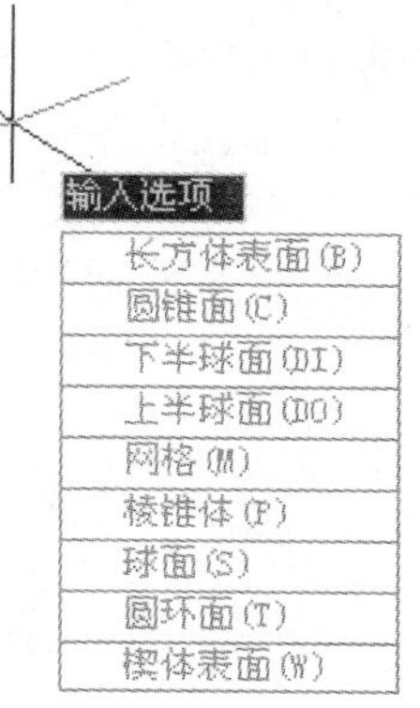

图 12-32　3D 命令

12.5.1　绘制长方体表面

长方体表面命令主要用于创建三维长方体表面的多边形网格。

启用该命令的方式只有一种，即命令行方式。在命令行中输入 AI_BOX，即可执行长方体表面绘制命令。

执行长方体表面绘制命令后，系统将给出如下操作提示。

```
命令: AI_BOX
指定角点给长方体:
指定长度给长方体: *
指定长方体表面的宽度或[立方体(C)]: *
指定高度给长方体: *
指定长方体表面绕 Z 轴旋转的角度或 [参照(R)]:
```

下面使用该命令创建一个长方体表面。

选择视图模式为“东南等轴测”，执行 AI_BOX 命令，先在绘图区任意拾取一点，作为指定角点给长方体；输入 300，作为指定长度给长方体；输入 600，作为指定长方体表面宽度；输入 500，作为指定高度给长方体；最后默认 0°，作为指定长方体表面绕 Z 轴旋转的角度，完成长方体表面的绘制，如图 12-33 所示。

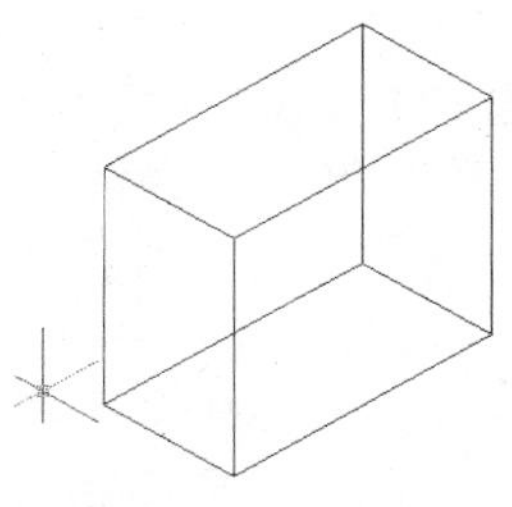

图 12-33　长方体表面

12.5.2 绘制圆锥体表面

圆锥体表面命令主要用于创建三维圆锥体表面的多边形网格。

启用该命令的方式只有一种，即命令行方式。在命令行中输入 AI_CONE，即可执行圆锥体表面绘制命令。

执行圆锥体表面绘制命令后，系统将给出如下操作提示。

```
命令：AI_CONE
指定圆锥面底面的中心点：
指定圆锥面底面的半径或 [直径(D)]: *
指定圆锥面顶面的半径或 [直径(D)] <0>:
指定圆锥面的高度：*
输入圆锥面曲面的线段数目 <16>:
```

需要注意的是，当指定的圆锥顶面的半径或直径为 0 时，绘制的是圆锥面；否则，绘制的是圆台面。

下面使用该命令创建一个圆锥体表面。

选择视图模式为“东南等轴测”，执行 AI_ CONE 命令，先在绘图区任意拾取一点，作为指定圆锥面底面的中心点；输入 500，作为指定圆锥面底面的半径；默认 0，作为指定圆锥面顶面的半径；输入 700，作为指定圆锥面的高度；最后默认 16，作为输入圆锥面曲面的线段数目，完成圆锥体表面的绘制，如图 12-34 所示。

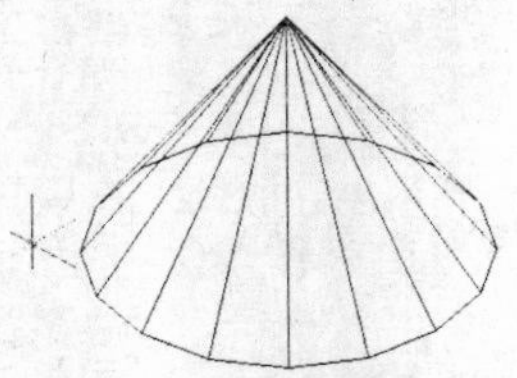

图 12-34　圆锥体表面

12.5.3 绘制球面

球面命令主要用于创建球状的多边形网格。

启用该命令的方式只有一种，即命令行方式。在命令行中输入 AI_SPHERE，即可执行球面绘制命令。

执行球面绘制命令后，系统将给出如下操作提示。

```
命令：AI_SPHERE
指定中心点给球面：
指定球面的半径或 [直径(D)]: *
输入曲面的经线数目给球面 <16>:*
输入曲面的纬线数目给球面 <16>:*
```

下面使用该命令创建一个球面。

选择视图模式为“东南等轴测”，执行 AI_SPHERE 命令，先在绘图区任意拾取一点，作为指定中心点给球面；输入 500，作为指定球面的半径；默认 16，作为输入曲面的经线数目给球面；输入 20，作为输入曲面的纬线数目给球面，确认后完成球面的绘制，如图 12-35 所示。

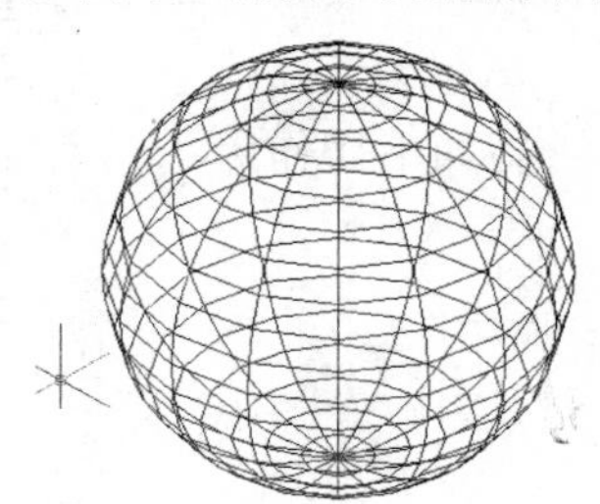

图 12-35　球体表面

12.5.4　绘制圆环面

圆环面命令主要用于创建与当前 UCS 的 XY 平面平行的环形多边形网格。

启用该命令的方式只有一种，即命令行方式。在命令行中输入 AI_TORUS，即可执行圆环面绘制命令。

执行圆环面绘制命令后，系统将给出如下操作提示。

```
命令: AI_TORUS
指定圆环面的中心点:
指定圆环面的半径或 [直径(D)]: *
指定圆管的半径或 [直径(D)]: *
输入环绕圆管圆周的线段数目 <16>: *
输入环绕圆环面圆周的线段数目 <16>: *
```

需要注意的是，指定圆环面的半径是指从圆环面中心到最边缘的距离，而圆管半径是指从圆管中心到其最边缘的位置。假如输入的圆管半径大于圆环面半径的一半，将不能创建圆环面。

下面使用该命令创建一个圆环面。

选择视图模式为“东南等轴测”，执行 AI_ TORUS 命令，先在绘图区任意拾取一点，作为指定圆环面的中心点；输入 500，作为指定圆环面的半径；输入 50，作为指定圆管的半径；输入 50，作为输入环绕圆管圆周的线段数目；输入 5，作为输入环绕圆环面圆周的线段数目，完成圆环面的绘制，如图 12-36 所示。

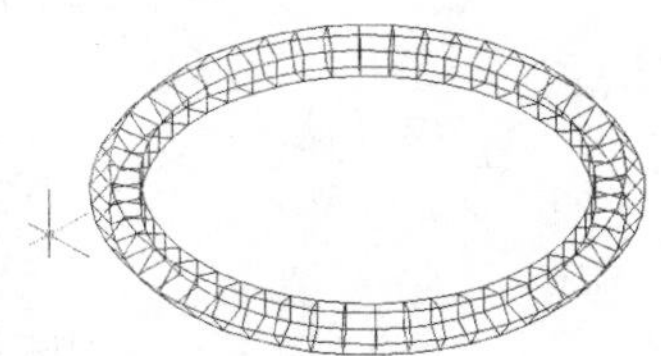

图 12-36　圆环面

12.5.5 绘制棱锥面

棱锥面命令主要用于创建棱锥或四面体表面的多边形网格。

启用该命令的方式只有一种，即命令行方式。在命令行中输入 AI_PYRAMID，即可执行棱锥面绘制命令。

执行棱锥面绘制命令后，系统将给出如下操作提示。

```
命令: AI_PYRAMID
指定棱锥体底面的第一角点:
指定棱锥体底面的第二角点:
指定棱锥体底面的第三角点:
指定棱锥体底面的第四角点或 [四面体(T)]:
指定棱锥体的顶点或 [棱(R)/顶面(T)]:
```

下面使用该命令创建一个棱锥面。

选择视图模式为“东南等轴测”，执行 AI_PYRAMID 命令，在绘图区内依次拾取 A、B、C、D 点，分别作为指定棱锥体底面的第一、第二、第三、第四角点；再拾取 E 点，作为指定棱锥体的顶点，完成棱锥面的绘制，如图 12-37 所示。

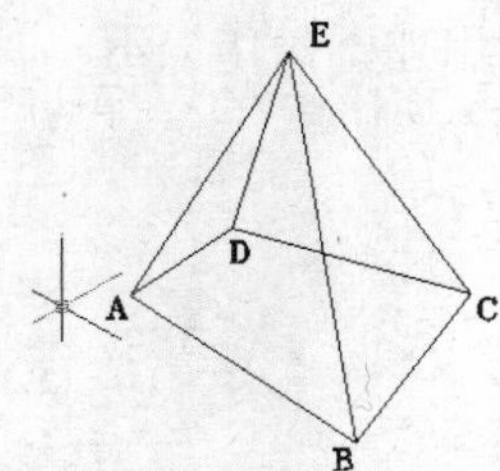

图 12-37 棱锥面

12.5.6 绘制楔体表面

楔体表面命令主要用于创建三维楔体表面的多边形网格。

启用该命令的方式只有一种，即命令行方式。在命令行中输入 AI_WEDGE，即可执行楔体表面绘制命令。

执行楔体表面绘制命令后，系统将给出如下操作提示。

```
命令: AI_WEDGE
指定角点给楔体表面:
指定长度给楔体表面: *
指定楔体表面的宽度: *
指定高度给楔体表面: *
指定楔体表面绕 Z 轴旋转的角度: *
```

可见，楔体表面的绘制过程与绘制长方体表面类似。下面使用该命令创建楔体表面。

选择视图模式为“东南等轴测”，执行 AI_WEDGE 命令，先在绘图区任意拾取一点，作为指定角点给楔体表面；输入 300，作为指定长度给楔体表面；输入 600，作为指定楔体表面的宽度；输入 500，作为指定高度给楔体表面；最后输入 15°，作为指定楔体表面绕 Z 轴旋转的角度，完成楔体表面的绘制，如图 12-38 所示。

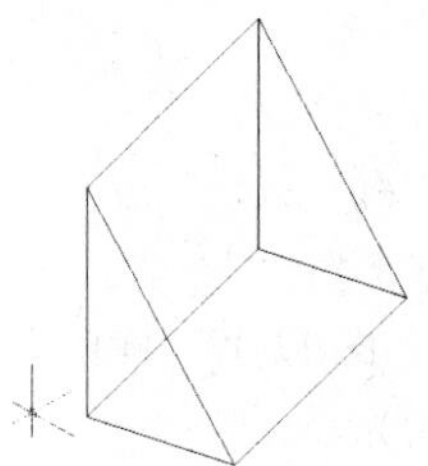

图 12-38　楔体表面

至此，基本三维曲面的绘制介绍完毕。关于上、下半球面和网格面的绘制命令，读者可执行 3D 命令，按照命令行中的提示，输入相关量即可完成绘制。

12.6　绘制特殊三维曲面

在 AutoCAD 2012 中，除了可以直接通过相关命令绘制基本的三维曲面外，还可以通过旋转、平移、直纹、边界等命令绘制特殊的三维曲面。本节将对这些曲面命令进行介绍。

12.6.1　绘制旋转曲面

旋转曲面命令是通过将路径曲线或轮廓绕指定的轴旋转，绘制出一个近似于旋转曲面的多边形网格，可旋转的对象包括直线、圆、圆弧、椭圆、椭圆弧、多边形等。

启用旋转曲面命令的方式如下。

- GUI 方式，即单击“网格建模”选项卡内的按钮，执行旋转曲面命令。
- 命令行方式，在命令行中输入 REVSURF，按 Enter 键或单击鼠标右键确认，执行旋转曲面命令。

执行旋转曲面命令后，系统将给出如下操作提示。

```
命令：REVSURF
当前线框密度：SURFTAB1=20  SURFTAB2=20
选择要旋转的对象：
选择定义旋转轴的对象：
指定起点角度 <0>:
指定包含角(+=逆时针，-=顺时针) <360>:
```

线框密度 SURFTAB1 与 SURFTAB2 需要预先进行设置，值越大，网格密度越大，生成的曲面越光滑。

下面以旋转一个六边形为例来说明旋转曲面命令。

执行旋转曲面命令，选择六边形，再选择直线为定义旋转轴，输入 0° 作为指定的起点角度，再输入 360° 作为指定包含角，即可完成旋转曲面的绘制，如图 12-39 所示。

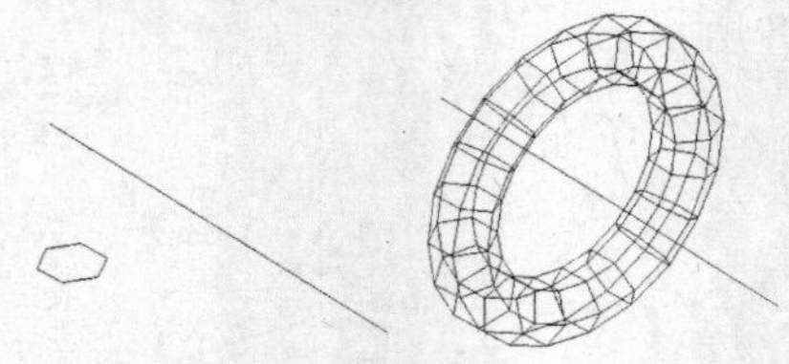

图 12-39　旋转曲面

12.6.2　绘制直纹曲面

直纹曲面命令用于在两条曲线之间构造一个表示直纹曲面的多边形网格。

启用直纹曲面命令的方式如下。

- GUI 方式，即单击“网格建模”选项卡中的按钮，执行直纹曲面命令。
- 命令行方式，在命令行中输入 RULESURF，按 Enter 键或单击鼠标右键确认，执行直纹曲面命令。

执行直纹曲面命令后，系统将给出如下操作提示。

```
命令: RULESURF
当前线框密度: SURFTAB1=20
选择第一条定义曲线:
选择第二条定义曲线:
```

下面以在两条直线间构造直纹曲面为例来说明直纹曲面命令。

执行直纹曲面命令，单击上方直线左端，作为选择的第一条定义曲线；再单击下方直线左端，作为选择的第二条定义曲线，即得到一个直纹曲面，如图 12-40 所示。

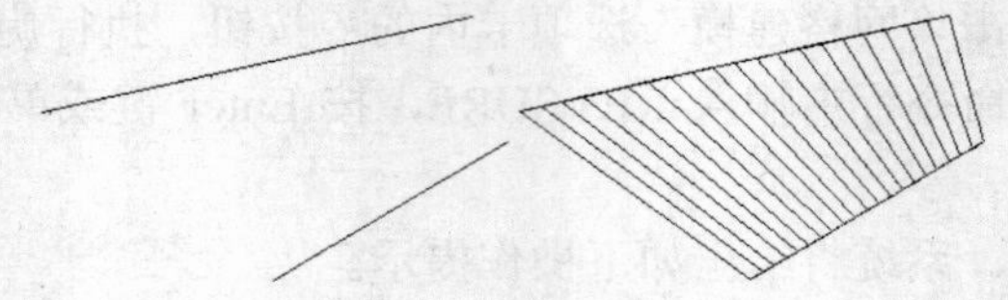

图 12-40　直纹曲面

若选择第二条定义曲线，单击下方直线的右端，则所得直纹曲面如图 12-41 所示。

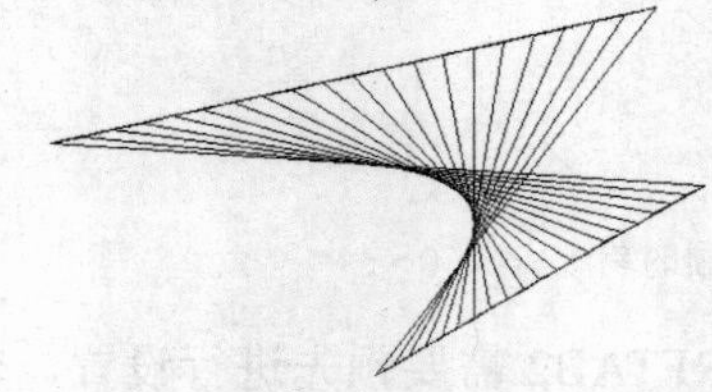

图 12-41　当单击不同端点时所得的直线曲面

12.6.3 绘制边界曲面

边界曲面命令用于构造一个三维多边形网格，此网格是由 4 条邻接边定义得到的，此处的边可以是直线、弧线、样条曲线和开放的多段线。

启用边界曲面命令的方式如下。

- GUI 方式，即单击“网格建模”选项卡中的按钮，执行边界曲面命令。
- 命令行方式，在命令行中输入 EDGESURF，按 Enter 键或单击鼠标右键确认，执行边界曲面命令。

执行边界曲面命令后，系统将给出如下操作提示。

```
命令: EDGESURF
当前线框密度: SURFTAB1=20  SURFTAB2=20
选择用作曲面边界的对象 1:
选择用作曲面边界的对象 2:
选择用作曲面边界的对象 3:
选择用作曲面边界的对象 4:
```

下面以 4 条直线边定义一个曲面为例来说明边界曲面命令。

执行边界曲面命令，依次选择 4 条直线作为曲面边界，即可得到一个四边形的网格，如图 12-42 所示。

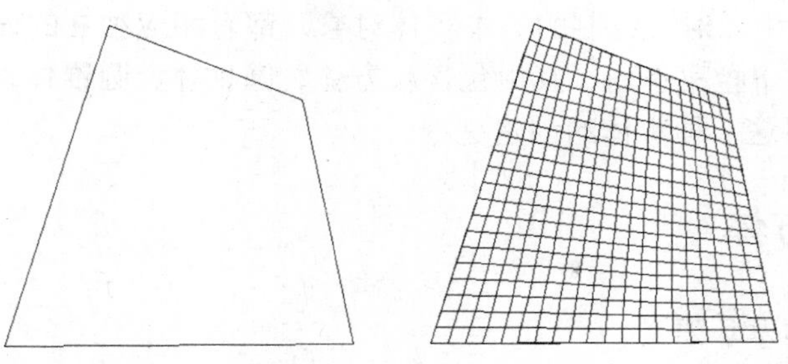

图 12-42 边界曲面

12.6.4 绘制平移曲面

平移曲面命令用于构造一个多边形网格，此网格是由轮廓曲线和方向矢量定义得到的基本平移曲面。

启用平移曲面命令的方式如下。

- GUI 方式，即单击“网格建模”选项卡中的按钮，执行平移曲面命令。
- 命令行方式，在命令行中输入 TABSURF，按 Enter 键或单击鼠标右键确认，执行平移曲面命令。

执行平移曲面命令后，系统将给出如下操作提示。

```
命令: TABSURF
```

```
当前线框密度: SURFTAB1=20
选择用作轮廓曲线的对象:
选择用作方向矢量的对象:
```

下面以平移多段线为例来说明平移曲面命令。

执行平移曲面命令，选择多段线为轮廓曲线，再选择直线作为方向矢量，即可得到多段线的平移曲面，如图 12-43 所示。

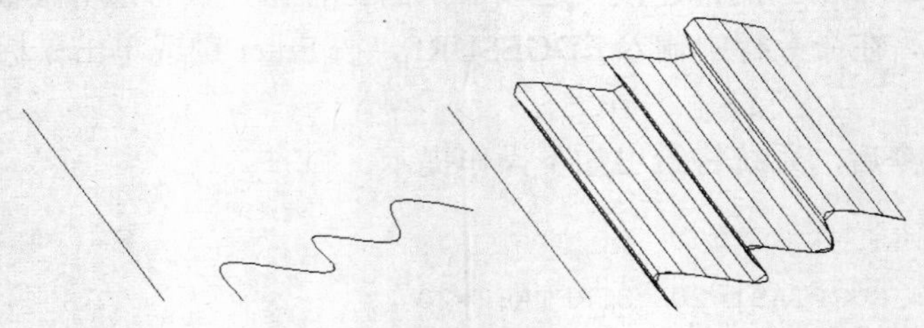

图 12-43　平移曲面

12.7　绘制基本实体

实体模型也是一种三维对象，不仅有线、面等特征，而且具有质量、体积、重心和惯性矩等特征。

在 AutoCAD 2012 中，对于绘制的基本实体对象，都有相应独立的命令，集中在"建模"面板中"长方体"按钮的下拉菜单内，其中包含长方体、圆柱体、圆锥体、球体、棱锥体、楔体和圆环体。下面主要介绍这 7 种实体的创建过程。

12.7.1　绘制长方体

启用长方体命令的方式如下。

◆ GUI 方式，即单击"建模"面板中的"长方体"按钮，执行长方体命令。

◆ 命令行方式，在命令行中输入 BOX，按 Enter 键或单击鼠标右键确认，执行长方体命令。

执行长方体命令后，系统将给出如下操作提示。

```
命令: BOX
指定第一个角点或 [中心(C)]:
指定其他角点或 [立方体(C)/长度(L)]: *
指定高度或 [两点(2P)]: *
```

在指定其他角点时，用户既可以先指定平面矩形的另一角点（只需输入两个相对坐标），再指定高度来创建长方体；也可以直接指定长方体不同平面的另一角点（这时要输入 3 个相对坐标），直接创建长方体。

下面使用该命令绘制一个长方体。

选择视图模式为“东南等轴测”，执行长方体命令，指定绘图区任一点为第一个角点，再输入（@300,500,200）（分别为 X、Y 和 Z 方向的相对坐标），直接指定另一个角点，完成长方体的绘制，如图 12-44 所示。

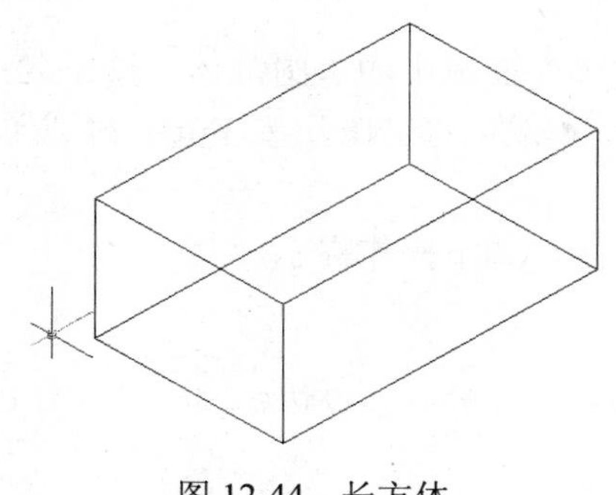

图 12-44　长方体

12.7.2　绘制圆柱体

启用圆柱体命令的方式如下。

◆ GUI 方式，即单击“建模”面板中的“圆柱体”按钮，执行圆柱体命令。
◆ 命令行方式，在命令行中输入 CYLINDER，按 Enter 键或单击鼠标右键确认，执行圆柱体命令。

执行圆柱体命令后，系统将给出如下操作提示。

```
命令: CYLINDER
指定底面的中心点或 [三点(3P)/两点(2P)/切点、切点、半径(T)/椭圆(E)]:
指定底面半径或 [直径(D)] :*
指定高度或 [两点(2P)/轴端点(A)]:*
```

下面使用该命令绘制一个圆柱体。

选择视图模式为“东南等轴测”，执行圆柱体命令，指定绘图区任一点，作为底面的中心点，然后输入 200，作为底面半径，最后输入 500，作为圆柱体高度，完成圆柱体的绘制，如图 12-45 所示。

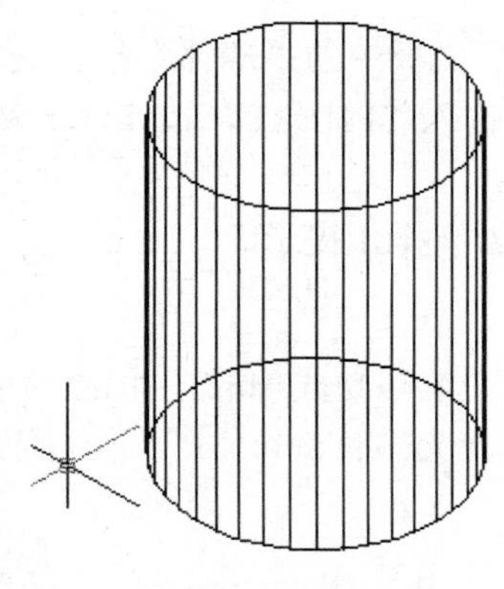

图 12-45　圆柱体

12.7.3 绘制圆锥体

启用圆锥体命令的方式如下。

- ◆ GUI 方式，即单击“建模”面板中的“圆锥体”按钮，执行圆锥体命令。
- ◆ 命令行方式，在命令行中输入 CONE，按 Enter 键或单击鼠标右键确认，执行圆锥体命令。

执行圆锥体命令后，系统将给出如下操作提示。

```
命令：CONE
指定底面的中心点或 [三点(3P)/两点(2P)/切点、切点、半径(T)/椭圆(E)]:
指定底面半径或 [直径(D)] : *
指定高度或 [两点(2P)/轴端点(A)/顶面半径(T)]: *
```

下面使用该命令绘制一个圆锥体。

选择视图模式为“东南等轴测”，执行圆锥体命令，指定绘图区任一点，作为底面的中心点；然后输入 300，作为指定底面半径；最后输入 500，作为指定高度，完成圆锥体的绘制，如图 12-46 所示。

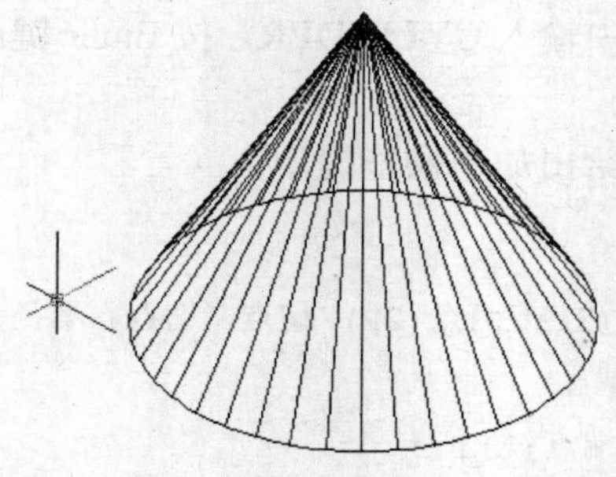

图 12-46　圆锥体

12.7.4 绘制球体

启用球体命令的方式如下。

- ◆ GUI 方式，即单击“建模”面板中的“球体”按钮，执行球体命令。
- ◆ 命令行方式，在命令行中输入 SPHERE，按 Enter 键或单击鼠标右键确认，执行球体命令。

执行球体命令后，系统将给出如下操作提示。

```
命令：SPHERE
指定中心点或 [三点(3P)/两点(2P)/切点、切点、半径(T)]:
指定半径或 [直径(D)] <300.0000>: 500
```

下面使用该命令绘制一个球体。

选择视图模式为“东南等轴测”，执行球体命令，指定绘图区任一点为中心点，即球心，再输入 500，作为指定半径，完成球体的绘制，如图 12-47 所示。

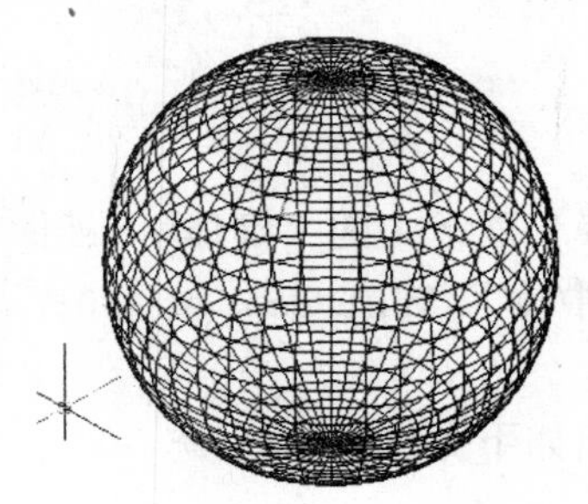

图 12-47　球体

12.7.5　绘制棱锥体

启用棱锥体命令的方式如下。

- GUI 方式，即单击“建模”面板中的“棱锥体”按钮，执行棱锥体命令。
- 命令行方式，在命令行中输入 PYRAMID，按 Enter 键或单击鼠标右键确认，执行棱锥体命令。

执行棱锥体命令后，系统将给出如下操作提示。

```
命令: PYRAMID
4 个侧面外切
指定底面的中心点或 [边(E)/侧面(S)]:
指定底面半径或 [内接(I)] :*
指定高度或 [两点(2P)/轴端点(A)/顶面半径(T)] : *
```

执行棱锥体命令，默认情况下其底面是正方形，外切于一个圆，通过指定底面半径可确定底面的形状、大小；在指定高度一步，输入 T，即可指定顶面半径，顶面将不再是一个点，而是一个正方形，所绘制的是棱台。

下面使用该命令绘制一个棱锥体。

选择视图模式为“东南等轴测”，执行棱锥体命令，指定绘图区任一点，作为底面的中心点，然后输入 200，作为底面半径；最后输入 500，作为指定高度，完成棱锥体的绘制，如图 12-48 所示。

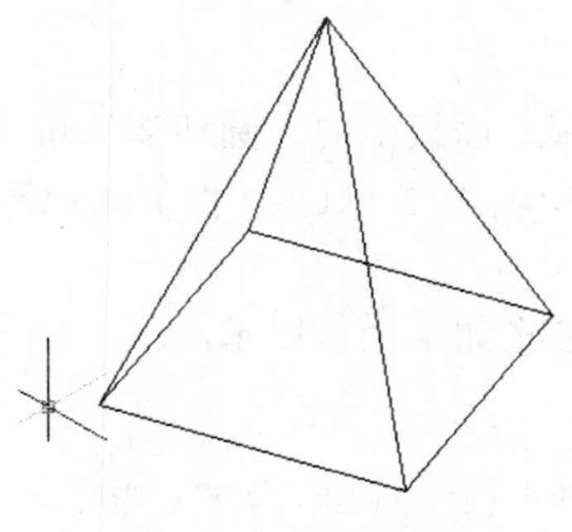

图 12-48　棱锥体

12.7.6 绘制楔体

启用楔体命令的方式如下。

◆ GUI 方式，即单击“建模”面板中的“楔体”按钮，执行楔体命令。

◆ 命令行方式，在命令行中输入 WEDGE，按 Enter 键或单击鼠标右键确认，执行楔体命令。

执行楔体命令后，系统将给出如下操作提示。

```
命令: WEDGE
指定第一个角点或 [中心(C)]:
指定其他角点或 [立方体(C)/长度(L)]:*
指定高度或 [两点(2P)] : *
```

下面使用该命令绘制一个楔体。

选择视图模式为“东南等轴测”，执行楔体命令，指定绘图区任一点为第一个角点，然后输入（@300,200），指定另一个角点，最后输入 500，作为指定高度，完成楔体的绘制，如图 12-49 所示。

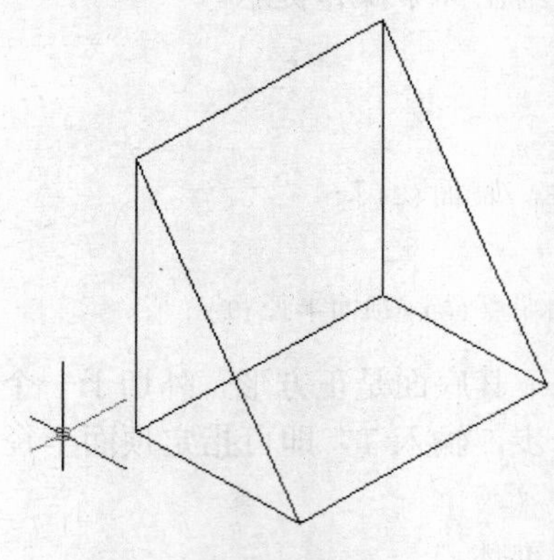

图 12-49　楔体

12.7.7 绘制圆环体

启用圆环体命令的方式如下。

◆ GUI 方式，即单击“建模”面板中的“圆环体”按钮，执行圆环体命令。

◆ 命令行方式，在命令行中输入 TORUS，按 Enter 键或单击鼠标右键确认，执行圆环体命令。

执行圆环体命令后，系统将给出如下操作提示。

```
命令: TORUS
指定中心点或 [三点(3P)/两点(2P)/切点、切点、半径(T)]:
指定半径或 [直径(D)] : *
```

指定圆管半径或 [两点(2P)/直径(D)] : *

下面使用该命令绘制一个圆环体。

选择视图模式为“东南等轴测”，执行圆环体命令，指定绘图区任一点，作为指定中心点，然后输入 500，作为指定半径（圆环半径）；最后输入 50，作为圆管半径，完成圆环体的绘制，如图 12-50 所示。

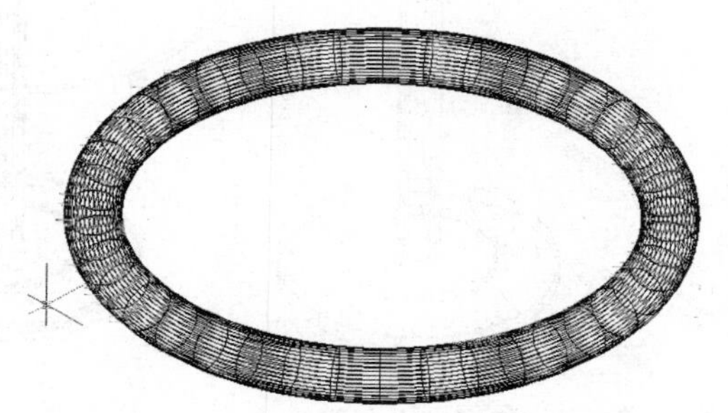

图 12-50　圆环体

12.8　实例·操作——绘制台灯

本例将绘制一盏台灯的三维实体模型，如图 12-51 所示。台灯也是建筑室内设计中常见的一种物体，造型小巧、简单。通过此例，希望读者能初步掌握基本的三维绘图命令。

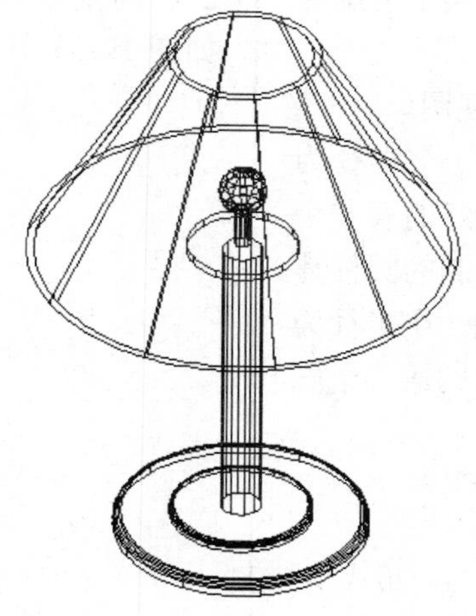

图 12-51　台灯

【思路分析】

按照由下至上的顺序，依次使用圆柱体、球体等命令，绘制灯座、支架、灯泡与灯罩，最后使用实体编辑命令进行细部处理。整个流程如图 12-52 所示。

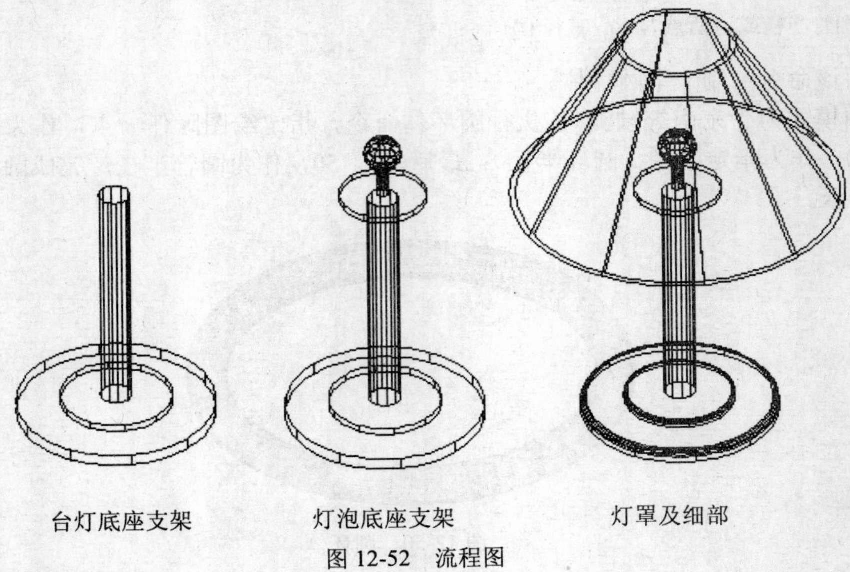

图 12-52　流程图

【光盘文件】

结果文件——参见附带光盘中的"END\Ch12\12-8dwg"文件。

动画演示——参见附带光盘中的"AVI\Ch12\12-8.avi"文件。

【操作步骤】

（1）启动 AutoCAD 2012，切换至三维建模工作空间，设置习惯的绘图环境。

（2）调整视图为东南等轴测视图。

（3）使用圆柱体命令，绘制一个半径为 160、高度为 20 的圆柱体，作为台灯的第一个底座；重复圆柱体命令，以刚才绘制的圆柱体上表面的圆心为底面中心点，绘制一个半径为 90、高度为 12 的圆柱体，作为台灯的第二个底座，如图 12-53 所示。

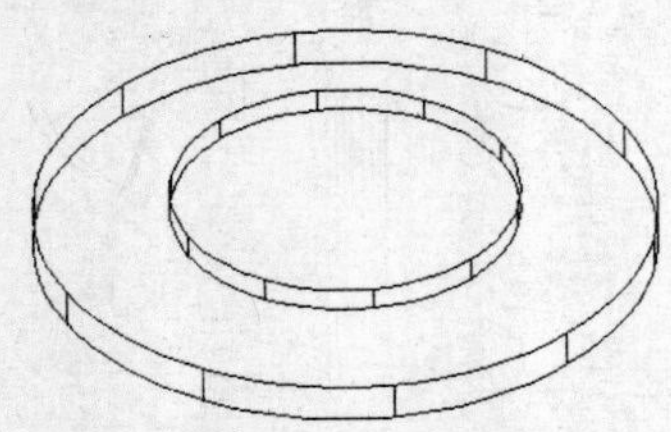
图 12-53　台灯底座

（4）使用圆柱体命令，以第二个底座上表面的圆心为底面中心点，绘制一个半径为 25、高度为 400 的圆柱体，作为台灯的支架，如图 12-54 所示。

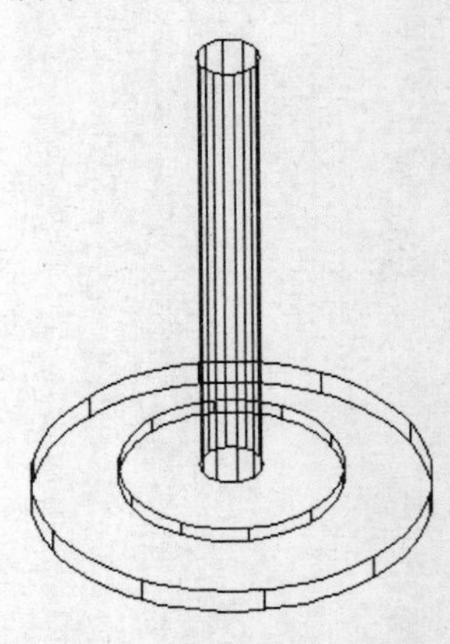
图 12-54　台灯支架

（5）继续使用圆柱体命令，以支架上表面圆心为底面中心点，绘制一个半径为 70、高度为 10 的圆柱体，作为台灯灯泡的底座；以该底座上表面圆心为中心点，再绘制一个半径为 10、高度为 50 的圆柱体，作为灯泡的支架，如图 12-55 所示。

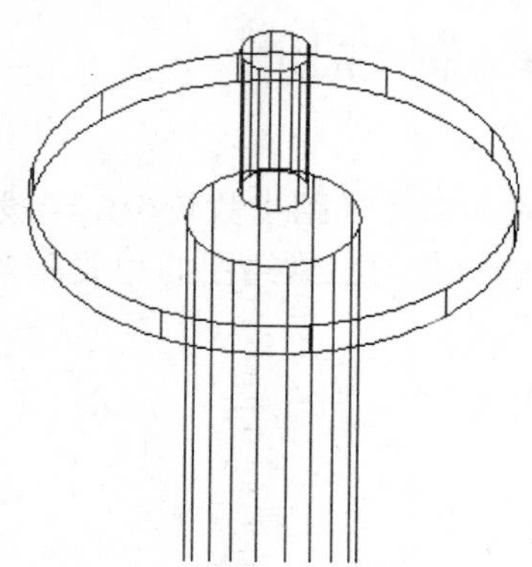

图 12-55　灯泡底座和支架

（6）使用球体命令，配合对象追踪功能，沿 Z 轴正方向，以距灯泡支架上表面圆心垂直距离为 30 的点为中心点，绘制一个半径为 30 的球体作为灯泡，如图 12-56 所示。

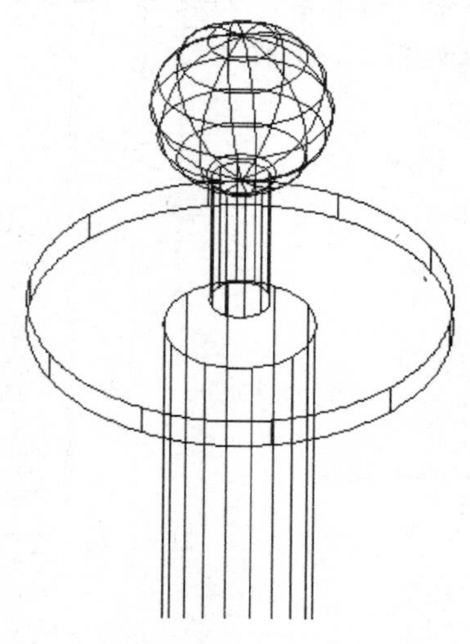

图 12-56　灯泡

（7）使用圆绘制命令，以台灯支架的上表面圆心为圆心，绘制一个半径为 270 的圆；然后使用偏移命令，将该圆向内侧偏移 10；接着单击“建模”面板中的“拉伸”按钮，选择刚绘制的两个圆，设置拉伸高度为 300，角度为 30°，完成台灯灯罩的绘制，如图 12-57 所示。

（8）执行圆角命令，选择第一个底座为对象，设置圆角半径为 10，选择该底座的上表面边进行圆角编辑；重复圆角命令，选择第二个底座为对象，设置圆角半径为 6，选择该底座的上表面边进行圆角编辑，效果如图 12-58 所示。

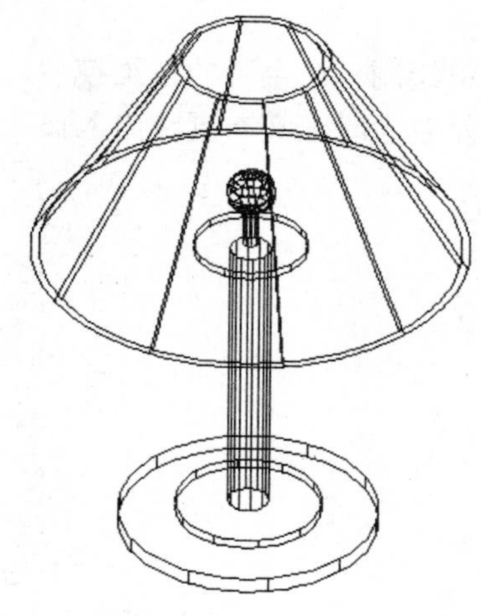

图 12-57　灯罩

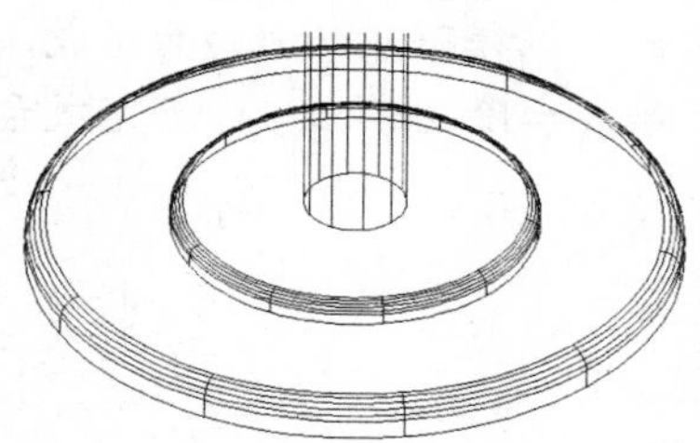

图 12-58　圆角编辑效果

（9）至此，台灯绘制完毕，最终效果如图 12-59 所示。

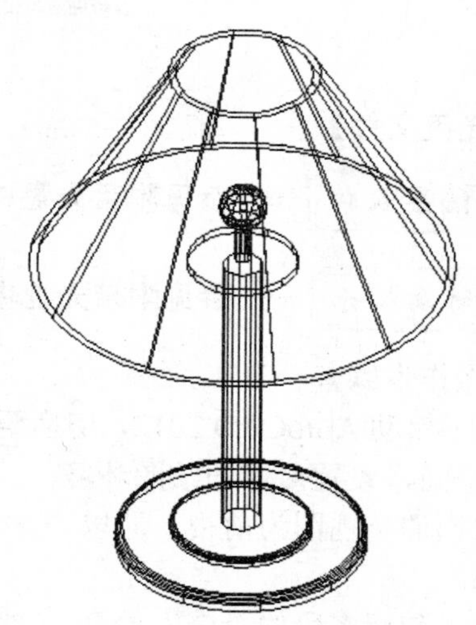

图 12-59　最终效果

12.9 实例·练习——绘制台阶

本例将绘制一个台阶的三维模型，如图 12-60 所示。台阶相对楼梯踏步数较少，一般当室内外的高度差较大时，其布置在出入口。通过此例，希望读者能够练习三维绘图的相关命令。

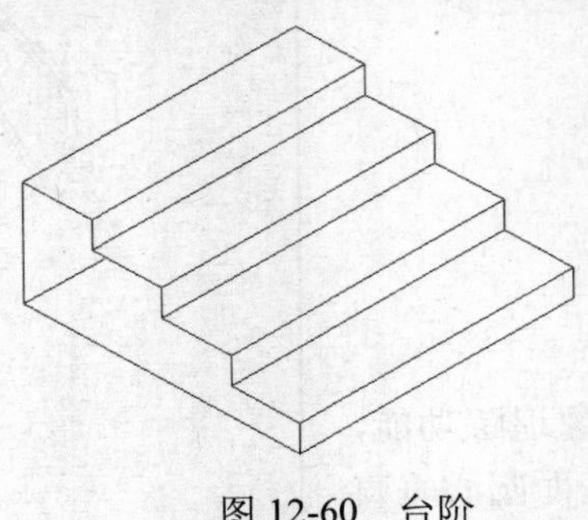

图 12-60 台阶

【思路分析】

台阶的三维模型可以由曲面组成，首先使用二维绘图命令，绘制台阶的侧面，再使用平移曲面命令，绘制台阶踏步面，即可完成台阶的绘制。整个流程如图 12-61 所示。

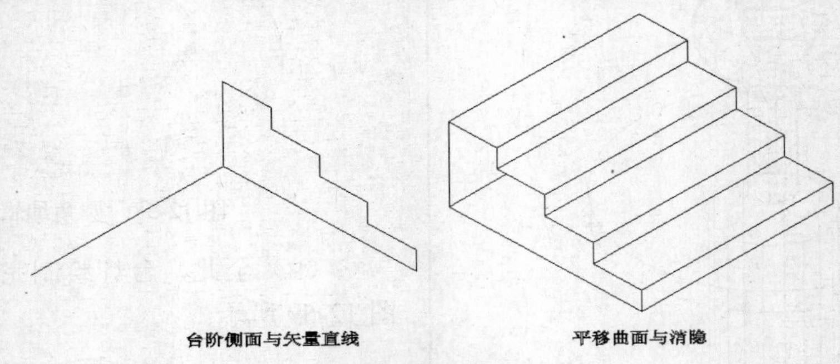

图 12-61 流程图

【光盘文件】

结果文件——参见附带光盘中的“END\Ch12\12-9.dwg”文件。

动画演示——参见附带光盘中的“AVI\Ch12\12-9.avi”文件。

【操作步骤】

（1）启动 AutoCAD 2012，切换至三维建模工作空间，设置习惯的绘图环境。

（2）调整视图为前视，即以 XY 平面为绘图区。

（3）使用多段线命令，绘制 4 级踏步，每级踏步高 200、宽 500 的台阶侧面图形，如图 12-62 所示。

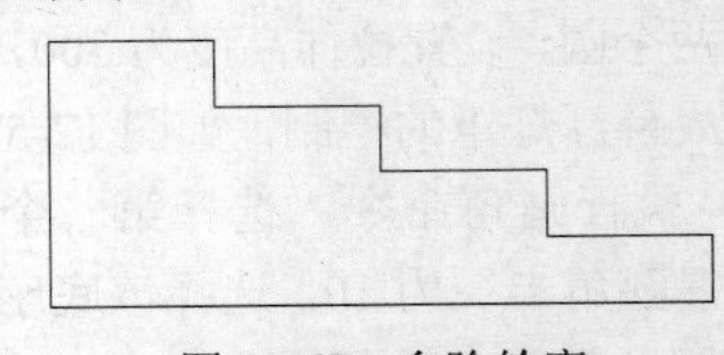

图 12-62 台阶轮廓

（4）调整视图为“东南等轴测”，台阶侧面显示如图 12-63 所示。

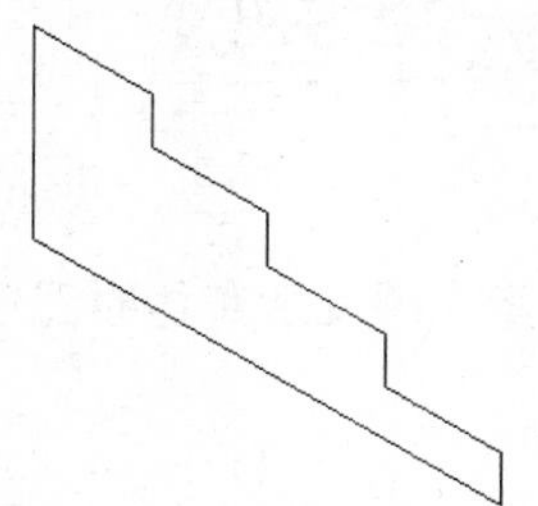

图 12-63　调整视图

（5）使用直线命令，以 A 点为起点，输入（@0,0,2000），确定端点，得到一条沿 Z 轴方向的水平直线，如图 12-64 所示。

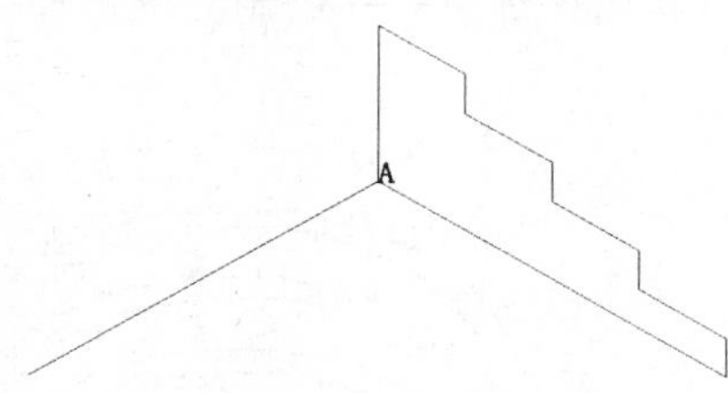

图 12-64　绘制水平直线

（6）使用平移曲线命令，设置 SURFTAB1 的值为 20，选择台阶侧面线为轮廓曲线、直线为方向矢量，即可完成台阶的三维模型绘制，如图 12-65 所示。

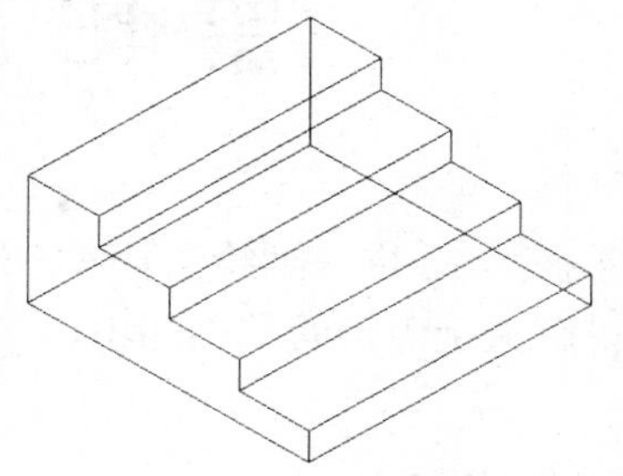

图 12-65　三维模型

（7）选择“视图”→“消隐”命令，可从屏幕上消除看不见的隐藏线，以增强立体感。最终效果如图 12-66 所示。

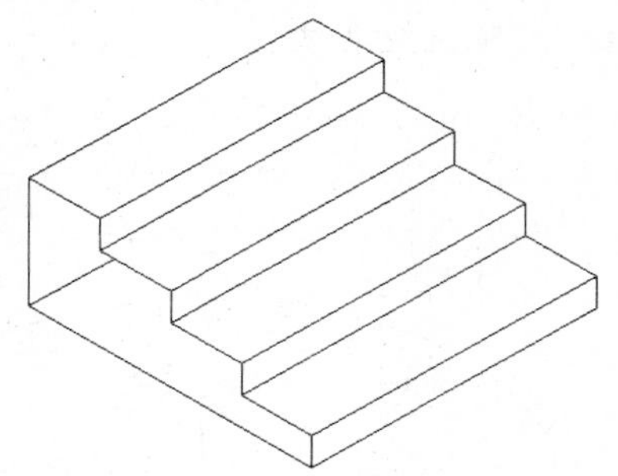

图 12-66　最终效果

第 13 讲　三维实体造型

在掌握第 12 讲三维绘图基本方法的基础上，本讲将进一步介绍复杂实体的创建与编辑方法，并初步讲解关于渲染的基础知识。

本讲内容

- 实例·模仿——绘制三维圆桌
- 由二维图形生成三维实体
- 布尔运算
- 编辑三维实体
- 消隐与渲染
- 实例·操作——绘制单人床模型
- 实例·练习——绘制三维酒杯

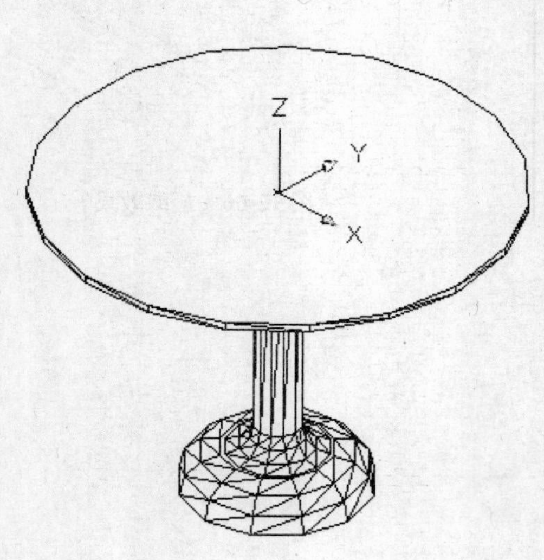

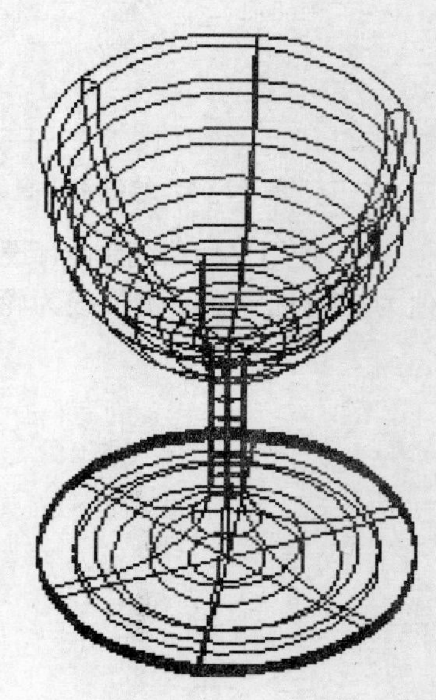

13.1　实例·模仿——绘制三维圆桌

本例将绘制一张圆桌的三维实体，如图 13-1 所示。圆桌是桌子的一种，在家居布置中比较常见，其造型简单、线条明了。通过此例，希望读者能够熟悉由二维图形生成三维实体的操作步骤。

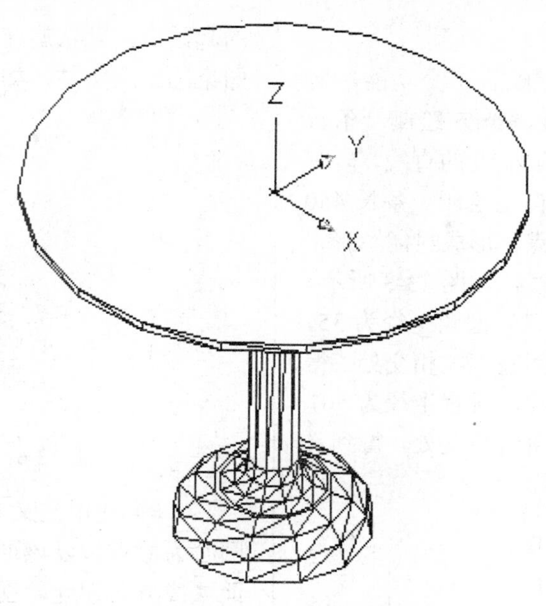

图 13-1　三维圆桌图

【思路分析】

因圆桌几何样式为圆形，可通过旋转命令来创建实体。因此，先绘制支座和底座的轮廓线，然后通过旋转该轮廓线，生成三维实体，再绘制上部桌面。整个流程如图 13-2 所示。

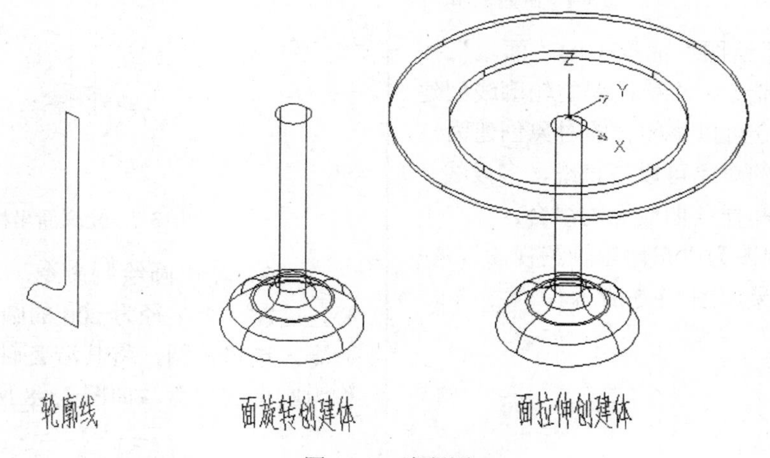

图 13-2　流程图

【光盘文件】

结果文件——参见附带光盘中的“END\Ch13\13-1.dwg”文件。

动画演示——参见附带光盘中的“AVI\Ch13\13-1.avi”文件。

【操作步骤】

（1）启动 AutoCAD 2012，切换工作空间为三维建模，设置习惯的绘图环境。

（2）设置视图为前视。

（3）使用直线命令，配合正交功能，向下绘制一条长 400 的直线，向左绘制一条长 100 的直线，向下绘制一条长 50 的直线，向右绘制一条长 120 的直线，向上绘制一条长 450 的直线，最后连接起、终点，形成封闭图形，作为支座和底座的外轮廓线，如图 13-3 所示。

（4）执行圆角命令，设置圆角半径为 35，分别选择中间水平线和中间竖直线相交处，得到一个圆角；重复圆角命令，设置半径为 50，选择中间水平线和左侧竖直线相交处，得到又一个圆角，如图 13-4 所示。

图 13-3 轮廓线图　　13-4 圆角编辑

（5）单击“绘图”面板中的“面域”按钮，执行面域命令，将所绘得的轮廓线创建为面域。面域命令可以将闭合的对象创建为二维闭合面，闭合的对象可以是直线、多段线、圆、圆弧、椭圆和样条曲线等的组合。

（6）调整视图为“东南等轴测视图”，在该视点的视图效果如图 13-5 所示。

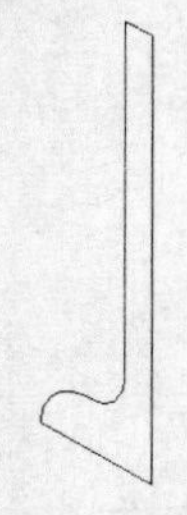

图 13-5 视图调整

（7）使用旋转命令（这里的旋转命令指三维建模命令，并非二维绘图命令中的旋转命令），选择所创建的面域为旋转对象，再分别指定面域的右上角点和右下角点，作为旋转轴的起始点，默认旋转角度为 360°，旋转得到圆桌的底座实体，如图 13-6 所示。

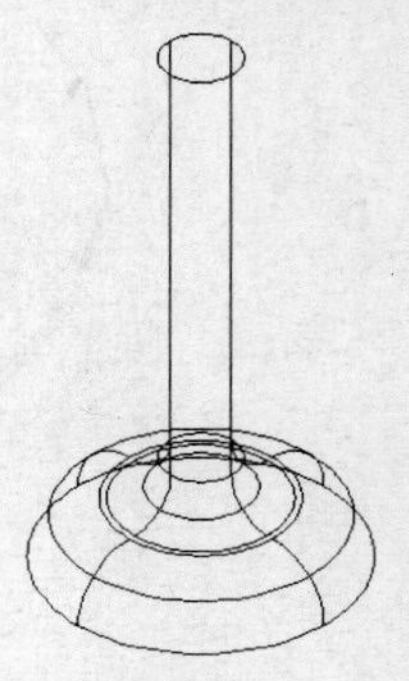

图 13-6 旋转创建实体

（8）使用定义 UCS 命令，以支座顶面的圆心为原点，以该顶面为 XY 平面，Z 轴沿顶面法线方向朝外，创建一个新的用户坐标系，如图 13-7 所示。

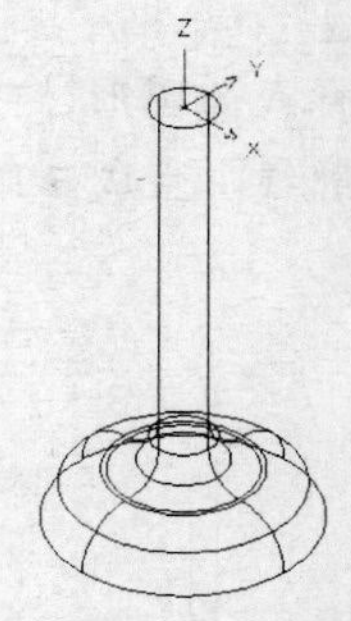

图 13-7 定义新坐标系

（9）使用圆绘制命令，以坐标原点为圆心，绘制一个半径为 200 的圆；然后使用拉伸命令，选择该圆，将其沿 Z 轴负方向拉伸 16，作为圆桌的托盘，如图 13-8 所示。

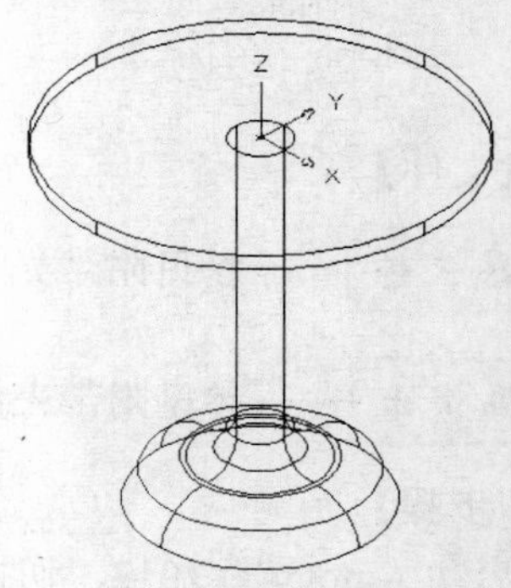

图 13-8 拉伸绘制托盘

（10）使用布尔运算中的并集运算，将圆桌托盘实体与底座实体合并，使其成为一个实体，选中之后如图 13-9 所示。

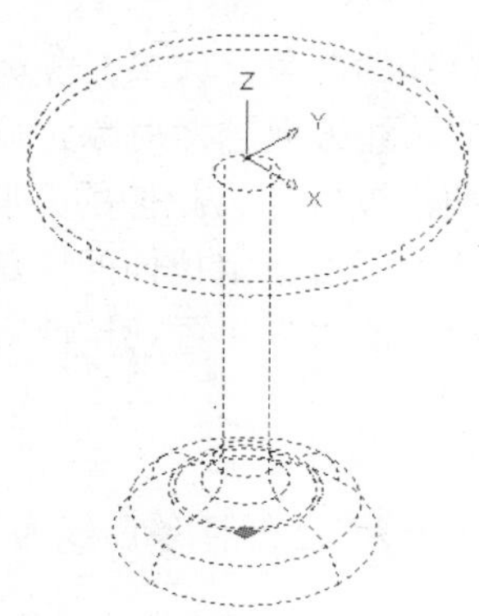

图 13-9　并集运算

（11）使用圆命令，以原点为圆心，绘制一个半径为 300 的圆；使用拉伸命令，将该圆沿 Z 轴正方向拉伸 10，作为圆桌的桌面，如图 13-10 所示。

（12）最后使用消隐命令进行处理，最终效果如图 13-11 所示。

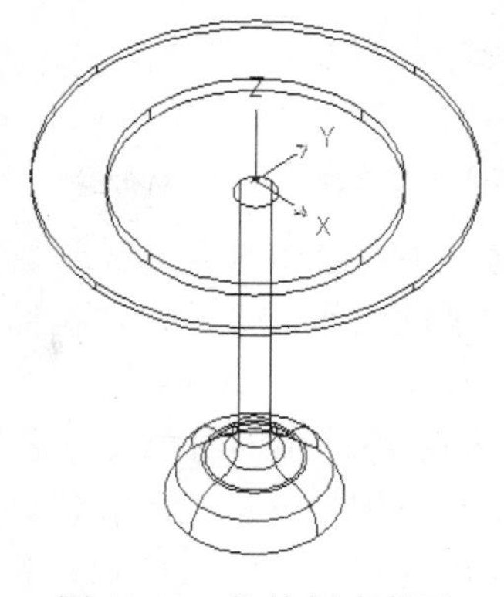

图 13-10　拉伸创建桌面

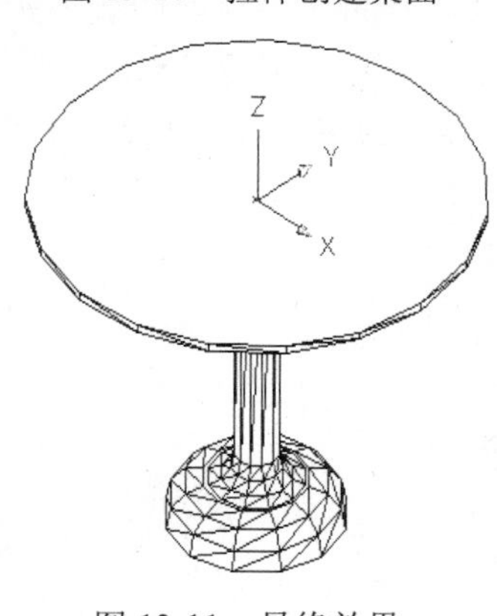

图 13-11　最终效果

13.2　由二维图形生成三维实体

基本的三维实体绘制方法在第 12 讲中已作了详细介绍，但对于一些非常规的三维实体则无法用基本实体绘制命令来创建，这时可以尝试由二维图形生成三维实体。AutoCAD 2012 中提供了相应的命令，包括拉伸、放样、旋转、扫掠。下面对这些命令分别进行介绍。

13.2.1　拉伸

拉伸命令可以拉伸二维对象使其生成三维实体或曲面。

启用拉伸命令的方式如下。

- ◆ GUI 方式，即单击“建模”面板中的“拉伸”按钮，执行拉伸命令。
- ◆ 命令行方式，在命令行中输入 EXTRUDE（或 EXT），按 Enter 键或单击鼠标右键确认，执行拉伸命令。

执行拉伸命令后，系统将给出如下操作提示。

```
命令: EXTRUDE
```

```
当前线框密度:ISOLINES=4
选择要拉伸的对象:*
指定拉伸的高度或 [方向(D)/路径(P)/倾斜角(T)]: *
```

线框密度 ISOLINES 可预先设置；执行拉伸命令后，选择拉伸的对象，如果对象闭合，生成实体，否则生成曲面；然后指定拉伸高度，即沿对象所在平面的法线方向拉伸对象，输入正值沿正向拉伸，输入负值沿负向拉伸；或者输入 D，可指定两点，两点连线作为拉伸的方向和距离；输入 P，沿指定路径拉伸对象（对象的型心在路径上移动）；输入 T，可指定拉伸的倾斜角度；输入正值则对象变细拉伸；输入负值则会变粗拉伸，注意，倾斜角不能太大，否则拉伸实体截面在到达拉伸高度前已经变成一个点，将导致无法进行拉伸。

下面以拉伸闭合的样条曲线为例来说明拉伸命令。

在命令行中输入 ISOLINES，预先设置其值为 20，执行拉伸命令，选择样条曲线为拉伸对象，输入 200，作为拉伸高度，得到一个实体，如图 13-12 所示。

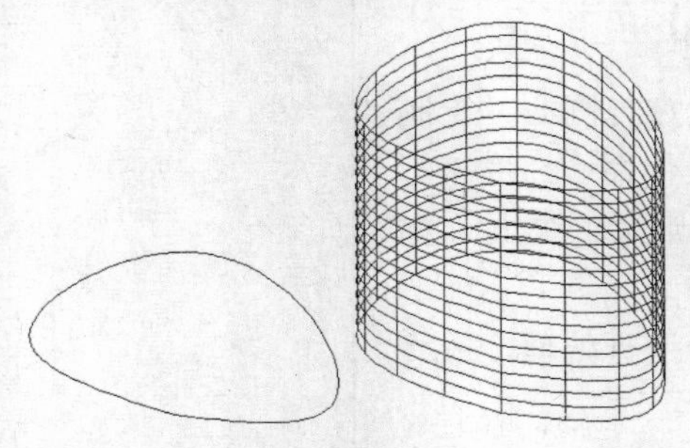

图 13-12　拉伸命令的应用

13.2.2　放样

放样命令可以通过对包含两条或两条以上横截面曲线的一组曲线进行放样来创建三维实体或曲面。

启用放样命令的方式如下。

◆　GUI 方式，即单击“建模”面板中的“放样”按钮，执行放样命令。

◆　命令行方式，在命令行中输入 LOFT，按 Enter 键或单击鼠标右键确认，执行放样命令。

执行放样命令后，系统将给出如下操作提示。

```
命令: LOFT
按放样次序选择横截面:找到 1 个
按放样次序选择横截面:找到 1 个，总计 2 个
按放样次序选择横截面:
输入选项 [导向(G)/路径(P)/仅横截面(C)] <仅横截面>:
```

放样命令选择的横截面至少要有两个。

下面以由圆、椭圆和样条曲线 3 个横截面创建一个实体为例来说明放样命令。

在命令行中输入 ISOLINES，预先设置其值为 20；执行放样命令，按放样次序，由上至下依

次选择多圆、椭圆和封闭的样条曲线为横截面，确认后截面选择完毕；再默认“仅横截面”选项，弹出“放样设置”对话框，如图 13-13 所示；最后单击“确定”按钮，完成实体创建，如图 13-14 所示。

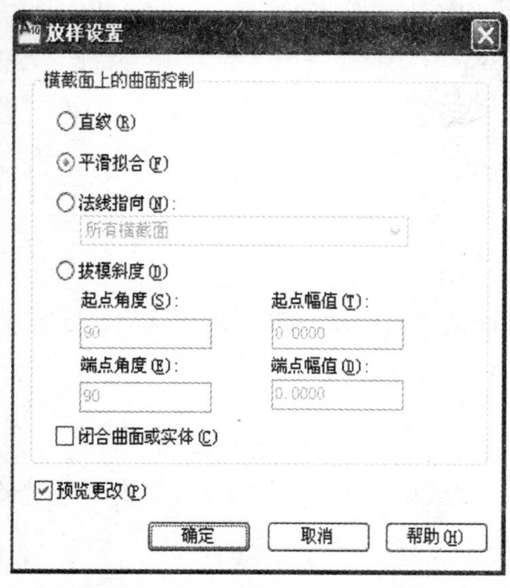

图 13-13 “放样设置”对话框

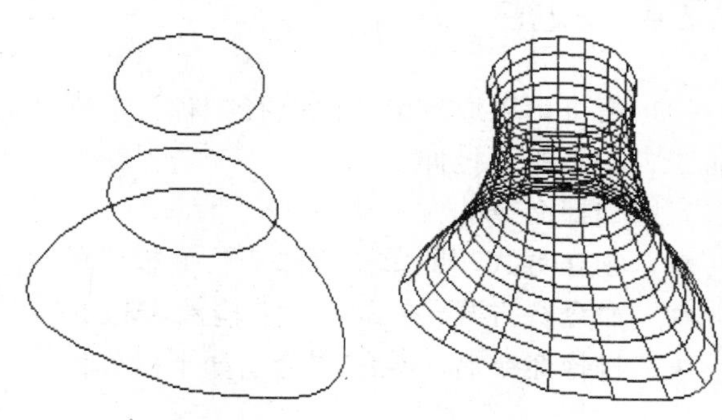

图 13-14 放样命令的应用

13.2.3 旋转

旋转命令可以通过绕指定轴旋转开放或闭合的对象来创建三维实体或曲面。旋转开放对象，生成曲面；否则，生成实体。指定的轴既可以是空间内任意一条直线，也可以是坐标轴。

启用旋转命令的方式如下。

- GUI 方式，即单击“建模”面板中的“旋转”按钮，执行旋转命令。
- 命令行方式，在命令行中输入 REVOLVE（或 REV），按 Enter 键或单击鼠标右键确认，执行旋转命令。

执行旋转命令后，系统将给出如下操作提示。

```
命令: REVOLVE
当前线框密度:ISOLINES=4
选择要旋转的对象:
指定轴起点或根据以下选项之一定义轴 [对象(O)/X/Y/Z] <对象>:
指定轴端点:
指定旋转角度或 [起点角度(ST)] <360>:
```

下面以旋转闭合的样条曲线为例来说明旋转命令。

在命令行中输入 ISOLINES，预先设置其值为 20；执行旋转命令，选择样条曲线为要旋转的对象，分别指定直线上两点作为指定轴的起点和端点，默认旋转角度为 360°，即可完成实体绘制，如图 13-15 所示。

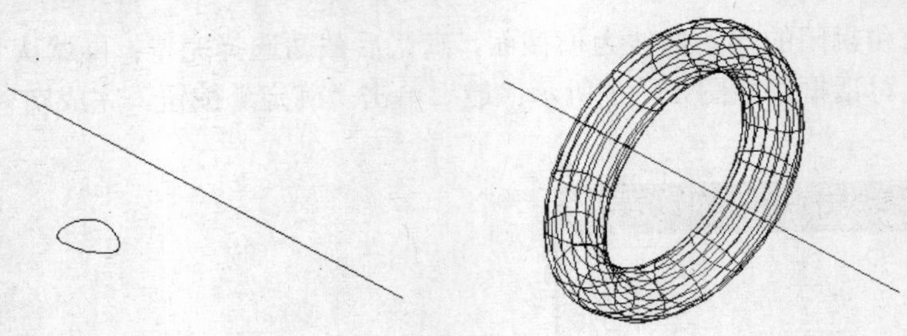

图 13-15　旋转命令的应用

13.2.4　扫掠

扫掠命令可以通过沿二维路径扫掠开放或闭合的平面曲线来创建三维实体或曲面，类似于拉伸命令中的沿路径拉伸。

启用扫掠命令的方式如下。

◆　GUI 方式，即单击“建模”面板中的“扫掠”按钮，执行扫掠命令。

◆　命令行方式，在命令行中输入 SWEEP，按 Enter 键或单击鼠标右键确认，执行扫掠命令。

执行扫掠命令后，系统将给出如下操作提示。

```
命令: SWEEP
当前线框密度:ISOLINES=4
选择要扫掠的对象:
选择扫掠路径或 [对齐(A)/基点(B)/比例(S)/扭曲(T)]:
```

下面以扫掠样条曲线为例来说明扫掠命令。

在命令行中输入 ISOLINES，预先设置其值为 20；执行扫掠命令，选择样条曲线为要扫掠的对象，再选择另一条开放的样条曲线为扫掠路径，即可得到一个实体，如图 13-16 所示。

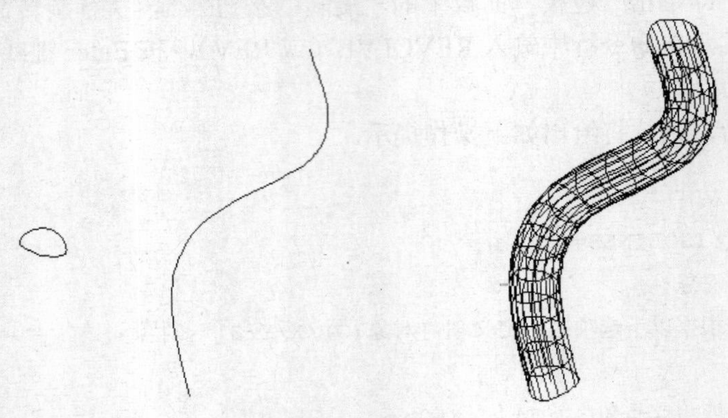

图 13-16　扫掠命令的应用

若以开放的样条曲线为要扫掠的对象，以封闭的样条曲线为扫掠路径，系统会提示“建模操作错误扫掠导致自交曲面。无法扫掠选定的对象”。因此在使用扫掠命令创建实体时，一定要注意不要产生自交曲面，以免无法执行命令。

13.3 布尔运算

13.2 节介绍的是如何由二维对象生成三维实体，通过这种方法创建复杂的三维实体。除此之外，AutoCAD 2012 还提供了布尔运算功能，可以通过创建简单实体来构建复杂的三维实体。

布尔运算包括并集、差集和交集运算，本节将对这 3 种命令进行介绍。

13.3.1 并集

并集命令可以将两个或多个实体合并形成一个新的整体，这些实体既可以是相交的，也可以是分离的。

启用并集命令的方式如下。

- ◆ GUI 方式，即单击"实体编辑"面板中的"并集"按钮，执行并集命令。
- ◆ 命令行方式，在命令行中输入 UNION（或 UNI），按 Enter 键或单击鼠标右键确认，执行并集命令。

执行并集命令后，系统将给出如下操作提示。

```
命令: UNION
选择对象:找到 1 个
选择对象:找到 1 个，总计 2 个
选择对象:
```

可见，至少要选中两个实体，并集命令才能得到执行。

下面举例说明。执行并集命令，选中两个长方体和一个圆柱体，确认后即可得到三者组合而成的整体，如图 13-17 所示。

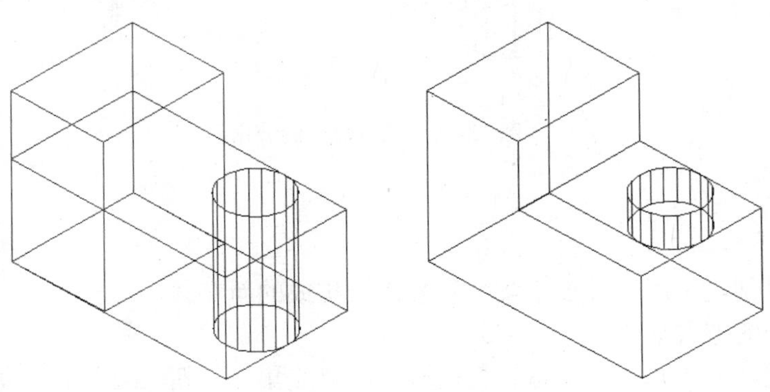

图 13-17　并集命令的应用

13.3.2 差集

差集命令可以在三维实体中减去一个或多个实体，以得到一个新的实体。

启用差集命令的方式如下。

- GUI 方式，即单击“实体编辑”面板中的“差集”按钮◎，执行差集命令。
- 命令行方式，在命令行中输入 SUBTRACT，按 Enter 键或单击鼠标右键确认，执行差集命令。

执行差集命令后，系统将给出如下操作提示。

```
命令: SUBTRACT
选择要从中减去的实体、曲面和面域...
选择对象:
选择要减去的实体、曲面和面域...
选择对象:
```

执行差集命令，先选择被减的实体对象，确认后再选择要减去的对象，最后是先选的对象减去后选的对象，这个顺序不能颠倒。

下面举例说明这命令。

执行差集命令，先选中与圆柱体相交的长方体作为从中减去的实体，按 Enter 键确认，然后选择圆柱体，作为要减去的实体，确认后完成差集命令，再使用并集命令，将剩下的两个实体合并起来，效果如图 13-18 所示。

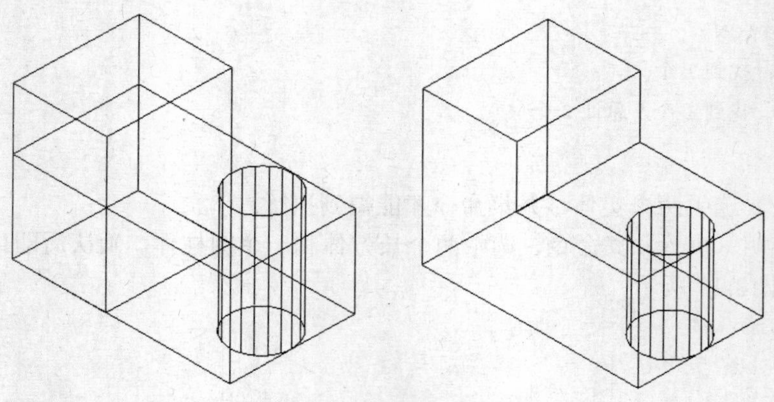

图 13-18　差集命令的应用

13.3.3　交集

交集命令可以创建由两个或多个实体重叠部分构成的新实体。

启用交集命令的方式如下。

- GUI 方式，即单击“实体编辑”面板中的“交集”按钮◎，执行交集命令。
- 命令行方式，在命令行中输入 INTERSECT（或 IN），按 Enter 键或单击鼠标右键确认，执行交集命令。

执行交集命令后，系统将给出如下操作提示。

```
命令: INTERSECT
```

选择对象：找到 1 个

选择对象：找到 1 个，总计 2 个

选择对象：

交集命令与并集命令相似，至少也要选中两个实体。不过并集命令是两个实体组合起来，而交集命令则只取出两个实体的重叠部分。

下面举例说明。

执行交集命令，选中两个长方体和一个圆柱体，确认后即可得到三者重叠部分的实体，如图 13-19 所示。

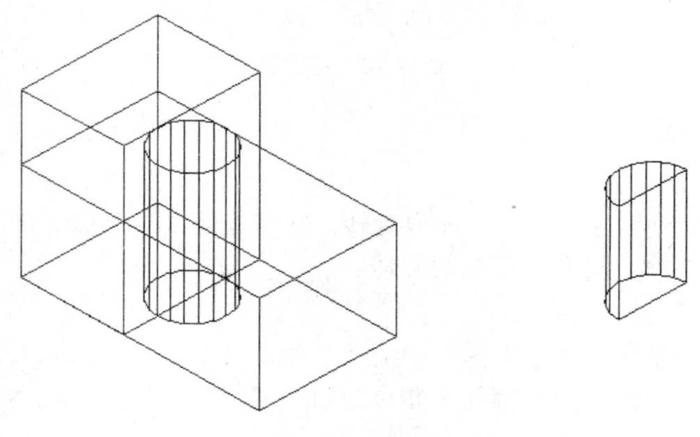

图 13-19　交集命令的应用

13.4　编辑三维实体

13.3 节介绍的布尔运算其实是包含在三维实体编辑命令中的，三维编辑命令主要用于后期修改、处理三维实体，提高绘图效率。因此，本节将对部分较常用的三维实体编辑命令进行介绍。由于二维绘图中的图形编辑命令大多适用于三维图形，在操作步骤上大体是相同的，所以读者在学习三维编辑命令时应与相关二维编辑命令进行比较，找到相似的地方，从而更快、更好地掌握三维编辑命令。

13.4.1　三维移动

用户可以使用二维绘图命令中的移动命令在三维空间中移动对象，操作方式相同，只不过当通过输入距离来移动对象时，必须输入沿 X、Y、Z 轴的距离值。

AutoCAD 提供了专门在三维空间中移动的命令——三维移动，启用该命令的方式如下。

- ◆ GUI 方式，即单击“修改”面板中的“三维移动”按钮，执行三维移动命令。
- ◆ 命令行方式，在命令行中输入 3DMOVE（或 3M），按 Enter 键或单击鼠标右键确认，执行三维移动命令。

执行三维移动命令后，整个屏幕背景会变色，在选择好要移动的对象后，会出现一个立体的坐标轴图标，如图 13-20 所示，然后指定基点进行移动，与二维移动命令类似。

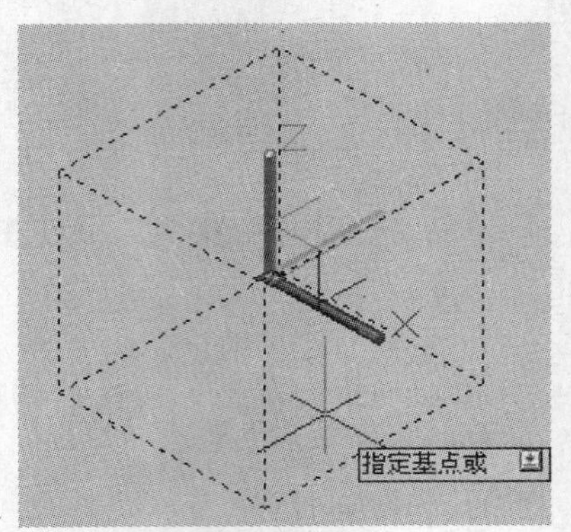

图 13-20　三维移动

13.4.2　三维旋转

二维旋转命令只能使对象在 XY 平面内旋转，即只能绕垂直于 XY 平面的直线旋转；三维旋转命令则能使对象绕三维空间内的任意轴旋转。

启用三维旋转命令的方式如下。

- ◆ GUI 方式，即单击“修改”面板中的“三维旋转”按钮，执行三维旋转命令。
- ◆ 命令行方式，在命令行中输入 3DROTATE（或 3R），按 Enter 键或单击鼠标右键确认，执行三维旋转命令。

执行三维旋转命令后，整个屏幕背景也会变色；在选择好要旋转的对象后，会出现一个附着在光标上的旋转工具，包含表示旋转方向的 3 个辅助圆，如图 13-21 所示；先指定基点，然后选择任意圆，即选中了相应的旋转轴，再输入旋转角度即可。整个过程较二维旋转命令多了一步选取旋转轴。

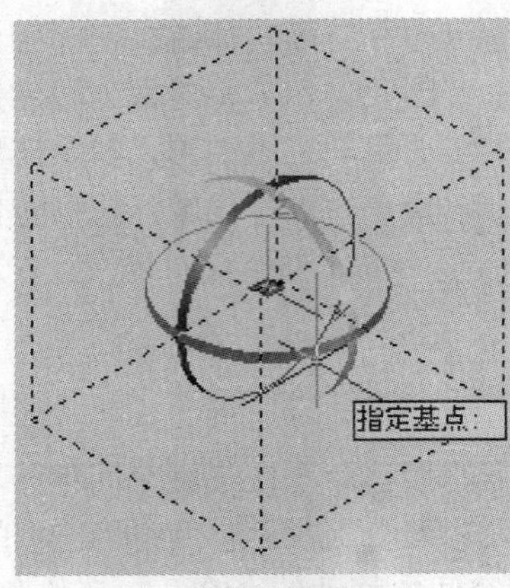

图 13-21　三维旋转

13.4.3　三维阵列

三维阵列命令是基于二维阵列命令的三维版本，其操作步骤和作用基本相同。

启用三维阵列命令的方式如下。

◆ GUI 方式，即单击“修改”面板中的“三维阵列”按钮，执行三维阵列命令。
◆ 命令行方式，在命令行中输入 3DARRAY，按 Enter 键或单击鼠标右键确认，执行三维阵列命令。

执行三维阵列命令后，不会像二维阵列命令那样弹出阵列对话框，而是直接以命令提示的方式一步步直接执行。

系统给出的操作提示如下。

```
命令: 3DARRAY
选择对象:找到 1 个
选择对象:
输入阵列类型 [矩形(R)/环形(P)] <矩形>:
输入行数 (---) <1>: *
输入列数 (|||) <1>: *
输入层数 (...) <1>: *
指定行间距 (---):*
指定列间距 (|||):*
指定层间距 (...):*
```

可见三维阵列的功能与二维阵列一样强大，不过需要更直观地输入相应的行、列数据。

13.4.4 三维镜像

三维镜像与二维镜像相比，唯一的不同在于二维的镜像线变成了三维的镜像面。

启用三维镜像命令的方式如下。

◆ GUI 方式，即单击“修改”面板中的“三维镜像”按钮，执行三维镜像命令。
◆ 命令行方式，在命令行中输入 MIRROR3D，按 Enter 键或单击鼠标右键确认，执行三维镜像命令。

执行三维镜像命令后，系统将给出如下操作提示。

```
命令: MIRROR3D
选择对象: 找到 1 个
选择对象:
指定镜像平面(三点)的第一个点或[对象(O)/最近的(L)/Z 轴(Z)/视图(V)/XY 平面(XY)/YZ 平面(YZ)/ZX 平面(ZX)/三点(3)] <三点>: *
是否删除源对象? [是(Y)/否(N)] <否>:
```

可见选取镜像面的方法多种多样，可以通过指定 3 个点确定镜像面。输入 O，可以选取圆、圆弧、椭圆和多段线等二维对象，以其所在的平面作为镜像平面；输入 L，可以指定上一次三维命令使用的镜像面作为当前镜像面；输入 Z，可以在三维空间指定两个点，镜像平面将垂直于两点的连线，并通过第一个选取点；输入 V，指定镜像面平行于当前视区，并通过用户的拾取点；输入 XY、YZ 或 ZX，指定的镜像面平行于 XY 面、YZ 面或 ZX 面，且通过用户的拾取点。

13.4.5　三维倒角与圆角

三维倒角与圆角命令的功能和二维的倒角与圆角命令基本相同，不过在三维工作空间执行这两个命令时，用户不必事先设定半径或距离值，只有这一点与二维状态下的命令有所区别。另外，倒角与圆角命令只能对实体的边进行编辑，不能对面模型进行编辑。

启用这两种命令的方式在讲解二维命令时已经介绍过，在此不再赘述了。

执行倒角命令后，系统将给出如下操作提示。

```
命令: CHAMFER
("修剪"模式) 当前倒角距离 1 = 0.0000，距离 2 = 0.0000
选择第一条直线或 [放弃(U)/多段线(P)/距离(D)/角度(A)/修剪(T)/方式(E)/多个(M)]:
基面选择...
输入曲面选择选项 [下一个(N)/当前(OK)] <当前(OK)>: OK
指定基面的倒角距离: *
指定其他曲面的倒角距离 <*>:
选择边或 [环(L)]: 选择边或 [环(L)]:
```

在三维倒角过程中，无须预先设置倒角距离，选择一条边后，再选择一个基面作为先指定倒角距离的面即可。

执行圆角命令后，系统将给出如下操作提示。

```
命令: FILLET
当前设置: 模式 = 修剪，半径 = 0.0000
选择第一个对象或 [放弃(U)/多段线(P)/半径(R)/修剪(T)/多个(M)]:
输入圆角半径:*
选择边或 [链(C)/半径(R)]:
```

在三维圆角过程中，也是在命令中途设置圆角半径，选择边即可。

下面举例说明。

执行倒角命令，拾取长方体上一条边作为第一条直线，利用“下一个”选项指定基面，输入 20，作为基面的倒角距离；再输入 20，作为其他面的倒角距离；接着依次选择 4 条棱边，确认后完成倒角编辑，如图 13-22 所示。

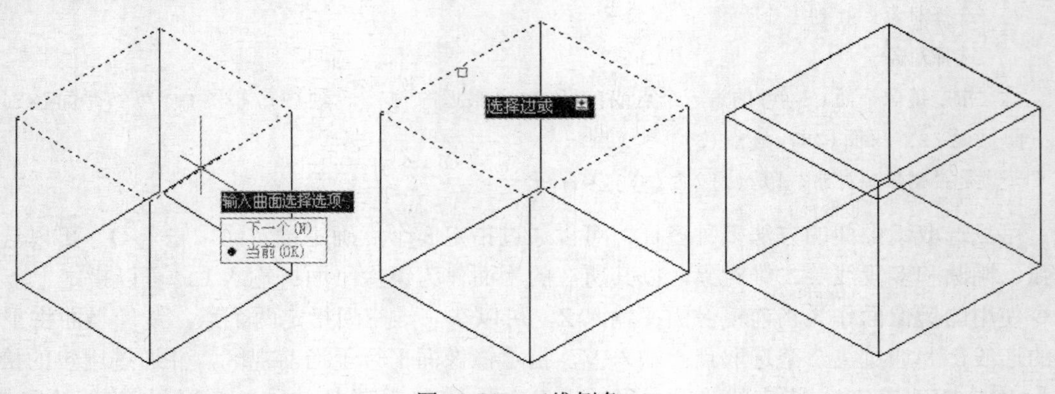

图 13-22　三维倒角

执行圆角命令，拾取长方体作为第一个对象，输入 50，作为圆角半径，然后依次选择两条棱边，确认后完成圆角编辑，如图 13-23 所示。

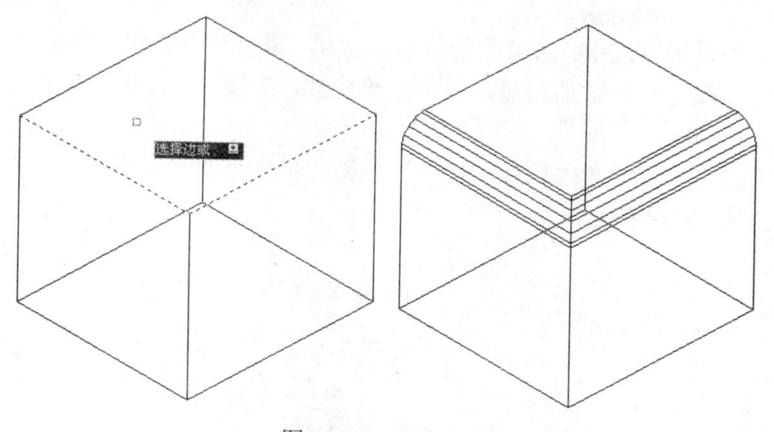

图 13-23　三维圆角

13.5　消隐与渲染

在 AutoCAD 2012 中，由三维建模命令创建的实体模型一般都很粗糙，不够美观，需要做进一步的消隐、渲染等处理，以达到建筑效果图清晰、直观的要求。本节将对这些功能进行介绍。

13.5.1　消隐

在 AutoCAD 2012 中绘制三维图形时，大部分使用的是线框图，便于用户编辑。但由于线框图所有的边和线都是可见的，导致很难分辨是从上方还是从底部观察模型，不便于观察最终的绘图结果。

消隐可以在整幅图形中进行，用于消除屏幕上看不见的隐藏线。

这种消隐命令的启用方式如下。

- GUI 方式，即选择“视图”→“消隐”命令。
- 命令行方式，在命令行中输入 HIDE（或 HI），按 Enter 键或单击鼠标右键确认，执行消隐命令。

也可以只对图形中的一个或多个选定对象进行，消除对象上的隐藏线。

这种消隐命令的启用方式为：在命令行中输入 DVIEW，然后输入 H，选择“隐藏”选项，按 Enter 键或单击鼠标右键确认，执行消隐命令。

这种消除隐藏线的方式只是一种暂时的消隐，在退出 DVIEW 或重生成图形时，被隐藏的线又将重新显示。

消隐前后图形的对比可见本讲的 " 模仿实例 " 。

13.5.2 渲染

三维实体的各种显示方式中，渲染图最具有真实感，最能清晰、直观地反映实体的结构形状。

创建渲染图的一般过程是添加光源，设定光源特性，为模型附着材质，指定渲染背景，最后设置渲染器并渲染模型。

设定光源可通过“光源”面板进行，包括点光源、聚光灯和平行光 3 种光源，还可以设置是否有光照阴影，如图 13-24 所示。

图 13-24 光源设置

指定材质需通过“材质”选项板设置，可通过选择“工具”→“选项板”→“材质”命令，打开 “材质”选项板，在该选项板中可定义所需的材质，为对象附着材质，如图 13-25 所示。

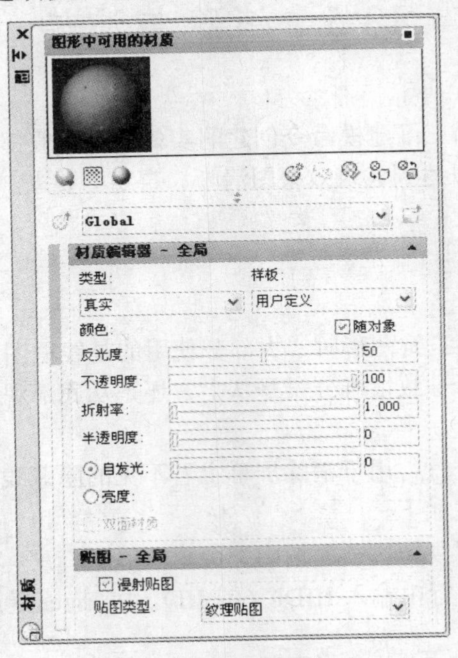

图 13-25 “材质”选项板

渲染背景是通过“新建视图/快照特性”对话框实现的。单击“视图”面板中的“命名视图”按钮，打开视图管理器，单击“新建”按钮，打开“新建视图/快照特性”对话框，如图 13-26 所示。

在“背景”栏的下拉列表框中选择纯色，弹出“背景”对话框，从中可对背景进行设置，如图 13-27 所示。当需要应用此背景时，将视图调整为包含该背景的新视图即可。

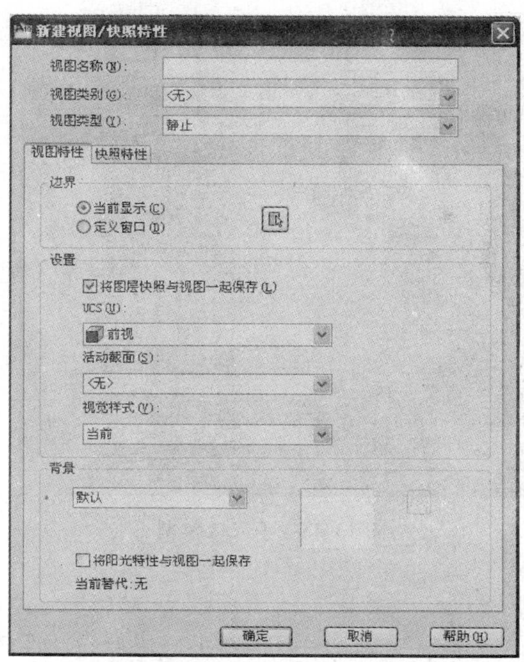

图 13-26 “新建视图/快照特性”对话框

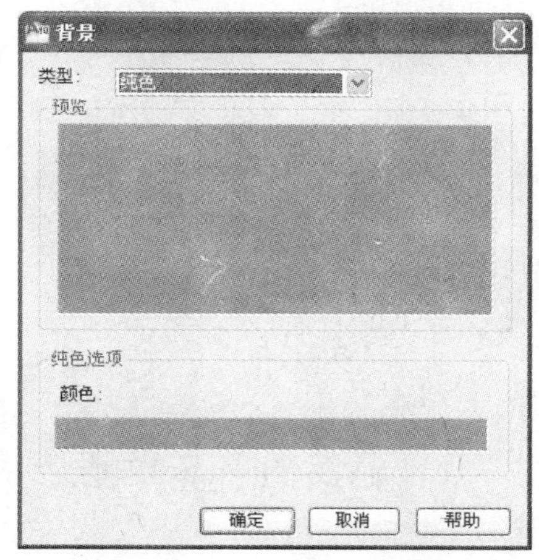

图 13-27 “背景”对话框

光源、材质和背景均设置完毕后，即可进行渲染操作。单击“渲染”面板中的“渲染”按钮，或者在命令行中输入 RENDER，即可打开渲染器，执行渲染命令，对当前一定范围内的图形进行渲染。

详细的渲染过程可参见 13.6 节。

13.6 实例·操作——绘制单人床模型

本例将绘制一张单人床的三维模型，如图 13-28 所示。单人床在家居布置中很常见，造型并不复杂。通过此例，希望读者熟悉三维实体的相应绘制、编辑命令。

图 13-28　单人床模型

【思路分析】

按照由面生成体的顺序，先绘制矩形、半圆得到床的轮廓线，再通过拉伸命令得到床的实体造型，最后通过实体编辑处理细部，并进行渲染处理。整个流程如图 13-29 所示。

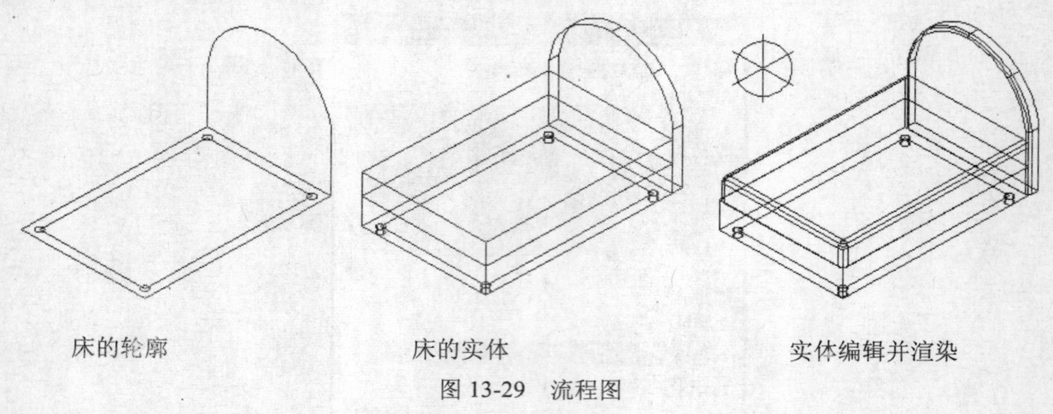

床的轮廓　　床的实体　　实体编辑并渲染

图 13-29　流程图

【光盘文件】

——参见附带光盘中的“END\Ch13\1-6dwg”文件。

——参见附带光盘中的“AVI\Ch1\13-6.avi”文件。

【操作步骤】

（1）启动 AutoCAD 2012，切换工作空间为三维建模，设置习惯的绘图环境。

（2）设置视图为俯视。

（3）使用矩形命令，绘制一个尺寸为 1800×1200 的矩形，再使用偏移命令将其向内侧偏移 90，如图 13-30 所示。

（4）使用圆绘制命令，分别以内侧矩形 4 个角点为圆心，绘制 4 个半径为 35 的圆（这里也可以先绘制一个圆，然后再使用复制命令将圆复制到各个角点上），效果如图 13-31 所示。

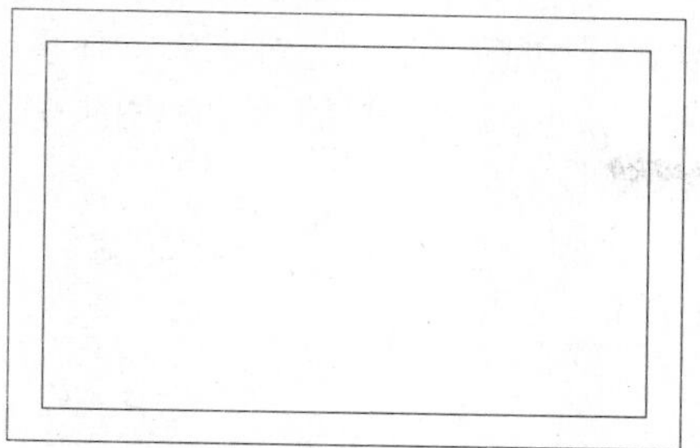

图 13-30　绘制矩形

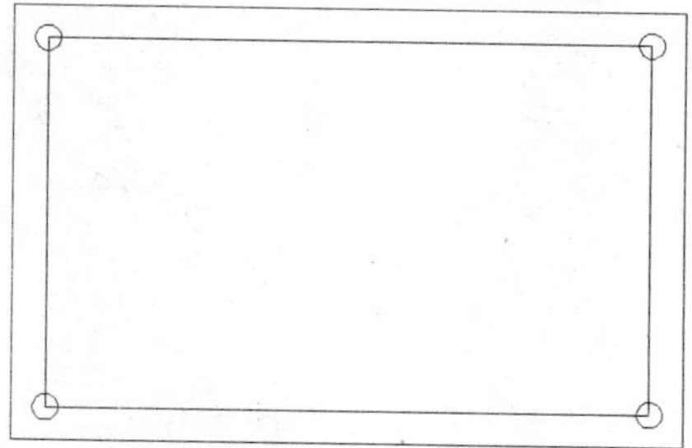

图 13-31　绘制圆

（5）使用矩形命令，在绘图区空白处绘制一个尺寸为 1200×1100 的矩形，然后使用圆弧绘制命令，采用三点画弧的方式，依次拾取刚绘制的矩形左侧边中点为起点、上侧边中点为第二点、右侧边中点为第三点，绘制一条圆弧，如图 13-32 所示。

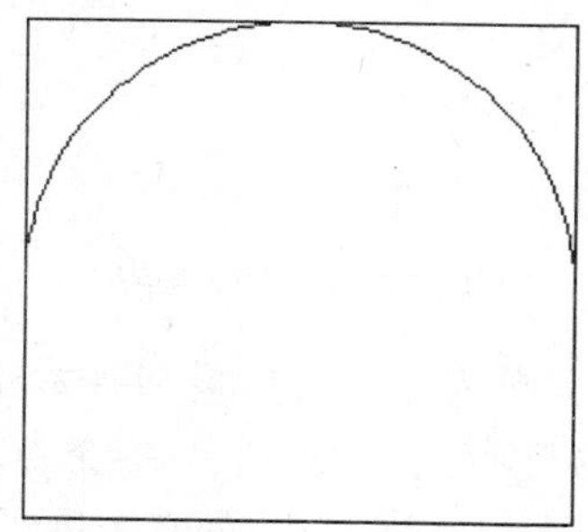

图 13-32　绘制矩形与圆弧

（6）使用修剪命令，剪切圆弧外的矩形线条，再使用面域命令，将圆弧与剩余矩形合并成一个面域，作为床头轮廓线，如图 13-33 所示。

（7）调整视口为“东北等轴测”。

（8）使用三维旋转命令，将床头轮廓线先绕 X 轴转动 90°，再绕 Y 轴转动 90°，如

图 13-34 所示。

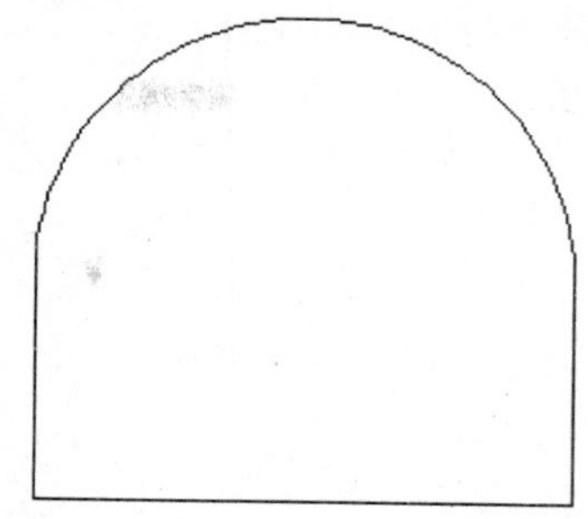

图 13-33　床头轮廓线

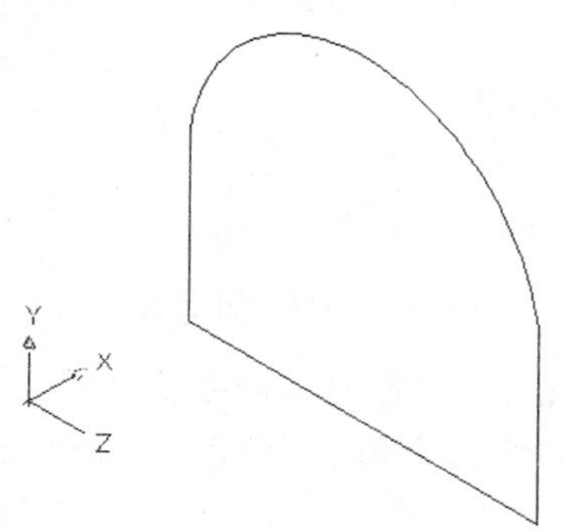

图 13-34　旋转床头轮廓线

（9）使用移动命令，将床头轮廓线移动至与矩形右侧边重合，如图 13-35 所示。

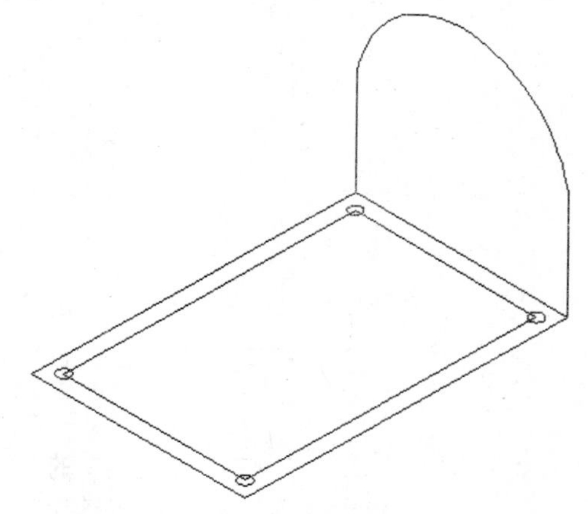

图 13-35　移动床头轮廓线

（10）至此，基本的面均已绘制完毕，可以开始由面生成实体了。使用拉伸命令，分别选择内侧矩形 4 个角点上的圆，将其沿 Z 轴负方向垂直下拉 50，作为单人床的床脚。

（11）继续使用拉伸命令，选择外侧矩形，将其沿 Z 轴正方向垂直上拉 260，作为单人床的床架，如图 13-36 所示。

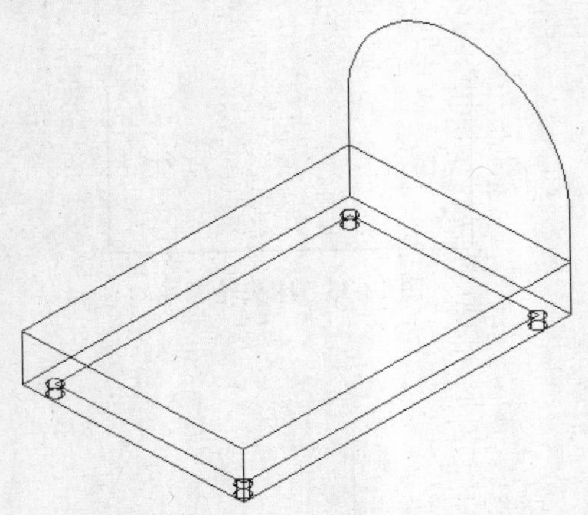

图 13-36　拉伸创建床脚与床架

（12）使用长方体命令，以床架上表面左上角点为第一个角点，输入（@1800,210,1200）确定另一个角点，绘制一个尺寸为 1800×1200×210 的长方体，作为单人床的床垫，如图 13-37 所示。

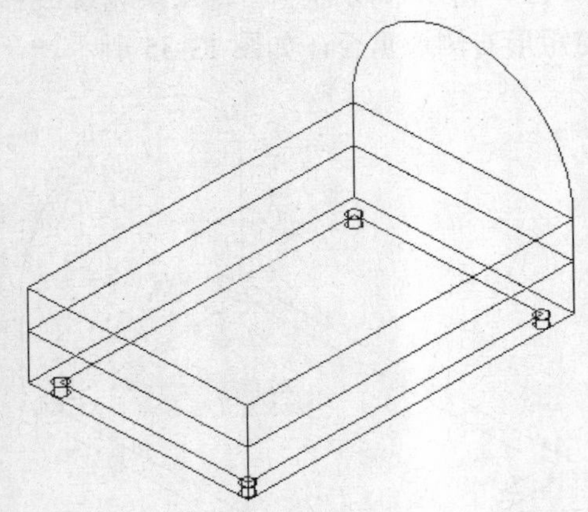

图 13-37　拉伸创建床垫

（13）使用拉伸命令，选择床头剖面，将其沿 X 轴正方向拉伸 100，如图 13-38 所示。

（14）使用圆角命令，设置圆角半径为 50，对单人床垫长方体进行圆角编辑，依次拾取长方体上侧面的边，不包括与床头相交的边，还要拾取长方体左侧的两条竖边；重复圆角命令，设置圆角半径为 30，对床头实体也进行圆角编辑，拾取其靠左侧的弧边和两条竖边，如图 13-39 所示。

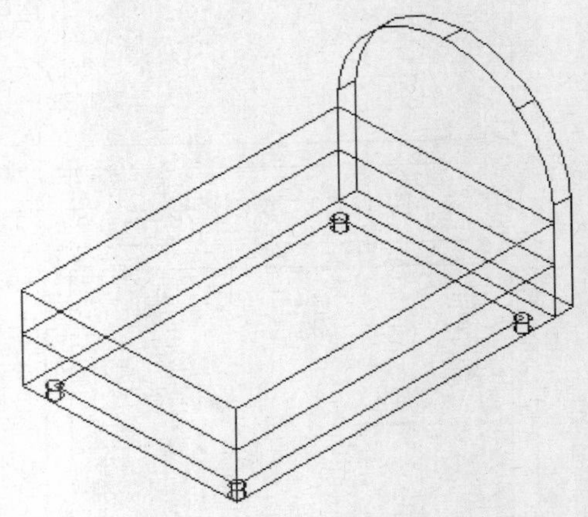

图 13-38　拉伸创建床头

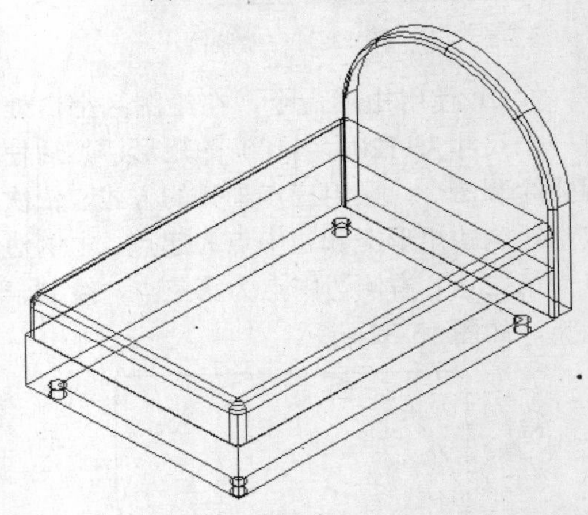

图 13-39　圆角编辑

（15）单人床的实体模型基本绘制完毕，下面开始进行渲染处理。在命令行中输入 FACETRES，将渲染的平滑度变量值设置为 5。

（16）打开“材质”选项板，新建 4 个新材质，分别命名为“床头”、“床板”、“床垫”和“床脚”；定义床头材质，在“贴图”→“漫射贴图”栏中单击“选择图像”按钮，打开“选择图像文件”对话框，如图 13-40 所示。

（17）在材质库中选择 Finishes.Flooring.Wood.Hardwood.1，单击“打开”按钮，床头材质定义完毕。返回到材料选项板，单击选项板内的“将材质应用到对象”按钮，选择床头实体对象，即将床头材质附着到床头实体上，如图 13-41 所示。

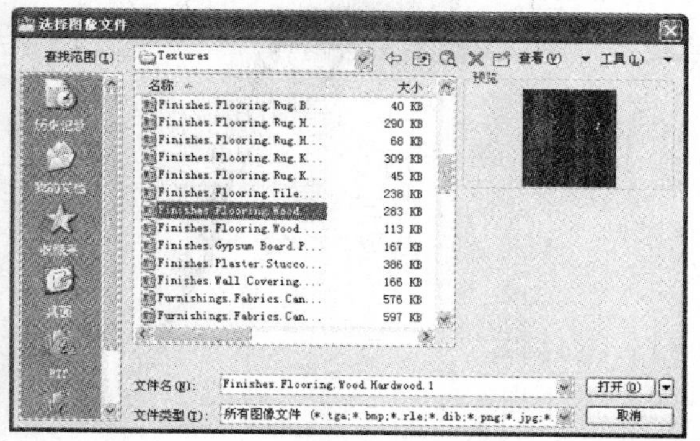

图 13-40 “选择图像文件”对话框

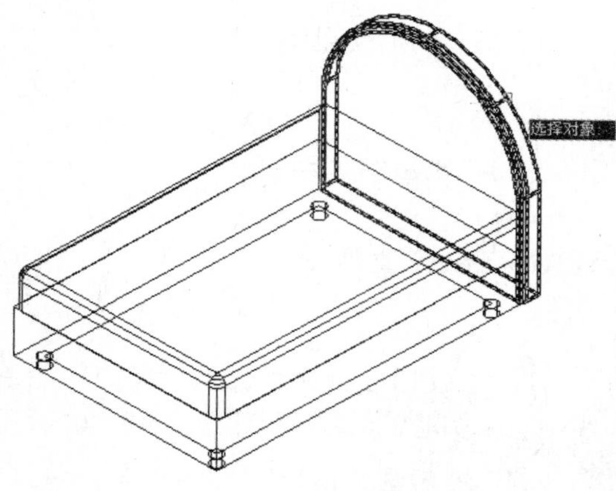

图 13-41 附着材质

（18）按照同样的方法定义剩余的材质：设置床板材质为 Woods and Plastics.Finish.Carpentry.Wood.Paneling.1；设置床垫材质为 Finishes.Wall.Covering.Stripes.Vertical.Blue-Grey；设置床脚材质为 Concrete.Precast.Structural.Concrete.Smooth。然后再将各材质应用到各自的实体上即可。

（19）接着对光源进行设置。在绘图区选择合适的光源点，本例仅需设置一个点光源，如图 13-42 所示。

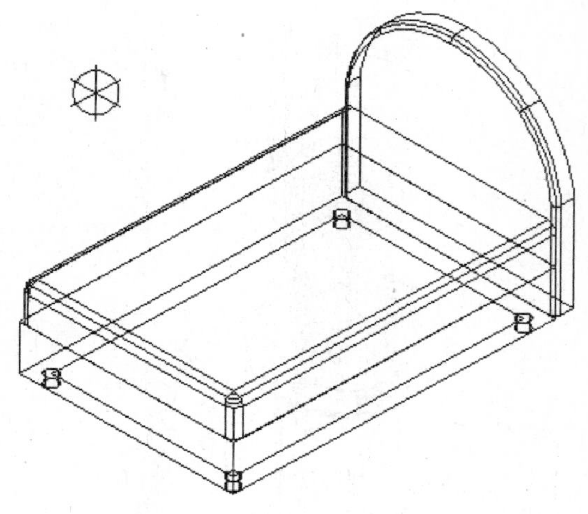

图 13-42 设置点光源

（20）最后执行渲染命令，得到最终的渲染，效果如图 13-43 所示。

图 13-43 最终效果

13.7 实例 · 练习——绘制三维酒杯

本例将绘制一个普通酒杯的三维实体模型，如图 13-44 所示。通过此例，希望读者能够练习本章所学的相关三维绘图命令。

视频教学

【思路分析】

首先绘制酒杯的轮廓线，再使用旋转命令即可得到实体，最后通过动态观察移动视口。整个过程如图 13-45 所示。

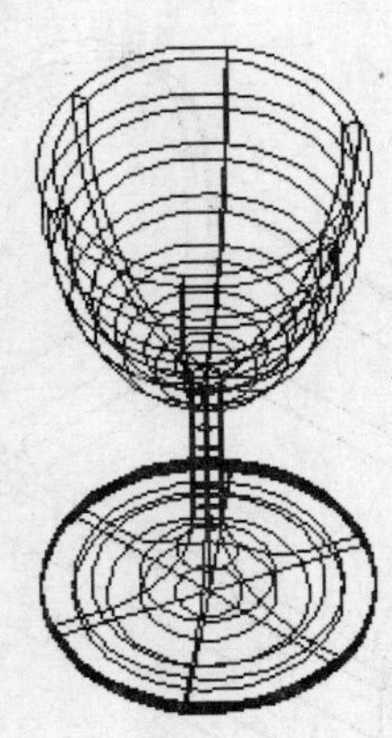

图 13-44　酒杯

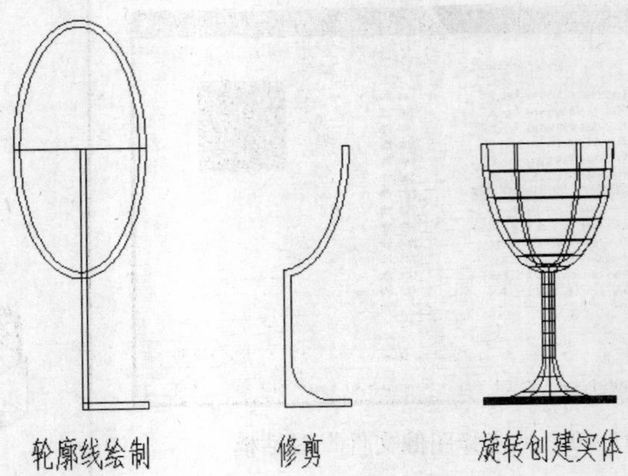

图 13-45　流程图

【光盘文件】

结果文件——参见附带光盘中的“END\Ch13\13-7.dwg”文件。

动画演示——参见附带光盘中的“AVI\Ch13\13-7.avi”文件。

【操作步骤】

（1）启动 AutoCAD 2012，切换工作空间为三维建模，设置习惯的绘图环境。

（2）设置视图为前视。

（3）使用直线命令，绘制一条长 200 的水平直线；重复直线命令，以该直线中点为起点，竖直向下绘制一条长 400 的直线，再向右绘制一条长 100 的直线；使用偏移命令，将后绘制的两条直线依次向右、向上偏移 10，如图 13-46 所示。

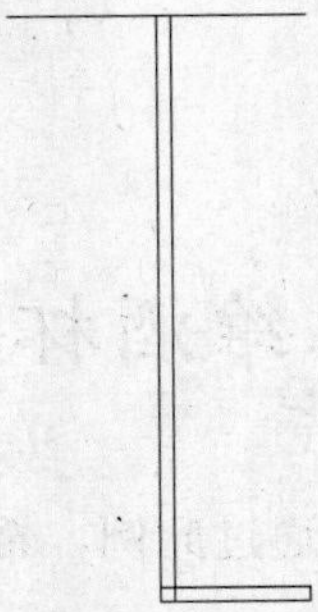

图 13-46　绘制直线

（4）使用椭圆命令，以绘制的第一条直线中点为圆心，绘制一个长轴长为 400、短轴长为 200 的椭圆，且其长轴沿竖直方向；再使用偏移命令，将该椭圆向内偏移 10，如图 13-47 所示。

（5）使用剪切命令，对图形进行修剪编辑，效果如图 13-48 所示。

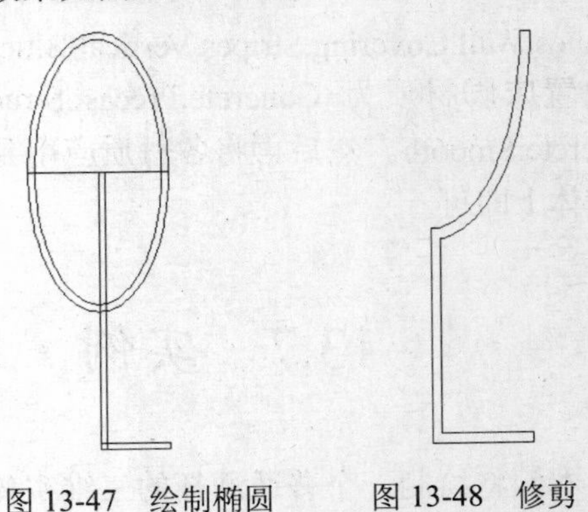

图 13-47　绘制椭圆　　图 13-48　修剪

（6）使用圆角命令，设置半径为 60，选择右侧的竖直直线和上侧的水平直线进行圆角编辑，得到酒杯的轮廓线，如图 13-49 所示。

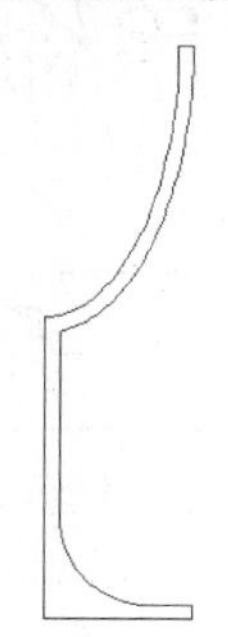

图 13-49　圆角编辑

（7）使用旋转命令，选择全部轮廓线为所要旋转的对象，以轮廓左下角点竖直向上的直线为旋转轴，旋转轮廓线，效果如图 13-50 所示。

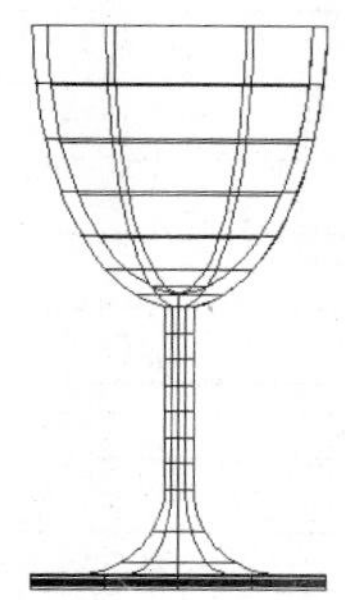

图 13-50　旋转创建实体

（8）使用布尔运算中的并集运算，将旋转得到的各个实体合并为一个酒杯实体，删除原有的旋转轴，如图 13-51 所示。合并前后，选中对象时夹点的显示是不同的，这是因为合并之后只有一个实体，夹点相应会减少很多。

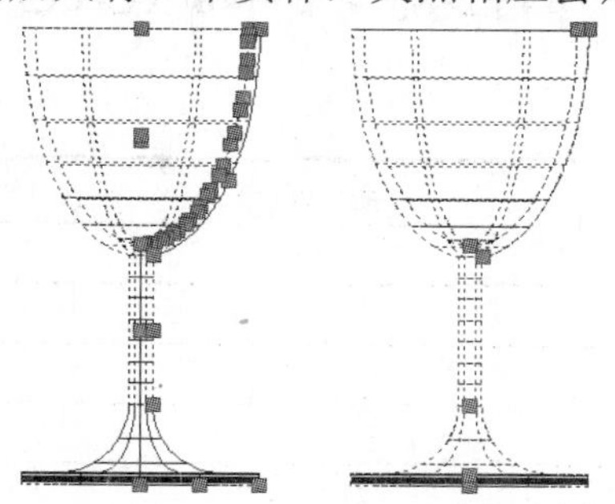

图 13-51　并集运算

（9）使用动态观察，可以更直观地看到酒杯的三维形状，最终效果如图 13-52 所示。

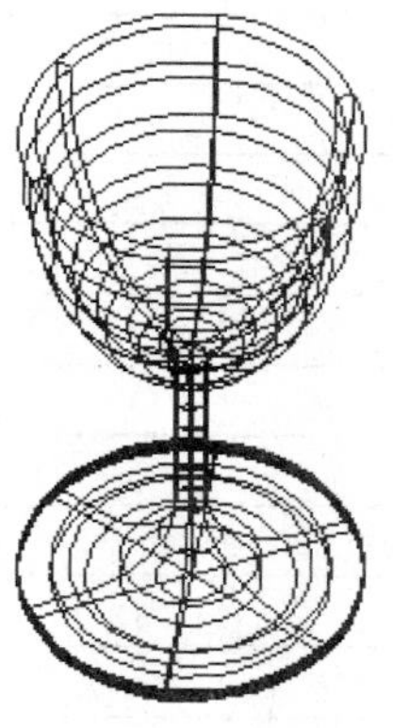

图 13-52　最终效果

附录 A　AutoCAD 2012 常用命令

命　令	功　能
3D	三维表面
3DARRAY	三维阵列
3DFACE	三维曲面
3DMESH	三维多边形网格
3DORBIT	三维动态观察器
3DZOOM	三维动态观察器并缩放视图
ABOUT	显示 AutoCAD 版本信息
ALIGN	对齐图形
ARC	绘制圆弧
AREA	计算所选择区域的周长和面积
ARRAY	二维图形阵列
ATTDEF	创建块属性
ATTEDIT	编辑图块属性值
BHATCH	图案填充
BLOCK	定义图块
BOX	绘制三维长方体实体
BREAK	打断图形
CAMERA	设置照相机
CHAMFER	倒直角
CHANGE	修改对象的特性
CIRCLE	绘制圆
CLOSE	关闭当前图形文件
COLOR	设置对象颜色
CONE	绘制三维圆锥体实体
COPY	复制对象
CUTCLIP	将对象剪切到剪贴板
CYLINDER	绘制三维圆柱实体
DDPTYPE	设置点的形状及大小
DDVPOINT	设置三维视点
DIM（DIM1）	表示正处于尺寸标注状态
DIMALIGNED	标注对齐尺寸
DIMANGULAR	标注角度尺寸
DIMBASELINE	标注基线尺寸
DIMCENTER	标注圆心
DIMCONTINUE	标注连续尺寸

续表

命　令	功　能
DIMDIAMETER	标注直径尺寸
DIMEDIT	编辑尺寸标注
DIMORDINATE	标注坐标值
DIMLINEAR	标注线性尺寸
DIMRADIUS	标注半径尺寸
DIMSTYLE	创建、修改标注样式
DIMTEDIT	修改尺寸文字
DIST	测量两点之间的距离及有关角度
DIVIDE	定数等分对象
DONUT	绘制圆环
DSETTINGS	设置栅格、捕捉、极轴、对象捕捉、对象跟踪模式
DSVIEWER	启动鸟瞰视图窗口
EDGESURF	绘制三维多边形网格
ELEV	设置平面图的标高
ELLIPSE	绘制椭圆和椭圆弧
ERASE	删除对象
EXPLODE	分解对象
EXPORT	将对象保存为其他格式的文件
EXTEND	延伸对象
EXTRUDE	将二维图形拉伸成三维实体
FILL	控制对象的填充状态
FILLET	倒圆角
FILTER	过滤选择的对象
FIND	查找和替换文字
FOG	设置三维渲染的雾化
GRAPHSCR	在图形窗口和文本窗口间切换
GIRD	控制栅格的显示
GROUP	创建指定名称的组
HATCH	进行图案的填充
HATCHEDIT	编辑、修改图案填充的设置
HELP	显示 AutoCAD 在线帮助
HIDE	对实体进行消隐处理
ID	显示点的坐标值
IMAGE	将图像文件插入到当前文件中
IMPORT	插入其他格式文件
INSERT	把图块或文件插入到当前图形中
INTERSECT	交集运算
ISOPLANE	定义当前等轴测图的面
LAYER	管理图层

续表

命　令	功　能
LAYOUT	创建新布局或对已存在的布局进行重命名、复制、保存或删除等操作
LEADER	标注引线
LENGTHEN	拉长对象
LIGHT	设置光源
LIMITS	设置图形界限
LINE	绘制直线
LINETYPE	创建、加载、设置线型
LIST	列表显示对象的信息
LWEIGHT	设置线宽
MEASURE	定距等分对象
MENU	加载菜单文件
MIRROR	镜像对象
MIRROR3D	三维镜像
MLEDIT	编辑多线
MLINE	绘制多线
MLSTYLE	定义多线样式
MODEL	从“布局”选项卡切换到“模型”选项卡
MOVE	移动对象
MSPACE	从图纸空间切换到模型空间
MTEXT	标注多行文本
NEW	新建图形文件
OFFSET	偏移对象
OOPS	恢复最后一次被删除的对象
OPEN	打开图形文件
OPTIONS	优化系统配置
ORTHO	控制正交模式
OSNAP	设置对象捕捉模式
PAN	平移对象
PEDIT	编辑二维多段线和三维多边形网格
PFACE	根据指定的点绘制三维多边形网格面
PLAN	设置 UCS 平面视图
PLINE	绘制多段线
PLOT	打印输出图形
PLOTSTYLE	设置打印样式
POINT	绘制点
POLYGON	绘制正多边形
PREVIEW	打印预览
PROPERTIES	控制已有对象的特性

续表

命　　令	功　　能
PSPACE	从模型空间切换到图纸空间
QDIM	快速尺寸标注
QLEADER	快速引线标注
QSAVE	保存当前图形文件
QSELECT	快速创建选择集
QTEXT	控制文本的显示与打印方式
QUIT	退出 AutoCAD
RAY	绘制射线
RECOVER	修复损坏的图形文件
RECTANG	绘制矩形
REDO	恢复由 Undo 或 U 命令取消的最后一条命令
REDRAW	重新显示当前视窗中的图形
REDRAWALL	重新显示当前所有视窗中的图形
REGEN	重新生成当前视窗中的图形
REGENALL	重新生成所有视窗中的图形
REGION	创建面域
RENAME	更改对象的名称
RENDER	渲染实体
RENDSCR	重新显示最近一次的渲染图形
REVOLVE	将二维图形旋转生成三维实体
REVSURF	绘制旋转曲面
RMAT	设置材质
ROTATE	旋转对象
ROTATE3D	三维旋转
RPREF	设置渲染参数
RULESURF	绘制直纹曲面
SAVE	保存图形文件
SAVEAS	将当前图形另存为一个新文件
SCALE	等比例缩放对象
SCENE	场景管理
SECTION	生成剖面
SELECT	选择对象
SETUV	将材质贴到对象上
SHADEMODE	在当前视口为对象着色
SHELL	切换到 DOS 操作系统
SHOWMAT	显示实体的材质类型和附着方式
SKETCH	徒手画线
SLICE	剖切实体
SNAP	设置栅格捕捉方式

续表

命　令	功　能
SOLID	区域填充
SOLIDEDIT	编辑三维实体
SPELL	检查文本的拼写
SPHERE	绘制球体
SPLINE	绘制样条曲线
SPLINEDIT	编辑样条曲线
STRETCH	延伸对象
STYLE	创建文字样式
SUBTRACT	差集运算
TABSURF	绘制拉伸曲面
TEXT	标注单行文本
TEXTSCR	切换到 AutoCAD 文本窗口
TIME	查询时间信息
TOLERANCE	标注形位公差
TOOLBAR	控制工具栏
TORUS	绘制圆环实体
TRACE	绘制轨迹线
TRANSPARENCY	设置背景像素是否透明
TRIM	修剪对象
U	撤销上一步操作
UCS	建立用户坐标系
UCSICON	控制坐标系图标显示
UNDO	撤销上一步操作
UNION	并集运算
UNITS	设置长度及角度的单位和精度等级
VIEW	视窗管理
VPLAYER	设置图层的可见性
VLISP	打开 Visual LISP 编辑器
VPOINT	设置三维视点
WBLOCK	将图块写入到图形文件中
WEDGE	绘制楔体
XLINE	绘制构造线
ZOOM	控制当前视图的显示缩放

附录 B　AutoCAD 2012 系统变量

变量名	类型	作用	说明
ACADLSPASDOC	整型	控制 AutoCAD 是将 acad.lsp 文件加载到所有图形中，还是仅加载到在 AutoCAD 任务中打开的第一个文件中	
ACADPREFIX	字符型	存储由ACAD环境变量指定的目录路径(如果有的话)，如果需要则添加路径分隔符	只读
ACADVER	字符型	存储 AutoCAD 版本号	只读
ACISOUTVER	整型	控制 ACISOUT 命令创建的 SAT 文件的 ACIS 版本	
AFLAGS	整型	设置 ATTDEF 位码的属性标志	
ANGBASE	实型	设置相对当前 UCS 的 0 度基准角方向	
ANGDIR	整型	设置相对当前 UCS 以 0 度为起点的正角度方向	
APBOX	整型	打开或关闭 AutoSnap 靶框	
APERTURE	整型	以像素为单位设置对象捕捉的靶框尺寸	
AREA	实型	存储由 AREA、LIST 或 DBLIST 计算的最后一个面积	只读
ATTDIA	整型	控制 INSERT 是否使用对话框获取属性值	
ATTMODE	整型	控制属性的显示方式	
ATTREQ	整型	确定 INSERT 在插入块时是否使用默认属性设置	
AUDITCTL	整型	控制 AUDIT 命令是否创建核查报告文件（ADT）	
AUNITS	整型	设置角度单位	
AUPREC	整型	设置角度单位的小数位数	
AUTOSNAP	整型	控制 AutoSnap 标记、工具栏提示和磁吸	
BACKZ	实型	存储当前视口后剪裁平面到目标平面的偏移值	只读
BINDTYPE	整型	控制绑定或在位编辑外部参照时对其名称的处理方式	
BLIPMODE	整型	控制点标记是否可见	
CDATE	实型	设置日历的日期和时间	只读
CECOLOR	字符型	设置新对象的颜色	
CELTSCALE	整型	设置当前对象的线型比例缩放因子	
CELTYPE	字符型	设置新对象的线型	
CELWEIGHT	整型	设置新对象的线宽	
CHAMFERA	实型	设置第一个倒角距离	
CHAMFERB	实型	设置第二个倒角距离	
CHAMFERC	实型	设置倒角长度	
CHAMFERD	实型	设置倒角角度	
CHAMMODE	整型	设置 AutoCAD 创建倒角的输入模式	
CIRCLERAD	实型	设置默认的圆半径	
CLAYER	字符型	设置当前图层	

续表

变量名	类型	作用	说明
CMDACTIVE	整型	存储一个位码值，此位码值标识激活的是普通命令、透明命令、脚本还是对话框	只读
CMDDIA	整型	控制是否显示文件对话框	
CMDECHO	整型	控制 AutoLISP 的（command）函数运行时 AutoCAD 是否回显提示和输入	
CMDNAMES	字符型	显示活动命令和透明命令的名称	只读
CMLJUST	整型	指定多线对正方式	
CMLSCALE	实型	控制多线的全局宽度	
CMLSTYLE	字符型	设置多线样式	
COMPASS	整型	控制当前视口中三维坐标球的开关状态	
COORDS	整型	控制状态栏上的坐标更新方式	
CPLOTSTYLE	字符型	控制新对象的当前打印样式	
CPROFILE	字符型	存储当前配置文件的名称	只读
CTAB	字符型	返回图形中的当前选项卡（模型或布局）名称	
CURSORSIZE	整型	按屏幕大小的百分比确定十字光标的大小	
CVPORT	整型	设置当前视口的标识号	
DATE	实型	存储当前日期和时间	只读
DBMOD	整型	用位码表示图形的修改状态	只读
DCTCUST	字符型	显示当前自定义拼写词典的路径和文件名	
DCTMAIN	字符型	显示当前的主拼写词典的文件名	
DEFLPLSTYLE	字符型	为新图层指定默认打印样式名称	
DEFPLSTYLE	字符型	为新对象指定默认打印样式名称	
DELOBJ	整型	控制用来创建其他对象的对象在创建后是否删除	
DEMANDLOAD	整型	在图形包含由第三方应用程序创建的自定义对象时，控制是否加载该应用程序	
DIASTAT	整型	存储最近一次所用对话框的退出方式	只读
DIMADEC	整型	控制角度标注显示精度的小数位数	
DIMALT	开关	控制标注中换算单位的显示	
DIMALTD	整型	控制换算单位中小数的位数	
DIMALTF	实型	控制换算单位中的比例因子	
DIMALTRND	实型	决定换算单位的舍入	
DIMALTTD	整型	设置标注换算单位公差值的小数位数	
DIMALTTZ	整型	控制是否对公差值作消零处理	
DIMALTU	整型	设置所有标注样式族成员（角度标注除外）的换算单位的单位格式	
DIMALTZ	整型	控制是否对换算单位标注值作消零处理	
DIMAPOST	字符型	指定所有标注类型（角度标注除外）换算标注测量值的文字前缀或后缀（或两者都指定）	
DIMASO	开关	控制标注对象的关联性	
DIMASSOC	整型	控制标注对象的关联性	

续表

变量名	类型	作用	说明
DIMASZ	实型	控制尺寸线、引线箭头的大小	
DIMATFIT	整型	当尺寸界线的空间不足以同时放下标注文字和箭头时，确定这两者的排列方式	
DIMAUNIT	整型	设置角度标注的单位格式	
DIMAZIN	整型	对角度标注作消零处理	
DIMBLK	字符型	设置显示在尺寸线或引线末端的箭头块	
DIMBLK1	字符型	当 DIMSAH 为开时，设置尺寸线第一个端点的箭头	
DIMBLK2	字符型	当 DIMSAH 为开时，设置尺寸线第二个端点的箭头	
DIMCEN	实型	控制圆或圆弧的圆心标记和中心线的绘制	
DIMCLRD	整型	为尺寸线、箭头和标注引线指定颜色	
DIMCLRE	整型	为尺寸界线指定颜色	
DIMCLRT	整型	为标注文字指定颜色	
DIMDEC	整型	设置标注主单位显示的小数位数	
DIMDLE	实型	设置尺寸线超出尺寸界线的距离	
DIMDLI	实型	控制基线标注中尺寸线的间距	
DIMDSEP	字符型	指定十进制标注的小数分隔符	
DIMEXE	实型	指定尺寸界线超出尺寸线的距离	
DIMEXO	实型	指定尺寸界线偏离原点的距离	
DIMFIT	整型	已废弃，现由 DIMATFIT 和 DIMTMOVE 代替	
DIMFRAC	整型	设置当 DIMLUNIT 被设为 4（建筑）或 5（分数）时的分数格式	
DIMGAP	实型	在尺寸线分段以放置标注文字时，设置标注文字周围的距离	
DIMJUST	整型	控制标注文字的水平位置	
DIMLDRBLK	字符型	指定引线的箭头类型	
DIMLFAC	实型	设置线性标注测量值的比例因子	
DIMLIM	开关	将极限尺寸生成为默认文字	
DIMLUNIT	整型	为所有标注类型（角度标注除外）设置单位	
DIMLWD	ENUM	指定尺寸线的线宽	
DIMLWE	ENUM	指定尺寸界线的线宽	
DIMPOST	字符型	指定标注测量值的文字前缀或后缀（或两者都指定）	
DIMRND	实型	将所有标注距离舍入到指定值	
DIMSAH	开关	控制尺寸线箭头块的显示	
DIMSCALE	实型	为标注变量（指定尺寸、距离或偏移量）设置全局比例因子	
DIMSD1	开关	控制是否禁止显示第一条尺寸线	
DIMSD2	开关	控制是否禁止显示第二条尺寸线	
DIMSE1	开关	控制是否禁止显示第一条尺寸界线	
DIMSE2	开关	控制是否禁止显示第二条尺寸界线	
DIMSHO	开关	控制是否重新定义拖动的标注对象	

续表

变量名	类型	作用	说明
DIMSOXD	开关	控制是否允许尺寸线绘制到尺寸界线之外	
DIMSTYLE	字符型	显示当前标注样式	只读
DIMTAD	整型	控制文字相对尺寸线的垂直位置	
DIMTDEC	整型	设置标注主单位的公差值显示的小数位数	
DIMTFAC	实型	设置用来计算标注分数或公差文字的高度的比例因子	
DIMTIH	开关	控制标注文字在尺寸界线内的位置（坐标标注除外）	
DIMTIX	开关	在尺寸界线之间绘制文字	
DIMTM	实型	当 DIMTOL 或 DIMLIM 为开时，为标注文字设置最大下偏差	
DIMTMOVE	整型	设置标注文字的移动规则	
DIMTOFL	开关	控制是否将尺寸线绘制在尺寸界线之间	
DIMTOH	开关	控制标注文字在尺寸界线外的位置	
DIMTOL	开关	将公差添加到标注文字中	
DIMTOLJ	整型	设置公差值相对名词性标注文字的垂直对正方式	
DIMTP	实型	当 DIMTOL 或 DIMLIM 为开时，为标注文字设置最大上偏差	
DIMTSZ	实型	指定线性标注、半径标注以及直径标注中替代箭头的小斜线尺寸	
DIMTVP	实型	控制尺寸线上方或下方标注文字的垂直位置	
DIMTXSTY	字符型	指定标注的文字样式	
DIMTXT	实型	指定标注文字的高度	
DIMTZIN	整型	控制是否对公差值作消零处理	
DIMUNIT	整型	已废弃，现由 DIMLUNIT 和 DIMFRAC 代替	
DIMUPT	开关	控制用户定位文字的选项	
DIMZIN	整型	控制是否对主单位值作消零处理	
DISPSILH	整型	控制线框模式下实体对象轮廓曲线的显示	
DISTANCE	实型	存储由 DIST 计算的距离	只读
DONUTID	实型	设置圆环的默认内直径	
DRAGMODE	整型	控制拖动对象的显示	
DRAGP1	整型	设置重生成拖动模式下的输入采样率	
DRAGP2	整型	设置快速拖动模式下的输入采样率	
DWGCHECK	整型	确定图形最后是否经非 AutoCAD 程序编辑	
DWGCODEPAGE	字符型	存储与 SYSCODEPAGE 系统变量相同的值	只读
DWGNAME	字符型	存储用户输入的图形名	只读
DWGTITLED	整型	指出当前图形是否已命名	只读
EDGEMODE	整型	控制 TRIM 和 EXTEND 确定剪切边和边界的方式	
ELEVATION	实型	存储当前空间的当前视口中相对于当前 UCS 的当前标高值	
EXPERT	整型	控制是否显示某些特定提示	
EXPLMODE	整型	控制 EXPLODE 是否支持比例不一致（NUS）的块	

续表

变 量 名	类 型	作 用	说 明
EXTMAX	三维点	存储图形范围右上角点的坐标	只读
EXTMIN	三维点	存储图形范围左下角点的坐标	只读
EXTNAMES	整型	为存储于符号表中的已命名对象名称设置参数	
FACETRATIO	整型	控制圆柱或圆锥 ACIS 实体镶嵌面的宽高比	
FACETRES	实型	调整着色和渲染对象的平滑度，对象的隐藏线被删除	
FILEDIA	整型	禁止显示文件对话框	
FILLETRAD	实型	存储当前的圆角半径	
FILLMODE	整型	指定对象的填充模式	
FONTALT	字符型	指定在找不到指定的字体文件时使用的替换字体	
FONTMAP	字符型	指定要用到的字体映射文件	
FRONTZ	实型	存储当前视口中前向剪裁平面到目标平面的偏移量	只读
FULLOPEN	整型	指示当前图形是否被局部打开	只读
GRIDMODE	整型	打开或关闭栅格	
GRIDUNIT	二维点	指定当前视口的栅格间距（X 和 Y 方向）	
GRIPBLOCK	整型	控制块中夹点的分配	
GRIPCOLOR	整型	控制未选定夹点（绘制为轮廓框）的颜色	
GRIPHOT	整型	控制选定夹点（绘制为实心块）的颜色	
GRIPS	整型	控制选择集夹点的使用	
GRIPSIZE	整型	以像素为单位设置显示夹点框的大小	
HALOGAP	整型	指定 haloed line 缩短的距离	
HANDLES	整型	报告应用程序是否可以访问对象句柄	只读
HIDEPRECISION	整型	控制消隐和着色的精度	
HIDETEXT	开关	控制在使用 hide 命令创建消隐视图时是否显示在其他对象后面的文字对象（TEXT、DTEXT 和 MTEXT）	
HIGHLIGHT	整型	控制对象的亮显。它并不影响使用夹点选定的对象	
HPANG	实型	指定填充图案的角度	
HPBOUND	整型	控制 BHATCH 和 BOUNDARY 创建的对象类型	
HPDOUBLE	整型	指定用户定义图案的交叉填充图案	
HPNAME	字符型	设置默认的填充图案名称	
HPSCALE	实型	指定填充图案的比例因子	
HPSPACE	实型	为用户定义的简单图案指定填充图案的线间距	
HYPERLINKBASE	字符型	指定图形中用于所有相对超链接的路径	
IMAGEHLT	整型	控制是亮显整个光栅图像还是仅亮显光栅图像边框	
INDEXCTL	整型	控制是否创建图层和空间索引并保存到图形文件中	
INETLOCATION	字符型	存储默认的 Internet 网址	
INSBASE	三维点	存储 BASE 设置的插入基点	
INSNAME	字符型	为 INSERT 设置默认块名	
INSUNITS	整型	当从 AutoCAD 设计中心拖放块时，指定图形单位值	
INSUNITSDEFSOURCE	整型	设置源内容的单位值	

续表

变 量 名	类 型	作 用	说 明
INSUNITSDEFTARGET	整型	设置目标图形的单位值	
ISAVEBAK	整型	提高增量保存速度，特别是对于大的图形	
ISAVEPERCENT	整型	确定图形文件中所允许的占用空间的总量	
ISOLINES	整型	指定对象上每个曲面的轮廓线的数目	
LASTANGLE	实型	存储上一个输入圆弧的端点角度	只读
LASTPOINT	三维点	存储上一个输入的点	
LASTPROMPT	字符型	存储显示在命令行中的上一个字符串	只读
LAYOUTREGENCTL	整型	指定“模型”选项卡和“布局”选项卡中的显示列表如何更新	
LENSLENGTH	实型	存储当前视口透视图中的镜头焦距长度（单位为毫米）	只读
LIMCHECK	整型	控制在图形界限之外是否可以生成对象	
LIMMAX	二维点	存储当前空间的右上方图形界限	
LIMMIN	二维点	存储当前空间的左下方图形界限	
LISPINIT	整型	当使用单文档界面时，指定打开新图形时是否保留 AutoLISP 定义的函数和变量	
LOCALE	字符型	显示用户运行的当前 AutoCAD 版本的 ISO 语言代码	只读
LOGFILEMODE	整型	指定是否将文本窗口的内容写入日志文件	
LOGFILENAME	字符型	指定日志文件的路径和名称	只读
LOGFILEPATH	字符型	为同一任务中的所有图形指定日志文件的路径	
LOGINNAME	字符型	显示加载 AutoCAD 时配置或输入的用户名	只读
LTSCALE	实型	设置全局线型比例因子	
LUNITS	整型	设置线性单位	
LUPREC	整型	设置线性单位的小数位数	
LWDEFAULT	整型	设置线宽默认值	
LWDISPLAY	开关	控制“模型”或“布局”选项卡中的线宽显示	
LWUNITS	整型	控制线宽的单位显示为英寸还是毫米	
MAXACTVP	整型	设置一次最多可以激活多少视口	
MAXSORT	整型	设置列表命令可以排序的符号名或块名的最大数目	
MBUTTONPAN	整型	控制定点设备第三按钮或滑轮的动作响应	
MEASUREINIT	整型	设置初始图形单位（英制或公制）	
MEASUREMENT	整型	设置当前图形的图形单位（英制或公制）	
MENUCTL	整型	控制屏幕菜单中的页切换	
MENUECHO	整型	设置菜单回显和提示控制位	
MENUNAME	字符型	存储菜单文件名，包括文件名路径	只读
MIRRTEXT	整型	控制 MIRROR 对文字的影响	
MODEMACRO	字符型	在状态行显示字符串	
MTEXTED	字符型	设置用于多行文字对象的首选和次选文字编辑器	
NOMUTT	整型	禁止消息显示	
OBSCUREDCOLOR	整型	指定暗色显示的线的颜色	

续表

变 量 名	类 型	作 用	说 明
OBSCUREDLTYPE	整型	指定暗色显示的线的线型	
OFFSETDIST	实型	设置默认的偏移距离	
OFFSETGAPTYPE	整型	控制如何偏移多段线以弥补偏移多段线的单个线段所留下的间隙	
OLEHIDE	整型	控制 AutoCAD 中 OLE 对象的显示	
OLEQUALITY	整型	控制内嵌的 OLE 对象默认质量级别	
OLESTARTUP	整型	控制打印内嵌 OLE 对象时是否加载其源应用程序	
ORTHOMODE	整型	限制光标在正交方向移动	
OSMODE	整型	使用位码设置执行对象捕捉模式	
OSNAPCOORD	整型	控制是否从命令行输入坐标替代对象捕捉	
PAPERUPDATE	整型	控制警告对话框的显示（如果试图以不同于打印配置文件默认指定的图纸大小打印布局）	
PDMODE	整型	控制如何显示点对象	
PDSIZE	实型	设置显示的点对象大小	
PELLIPSE	整型	控制创建椭圆时的对象类型	
PERIMETER	实型	存储 AREA、LIST 或 DBLIST 计算的最后一个周长值	只读
PFACEVMAX	整型	设置每个面顶点的最大数目	只读
PICKADD	整型	控制选定对象是替换当前选择集还是加到当前选择集中	
PICKAUTO	整型	控制“选择对象”提示下是否自动显示选择窗口	
PICKBOX	整型	设置选择框的高度	
PICKDRAG	整型	控制绘制选择窗口的方式	
PICKFIRST	整型	控制在输入命令之前还是之后选择对象	
PICKSTYLE	整型	控制编组选择和关联填充选择的使用	
PLATFORM	字符型	指示 AutoCAD 工作的操作系统平台	只读
PLINEGEN	整型	设置如何围绕二维多段线的顶点生成线型图案	
PLINETYPE	整型	指定 AutoCAD 是否使用优化的二维多段线	
PLINEWID	实型	存储多段线的默认宽度	
PLOTID	字符型	已废弃	
PLOTROTMODE	整型	控制打印方向	
PLOTTER	整型	已废弃	
PLQUIET	整型	控制显示可选对话框以及脚本和批打印的非致命错误	
POLARADDANG	实型	包含用户定义的极轴角	
POLARANG	实型	设置极轴角增量	
POLARDIST	实型	当 SNAPSTYL 系统变量设置为 1（极轴捕捉）时，设置捕捉增量	
POLARMODE	整型	控制极轴和对象捕捉追踪设置	
POLYSIDES	整型	设置 POLYGON 的默认边数	
POPUPS	整型	显示当前配置的显示驱动程序状态	只读
PRODUCT	字符型	返回产品名称	只读

续表

变量名	类型	作用	说明
PROGRAM	字符型	返回程序名称	只读
PROJECTNAME	字符型	给当前图形指定一个工程名称	
PROJMODE	整型	设置修剪和延伸的当前“投影”模式	
PROXYGRAPHICS	整型	指定是否将代理对象的图像与图形一起保存	
PROXYNOTICE	整型	如果打开一个包含自定义对象的图形，而创建此自定义对象的应用程序尚未加载时，显示通知	
PROXYSHOW	整型	控制图形中代理对象的显示	
PROXYWEBSEARCH	整型	指定 AutoCAD 如何检查对象激活器	
PSLTSCALE	整型	控制图纸空间的线型比例	
PSPROLOG	字符型	指定使用 PSOUT 时从 acad.psf 文件读取的前导段名称	已取消
PSQUALITY	整型	控制 PostScript 图像的渲染质量	已取消
PSTYLEMODE	整型	指明当前图形处于“颜色打印样式”还是“命名打印样式”模式	只读
PSTYLEPOLICY	整型	控制对象的颜色特性是否与其打印样式相关联	
PSVPSCALE	实型	为新创建的视口设置视图缩放比例因子	
PUCSBASE	字符型	存储定义为正交 UCS 设置（仅用于图纸空间）的原点和方向的 UCS 名称	
QTEXTMODE	整型	控制文字的显示模式	
RASTERPREVIEW	整型	控制 BMP 预览图像是否随图形一起保存	
REFEDITNAME	字符型	指示图形是否处于参照编辑状态，并存储参照文件名	只读
REGENMODE	整型	控制图形的自动重生成	
RE-INIT	整型	初始化数字化仪、数字化仪端口和 acad.pgp 文件	
REMEMBERFOLDERS	整型	控制标准的文件选择对话框中的“查找”或“保存”选项的默认路径	
RTDISPLAY	整型	控制实时缩放（ZOOM）或平移（PAN）时光栅图像的显示	
SAVEFILE	字符型	存储当前用于自动保存的文件名	只读
SAVEFILEPATH	字符型	为 AutoCAD 任务中所有自动保存文件指定目录的路径	
SAVENAME	字符型	在保存图形之后存储当前图形的文件名和目录路径	只读
SAVETIME	整型	以分钟为单位设置自动保存的时间间隔	
SCREENBOXES	整型	存储绘图区的屏幕菜单区显示的框数	只读
SCREENMODE	整型	存储指示 AutoCAD 显示模式的图形/文本状态的位码值	只读
SCREENSIZE	二维点	以像素为单位存储当前视口的大小（X 和 Y 值）	只读
SDI	整型	控制 AutoCAD 运行于单文档还是多文档界面	
SHADEDGE	整型	控制渲染时边的着色	
SHADEDIF	整型	设置漫反射光与环境光的比率	
SHORTCUTMENU	整型	控制“默认”、“编辑”和“命令”模式的快捷菜单在绘图区是否可用	

续表

变 量 名	类 型	作 用	说 明
SHPNAME	字符型	设置默认的图形名称	
SKETCHINC	实型	设置 SKETCH 使用的记录增量	
SKPOLY	整型	确定 SKETCH 生成直线还是多段线	
SNAPANG	实型	为当前视口设置捕捉和栅格的旋转角	
SNAPBASE	二维点	相对于当前 UCS 设置当前视口中捕捉和栅格的原点	
SNAPISOPAIR	整型	控制当前视口的等轴测平面	
SNAPMODE	整型	打开或关闭“捕捉”模式	
SNAPSTYL	整型	设置当前视口的捕捉样式	
SNAPTYPE	整型	设置当前视口的捕捉类型	
SNAPUNIT	二维点	设置当前视口的捕捉间距	
SOLIDCHECK	整型	打开或关闭当前 AutoCAD 任务中的实体校验	
SORTENTS	整型	控制 OPTIONS 命令对象排序操作	
SPLFRAME	整型	控制样条曲线和样条拟合多段线的显示	
SPLINESEGS	整型	设置为每条样条拟合多段线生成的线段数目	
SPLINETYPE	整型	设置用 PEDIT 命令的“样条曲线”选项生成的曲线类型	
STARTUPTODAY	整型	控制启动 AutoCAD 或创建新图形时，是否显示“AutoCAD 今日”窗口或传统的启动对话框。	
SURFTAB1	整型	设置 RULESURF 和 TABSURF 命令生成的网格面数目	
SURFTAB2	整型	设置 REVSURF 和 EDGESURF 在 N 方向上的网格密度	
SURFTYPE	整型	控制 PEDIT 命令的“平滑”选项生成的拟合曲面类型	
SURFU	整型	设置 PEDIT 的“平滑”选项在 M 方向所用到的表面密度	
SURFV	整型	设置 PEDIT 的“平滑”选项在 N 方向所用到的表面密度	
SYSCODEPAGE	字符型	指示 acad.xmf 中指定的系统代码页	只读
TABMODE	整型	控制数字化仪的使用	
TARGET	三维点	存储当前视口中目标点的位置	只读
TDCREATE	实型	存储图形创建的本地时间和日期	只读
TDINDWG	实型	存储总编辑时间	只读
TDUCREATE	实型	存储图形创建的国际时间和日期	只读
TDUPDATE	实型	存储最后一次更新/保存的本地时间和日期	只读
TDUSRTIMER	实型	存储用户消耗的时间	只读
TDUUPDATE	实型	存储最后一次更新/保存的国际时间和日期	只读
TEMPPREFIX	字符型	包含用于放置临时文件的目录名	只读
TEXTEVAL	整型	控制处理字符串的方式	
TEXTQLTY	整型	控制打印、渲染以及使用 PSOUT 命令输出时 TrueType 字体轮廓的分辨率	
TEXTSIZE	实型	设置以当前文字样式绘制出的新文字对象的默认高度	
TEXTSTYLE	字符型	设置当前文字样式的名称	
THICKNESS	实型	设置当前三维实体的厚度	
TILEMODE	整型	将“模型”或最后一个“布局”选项卡设置为当前选项卡	

续表

变量名	类型	作用	说明
TOOLTIPS	整型	控制工具栏提示的显示	
TRACEWID	实型	设置线宽的默认宽度	
TRACKPATH	整型	控制显示极轴和对象捕捉追踪的对齐路径	
TREEDEPTH	整型	指定最大深度，即树状结构的空间索引可以分出分支的最大数目	
TREEMAX	整型	通过限制空间索引（八叉树）中的节点数目，限制重新生成图形时占用的内存	
TRIMMODE	整型	控制 AutoCAD 是否修剪倒角和圆角的边缘	
TSPACEFAC	实型	控制多行文字的行间距。以文字高度的比例计算	
TSPACETYPE	整型	控制多行文字中使用的行间距类型	
TSTACKALIGN	整型	控制堆叠文字的垂直对齐方式	
TSTACKSIZE	整型	控制堆叠文字分数的高度相对于选定文字的当前高度的百分比	
UCSAXISANG	整型	存储使用 UCS 命令的 X、Y 或 Z 选项绕轴旋转 UCS 时的默认角度值	
UCSBASE	字符型	存储定义为正交原 UCS 设置的原点和方向的 UCS 名称	
UCSFOLLOW	整型	从一个 UCS 转换到另一个 UCS 时生成一个平面视图	
UCSICON	整型	显示当前视口的 UCS 图标	
UCSNAME	字符型	存储当前空间中当前视口的当前坐标系名称	只读
UCSORG	三维点	存储当前空间中当前视口的当前坐标系原点	只读
UCSORTHO	整型	确定恢复一个正交视图时是否自动恢复相关的 UCS	
UCSVIEW	整型	确定当前 UCS 是否随命名视图一起保存	
UCSVP	整型	确定活动视口的 UCS 保持定态还是作相应改变以反映当前活动视口的 UCS 状态	
UCSXDIR	三维点	存储当前空间中当前视口的当前 UCS 的 X 方向	只读
UCSYDIR	三维点	存储当前空间中当前视口的当前 UCS 的 Y 方向	只读
UNDOCTL	整型	存储指示 UNDO 命令的“自动”和“控制”选项的状态的位码	只读
UNDOMARKS	整型	存储“标记”选项放置在 UNDO 控制流中的标记数目	只读
UNITMODE	整型	控制单位的显示格式	
USERI1~USERI5	整型	存储和提取整型值	
USERR1~USERR5	实型	存储和提取实型值	
USERS1~USERS5	字符型	存储和提取字符串数据	
VIEWCTR	三维点	存储当前视口中视图的中心点	只读
VIEWDIR	三维点	存储当前视口中的查看方向	只读
VIEWMODE	整型	使用位码控制当前视口的查看模式	只读
VIEWSIZE	实型	存储当前视口的视图高度	只读
VIEWTWIST	实型	存储当前视口的视图扭转角	只读
VISRETAIN	整型	控制外部参照依赖图层的可见性、颜色、线型、线宽和打印样式，并且指定是否保存对嵌套外部参照路径的修改	

续表

变 量 名	类 型	作 用	说 明
VSMAX	三维点	存储当前视口虚屏的右上角坐标	只读
VSMIN	三维点	存储当前视口虚屏的左下角坐标	只读
WHIPARC	整型	控制圆或圆弧是否平滑显示	
WHIPTHREAD	整型	控制是否可以使用额外的处理器（即多线程处理）来改善操作速度（对单处理器计算机无效）	
WMFBKGND	开关	控制生成 WMF 图像时图元的背景	
WMFFOREGND	开关	控制生成 WMF 图像时图元的前景色	
WORLDUCS	整型	指示 UCS 是否与 WCS 相同	只读
WORLDVIEW	整型	确定响应 3DORBIT、DVIEW 和 VPOINT 命令的输入是相对于 WCS（默认），还是相对于当前 UCS 或由 UCSBASE 系统变量指定的 UCS	
WRITESTAT	整型	指出图形文件是只读的还是可写的	只读
XCLIPFRAME	整型	控制外部参照剪裁边界的可见性	
XEDIT	整型	控制当前图形被其他图形参照时是否可以在位编辑	
XFADECTL	整型	控制在位编辑参照时的褪色度	
XLOADCTL	整型	打开或关闭外部参照文件的按需加载功能，控制打开原始图形还是打开一个副本	
XLOADPATH	字符型	创建存储按需加载的外部参照文件临时副本的路径	
XREFCTL	整型	控制 AutoCAD 是否生成外部参照的日志文件（XLG）	
ZOOMFACTOR	整型	控制智能鼠标的每一次前移或后退操作时的缩放增量	

附录 C　AutoCAD 2012 安装方法

C.1　AutoCAD 2012 系统需求

在个人计算机中安装 AutoCAD 2012 前，应该先确定计算机是否能够满足 AutoCAD 2012 的软硬件需求。表 C-1 列出了 32 位计算机系统的配置需求，表 C-2 列出了 64 位计算机系统的配置需求。

表 C-1　用于 32 位计算机系统的 AutoCAD 2012 配置需求

说　　明	需　　求
操作系统	以下操作系统的 Service Pack 3（SP3）或更高版本： ◆ Microsoft® Windows® XP Professional ◆ Microsoft® Windows® XP Home 以下操作系统的 Service Pack 2（SP2）或更高版本： ◆ Microsoft Windows Vista® Enterprise ◆ Microsoft Windows Vista Business ◆ Microsoft Windows Vista Ultimate ◆ Microsoft Windows Vista Home Premium 以下操作系统： ◆ Microsoft Windows 7 Enterprise ◆ Microsoft Windows 7 Ultimate ◆ Microsoft Windows 7 Professional ◆ Microsoft Windows 7 Home Premium
浏览器	Internet Explorer ® 7.0 或更高版本
处理器	Windows XP： Intel ® Pentium ® 4 或 AMD Athlon™ 双核，1.6 GHz 或更高，采用 SSE2 技术 Windows Vista 或 Windows 7： Intel Pentium 4 或 AMD Athlon 双核，3.0 GHz 或更高，采用 SSE2 技术
内存	2 GB RAM（建议使用 4GB）
显示器分辨率	1024×768 真彩色
磁盘空间	安装 2.0GB
定点设备	MS-Mouse 兼容
介质（DVD）	从 DVD 下载并安装
.NET Framework	.NET Framework 版本 4.0

续表

说　　明	需　　求
三维建模的其他需求	Intel Pentium 4 处理器或 AMD Athlon，3.0 GHz 或更高，或者 Intel 或 AMD 双核处理器，2.0 GHz 或更高 2 GB RAM 2 GB 可用硬盘空间（不包括安装需要的空间） 1280×1024 真彩色视频显示适配器 128 MB（建议：普通图像为 256 MB，中等图像材质库图像为 512 MB），Pixel Shader 3.0 或更高版本，支持 Direct3D® 功能的工作站级图形卡

表 C-2　用于 64 位计算机系统的 AutoCAD 2012 配置需求

说　　明	需　　求
操作系统	以下操作系统的 Service Pack 2 (SP2) 或更高版本： ◆ Microsoft® Windows® XP Professional 以下操作系统的 Service Pack 2 (SP2) 或更高版本： ◆ Microsoft Windows Vista® Enterprise ◆ Microsoft Windows Vista Business ◆ Microsoft Windows Vista Ultimate ◆ Microsoft Windows Vista Home Premium 以下操作系统： ◆ Microsoft Windows 7 Enterprise ◆ Microsoft Windows 7 Ultimate ◆ Microsoft Windows 7 Professional ◆ Microsoft Windows 7 Home Premium
浏览器	Internet Explorer ® 7.0 或更高版本
处理器	AMD Athlon 64，采用 SSE2 技术 AMD Opteron™，采用 SSE2 技术 Intel Xeon ®，具有 Intel EM64T 支持并采用 SSE2 技术 Intel Pentium 4，具有 Intel EM 64T 支持并采用 SSE2 技术
内存	2 GB RAM（建议使用 8 GB）
显示器分辨率	1024×768 真彩色
磁盘空间	安装 2.0 GB
定点设备	MS-Mouse 兼容
介质（DVD）	从 DVD 下载并安装
.NET Framework	.NET Framework 版本 4.0
三维建模的其他需求	2 GB RAM 或更大 2 GB 可用硬盘空间（不包括安装需要的空间） 1280×1024 真彩色视频显示适配器 128 MB（建议：普通图像为 256 MB，中等图像材质库图像为 512 MB），Pixel Shader 3.0 或更高版本，支持 Direct3D® 功能的工作站级图形卡

C.2 AutoCAD 2012 的安装

（1）将 AutoCAD 2012 源程序光盘放入光驱中，光盘自动运行之后，出现如图 C-1 所示的安装界面。如果没有出现该界面，到光盘根目录下双击 setup.exe 可执行文件，即可出现如图 C-1 所示的界面。

图 C-1　AutoCAD 2012 安装界面

（2）初始化完成后，出现如图 C-2 所示的安装起始界面，单击“安装”按钮，进入下一步。

图 C-2　初始化后的 AutoCAD 2012 界面

（3）在出现的“安装＞许可协议”界面中选中“我接受”单选按钮，然后单击“下一步”按钮，如图 C-3 所示。

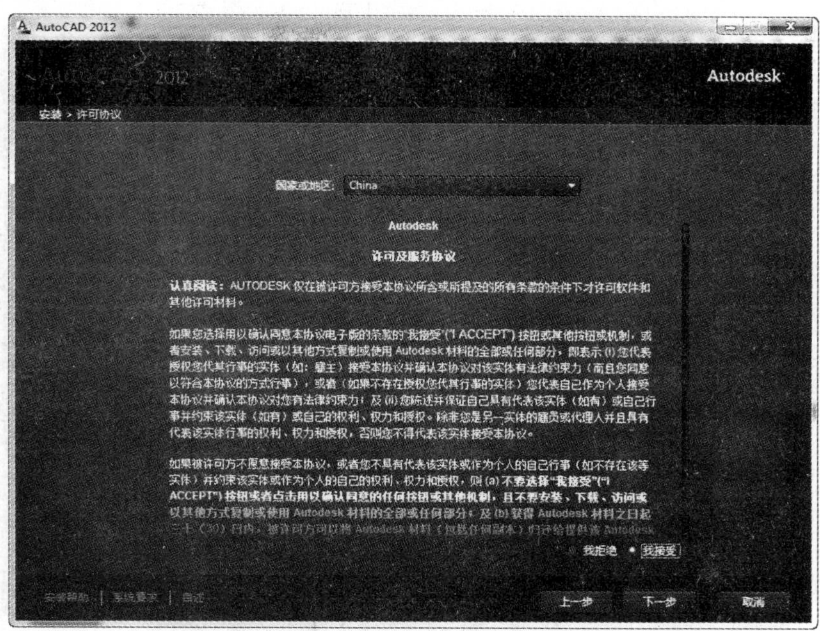

图 C-3　“安装＞许可协议”界面

（4）在“安装＞产品信息”界面中输入相关信息，输入完后单击“下一步”按钮，如图 C-4 所示。

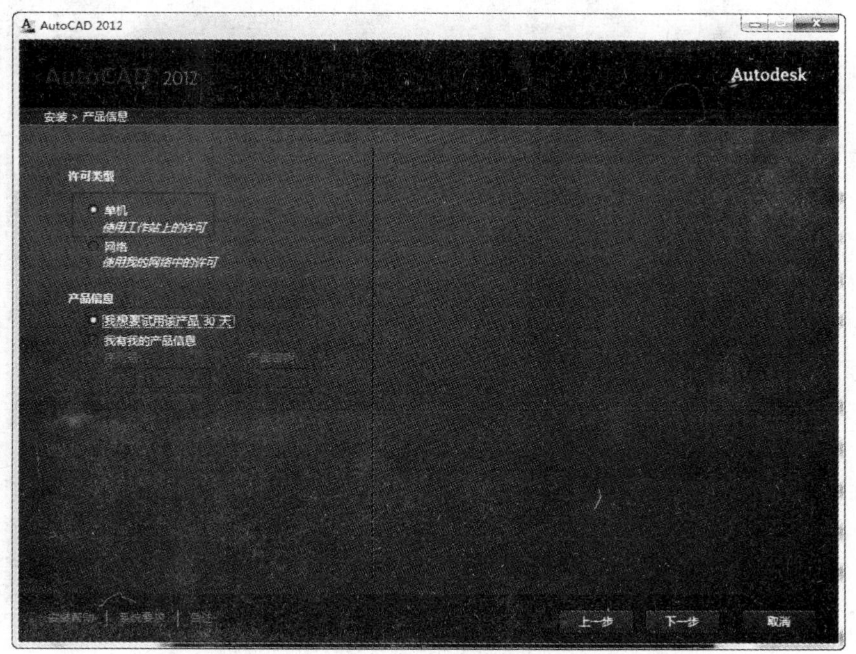

图 C-4　“产品和用户信息”界面

（5）在“安装>配置安装”界面中，选中 AutoCAD 2012 复选框，单击“安装”按钮，开始安装，如图 C-5 所示。

图 C-5　选择需要安装的软件

（6）出现安装界面之后等待数分钟，AutoCAD 2012 即可安装完成，如图 C-6 所示。

图 C-6　安装界面